浙江省海洋文化与经济研究中心资助出版

中国海洋文化学术研讨会论文集

张　伟　主编

海洋出版社

2013 年 · 北京

图书在版编目(CIP)数据

中国海洋文化学术研讨会论文集/张伟主编.—北京:海洋出版社,2013.12
ISBN 978 - 7 - 5027 - 8734 - 9

Ⅰ.①中… Ⅱ.①张… Ⅲ.①海洋 - 文化 - 中国 - 文集 Ⅳ.①P72 - 53

中国版本图书馆 CIP 数据核字(2013)第 271753 号

责任编辑:赵　武
责任印制:赵麟苏

海洋出版社　出版发行

http://www.oceanpress.com.cn
北京市海淀区大慧寺路 8 号　邮编:100081
北京旺都印务有限公司印刷　新华书店发行所经销
2013 年 12 月第 1 版　2013 年 12 月北京第 1 次印刷
开本:787mm×1092mm　1/16　印张:20
字数:500 千字　定价:60.00 元
发行部:62132549　邮购部:68038093　总编室:62114335
海洋版图书印、装错误可随时退换

《中国海洋文化学术研讨会论文集》编委会

前 言

2012 年 11 月 11 - 12 日,浙江省社会科学联合会、浙江省海洋文化与经济研究中心、宁波大学联合举办了"首届中国海洋文化学术研讨会"。本届学术研讨会在位于东海之滨、甬江之畔的宁波大学隆重召开,来自日本札幌大学、浙江大学、厦门大学、中山大学、中国海洋大学、上海师范大学、宁波大学、浙江工商大学、浙江海洋学院、泉州师范学院、广东省社会科学院、福建省社会科学院、浙江省社会科学院、舟山市委党校等高校和科研机构的 40 余名专家学者与会。

本届海洋文化学术研讨会内容不仅涉及新世纪中国海洋文化的研究方法、海洋文化概念的界定、海洋意识的重构以及区域海洋社会经济变迁等,而且涉及海洋资源的开发利用、海洋艺术与海洋文学的研究,以及海洋开放思想等方方面面。与此同时,与会专家学者还就如何加强我国海洋文化研究进行了深入而广泛的探讨,提出了诸多值得需要深入思考的新问题。本次学术交流活动,为学者之间的互动提供了平台,既砥砺了思想,同时对提升我国海洋文化研究整体水平和推动文化强国建设亦不无助益。

为了加强学术交流,推动海洋文化研究,我们将其中的 34 篇与会论文结集成册,以飨读者。希冀本论文集的问世,能够对我国海洋文化的研究与建设起到添砖加瓦的作用。

编委会
2013 年 4 月

目 次

增强海洋意识 重拾民族文化自信

——黑格尔"海洋文化"阐释

郑有国

（福建社会科学院）

摘要 黑格尔是德国古典哲学的集大成。自由是人的本质,这是黑格尔非常重要的一个命题。"海洋文化论"是其思辨历史哲学的产物。"海洋"只是其试图解释历史发展中对民族精神会"引起思想本质上的差别"的外部因素。历史本质上是人的意志的产物,这就是人类对自由有所意识的进步。相对于农耕、游牧生活方式,海洋赋予的不是与海的远近,而是对人类的精神冲击产生的内在动力。重拾民族文化自信,是当务之急。

关键词 黑格尔 自由本质 海洋文化 文化自信

重读经典,是当下的一个任务;不带偏见与政治色彩,认真吸收所有人类精神的遗产,是当代人的使命。

"海洋文化"是当今一大热点。世界上第一个提出"海洋文化"概念的,是十九世纪西方哲学家黑格尔。黑格尔为什么提出"海洋文化"? 在黑格尔的理论体系中,"海洋文化"的意涵是什么? 这些并不见学界有深入讨论。人们只是简单地使用"海洋文化"这个概念,甚至用政治的偏见,来批判黑格尔是西方本体主义的代表,这无疑是令人遗憾的。

黑格尔是在《历史哲学》一书中提出"海洋文化"的。为了正确理解黑格尔关于"海洋文化"的论述,我们有必要对黑格尔的哲学思想作一番梳理,只有在理解黑格尔的哲学思想基础上,才能正确理解《历史哲学》一书中关于"海洋文化"的论述。

一

在讨论黑格尔"海洋文化"论述之前,有必要从黑格尔关于人与自由的这一对范畴讨论开始。

自由是人的本质,这是黑格尔非常重要的一个命题。

黑格尔认为自由是人的生命运动的本质特征,"禽兽没有思想,只有人类才有思想,所以只有人类——而且就因为它是一个有思想的动物——才有'自由'"。[①] 而人的自由又是

---

① ［德］黑格尔著、王造时译:《历史哲学》,上海:三联书店出版社,1956 年,第 111 页。

立足于自由的思想基础之上的。人类"思想"的核心，就是"自由"，追求自由是人的本质特征。

在黑格尔看来，自由是精神的唯一真理，精神的一切属性都是由于自由才得以存在。人是唯一有思想(精神)的动物，所以只有人才有自由，自由是人的本质。自由的人也就是首先在精神上自己决定自己、自己创造自己的人。作为人的本质，自由表现为人的活动和自决力量，从本质上说"人是自在自为地自由的"。① 对于黑格尔来说，只有人的精神中所蕴涵的智慧、力量和德性才是赋予人的生命以光辉的东西。

人类实现自由是一个从低级到高级的进步。整个"人类历史"实际上就是人类逐步在"实现自己本质"的过程。所谓实现自己本质的意思，就是人类不断地从自在走向自由的过程。

黑格尔在论述人的本质的实现过程中，提到人类历史的进步：人类的自由精神是由低级阶段向高级阶段的不断前进的过程；人类的新的时代精神必将取代旧的时代精神并呈现一种上升的运动；同时，还表现为人类自我意识由盲目到自觉的运动。这种前进运动往往表现为一种内在的矛盾运动，"世界历史表现发展的阶程，那个原则的内容就是'自由'的意识。……第一个阶段就是精神淹没于自然之中，……第二个阶段，就是它进展到了它的自由意识，……第三个阶段是从这个仍然是特殊的自由的形式提高到了纯粹的普遍性，提高到了精神本质的自我意识和自我感觉"。②

黑格尔指出人类历史舞台上的"各个人和各民族"的活动源泉，来自于满足个人私利和欲望，人类在实现自由的过程中，是无意识地或不自觉地完成的。历史的最终目的是实现人的"自由"本性，但是人创造历史的活动又是从不自觉过渡到自觉。黑格尔说："因为人类本质是自由的，然而人类首先必须成熟，才能够达到自由。"③"这种成熟的全体就是一个民族的本质、一个民族的精神。"④

从自然界到人类社会，从古代到现代，从个别的个体到伦理社会，世间的一切存在构成了一个不断上升的梯级体系，而且这不是一个现成的、一次就可以完成了的东西，而是处在不断地自我发展和自我完善的运动中，这个过程的呈现，也就是"世界历史"。世界历史就是去展现各个民族精神的成熟过程。

在叙述世界各个民族精神成熟过程时，黑格尔举了几个例子："东方各国只知道一个人是自由的，希腊和罗马世界只知道一部分人是自由的，至于我们(日耳曼民族)知道一切人们(人类之为人类)绝对是自由的——这种说法给予我们以世界历史之自然的划分，并且暗示了它的探讨的方式。"⑤

简言之，自由是人的本质特征，自由意识的觉醒，是划分世界历史的重要标杆。这是黑格尔的重要命题。

① [德]黑格尔著,范扬、张启泰译:《法哲学原理》,北京:商务印书馆,1982 年,第 36 页。
② [德]黑格尔著,王造时译:《历史哲学》,上海:三联书店出版社,1956 年,第 97 页。
③ [德]黑格尔著,王造时译:《历史哲学》,上海:三联书店出版社,1956 年,第 143 页。
④ [德]黑格尔著,王造时译:《历史哲学》,上海:三联书店出版社,1956 年,第 95 页。
⑤ [德]黑格尔著,王造时译:《历史哲学》,上海:三联书店出版社,1956 年,第 57 页。

二

黑格尔认为,历史哲学与一般历史学的任务不同,它不以具体的历史事件为对象,而以世界历史本身为对象,即以探索人类历史的本质及其发展的内在联系为自己的任务。在黑格尔看来,由于历史哲学是以隐藏在历史现象背后的"理性"为对象的,所以它的方法只能是哲学的方法。这种方法的特点是:撇开历史现象的外在的、偶然的联系,必须深入到历史过程内部,从中找到历史发展本质的、必然的联系,才能认识人类历史活动的本质和规律。而人类历史活动的本质和规律之所以能够被认识,是因为"理性"是世界的主宰,世界历史因此是一种合理的过程。①

黑格尔认为解释世界历史的过程,不是罗列和编排历史的事件和历史序列,他认为必须精心地撷取世界历史上的典型的民族精神,并能从典型的民族性格中,去反映"绝对精神"的展开。历史哲学的任务就是解释在世界历史的现象中闪现出来的"理性"的光辉,认识人类在实现"自由"时所经历的发展过程。

黑格尔在《历史哲学》一书中,依据他对历史本质的理解,通过世界历史的发展过程,分析了各个时代的"时代精神"的特征,分析了人类的自我意识、自由意识在不同的历史发展阶段所取得的成就。

黑格尔说:"解释历史,就是要描绘在世界舞台上出现的人类的精神、天才和活力。"②而一些僵死的没有精神活动的动作,则不属于黑格尔的历史范畴。

黑格尔在注重各个民族"特殊的精神"之外,又非常关注不同的地理因素对各"民族精神"形成的影响。世界上各个"民族精神"的形成,地理因素构成了重要的因素。"地理基础就是推动民族精神产生的自然联系。……这些自然的区别首先应当被看作是特殊的可能性,所说的民族精神便从这些可能性里滋生出来,地理的基础便是其中的一种可能性。"③

黑格尔在《历史哲学》一书的"绪论·历史的地理基础"一节中提到,"有好些自然的环境,必须永远排斥在世界历史的运动之外,也是我们首先必须加以注意的。……我们必须规定那些比较特殊方面的地理上的差别,我们要把这些差别看作是思想本质上的差别,而和各种偶然的差别相反对"。④ 这里黑格尔明确提到的是,他考察的落脚点,仍然是"引起思想本质上的差别"。换句话说,如果这些地理因素最终不会引起思想本质上的差别,并不形成完整的文明形态,那么这一切,都不在他的考虑范围内。

根据会引起"思想本质上的差别"的"地理上的差别",他把世界文明划分为三种类型:1)干燥的高地、草原和平原;2)巨川大江灌溉的平原流域;3)与海相连的海岸地区。

第一种类型以蒙古游牧民族为代表。他们漂泊地放牧,"在这些高地上的居民中,没有法律关系存在",⑤他们常如洪水一般泛滥,表现出一种纯自然的本性。这也是绝对精神演

---

① [德]黑格尔著、王造时译:《历史哲学》,上海:上海书店出版社,2001年,第8页。

② [德]黑格尔著、王造时译:《历史哲学》,上海:三联书店出版社,1956年,第51页。

③ [德]黑格尔著、王造时译:《历史哲学》,上海:三联书店出版社,1956年,第123页。

④ [德]黑格尔著、王造时译:《历史哲学》,上海:三联书店出版社,1956年,第124 – 152页。

⑤ [德]黑格尔著、王造时译:《历史哲学》,上海:三联书店出版社,1956年,第133页。

化进程中,第一个原始的形态,"它不属于世界历史的部分,它没有动作或者发展可以表现"。①

第二种类型以中国、印度和两河流域的农耕民族为代表,"在这些区域发生了伟大的王国,并且开始筑起了大国的基础。因为这里的居民生活有所依靠的农业,获得了四季有序的帮助,农业也就按着四季进行,土地所有权和各种法律关系便跟着发生——换句话说,国家的根据和基础,从这些法律关系开始有了成立的可能"。② 但他们以海作为陆地的天限,闭关自守使他们无法分享海洋所赋予的文明,海洋没有影响他们的文化。

第三种类型以海洋民族为代表。当他们"从大海的无限里感到自己底无限的时候",他们便以智慧和勇敢,超越"把人类束缚在土壤上"、"卷入无穷的依赖性里边"的平凡的土地,走向大海,从事征服、掠夺和追逐无限利润的商业。③

毫无疑问,就三种典型的地理因素对人类精神的影响来说,黑格尔认为,海洋对人类的影响是最具有积极意义的。

为什么黑格尔如此重视诸多地理因素中的"海洋"因素呢?"海洋"究竟意味着什么?是不是一切与海有关的活动,都会"引起思想本质上的差别"? 正是在这一点上,对于黑格尔的论述的理解,引起了无数的误会。

有的人说,黑格尔重视海洋,是因为欧洲文明发源于希腊、罗马的蓝色文明,所以黑格尔是欧洲本体论,歧视其他文明。有的干脆说,我们中国很早就有海洋活动,怎么能说中国不属于"海洋文化"?

黑格尔的论述,实际上是在第一节"自由是人的本质"为基础上展开的。而三种典型的地理因素,讨论的是环境地理对"自由意识觉醒"所起的作用。对于人类历史的演进,真正的作用在于民族自身的内部因素,如果没有人自身内部的追求自由的本质作用,外部的环境因素也只是一种外部作用而已。

实际上,一个民族靠不靠海在黑格尔看来并不是最重要的,一个民族精神的内核有没有自觉地追求自由的本质,才是最为关键的。陆地、草原、海洋三种文化中的海洋特征,主要在于能否刺激那个民族引起"思想本质上的差别"上。海上航海活动是否影响到这个民族的文化,这是思考问题的出发点。

从这个问题出发,必然导致三个选项:一个是与海无关的国家;一个是近海有海洋活动的,但不受海洋精神影响的国家;一个是近海的,在海洋活动中形成海洋文化的国家。

首先,讨论是否与海洋接壤的国家。

内陆国家不靠海,当然不能说是海洋国家。但是,靠与不靠海,在历史时间长河中也是相对的。一个国家历史演进的过程实际上是动态的,就如 16 世纪时期的英国来说,当时的英国人还是个牧羊的民族,"当时这个海岛还被理解为是一块被海洋环绕、与大陆分离的陆地。这种孤岛意识本质上仍然是一种陆地性的。"随着大英帝国的形成,开始在海外的贸易

① [德]黑格尔著、王造时译:《历史哲学》,上海:三联书店出版社,1956 年,第 91 – 113 页。
② [德]黑格尔著、王造时译:《历史哲学》,上海:三联书店出版社,1956 年,第 133 – 134 页。
③ [德]黑格尔著、王造时译:《历史哲学》,上海:三联书店出版社,1956 年,第 134 页。

与殖民，"从前作为孤悬海外的大陆的一部分，现在变成了海洋的一部分"。① 英国到近代才成为真正的海洋国家。

早期中国，在中原建立王朝时，祭祀黄土地，祭祀泰山，当然是典型的陆地文化。此后随着中国开疆拓土，开始与海接壤，中国开始可以称为与海洋接壤的国家。这种与海接壤国家的形态是什么性质，需要认真分析界定，应当考察其内部影响因素是海洋为重或者是陆地为重，不可一概而论。

其次，即使生存在近海的民族，其精神上也并不一定都会形成海洋文化意识。海洋活动并不一定对所有海边民族都会产生影响，亚洲的印度与中印半岛，其大多数地区虽然和西欧的希腊半岛、意大利半岛、伊比利亚半岛、英伦诸岛、斯堪的纳维亚半岛一样，距海都不会超过 500 公里，但他们都称不上是海洋文化。

黑格尔似乎不认为河流与海洋的存在是上述作用与精神特质存在的充分条件，他关注的是，河流与海洋如何对文明产生影响。黑格尔更关注的是从事于航海活动者的精神特质是否受海洋文化的影响。黑格尔明确地意识到，地理环境对人类的影响不能被高估，也不能被低估。爱奥尼亚温和的气候，固然有助于荷马诗歌的优美，然而单靠它是不能产生荷马的。② 根据黑格尔的观点，即使东方文化的国家，例如中国与印度，同样靠海，而且中国还有发达的远航，但对他们而言，海只是陆地的终结，他们并不曾与海发展出"积极"的关系。黑格尔明确指出："这种超越土地限制、渡过大海的活动，是亚细亚洲各国所没有的，就算他们有更多壮丽的政治建筑，就算他们自己也是以江海为界——像中国便是一个例子。在他们看来，海只是陆地的中断，陆地的天限；他们和海不发生积极的关系。"③换句话说，即使他们航行于海洋之中，航海的活动对他们的内心没有什么影响——他们并没有把"海洋原则"转化成为自身的一部分。简单说，海上的活动，并没有影响到中国人的精神层面，他们只是把海上活动作为谋取生活的另一种手段方式。我们不能因为现在出土了一些木船和桨，讲明我们历史上有过航海活动，就认定自己是海洋文化，充其量只能称自己为近海有海上活动的国家。按黑格尔说法，从人类追求海洋自由的角度说，他们的海上活动，只是自在的活动，并没有达到自由的境界。

第三，海洋文化，在黑格尔的观念表述中是，一个民族的海上航海活动，对民族精神产生的影响。黑格尔在《历史哲学》中用带有诗意的语言，描述了这样的精神："大海给了我们茫茫无际和渺渺无限的观念，人类在大海的无限里感到他自己的无限的进步，他们就被激起了勇气，要去超越那有限的一切。大海邀请人类从事征服，从事掠夺，但是同时也激励人类追求利润，从事商业。平凡的土地，平凡的平原流域把人类束缚在土壤上，把他卷入无穷的依赖性里边，但是大海却挟持人类超越了那些思想和行动的有限的圈子。"④黑格尔在这里强调的是大海激发了人类的"自由思想和行动"，这是非常重要的。自由一直是黑格尔强调的一大命题。

① ［德］施密特著，林国基、周敏译：《陆地与海洋——古今之法变》，上海：华东师范大学出版社，2006 年，第 55 页。
② ［德］黑格尔著、王造时译：《历史哲学》，上海：三联书店出版社，1956 年，第 123 页。
③ ［德］黑格尔著、王造时译：《历史哲学》，上海：三联书店出版社，1956 年，第 135 页。
④ ［德］黑格尔著、王造时译：《历史哲学》，上海：三联书店出版社，1956 年，第 134 页。

黑格尔在一次偶然的机会,让他在遥远的地方看到了拿破仑,他就把拿破仑誉为"骑在马背上的世界精神"。马背上的世界精神,显然与海洋无关。实际上,在他的心目中,拿破仑虽然不完全在海上活动,但他的身上具备了海洋文化要求的"人类超越了那些思想和行动"的自由精神。那些天天在海边活动,从来没有被激发起"人类超越了那些思想和行动"的民族,显然不在黑格尔的视野中。

三

人们在通读黑格尔《历史哲学》时,往往关注三种地理因素中海洋因素对世界文明类型形成的影响,而忽略了黑格尔的最为核心的重要思想。"自由是人的本质特征"。外部的环境因素,如果没有内在的愿望,一切都会成为泡影。

黑格尔指出,历史无非是自由意识的进步。"自由"是人的本质特征,历史是人逐步实现自己本质的过程。人类生存所必需的一切,人类社会的一切(诸如家庭、市民社会、国家以及法律、文化等等),都是人为了追求"自由理想"而自己给自己创造的。它们既不是外在物质世界赐予的,也不是神赐予的。因此,历史是人实现潜伏于自身的"自由"本性的过程。

黑格尔在理解人的本质是自由的同时,又清醒地意识到自由是要有度的,这就是要服从于法律。人们只有在历史发展的必然性中,去认识人类精神的这种进步。黑格尔在这里把人类的历史归结为人不断摆脱盲目性,由必然走向自由的过程。黑格尔说:"自由在它的理想的概念上并不以主观意志和任意放纵为原则,而是以普遍意志的承认为原则,而且说自由所实现的过程,就是它的各因素的自由发展。"①

显然,在黑格尔看来,历史本质上是人的意志的产物,即活动的"理性"的产物。这就是人类对自由有所意识的进步。黑格尔指出,"自由"是一种内在观念,它的实现要依靠外在手段。并且,原则、公理、理想只是存在于人的头脑中的非实在的东西,只是人的计划和目的,因而只是历史的可能性、潜在性。它们要成为现实,就必须依靠人的意志,即最广义的人类行动。发展着的人类对自由有了越来越深刻的理解。同样,黑格尔对自由的理解也是非常深刻的,自由绝不意味着人的思想或行动方面的盲目自由,而是指应该绝对地服从于法律的自由。

黑格尔把人类这种对自由意识的觉醒,即精神成熟过程分为三个阶段。这就是:东方世界、希腊罗马世界和日耳曼世界。黑格尔说:东方人不知"精神"是自由的,所以他们不自由,只知道一个人是自由的。这一个人只是个专制君主,不是自由的人。古希腊人和古罗马人只知道一些人是自由的,而非人人自由,因为他们维持奴隶制。日耳曼民族在基督教影响下,知道所有人是自由的。② 他说到东方中国人,只知道一个人有自由。东方各国"民族精神"的共同特点是:个体没有形成"自我意识",专制统治扼杀了个人的主观意志。罗马呢,是一部分人有自由,"希腊精神"代表了一种"自由"精神,但由于它过分强调"个体自由",并没有真正理解"人类自由"的全部含义,因此它仍然属于"自我意识"发展的低级阶段。再

---

① [德]黑格尔著、王造时译:《历史哲学》,上海:三联书店出版社,1956年,第88页。
② [德]黑格尔著、王造时译:《历史哲学》,上海:三联书店出版社,1956年,第57、149页。

次,黑格尔分析了罗马政体演变的内在原因,探讨了罗马衰落的内在必然性,着重讨论了人类自我意识进步获得的新成就。黑格尔把"罗马精神"称为"抽象的自由",认为其优点是形成了超越一切个人的关于政治权力、财产关系的"普遍性"概念,从而能够排除个体情感因素的破坏性,而其缺陷又在于罗马帝国用这种抽象的"普遍性"扼杀了个性自由,用残酷的手段维护自己的统治。只有日耳曼人知道全体自由。日耳曼民族代表了人类的"老年时代",它说明人类自我意识经过数千年的锤炼,终于成熟了。①

精神成熟的标志有二:一是"精神(人)"终于认识到自己的本性是自由;二是"自由"终于从"理想"变为"现实"。换句话说,黑格尔认为的一个民族内心成熟的标志是包括两个方面的:一是精神自由,一是法律意志。这二者是缺一不可的。这是成熟民族精神的象征。

自由从理想变成现实,必须要有一个国家作为载体。他说:"当我们说人类天性上是自由的时候,这话包括他的使命,而且还有他的生存方式。这话是指他的纯属天然的和原始的状况而言。……自由如果当做原始的和天然的观念,并不存在,相反地,自由要靠知识和意志无穷的训练,才可以找出和获得。"②"国家"就是合理的、客观自觉的、为自己而存在的自由。因为合理的自由在一种客观形式中,实现并认识了它自己。黑格尔说:因为"法律"是"精神"的客观性,乃是精神真正的意志。只有服从法律,意志才有自由。③ 法律是人类争取自由的一个重要精神标志。"国家"是人类意志与其"自由"的外在表现中的"精神观念"。

显然,黑格尔《历史哲学》中提到的高原、农耕、海洋三种地理环境对人类精神的成熟影响,黑格尔高度赞赏了海洋这种外部因素对人类追求与抗争精神的积极作用,但是,这种海洋环境的外部因素,更重要的是在于民族精神内部的,追求自由的精神本质。如果没有内部的追求精神,外部的因素也是不起任何作用的。

外部的海洋因素与内部的追求自由的本质,构成了黑格尔"海洋文化"的重要思想。正是黑格尔赋予了海洋文化这种独特的内涵:自由、冒险与理性、法律精神。

第一种文明形态中的游牧民族,其生活不确定性,是自由的,他们内心缺乏法律、理性的约束精神,他们像洪水一样在历史舞台上显示后就悄无声息了。他们中间也没有任何法律关系的存在。第二种文明形态的农耕民族,只有一个人有自由,其他人全体没有自由,因而这种民族虽然有法律的产生,但仍然是有缺陷的。上面两种文明形态,他们内心"还笼罩在夜的黑幕里,看不到自觉的历史的光明"。

在《历史哲学》一书中,黑格尔并不贬低中国。他说,"历史必须从中华帝国说起,中国实在是一个最古老的国家","中国的历史层出不穷,继续不断,实在是任何民族所比不上的"。④ 他还进一步解释说:在中国,"无从发见'主观性'的因素;这种主观性就是个人意志的自己反省和'实体'(就是消灭个人意志的权力)成为对峙。""在中国,那个'普遍的意志'直接命令个人应该做些什么,个人敬谨服从,相应地放弃了他的反省和独立。……中国纯粹建筑在一种道德结合上,……中国人把自己看成属于他们家庭的,而同时又是属于国家的儿

①　[德]黑格尔著、王造时译:《历史哲学》,上海:三联书店出版社,1956年,第56-57页。
②　[德]黑格尔著、王造时译:《历史哲学》,上海:三联书店出版社,1956年,第80页。
③　[德]黑格尔著、王造时译:《历史哲学》,上海:三联书店出版社,1956年,第79页。
④　[德]黑格尔著、王造时译:《历史哲学》,上海:三联书店出版社,1956年,第161页。

女。在家庭之内,他们不具有人格,因为他们在里面生活的那个团结的单位,乃是血统关系和天然义务。在国家之内,他们同样缺少独立人格。"①"他们的航海——不管这种航海发展到怎样的程度——(海洋)没有影响(中国)他们的文化"。②

简而言之,中国人的海上活动与航海,并没有影响到中国人的精神意识中,几千年来王朝不断周期更迭,以黄土地为特征的内陆家族文化仍然是中国人的文化特征。他们的海洋活动只是一种天然的自在的行为,并非自由的意识。

四

黑格尔在《历史哲学》"绪论"中,对"历史是自由意识在必然性中的进步"这个命题作了充分的论证,对人类由蒙昧走向自由的历史过程进行了详细的讨论。在《历史哲学》一书中,黑格尔明确宣称:

第一,他只论述人类自我意识、自由意识在历史上已经取得的进步,至于"自由意识"在未来的发展,则不属于"历史哲学"范畴。比如,他认为北美洲才是"明日的国土。世界历史在未来将启示他(美国)的使命。……对于古老的欧罗巴这个历史的杂物感到厌倦的一切人们,而阿美利加洲是他们憧憬的国土。"③黑格尔的预见确实为现代的事实所印证。但是,他(美国)既然是未来的国土,黑格尔就此不再提他。因为我们讲历史必须研究以往和现存的东西,不研究未来;讲哲学应研究现在且永恒存在的东西——"理性"。北美的自由意识的发展至今验证了黑格尔的论断。

第二,对于历史上没有精神的历史活动,如非洲是"非历史的、没有开发的精神",④草原民族和旧中国历史一样,不断周而复始地活动,只能说不是"真"的历史。就像在自然界中,变化无论怎样繁杂,只是表现一种周而复始的循环,如中国古代的王朝周期率一样,不断推倒重来,永远如此,没有任何新的东西产生。对于这一类的历史活动,黑格尔说也不进行——罗列与讨论。

虽然如此,黑格尔对于中国文化,仍然抱着极大的希望,他说:"中国很早就进展到他今日的情状,但是因为他客观的存在和主观运动之间仍然缺少一种对峙,所以无从发生任何变化,一种终古如此的固定东西代替了一种真正历史的东西。中国和印度只能说在世界历史局外,而只是预期着等待着若干因素的结合,然后才能得到活泼生动的进步。"⑤什么叫进步?黑格尔说:"在生存中,从不完美的东西进展到比较完美的东西,便是进步。"⑥中国期待的是什么,期待的是整个民族内心的反省,产生出"客观的存在和主观运动之间"的"对峙",才能有进步。

我们应当正视自己历史的局限,正像许多学者所说的,我国虽然很早就有许多海上活

---

① [德]黑格尔著、王造时译:《历史哲学》,上海:三联书店出版社,1956年,第165页。
② [德]黑格尔著、王造时译:《历史哲学》,上海:三联书店出版社,1956年,第146页。
③ [德]黑格尔著、王造时译:《历史哲学》,上海:三联书店出版社,1956年,第131页。
④ [德]黑格尔著、王造时译:《历史哲学》,上海:三联书店出版社,1956年,第144页。
⑤ [德]黑格尔著、王造时译:《历史哲学》,上海:三联书店出版社,1956年,第161页。
⑥ [德]黑格尔著、王造时译:《历史哲学》,上海:三联书店出版社,1956年,第97页。

8

动,甚至出土了几千年的古代船舶,但这并不代表我们民族很早就有海洋精神。我们必须承认,在中国漫长的历史过程中,处于非主流文化的海洋商业精神虽然一直存在,但一直受到主流文化的压抑与影响,使中国历史陷入一种没有动力的循环之中。过往的中国,缺乏一种黑格尔所说的民族精神的内心自省与精神的批判。中国历史确实更多地只能依靠不同时期的外界的力量推动,无论是佛教、基督教、异域文化,甚至"十月革命的一声炮响……",都在不同时期、不同程度推动着中国文化的多元形成。

在一个民族的复兴与崛起之时,我们当然不能继续依靠外部的力量,我们必须寻找自己民族本身内部的文化精神,重新唤醒一直受到压抑的海洋精神,让我们的民族再次融入全球化的进程中。正如黑格尔所说:一个民族,当他从事于实现自己的意志的时候,当他在客观化的进程中抵抗外部暴力、保护自己的动作的时候,这一个民族是道德的、善良的、强有力的。他在本身的主观的存在,他的内在的目的和生命——对于他的现实的存在中间的矛盾是解除了,他已经取得了充足的现实性,他自身已经客观地出现在现实性之前了。……为了要使一种真正的普遍兴趣可以发生,一个民族精神必须进而采取新的东西。但新的东西从何处发生呢?这个新的东西是一种比自身较高等的、较博大的概念——对于他的原则的一种扬弃——但是这种举动便引起一个新原则、新的民族精神了。①

黑格尔说:"在一个民族的发展中,最高点便是他对于自己的生活和状况已经获有一个思想——他已经将他的法律、正义、道德归合为科学,因为在这种(客观与主观的)统一里,含有:精神自身所能达到的最深切的统一。"②在中华民族的复兴与崛起的道路上,我们更应当挖掘在我们民族精神内部已经被遗忘许久、压抑许久的海洋活动与海洋意识,激发我们民族内心文化的传统,唤醒这些受到压抑和束缚的追求自由精神的文化品质。中国人往往在困境中,放弃自己的传统,摆出一副我祖宗也是海洋文化的面孔,实际上这是大可不必的。一个国家的文化性状是无法轻易改变的,我们大可不必去依附其他的文化性状。世界各个文明的文化性状都有其自己的特点,正是这种的多元性构成了丰富的世界文化。我们大可不必放弃承认自己的文化之根,我们可以是黄土文化,但同时我们是海洋国家。我们作为海洋国家,对海洋的认识正日益清晰,我们正在或者已经开始站在人类的发展高度来审视海洋活动、海洋文化与传统的黄土文化的整合所产生的世界影响。

重拾民族文化自信,这才是我们的当务之急。

———————————

① [德]黑格尔著、王造时译:《历史哲学》,上海:三联书店出版社,1956 年,第 116 页。
② [德]黑格尔著、王造时译:《历史哲学》,上海:三联书店出版社,1956 年,第 118 页。

海洋文化的历史地位和蓝色中国的伟大未来

倪浓水

（浙江海洋学院）

摘要 海洋文化是中华文化历史结构中的核心元素,是中华文化构成中的源头之一。我们研究海洋文化,乃是回归中华文化的本源。现在我们建设蓝色中国,大力经营海洋,就要转变传统的内陆文明观念,站在"中国半岛"的崭新的空间立场,以海洋历史文明的视野,引领蓝色中国的伟大未来。

关键词 海洋文明 回归本源 蓝色中国

现在我们探讨海洋文明,研究海洋文化,必须首先面对一个问题:中国的海洋文化,是我们最近几十年的最新发现,还是它本来就是中国文化的有机组成之一? 也就是说,海洋文化究竟是中国的源文化,还是中国文化的一种新发展、新延伸? 现在我们探讨海洋文化,是回归中华文化的本源,还是培育中华文化发展的新方向?

我的回答是:海洋文化是中华文化历史结构中的核心元素,是中华文化构成中的源头之一。我们研究海洋文化,乃是回归中华文化的本源。海洋文化从中华文化的历史源头走来,现在我们建设蓝色中国,大力经营海洋战略,就必须要转变传统的内陆文明观念,站在"中国半岛"的崭新的空间立场,以海洋历史文明的视野,勾描蓝色中国的伟大未来!

一、三源文化结构中的海洋文明

中华文明是一种多源头的文明,中华的文化结构是由多种不同性质的文化形态共同组成的。早在上世纪三十年代,中国现代著名的史学家徐旭日先生在《中国古史的传说时代》中就指出,华夏、东夷和苗蛮是中国文化的三大主干。这个观点得到学界的普遍认可。[①]

东夷和东夷人(严格地说应该是东莱人)创造的东夷文化是华夏文明起源中重要的一元,对此,没有任何人会表示怀疑。可是,东夷文化不仅体现为北辛文化、大汶口文化、龙山文化和岳石文化,更体现在其所包含的厚重的海洋文化。东夷文化又被称为海岱文化,并不仅就其地理位置沿海靠岱而言,更应该是指这一文化所散发出的浓重的海味。

"海岱"是山东沿海一带的古称。"海岱"一词始见于《尚书·禹贡》:"海、岱惟青州。"又云:"海、岱及淮惟徐州。""海岱"指自黄海西岸至泰山南北的广大地区,也就是齐国的主

---

① 转引自田兆元为上海古籍出版社 2009 年 7 月出版闻一多《伏羲考》而写的"出版说明"。

要区域。

齐国曾经有过辉煌的繁荣，《战国策·齐策》这样记载齐国首都临淄："甚富而实，其民无不吹竽、鼓瑟、击筑、弹琴、斗鸡、走犬、六博、蹋鞠者。临淄之途，车毂击，人肩摩，连衽成帷，举袂成幕，挥汗成雨。家敦而富，志高而扬。"

有意思的是，这段文字出自洛阳人苏秦之口。此人是著名的策士，纵横家的代表人物，是见过大世面的，但齐都临淄经济之富庶、文化之繁荣仍让他惊叹不已。

现今的威海，正属于"海岱"的核心，所以从历史上看，威海一带曾经是非常繁荣的。这种繁荣，实际上就是海洋文明的繁荣，因为齐国的前身正是东夷（东莱）。众所周知，东夷与海洋的关系极其密切。《山海经·大荒东经》云："东海之外大壑，少昊之国。"而少昊族是东夷族落的重要族系。东夷人后来建立的国家为齐，齐国的创始人为吕尚，而《史记·太公世家》里说："太公望吕尚者，东海上人。"集解注明即为"东夷之人"。东夷人创造了以靠海用海的物质生活，开拓性的海上活动，以及人面鸟身的海神信仰和鸟与太阳通体崇拜的习俗等为主要内容的海洋文化。[①]

东夷文化丝毫不逊色于内地的华夏文化，并且还一度西进，对华夏文化形成了强大的压力。遗憾的是，东夷人似乎对于自己的文化缺乏自信，而是对于逐鹿中原似乎具有无穷的吸引力。正如朱健君在《东夷海洋文化及其走向》中所敏锐指出的，从目前考古发现来看，一种发人深思的现象是，随着东夷文化西进中原并在那儿茁壮成长，其出生地的文化却发生了很大差异，主要表现为岳石文化中陶器的退化、工具的粗糙和渔猎文化遗存的缺乏。此前，东夷文化一直领先于其他文化，但此时则显得落后了。产生这种现象的原因恐怕是在迁来的黄炎帝后裔的冲击下和挺进中原的道路中，自己原居地的文化特色发展反而削弱了。如果真是这样，那恐怕就是中国文化主体上背向海洋面向中原大地发展的开始。

朱健君的分析不无道理，但就算是这样，也不能否认以东夷为代表的远古海洋文明在中华文化结构中的核心组成地位。

其实，华夏、苗蛮和东夷三大文化源流中的苗蛮文化，也有浓郁的海洋文明的因素。苗族主要生活于长江沿岸，而"现在长江流域，是中国海洋文明发源地，青莲岗文化是海洋文明的代表。……海洋文明由于海浸到来，淹埋在汪洋大海之中，就成了中国失落了的文明。"[②]而东夷中也有一支逐渐南移，生活在江淮一带，史称淮夷，后来逐步和苗蛮相融合，更增加了苗蛮文化中的海洋文化因素。

华夏、苗蛮和东夷三大文化源流中，海洋文化因素占其二，可见在中国文明的早期阶段，海洋文明其实拥有很高的地位。

二、四源文化结构中的海洋文明

除了华夏、苗蛮和东夷三大文化源流合成说，学界还有另一种"四源说"，那就是古越族是与华夏、东夷、苗族并列的构成中华文化的四大有机部分之一。如叶文宪在《论古越族》

① 朱健君：《东夷海洋文化及其走向》，《中国海洋大学学报》，2004 年第 2 期。
② 雷安平、龙炳文：《论苗族生成哲学与海洋文明》，《湖北民族学院学报》，2005 年第 6 期。

一文中所表达的，即是持这种观点。① 笔者在文献搜索中发现，也有一些学者赞同这种观点。

叶文宪的研究依据主要有二，一是人种依据。他吸收人类学家根据对于古人头骨的考古分析而得到的研究成果，认为中国人种有明显的南北分类，②而华夏、东夷和苗族这三大部族都属于华北种群，只有越族属于南方种群。二是语言依据。汉语分为北方话、吴语、赣语、客家话、湘语、闽语、粤语七大方言。这七大现代汉语方言中北方话是几千年来古汉语在北方广大地区发展的结果，其余六大方言则都是历史上北方居民不断南迁而在江南地区逐步形成的。而其基础，乃是吴语。

南方六大方言中，吴语形成最早，其源头可以追溯到太伯仲雍奔吴。但是太伯仲雍并没有把北方话照搬到江南来，因此吴语中虽然含有古汉语的成份，但它的基底仍是江南的土语。闽语是三国两晋时期来自苏南浙北的大批移民进入福建后形成的，因此闽语的基底实际上是当时的吴语。战国时期越国灭亡后越人大规模南迁，秦始皇征服越人后又留下97万军戍守岭南，这些戍卒带来的北方话和岭南土语相结合形成了粤语。湘语源于古楚语，形成时间略晚于吴语，但两者关系十分密切，语言也比较接近，这说明湘语的基底也是江南土语。江西处于吴头楚尾，东晋南朝以后北方移民进入江西，他们带来的北方话和在此交汇的吴语、湘语结合形成了赣语和客家话，因此这两种方言的基底也是南方土语。而这个作为南方方言基底的土语，就是现已消失了的古越族所使用的古越语。

古越语有许多与众不同的特征，其中一个明显的特点就是常常用句(苟)、姑(个)、无(鸟)、于(余)、夫等音作发语词。吴越的人名、地名常将这些发语词放在前面，如作为人名的勾践、余祭、余昧、夫差、无疆和作为地名的于越、余杭、余姚、句容、句吴、姑苏、姑蔑、无锡、芜湖、乌程、乌伤、夫椒等等。虽然古越族早已不复存在，但是他们留下来的越语地名却像化石一样指示出越人活动过的范围。

所以吴和越虽然曾经分裂为两个国家，但是它们的文化脉络是属于同一个部族的。闻一多先生考证说，远古时代，越族的老家也在北方，后来逐渐南移。一部分停在如今江苏境内，受着太伯仲雍的统治，因建国号叫吴，所以这一部分越人也就叫做吴人了。③ 所以吴只是一个政治区域的名词，而不是文化区域的名词。论种族和文化，吴越完全是属于一家的。所以《越绝书》记载说："吴越为邻，同俗并土。"《越绝外传》也记载说："吴越二邦，同气共俗。"

因此，无论是从人种现象、语言现象还是从文化渊源来看，吴越一体的古越文化都是构成中华文化的来源之一。

古越文化，其本质乃是海洋文化，它与东夷文化一样，是中国海洋文明的核心文化区域。一方面，吴越本身就处于东海海滨，与海洋有千丝万缕的联系。据陈桥驿先生考证，由于海潮的倒灌导致土地迅速盐碱化，沿岸的居民被迫迁移，在东海岸的居民，分成了两支，一支向

① 叶文宪：《论古越族》，《民族研究》，1990 年第 4 期。
② 见张振标：《现代中国人体质特征及其类型的分析》，《人类学学报》，1988 年第 4 期；韩康信：《古代中国人种成分研究》，《考古学报》，1984 年第 2 期。
③ 闻一多：《端午考》，见上海古籍出版社 2009 年 7 月出版的闻一多《伏羲考》。

丘陵地区转移,《越绝书》中称为"内越";另一支则深入海洋,向岛屿转移,成为岛民的先祖,古书中称为"外越"。① 另外,《汉书·东夷传》记载说:"……其上人民,有至会稽货布,会稽东县入海行,亦有遭风流移至者。"这里的"上"即指"海上",说明当时岛屿居民已经经常登岸,在绍兴一带与陆地上进行贸易活动了。另一方面,它也深受东夷海洋文明的影响。从文化接受史角度来看,吴越接受的是海洋文化。《越绝书·吴内传》记载说:"越人谓船为须虑……习之于夷。夷,海也。"可见吴越为代表的古越族文化也具有非常浓郁的海洋文化品质。

古越的后裔"疍民"也是如此。古越族与东夷的命运一样,后来都受到了内陆文明代表华夏集团的强势挤压,国破族散,四处飘荡,有许多都上了山,或被华夏同化。但是其中的一支却坚持留在海上或海边,这就是有海上吉普赛人之称的"疍民"。杨齐在《海上吉普赛人》②一文中指出,疍民分布在珠江三角洲以及东南沿海各省的江河湖海沿岸,直至南洋群岛各处。据专家考证,广东最古老的主人之一是南越族的遗民,就是现在珠江三角洲一带的疍民,他们的很多生活习惯都与古南越族相似或相同。解放前,他们被称为"疍家贼",或者海上的"吉普赛人"。

疍民具有独特的宗教信仰文化,这种海洋宗教信仰与舟山群岛等沿海和海域的海洋宗教信仰有许多相似之处,他们也信仰妈祖,也有许多生活忌讳,如在吃饭时,碗、盘、勺等餐具忌颠倒放置;吃鱼是不能将鱼身翻过来,只能把鱼上的刺拿掉;忌说与"沉"字同音的方言;忌女人跨过船头最前端的"龙头";忌分娩后未满一个月的产妇过船或碰到自己的船只;忌死尸从船头上经过,怕污染龙头,产生不利;忌在船头大便;忌妇人跨过渔网,怕渔网沾上秽气而捕不到鱼虾等。这与舟山群岛上的民间禁忌几乎完全一致。例如在舟山沈家门渔区吃鱼,除了船上捕上的第一条鱼要供龙王和船神外,家里开春煮熟的第一碗大鱼,也要先供灶神和祖宗。此外,吃鱼要从头吃到尾,不能随意乱吃,示意捕鱼有头有尾,头尾顺利。吃完上一面,不可把鱼翻转身,要连头带刺用筷挟去后,再吃下一面。这是因为"鱼翻"意为"船翻",示为不吉。在嵊泗渔区,吃饭时,不但所吃的鱼不能翻身,连调羹、酒杯、饭碗等食具也不能翻转,因为这些都会引人联想到"翻船"。吃剩的饭菜如果要倒到海里去,不能叫"倒掉",要说"卖掉"或"过鲜",因为"倒掉"与"翻船"意思有联系。

三、《山海经》"山""海"并列结构的意义

无论是华夏、苗蛮和东夷三源合成说,还是华夏、东夷、苗族和古越族的四源合成说,都证明构成中华文化的核心部分,都可以看到海洋文明的本源地位,现在我们再从古代奇书《山海经》中寻找证据。

《山海经》在结构上把"山"、"海"并列,并以几乎相同的篇幅分别予以描述,也可证明,研究中国海洋文化,其实就是回到中国文化的本源。

清代学者毕沅在《山海经新校正》"南山经之首"句下加注说:"《山海经》之名,未知所

---

① 陈桥驿:《越族的发展与流散》,《东南文化》,1989 年第 6 期。
② 杨齐:《海上吉普赛人》,《海洋世界》,2008 年第 12 期。

始。今按《五藏山经》，是名《山经》，汉人往往称之。《海外经》以下，当为《海经》，合名《山海经》，或是向、秀所题。然《史记·大宛传》司马迁已称之，则其名久也。"在这里，毕沅将《山海经》分为《山经》和《海经》，后世学者大多都认为有道理。袁珂先生也认为，"《海外经》以下各篇，主要说的是海，就连郭璞作注时收录进去的《荒经》以下五篇，主要也说的是海，自然该称《海经》。所以从外壳结构将此书区分为《山经》和《海经》。"①

《山海经》这样的"二分结构法"蕴涵着什么样的文化信息呢？从篇目来看，《山经》分《南山经》、《西山经》、《北山经》、《东山经》和《中山经》共五篇，而《海经》则有《海外四经》、《海内四经》和《大荒四经》以及独立的《海内经》共十三篇，远远多于《山经》。而从篇幅字数来看，却是《山经》要远远多于《海经》。据刘秀校《山海经》时统计，《山经》为 15503 个字，对《海经》则没有进行统计。清代学者作《山海经笺疏》，才统计出《海外经》、《海内经》八篇为 4228 个字，《荒经》以下五篇为 5332 个字，总共为 9560 个字。统计数字给出了一个结论，篇目上《海经》比《山经》多许多，而字数上则少许多，加以通融，恰好平衡。因此《山海经》隐含的文化信息乃是，在《山海经》时代的古人心目中，并不存在着"大陆中心论"情结，而是"山海"并存、等量齐观的思维哲学。

虽然《山海经》时代的古人表现出对海洋某种程度上的惶恐，但是我们认为，他们的文化格局中并没有出现"废海主陆"的片面性，而是表现出一种"山海共观"的健康、完美的文化视野。因此，从文化本源的角度来说，中国古代早期的海洋文化具有非常厚实的思维底蕴，而且更加可贵的是，《山海经》还具有"大海洋"意识，即不但是《海经》，就连《山经》中也包含着丰富的海洋文化信息。如"人鱼"，在《南山经》等《山经》中就有多次记载。《山经》还多次记载了多条河流"注于海"，甚至在《南山经》中记载道："丹水……南流注于渤海。"虽然这里的"渤海"，依照郝懿行的注释，也许应该理解为"海岸崛崎头"，描述的是海边的山势，但显然与后世的"渤海"不无关系。

先民的这一"山海并峙"思想来源于他们亲身的生命。大禹治水就是这一生命体验的隐喻式反映。这个故事最深刻的文化意象便是"导水入海"。内陆上饱受洪水之苦的先民们有一天忽然发现洪水不见了，后来才知道洪水是被大海收容了，那么对大海之大的想象必定会强烈地震撼着他们的思维。"河伯望洋之叹"绝不会是一种偶然性、个别性现象。现代考古证明，处于长江中游湘川交界的张家界武陵源一带，曾经是一片汪洋，后来由于地壳运动，山陵逐渐隆起，海洋才变成了茫茫的群山，而"海洋"一定纳入了该地区氏族原始性的历史记忆之中。我们知道，这个地区的先民为远古时代的巴人，而根据学界的普遍观点，《山海经》的部分作者，正是古巴人。代代相传的生命体验时时提醒着这些先民们对"记忆中的海洋"保持着极大的尊敬和畏惧，并因之在《山海经》对"海洋"进行了玄妙的文学性想象，想象海洋不是凡人居住的，而应该属于神人、神鱼、神鸟……从而使海洋演化成了一种文化空间而非仅仅是地理空间。

因此，我们也就能明白，为什么古人在祭祀时要将内河、海联系在一起而不是分开。据《礼记》，周朝的三王，"祭川也，皆先江而后海"。江河为海之源，海为江河之终，《山海经》就这样以结构的形式，将山河江湖与海洋纳入了同一个文化视野。

① 袁珂：《山海经译注·前言》，贵阳：贵州人民出版社，1991 年，第 1 页。

四、回归海洋文明的历史本源和蓝色中国的伟大未来

上述论述证明,中华文化结构的原始形态是内陆文明和海洋文明并存、互相促进、共同发展。《山海经》里"山""海"并列的结构,实际上正是中华文化结构的一种昭示。

遗憾的是从春秋末开始,由于以秦国为代表的内陆势力的强势崛起,海洋文化随着齐国的灭亡和越族的四处飘零而渐渐式微,西汉时期的"海洋仙语"(即海上神仙、神山、不死药等)被事实所戳穿又导致了海洋文化的进一步衰落。尽管有宋元海洋航运的一度发达,尤其是以明朝郑和下西洋为代表的海洋文化的短暂繁荣,但总的来看,中国文化是向内陆文明发展的。正是在这样的基础上,德国哲学家黑格尔才在《历史哲学》里作出了这样的判断:"尽管中国靠海,并在古代可能有着发达的航海事业,但中国并没有分享海洋所赋予的文明,海洋没有影响于他们的文化。"①

但是这种向内陆文明发展、并让内陆文明代表了中华文化的发展是后来的发展,并不能因此而抹杀海洋文化在中华文化结构中最初的本源地位。2002 年,上海的时平先生曾经呼吁"寻找华夏失落的海洋文明"。② 现在我们大力发展海洋文明,建设海洋文化,其首要的一个认识,就是不仅要"寻找海洋文明",而且是要"回归"到这种文化结构的本源中去。

"文化是一个组织起来的一体化系统。……它有三个文化亚系统,即技术系统、社会系统和思想意识系统。"③美国学者 L. A. 怀特在《文化的科学:人类与文明研究》一书中指出,技术系统由物质、机械、物理、化学等手段,连同运用它们的技能共同构成,借助于该系统,使作为一个动物种系的人与其自然环境联结起来。社会学的系统则是由表现于集体与个人行为规范之中的人际关系而构成的,它包括社会、亲缘、经济、伦理、职业等体系。思想意识系统则由语言及其他符号形式所表达的思想、信念、知识等构成,包括宗教意识、神话传说、文学、哲学、民间格言和常识性知识等范畴。在这三个系统中,技术系统处于最底层,是基础;社会系统处于中间;而思想意识系统属于最顶层。

依据这种文化系统理论,我们可以对海洋文化本源地位的性质进行分析。笔者认为,本源化的海洋文化,在技术层面上,是相对落后于华夏的农耕文化的。春秋时期的中原农耕技术已精细化,而东夷的海洋生产技术则还属于最简单的泥涂沙滩挖贝取食阶段,航海技术还属于独木舟时代,所以从技术系统而论,本源化的海洋文化还不能与农耕为主的内陆文化相并列。从社会学系统而论,东夷的社会、国家结构依据非常发达,已经完全可以与华夏族相抗衡;而其思想意识系统,以东夷为代表的海洋文化,则开始拥有自己的海洋想象(神话传说)和海洋信仰(海神仙语等)。所以总体而论,本源化的海洋文化,完全有资格与华夏等内陆文化一起构成中华文明最初的文化结构!

正是基于这种认识,现在我们要喊出强势的口号:建设一个伟大的蓝色中国!

2012 年 6 月 7 日,浙江大学非传统安全与和平发展研究中心主任余潇枫教授在《环球

---

① [德]黑格尔著、王造时译:《历史哲学》,上海:三联书店出版社,1956 年,第 146 页。
② 时平:《寻找华夏失落的海洋文明》,《海洋世界》,2002 年第 4 期。
③ L. A. 怀特著、沈原等译:《文化的科学:人类与文明研究》,济南:山东人民出版社,1988 年,第 351 页。

时报》上发表了《再造一个"蓝色中国"》的文章。9月24日,余教授再次在《环球时报》上发文《"海洋大开发"应是中国新国策》。余先生认为:"支撑中国的持续崛起,传统儒家文化的内陆型文明体系需要转型。这是摆脱目前中国海洋困局的关键。"也就是说,传统儒家文化的内陆型文明体系已经越来越不适应于未来中国的建设,因为未来的中国将是蓝色中国,蓝色中国建设需要海洋文明体系的引领。

余先生指出,历史上由于对蓝色文明缺乏清晰的认识,所以很多人忘记了中国事实上是一个与印度一样的半岛国家,是一个海陆兼备的大国。我们不能仅仅记住960万平方公里的陆土面积,而轻视那300万平方公里的海洋"蓝色领土"。

海洋并非只是一个平面,海洋还关联着海底、海岸、海空。因此,人类的未来必将"面海而兴"。实际上,现在"开发海洋"也成了全球趋势。仅以煤炭为例,英国最大的煤矿在离岸14公里的海底,这也是目前世界上最大的海底煤矿。日本海底煤矿的产量占了其全国煤总产量的50%左右。

中国要走向世界先要走向海洋,中国要为和谐世界作贡献先要为和谐海洋作贡献。建设好"蓝色中国",是中国走向海洋文明的第一方略。

要建设蓝色中国,笔者认为,除了余潇枫教授在文章中提出的"中国应该建立海洋银行,开发海洋城市,打造以海洋文化为核心的海洋产业群,组建以维护海上非传统安全为主要使命的远洋舰队,开创新型的海洋外交,实现华夏文明从'大河文明'向'海河文明'再向'海洋文明'的有序过渡"的对策建议(笔者完全赞同这些建议)外,核心问题是"观念的转变"和"海洋文明领袖人物"的出现。

先谈谈"观念的转变"。这个转变即是从传统的内陆文明观念向海洋文明观念的转变。一般而论,也是历史事实和世界大势所证明,内陆文明的思维往往是保守型的,立足于自身视角,追求稳步发展,讲究人与人之间、各种势力集团之间的和谐平衡;而海洋文明的思维,基本上都是开拓型的,放眼世界局势,追求外向型跳跃性发展,讲究人与人之间、各种势力集团之间的竞争和掠夺。中国一旦确定自己"蓝色中国"的重新定位,或者至少承认中国是一个内陆文明和蓝色文明并存、目前重点倾斜蓝色文明建设的国家,那么一定要从上到下树立海洋文明的思维意识,走开拓性、竞争性、世界性的发展之路!

再来说说中国的"海洋文明领袖人物"的问题。这是一个崭新的也是比较严肃的问题。这个问题的产生来自于笔者的一个思考:中华文明的核心组成中既然曾经有过如此强势的海洋文明元素,为什么后来数千年的文明发展史中,内陆文明长期占据主流地位,而东夷、苗蛮、古越文化都被挤压以致飘落星散?笔者认为一个关键的问题是没有"海洋文明领袖人物"出现。

所谓的"海洋文明领袖人物",包括政治、军事、文化等各个方面的领军人物。三皇五帝、诸子百家、儒家道家,构建中国政治文化的代表性人物,清一色都是内陆文明的代表者,而海洋文明的领袖人物,几乎没有。如果夏朝前后的历史基本可信,那么中国曾经一度存在过夷夏部落共同治理天下、夷夏首领轮流为主的"政治联合体"时代,也一度出现过皋陶、伯夷、后羿这样的政治领袖。但是这些政治领袖传说的成分实在是太大了。后来就再也没有海洋文明性质的领袖人物出现,也没有海洋文化大师来勾描和建设中国的蓝色文化。而今我们重建蓝色文明,迫切需要具有海洋意识的领袖型人物出现!

综上所述,中国自古以来就是内陆文明和海洋文明并存的国家,只是后来由于种种原因,内陆文明越来越强势,而海洋文明在逐渐走向边缘。但是这种边缘是伟大文明的火种,在当今国家海洋战略的时代背景下,这个火种正在重新被点燃,中国也正从单一的内陆文明国家走向海陆共同发展的综合性国家。由于海洋文明是世界性的强势文明,因此未来中国的"蓝色成分"必将越来越浓厚。甚至可以毫不犹豫地预言:未来的中国不但是海陆并重的,而且很有可能是"蓝色"占主导地位的"半岛性海洋大国"! 处于这个"半岛性海洋大国"最前沿的山东半岛蓝色经济区、浙江海洋综合开发实验区、舟山群岛新区等国家级海洋开发战略区,还有舟山市以及新成立的三沙市等海洋城市,必将承担起许多伟大的历史使命。

论商业与海洋文明的空间互构

王书明　　刘冬花

（中国海洋大学）

摘要　如果说市场机制是一只"看不见的手"，那么商业力量就是一只"看得见的手"。商业力量一直是海洋空间上一支永不衰落的力量，从海洋文明诞生之初，海洋空间与商业力量就紧密相连，从最初海洋文明的出现，海外殖民地的扩展，到经济全球化过程中发挥巨大作用的海洋运输，再到近代的海洋旅游、海上观光等等，人类对海洋空间的利用方式呈现出多元化趋势。海洋空间，无论是作为扩张平台、运输平台还是发展平台，它的社会建构都充满了人类的意识形态。海洋空间为商业力量的运作提供了一个平台，对于经济效益明显的海洋旅游、海上观光来说，海洋空间本身就是商业力量运作的一部分，商业力量的运作从来都是以市场机制为原则的。因此，商业力量推动海洋空间的社会建构，是市场机制运作的表现形式之一。

关键词　商业力量　海洋空间　社会建构

如果说市场机制是一只"看不见的手"，那么商业力量就是一只"看得见的手"。商业力量一直是海洋空间上一支永不衰落的力量。从社会角度来看，虽然规范和法律管理限制着大多数国家，但是追求自我利益和强势取得似乎才是国际社会的规则。从海洋文明诞生之初，海洋空间与商业力量就紧密相连。从最初的海洋文明的出现，海外殖民地的扩展，到经济全球化过程中发挥巨大作用的海洋运输，再到近代的海洋旅游、海上观光等等，人类对海洋空间的利用方式呈现多元化的趋势。海洋空间，无论是作为扩张平台、运输平台还是发展平台，它的社会建构都充满了人类的意识形态。人类关系的结构主要是由共有观念决定的，随着时间的推移，人类对于海洋空间的认识也不断深入，而商业力量与海洋空间的结合就是在这一认识基础上建构的。对于巨大经济利益的商船队来说，海洋空间为商业力量的运作提供了一个平台；对于经济效益明显的海洋旅游、海上观光来说，海洋空间本身就是商业力量运作的一部分。商业力量的运作从来都是以市场机制为原则的，因此，商业力量推动海洋空间的社会建构，是市场机制运作的表现形式之一。

一、海洋与商业互构是西方国家的文化之根

最初的海洋文明发源于地中海沿岸，其独特的地理环境注定了地中海在资本主义发展

中的重要地位。地中海上岛屿众多,岸线曲折,半岛和天然港湾众多,这种风平浪静的环境为地中海文明的出现提供了天然的空间条件。平静的地中海不适合帆船行驶,但却非常适合用桨划船。因此,在帆船还没有被发明之前,地中海人就可以用桨划船来探索海洋,而其他海域的人却不可以。克里特岛是理想的商业贸易地,水手从克里特岛可出发,不管朝哪个方向航行,几乎都可以很快见到陆地,北达希腊大陆和黑海,东到地中海东部国家和岛屿,南抵埃及,西至地中海中部和西部的岛屿和沿海地区。如此便利的条件,使克里特岛人可以经常驾船航行进行贸易,只要有机会,克里特岛人还大肆进行海盗活动。因为贸易活动以及海盗活动为他们积累了大量财富,他们掌握了制海权。到了公元前3世纪,希腊人和罗马人建造了一些大型港口用于海上贸易。古典时代的雅典,城邦的繁荣都维系在港内的商船上,四通八达的海上经济大动脉延伸到地中海北部沿岸、西西里和埃及等地的产粮区。地中海独特的地理环境,使它从一开始就成为人类文明进程中的一个重要空间。

人类至今为止的文明形式可简单地分为农业文明和工商业文明,其他的文明形式都可以看作是这两种文明形式的延伸。大河提供的充足水源满足了农业的需求,因而农业文明是大河文明的必然趋向;远洋运输为扩充市场提供了可能性,因而其必然趋向是工商业文明。大河文明是一种经验积累性文明,海上文明是一种科学探索性文明。① 大河文明是一个带,沿河的流向分布;海上文明是一个圈,以海陆交界处为一个中心,以无限长的半径向四面辐射。大河造就了农业文明,海洋使之扩展。大河文明为海洋文明奠定了物质基础,海洋文明又巩固了大河文明,二者共同创造了人类社会的文明。尤其是海上文明的出现,表明人类的活动范围和生存空间从此进入了一个新的发展阶段。过去,海洋空间像是隔离带,分开了陆地,如今海洋空间反而成为陆地之间的连接纽带,把各大洲联系在一起,把陆地空间乃至全球都带入了一个新的发展阶段。市场经济驱动着人们跨越海洋去寻求新的市场,资本和各种社会力量的介入,使得海洋空间不单是一个人类扩展的活动空间,而且也是国家实力的竞争空间。

在这里,我们可以看到,海洋空间被当作一个扩张平台,通过船只从海这边的陆地到海那边的陆地,这对人类来说是一种全新的体验。那些最先掌握造船技术、航海技术的国家,利用这种便利的工具,成就了最初的海洋霸权。如在西班牙和葡萄牙,海外扩张主义者开始其冒险活动,在执行教皇命令的同时,促进了商业的繁荣,对商业利益的追求成为一个长久的驱动力。而各国在海上的活动也渐渐形成了后来所确定的一些规则的雏形,如公海自由原则和领海原则。正如菲利普所说:"海洋是全球社会中的一个特殊的商业空间。地中海贸易保存了海洋的自由。"②海洋空间不再是阻隔各大洲之间交流的屏障,由于船只的出现,海洋空间反而成为各大洲之间的连接平台。频繁的往来,资本的运作,带来了相对于陆地文明的海洋文明。海洋不再是令人恐惧的神秘空间,而成为人类活动的另外一个新的空间。海洋空间的连通,缩短了人们之间的距离,原本遥不可及的地球另一端,如今可以轻松到达,人类的空间位移变得简单。随着海洋文明的进一步深入,原本需要一年、半年到达的地方,只需要几个月甚至几天,人们之间的空间关系也变得亲密了。

---

① 侍茂崇:《海洋与人类文明》,哈尔滨:哈尔滨工程大学出版社,2007年,第60-61页。

② Philip E. Steinberg, The social construction of the ocean. Cambridge: Cambridge University Press; 2001, pp.98.

现代海洋强国的崛起充分证明,依靠海洋能够成就世界霸主的地位,海上强国的更迭证明了一个道理,即"海洋兴则国兴,海洋衰则国衰"。一些老牌资本主义国家通过控制海洋通道和殖民活动来获取高额利润,为资本主义经济的发展奠定坚实的基础。[①] 哥伦布的地理大发现,麦哲伦的环球航行,开通了西去、东去的航线,西班牙、葡萄牙开始在世界各地占领殖民地,掠夺世界财富;荷兰不甘落后,他们没有广袤的沃土,只能以1200千米的海岸线为本钱,开发无垠的海洋。17世纪,荷兰成为"海上第一强国",以东印度公司为依托,每年向海外派出50只商船队,控制重要海峡,不断开辟新的航路,不断占领新的土地;英国看到了海上贸易的巨大利润,不甘落后,在历经多次冲突和争夺之后,打败了西班牙的"无敌舰队",确立了自己的海上霸权。接着,英国又向荷兰公开挑战,制定了专门针对"中介贸易"荷兰的航海条例。经过几次激战,荷兰战败,渐渐失去了昔日光荣的"海上马车夫"美誉。英国在其称霸海洋的近3个世纪当中,侵占了比本土大111倍的海外殖民地。日本在经历了200多年的闭关锁国之后,出人意料地从海上起步,成为一个继英国之后的又一个海上强国。但这个海上强国的位置没坐多久,便让给了后来居上的美国。如今的美国,已经是当之无愧的海上强国。[②] 从海洋强国的崛起和衰落过程中,我们可以清楚看到海洋对各国的重要性,利益驱动或者说是商业力量在海洋空间的社会建构当中起了非常重大的作用,无论是直接从海洋中获取资源还是通过海洋去别国获取资源,海洋空间在国家的崛起中起到了举足轻重的作用。

这里我们可以看到,海洋空间作为扩张平台的另一种形式,通过海洋空间拓展海外殖民地,积累原始资本,甚至把海洋空间本身看作是殖民地的一部分,海洋空间的社会性已然形成。但这些社会属性必须立足于海洋空间的客观物理性质。由于海洋空间成为人类的又一个活动空间,原本的社会政治——经济关系开始改变,人与社会之间的关系也有所改变。原本占有土地是权力和财富的象征,而如今控制海上通道、拓展殖民地也成为权力和财富的象征。原本以土地为中心的社会关系,因加入了海洋这个空间要素,可以说海洋空间重塑了社会关系。原本被海洋空间隔开的世界又因为海洋空间而连成一体,人们对于世界的认识、对于自身的认识也因此而得到提升。

二、海洋运输与国际贸易是商业与海洋互动的基本形式

作为扩张平台,海洋空间满足了低成本、高回报这一要求,成为资本主义扩张历史进程中的一个重要空间。人类社会的发展从大的范围来讲具有趋海性,按照现在的发展趋势,人类与海洋的关系会越来越密切。由于人类的涉海活动越来越多,海洋已经无法建成一个超越社会的、非现代化的空间。来来往往的贸易船只、海上钻井平台、远洋捕鱼船、科学考察船等等,载着形形色色的人在海洋空间中活动,而且这些社会力量必须遵循一定的规范与秩序。海洋权力作为一种实现经济政治权力必需的途径和国家理想的一部分,海洋各国通过权力进行控制,海洋空间的社会建构中充满了权力政治的味道。运用权力政治获得商业利

---

① 王诗成:《龙,将从海上腾飞》,北京:海洋出版社,2004年,第33页。
② 俞学标:《海权:利益与威胁的双刃剑》,北京:海潮出版社,2008年,第25-43页。

益,是各国控制海洋的最终目的。

作为一个运输空间,海洋空间的空间重组和变异已经有目共睹,这也是市场经济原则运作的一个必然结果。如今,市场原则开始渗入到人们生活的每一个角落,由经济发展和技术进步而引发的人类社会剧烈变迁,不仅表现为科技的进步、物质财富的增长和社会关系的根本性变化,而且还往往表现为空间的重组和变异。[①] 世界各地的货物彼此交换,丰富了彼此的生活。航运本来是人们对海洋空间的一种古老的利用方式,但是在这一时期,海运业似乎重新焕发了生机,拥有了与过去截然不同的地位。在未来的世界贸易当中,起码在相当长的一段时间内,海运依然会是国际贸易的主要运输方式之一。通过控制贸易航线获得利益,已经成为沿海国家获得财富的一种方式。在这一时期,各国对海洋已经不仅仅拥有控制权和使用权,而且拥有事实上的所有权和收益权。一部分海洋处于公海的控制范围之内,一部分海洋则处于各国的控制之内。商业力量在海洋空间的社会建构中,主要表现为控制贸易航线获得利益,以及把海洋作为运输平台获得利益。随着新全球化的到来,海洋空间的利用变得多元化,空间的重组和变异在海洋空间中的社会建构中也发生了新的转变。

作为发展平台,海洋空间承载了各国对未来发展的期望。每一次向海洋的进军都与利益驱动联系在一起,商业力量带着资本,走遍世界每一寸土地,寻找新的市场,创造新的消费需求。海水浴场、海上旅游到海上游艇、海底潜水这些休闲方式的开发,体现了人们对海洋空间利用的多元化。这种资源不同于海里的渔业、石油、矿产等资源,只要限制在海洋环境的承载量之内,可以说是取之不尽、用之不竭。原则上,这些资源是属于全人类的,但事实上却是由个人或者某个组织控制、获益。商业力量与海洋空间的结合,使得人们对于海洋空间的建构向纵深发展。在过去,人们并没有发现海洋空间的这种价值,而资本的全球化,在满足了人们的一些基本需求的同时,也放大了人们的欲望,进而创造了新的消费需求。这种经济行为所对应的经济制度,如利益分配、资金注入,成为海洋空间的社会建构中的规则。通过社会建构,海洋空间的商业价值被充分挖掘。

海洋运输是海洋空间的主要功能之一,来来往往的货轮是海洋上独特的景观。随着世界经济的发展,各国对海洋运输的依赖性越来越大,这包括对原料的进出口和产品贸易等。海洋运输运量大、费用低、航道多,这些优点吸引各国选择利用海运作为其贸易的最主要方式,从而使海洋运输占国际贸易总运量中的三分之二以上。我国是世界十大海洋运输国之一,外贸对海洋运输的依赖程度达70%左右。[②] 国际航运和物流产业正处在蓬勃兴旺时期,航空和海洋运输的货物运输需求不断创出新高,特别是像我国这样日渐繁盛的出口市场,以及像上海、深圳、青岛、宁波、广州、天津、厦门、大连等快速发展的枢纽港口。[③] 整个世界正在平稳地走向更加开放和更加一体化,国与国之间的相互依赖程度越来越大,尤其是大国之间。全球化进程中,最重要的是生产的转移,从高成本地区转向低成本地区。生产的转移必定带来贸易增长,贸易增长必定带来海洋运输的繁荣。海上运输在转移货物的同时,也带来

---

① 田毅鹏、张金荣:《马克思社会空间理论及其当代价值》,《社会科学研究》,2007 年第 2 期,第 14－19 页。

② 中国现代国际关系研究院海上通道安全课题组:《海上通道安全与国家合作》,北京:时事出版社,2005 年,第 226 页。

③ 徐剑华:《洲际海运量增速何时将见顶》,http://www.chineseport.cn/new0408/bencandy.php? Fid = 221&id = 25655.

了资本的转移和劳动力的转移。作为运输平台,海洋空间还附带着资本和利益,在各大洲之间流通。海洋运输业还可以拉动沿海国家的经济发展,实现各类物质的转换。

海洋运输业对世界经济格局和世界政治格局都具有深远的影响,从国家间贸易的数量和质量,我们可以看出国际社会的走向和国家关系的发展动态。据统计,大陆间的运输约有90%以上是通过海洋运输实现的,特别是一些发达的沿海国家,海洋运输已构成其经济发展的生命线。① 面对陆地资源的日益枯竭,而资源需求量的不断增加,资源问题将成为经济发展的制约因素,海洋能源运输关系着国家的经济安全。出口国与进口国之间的关系,海上航线经过的国家、海峡、港口等,一个环节出现问题,国家安全就会受到威胁。

从最初的海洋文明到如今的全球化时代,海洋空间作为运输平台发挥着越来越大的作用。海洋运输和经济全球化是一个相互联系、相辅相承的螺旋上升过程,经济全球化带动海运业成倍地增长,海运业的发展又推动经济全球化向更高层次发展。海洋作为一个运输空间,承载着越来越多的国际贸易的重任。在整个社会生产的环节当中,作为运输平台的海洋空间是社会交换的重要中介空间。人类对海洋空间的社会建构以及海洋空间对人类认识和行为的改变,都将改变着世界。另外,由于海洋运输是各国共同的利益交汇点,而共同的利益是合作的基础,这就为基础的社会关系和国际关系带来了改变的契机。

海洋空间作为运输平台,四通八达的海上贸易路线发挥了基础性作用。海上贸易路线也称为海上通道,从递进的关系来看,海洋空间是国际运输的大动脉,海上通道是生命线;确保海上通道畅通无阻,维护机动兵力和战略物资运输的快速便捷,关乎国家安全。② 当然,海上通道不单单与海外贸易紧密相关,还与军事、海洋的开发与保护紧密相关。但在这里,我们仅探讨海上贸易路线问题。在一般情况下,海上通道主要用作国际贸易航道,因此必须保证货运船顺利通过海上通道。原因在于,剧减全球范围内对能源需求的急剧增长,能源贸易已关系到一个国家的经济安全,甚至社会稳定和国家格局。以石油运输为例,由于石油生产地和石油消费地之间的分离,石油运输成为必然,而海洋运输又是石油运输成本最低、最划算的运输方式之一。尤其对一个石油需求大国来说,保证海上交通要道的畅通无阻是一件关系国计民生的大事,马六甲海峡、苏伊士运河、巴拿马运河等在石油运输中都占有非常重要的地位,是十分重要的海上通道。例如,波斯湾的霍尔木兹海峡和东南亚的马六甲海峡被公认为是"咽喉要道",从印尼、马来西亚、新加坡之间通过的狭长航道,是世界上最繁忙的航道之一。目前,中、日、韩所需石油的九成、世界所需原油的50%、世界贸易的25%都要通过马六甲海峡。由此可见,海洋通道不仅对世界贸易来说非常重要,而且对一个国家的经济安全、社会稳定也至关重要。

控制重要的海上通道是控制海洋的策略之一,庞大的贸易船队和海外基地也是保证海洋权益的重要措施。世界上有战略意义的海上通道有130多条,美国控制了其中最具战略意义的16条,以此来确保其海上运输的绝对畅通,保证国家的能源安全。海上通道的重要性迫使各个国家的社会力量进行重组和合作,因为没有一个国家能完全控制所有的海峡。

① 王诗成:《龙,将从海上腾飞》,北京:海洋出版社,2004 年,第 34 页。
② 中国现代国际关系研究院海上通道安全课题组:《海上通道安全与国家合作》,北京:时事出版社,2005 年,第 3 页。

因此,无论是主动还是被动,各国必须走向合作,否则只能是两败俱伤。历史已经证明,封闭与孤立导致落后,开放与合作才能带来繁荣。因此,在海洋通道上的国家合作,也许会带来国际关系和交往模式的改变。

三、海洋开发与海洋强国的建构

全球化时代的海洋开发更加多元化、立体化,从海面到深海都可以被开发利用。沿海地区的开发包括近海水产养殖、海水浴场、海上观光、潮汐能的利用、休闲渔业、近海旅游,这种多样性的利用建立在人们对海洋越来越深入的认识和越来越丰富的物质生活基础上。资本的长期趋势是扩张、商品化和机械化,这种长期趋势建立了现代社会空间体系。扩张趋势分为对内扩张和对外扩张。人类活动的地域在扩张,优越的社会经济制度也在扩张;商品化趋势使社会中的任何东西都可以通过一定的方式使之成为商品,其中最基本的是使更多空间,不仅包括土地,还包括海洋甚至是太空也成为商品;机械化趋势,高科技在各个领域的应用极大地提高了生产能力,不仅改变了生产方式,而且改变了劳资关系。这三种趋势使资本在更广阔的地域中流动;而资本运动的空间领域的不断扩张,使空间结构更加复杂。现代社会的物质极大丰富,新产品和新服务不断出现,人们可以按照不同的方式去消费商品或者消费不同的商品,使自己既与周围的世界保持一致,又显示自己独有的品味与地位,消费所具有的表征意义使得消费主义悄然兴起。商品生产者需要不断扩大的市场来销售商品,消费者需要消费商品来满足大众媒体宣传所建立起来的需求,商品生产者和消费者各取所需。在这种消费观念的刺激下,海洋空间的附加值不断增加。

在这种消费观念的作用下,海洋旅游的出现,正好迎合了迅速增长的消费需求。“二战”以来,世界旅游业发展突飞猛进,虽然经济出现多次衰退,但对旅游业的影响甚微,尤其是滨海旅游,不仅发展迅速,而且潜力无限。作为一种投入相对较少、获利非常明显的产业,沿海国家都开始注重海洋旅游资源的开发。在我国的东部地区,沿海旅游业和休闲渔业已经初具规模。这里引用于庆东的分法,把我国的沿海旅游区分为五大部分,即环渤海地区、长江三角洲地区、闽江三角洲地区、珠江三角洲地区、海南岛五大海洋旅游区。[1] 另外,我国海洋旅游资源不仅种类繁多、分布广泛、组合优良,而且资源的经济区位好、开发潜力大,特别适合建立高品位、高水准的旅游区。海洋旅游的开发,有着与陆地资源截然不同的特点,其环境的脆弱性、影响的无限性都要求人们必须谨慎地开发海洋旅游,因为海洋生态一旦遭到破坏,便很难恢复。因此,海洋旅游资源的开发与环境保护必须并重,二者不可偏废。海洋旅游是海洋空间开发的一种方式,可以带动沿海经济的发展,具有重要的经济价值和社会意义。

多元化的海洋资源开发方式,无形中为海洋空间增加了很多隐性价值,成为人们新的消费需求。有报道称,游艇成为中国富豪新宠,正在成为个人品味与财富地位的象征,玩游艇是受到热捧的高端休闲方式。[2] 也许并非因为游艇本身能够带来多少乐趣,而在于游艇把

---

① 周国忠、张春丽:《我国海洋旅游发展的回顾与展望》,《经济地理》,2005 年第 5 期,第 724－727 页。
② 佚名:《游艇成为中国富豪新宠》,http://news.sina.com.cn/s/2004－01－13/15202621389.shtml.

人们的活动空间从传统的陆地空间转移到了海洋空间,这种转换本身所带有的不言自明的财富与荣誉,使得游艇成为有钱人追捧的娱乐方式。同样是住宅,海边住宅的价值却比内陆住宅价值翻倍,住在海边代表的是一种品味和身份,因此海景房成为众多开发商的宣传噱头。海洋空间本身具有某种隐性价值,但只有当它与其他价值物结合在一起的时候,这种隐性价值才能得到体现。如今,消费主义已经不是简单的消费产品、消费市场所能涵盖,消费的对象并非商品本身,而是这种商品元素所表达的意义,商品本身只是需要和满足的对象。消费已不单单是指花费金钱、享受服务的过程,还包括人与商品之间的关系以及人与人、人与社会之间的关系。正如海洋旅游和海上观光、海景房可以看作是对海洋空间的消费。但是消费的不仅仅是海洋空间,还包括与环境、社会的关系,而这种关系似乎比物质本身更具有价值。

从多元化的海洋开发中,我们可以看到海洋空间的多样性用途,这事实上反映了社会的复杂化。在这里,自然的海洋空间被当作产品或者商品,生产有形或者无形的价值。从空间角度来讲,海洋空间是稀缺的,毕竟只有海滨城市才有此空间资源可以利用,而且同样是沿海区域,但却具有不同的价值,因为人们观念中的社会影响因素不同,对各个地方的海洋开发的定位也不同;从时间角度来讲,海洋空间又是充裕的,因为一个海洋旅游项目的开发、一个港口的建成,如无特殊情况,往往可以创造源源不断的价值。

新全球化时代,几乎所有的沿海国家都把海洋空间当作未来开发的新领域,将海洋与社会文明、人类生存、科技进步等大问题联系起来。[①] 在未来的发展之路上,海洋空间只会发挥着越来越重要的作用,世界斗争的焦点将从陆地转向海洋。沿海国家管辖水域的大幅度扩大,使海上邻国之间出现划界冲突,这是世界各国斗争妥协的结果,同时也是新的冲突的爆发点,海洋空间上必将导致新的国际政治格局。因此,人们对未来海洋发展之路有隐忧,也有憧憬,必须重塑空间秩序,对海洋空间进行管理和规划。因为海洋空间已经被纳入各种有意识或无意识的发展蓝图当中,海洋空间规划已成为未来具有巨大发展潜力的一个新领域。

新全球化时代的海洋技术、空间技术,使之前遥不可及的事情变为可能,因此海洋空间必将成为人类大规模开发利用的新领域,保证海洋的可持续发展至关重要。海洋空间规划本质上是实现基于生态系统的海域管理的关键途径之一,为了保证海洋的可持续发展,目的是让我们能够看到一个洁净、安全、健康、富饶和生物多样的海洋。[②] 人类对于海洋空间的新需求也要求对海洋空间进行合理的规划,没有人愿意看到一个被污染破坏的海洋。从现阶段的海洋开发来看,虽然出现了一些严重的海洋环境问题,但与陆地空间相比,海洋依然处于开发初期,依然是社会发展的潜力空间。

对于更久远的未来,海洋空间成为发挥人们无限创造力的空间。然而悲观者和乐观者对海洋空间的发展愿景各不相同。悲观者认为,多年之后,随着温室效应的不断加重,冰川融化,海平面上升,海水逐渐吞噬陆地,人类面临的只有灭亡。而乐观者认为,即使陆地面积

① 王诗成:《龙,将从海上腾飞》,北京:海洋出版社,2004 年,第 61 - 83 页。
② [法]伊勒、道威尔著,何广顺等译:《海洋空间规划:循序渐进走向生态系统管理》,北京:海洋出版社,2010 年,第 2 - 5 页。

在全球变暖的情况下不断减少，人类有着天生的适应环境的能力，能逐渐适应在海洋中的生活，未来到底如何，我们难以预测，但可以确定的是，在人类未来的发展道路中，海洋空间必将成为规划蓝图中的重要组成部分。海洋空间即将迎来更加大规模的开发，而海洋空间规划可以为海洋的合理开发指明方向、提供保障。无论是海洋毁灭人类，还是人类适应海洋，海洋空间都是一个人们可以设想规划的全新空间。

我国海洋移民的发展历程与族群特征

同春芬

（中国海洋大学）

摘要 海洋移民发生于传统的农耕文明时期,成长于海洋文明、全球化时代。海洋移民是以全球化为背景,以人力资源在全世界范围内的整合、配置为主要目的而发生的,通过海路及其海路领空的个体或群体从甲地迁往乙地,或从甲国迁往乙国并定居的行为和结果。本文认为,我国海洋移民的发生、发展历程经历了四个历史时期,即初期(鸦片战争前),传统海洋移民的雏形;发展初期,资本主义扩张下的"暴力移民"期;发展中期,资源全球性配置下的"自由移民"期;发展新阶段,多种因素影响下的多元特征。从海洋移民的族群特征分析,我国海洋移民的族群在移入国均保持中华民族属性,开拓进取,适应环境,不断壮大。

关键词 海洋移民 全球化 海洋社会学

海洋移民与海洋社会学的提出都是学术界尤其是社会学研究的一个崭新领域。加强对海洋移民的研究,尤其是海洋社会学视角的研究具有非常重要的理论与应用价值。

一、海洋移民的定义

关于海洋移民的定义,有以下几种。

杨国桢先生及其多名弟子对"海洋移民"的定义,观点比较明晰,其中以曾少聪先生的概括最为详细。他们在对比国内外关于"移民"的解释上,采用移民的一般定义,即从甲地迁到乙地,或者从甲国迁到乙国,并且定居的人或人群,据此提出海洋移民是指通过海路从甲地迁到乙地,或从甲国迁到乙国并且定居的人或人群。同时,他们认为中国移民可以分为陆路移民和海洋移民两种,中国海洋移民有别于中国陆路移民。陆路移民可以分为国内移民和国外移民;海洋移民也可以分为国内移民和国外移民。在国内移民中,又可细分为通过海路迁徙到沿海地区的移民和迁徙到岛屿的移民。①

李德元先生对"海洋移民"的定义是在杨国桢先生及其弟子定义基础上的进一步细化,他认为:"中国海洋移民有别于中国陆路移民,是指个体或群体通过海路向异地迁徙定居(或一个时段的定居)。"同样,"海洋移民又可分为国内移民和国外移民"。而国内海洋移民

---

① 曾少聪:《东洋航路移民:明清海洋移民台湾与菲律宾的比较研究》,南昌:江西高校出版社,1998年,第3-5页。

26

有两个基本流向:向本国海岸带或近海岛屿迁徙。同时指出"海岸带移民"是指沿海海岸带某一区域经由陆路和海路长距离的向沿海另一区域的移民迁徙。比如,中国沿海地区尤其是南方沿海地区,从杭州湾到雷州半岛,港湾很多,为这类移民活动提供了极为有利的条件。而"陆岛间际移民"主要指的是大陆经海路向海岛或海岛向海岛的移民。比如,大陆向其周边岛屿、岛屿与岛屿间的移民是在明末清初达到高潮的,而且是一个持续不断的历史过程。山东半岛周围沿海地区陆岛间际就有很多这样的移民;开发始于唐代的崇明岛,随着沙洲的不断扩大,淮、浙移民入垦以及明清时期大量移民迁入浙江沿海岛屿的移民,都属于陆岛间际移民。①

杨国桢先生及其弟子对"海洋移民"概念的提出有其学科渊源和研究背景的需要,作为国内首次对"海洋移民"的定义,必然有其不周到之处。而李德元先生在承继上述观点的基础上,对"海洋移民"的国内移民之不同流向做了具体的定义和描述,让我们更加深入地理解上述有关"海洋移民"的观点。笔者在和崔凤教授就此问题交流后,一致认为,杨国桢先生及其学生将海洋移民定义为"通过海路从甲地迁到乙地,或者从甲国迁到乙国并且定居的人或人群",这是传统对海洋移民的定义,主要限于当时的交通工具。比如,当时的中国人要到北美洲等国的话,必须要用船。所以传统的海洋移民这样定义是没有错的。但是现在来看,就不大适用了。因此要定义海洋移民的话,必须要将它放在全球化的背景中,从文化、社会、经济等方面来定义。

为此,在尊重"海洋移民"初创者的基础上,笔者认为,海洋移民既是一种动态的迁移过程,又指涉海迁移的主体,它是以海洋文明(时代)为契机,以人力资源在全世界范围内的整合、配置为主要目的,而发生的通过海路及其海路领空的个体或群体从甲地迁往乙地,或从甲国迁往乙国并定居的行为和结果。在这里,既要重视移民的"涉海性",又不能拘泥于实体的"海",而应看到与"海洋"有关的深层背景,这就是"海洋时代"、"全球化时代"。因此,广义上说,海洋移民即"全球性移民"。在时代的背景下考察海洋移民,它与落后、保守相对,是同先进、开放紧密相连。我国的海洋移民多移向国外,因此,常称作海外移民。

二、海洋移民的发生过程

海洋移民发生于传统的农耕文明时期,成长于海洋文明、全球化时代。农耕时代,船舶的产生、兴起,为人们利用"船"作为交通工具,通过海路迁移他处提供了现实可能;而随着15世纪大航海时代的到来,欧洲航海者开辟新航路和"发现"新大陆,资本主义的殖民扩张以迅雷不及掩耳之势在世界范围内掠夺自然资源和人力资源,推动、吸引着海洋性移民的大规模发生。移民往往不是由单一因素所决定,而是多种因素相互作用的结果,它既有移民内在动力,又有市场对移民的需求与调节,还受祖籍国与移居国政策等方面的因素的影响。海洋移民作为移民的分支,其发生与移民有同样的因素,但又有自己的"海洋特色"。现以我国海洋移民的发生、发展历程和特征以及对时代背景的映射来看海洋移民的发生过程。

---

① 李德元:《浅论明清海岸带和陆岛间际移民》,《中国社会经济史研究》,2004 年第 3 期。

1. 初期:传统海洋移民的雏形

我国的海洋移民可以追溯到原始社会从中国滨海地带向环中国海岛屿以至西太平诸岛之间的逐岛漂航,但那是朦胧航海阶段的无意识行为,不是真正意义上的移民。春秋时期,从东南沿海向海外迁徙的"东海外越",可能是中国大陆海外移民的最初篇章。秦汉时期,方士徐福率童男童女数千探访仙山,东渡日本。沿海居民因出海捕鱼、航海贸易,或遇风漂到外海岛屿,或过冬住番离散海外,在异国他乡定居下来。唐代开辟"通海夷道",已有商人在阿拉伯定居,闽粤人流寓苏门答腊。但一般而言,那只是个体的行为,还没有形成海外移民聚落的记载。宋元时期,因海上丝绸之路的兴起,海外移民现象增多。到元末,东南亚一些地方出现了中国海外移民的聚落。明代以后,以闽粤人下南洋为标志,海外移民活动一浪高过一浪。

这时期的海洋移民规模小,危险系数高,个体自发移民多于政府组织移民,比较分散,大多以生存为目的,在沿海地区小范围进行。

2. 发展初期:资本主义扩张下的"暴力移民"期

鸦片战争后,西方资本主义势力的入侵和掠夺,国内频繁的战乱、灾荒,造成大量人民流离失所,失业者日增,沿海地区紧张的人地矛盾日益突出,濒海居民遂纷纷出海渡洋谋生。在西方,随着资本主义经济的发展,海外殖民地的开拓,东南亚橡胶园、美澳金矿、中央太平洋铁路、俄国西伯利亚铁路等都急需大量劳力,因而刺激了各地劳动力的世界性流动。这样的背景下,清王朝在第二次鸦片战争后允许西方列强在华合法招收劳工出国,海洋移民进入新的高潮,而且持续不断,愈演愈烈。

这时期对于我国来说,海洋移民潮的主要成分是契约华工。据不完全统计,光绪七年至宣统二年(1881－1910)英国海峡殖民地(今新加坡和马来西亚的马六甲、槟榔屿)共接受华民830万,其中契约华工近600万。光绪三十二年至宣统二年(1906－1910),由山东、河北、东北去俄国远东地区的华工也有55万。此外,基于地缘、血缘关系,互相和前后牵引的移民,也占有相当的比重。清后期海外移民分布地区也从亚洲扩展至美、澳、欧、非等大洲,但侨居的主要地区仍是在东南亚。①

这时期的海洋移民规模较大,主要是在资本主义发展的绝对支配下,以服务资本主义发展为目的的"暴力移民"。移民以男性为主,主要充当资本主义扩张的廉价劳动力。从社会发展形态上看,主要是其他社会形态的人或人群单向地流向资本主义社会。

3. 发展中期:资源全球性配置下的"自由移民"期

亦即新海外移民期。"二战"后,随着民族国家的兴起和经济的发展,以及各国将经济发展放在第一位,促使了国际贸易的蓬勃发展,带来了过去几十年比较自由的资本流动。从而使海洋移民更加"自由"、频繁。当然,中国加入这个"自由移民"期,是在改革开放后。1978－1995年的17年时间里,我国公民移民海外的约有80万,主要分布在北美(美国、加拿大)、澳洲(澳大利亚)、西欧(英国、法国、意大利、荷兰、西班牙、奥地利、比利时)、亚洲

---

① 史伟:《海内移民与海外移民》,《海洋世界》,2008年第7期。

（日本、新加坡）、南美洲（秘鲁、巴拿马、哥伦比亚、委内瑞拉）等地。在北美新移民有 60 多万，①并逐年呈上升趋势。欧洲是战后华侨华人增长幅度最快的地区，特别是近二十年来，大陆新移民的大量涌入，形成了自中国人移民欧洲以来，人数最多、持续时间最长、分布最为广泛的一次移民潮。特别是 1985 年全国人大常委会颁布《中华人民共和国出入境管理法》之后，批准因私出境的人数明显增加。另一方面，中国改革开放取得了巨大的成就，经济持续快速发展，人们生活水平日益提高，在这种情形下，出国并非因为生活所迫，也不是由于环境资源和生态系统的压力而导致的人口逃离，相反这些移民在国内的生活水平往往高于当地人的平均水平，有的人还具有一定的经济实力，出国是为了寻求更好的发展。

在这一时期，随着世界经济的全球化及各国经济发展的不平衡，世界各国对人力资源的需求特别是对专业人才的需求越来越显得重要。一些国家通过调整完善移民政策，如通过配额制、计分制来调解对新移民的需求，试图最大限度地利用人力资源。这样，不仅可以填补职业结构的空缺，而且也可以促进当地经济的发展。尽管一些移民在某些领域与本地人直接竞争，会不同程度地损害本地人的利益，甚至会出现种族、文化方面的冲突，从而产生接纳与排斥这一对不可避免的矛盾，但世界各国为追求经济的高速发展，对专业人才及部分行业劳工的需求将日益迫切。1999 年美国商务部的报告指出，到 2006 年以前，美国每年短缺 15 万名科技劳工，西欧在 2003 年前，职工短缺 180 万，其中德国短缺 40 万，而日本方面就缺少 21 万工程师。② 新移民弥补了劳动力市场的需求，对各国的社会、经济、文化发展作出了重要贡献。

新海外移民作为一种新的社会现象，其移民方式不同于近代，主要有专业技术移民、留学生移民、家庭团聚移民、投资移民等。通过留学生、技术移民等方式移居北美的占大陆新移民的多数。近年来，中国向外派遣留学生达数万人，主要分布在美国、加拿大、澳大利亚、日本、西欧等经济发达国家。这些留学生回国者只占总数的三分之一，大部分留在所在国并取得了所在国长期居留权或入籍，成为华侨或华人。此外还有一部分自费留学或出国后转为留学身份而取得了长期居留权或入籍的留学生和家属。这些人成为华侨华人的新生力量。此外，相当数量的人是通过家庭团聚方式移民海外，如浙江青田有数万人分布在欧洲，他们不是通过留学方式出国，而是通过亲属关系移民海外。

4. 发展新阶段：多种因素影响下的多元特征

随着世界经济繁荣发展的后期，全球性环境问题、社会问题的凸显及尖锐化的推动，海洋移民也呈现出了多元性特征。除却历史上各种形态的海洋移民外，还发生了以全球气候变暖为诱发因素的、以海平面上升及沿海国家和地区洪涝灾害的频发为直接推力的"海洋难民"。

以岛国图瓦卢为例。图瓦卢总面积只有 26 平方公里，总人口 1.1 万人，位于斐济以北，属于热带海洋性气候，一年四季风景如画。人们将构成这个国家的 9 个环状珊瑚小岛称为太平洋上的"9 颗闪亮明珠"并不过分，因为在很多人眼里，图瓦卢犹如一个世外桃源。然而，美国权威的华盛顿地球政策研究所发表了一份不仅令图瓦卢人民，也令所有关心人类命

---

① 赵红英：《大陆新移民的形成原因及其特征》，《海内与海外》，2002 年第 3 期。
② 赵红英：《大陆新移民的形成原因及其特征》，《海内与海外》，2002 年第 3 期。

运的人闻之心焦的"讣告"：由于人类不注意保护地球环境，保持生态平衡，由此造成的温室效应导致海平面上升，太平洋岛国图瓦卢的1.1万国民将面临灭顶之灾。唯一的解决办法就是全国大搬迁，永远离开这块他们世世代代居住、生活的土地。2000年2月18日，生养图瓦卢人民的大海已经给了他们一次可怕的预演。那天，该国的大部分地区被海水淹没，首都机场及部分房屋都浸泡在汪洋大海之中。该国的海平面于2月19日下午5时左右上升至3.2米，2月20日下午5时44分海潮才缓慢退却。由于这个由9个环形小珊瑚岛组成的国家最高海拔也不过4.5米，所以低洼地方的房屋全部没顶。专家预言，如果地球环境继续恶化，在50年之内，图瓦卢9个小岛将全部没入海中，在世界地图上将永远消失。而且，它变得无法居住的时间还会大大提前。其实，这只不过是这个太平洋岛国不得不面对的灾难的开始。据了解，基里巴斯、库克群岛、瑙鲁和西萨摩亚等低地岛国也面临着与图瓦卢一样的威胁。[1]

据粗略估计，全世界有1亿人[2]生活在低于海平面的地区，暴风雨来临时很容易受到袭击。这些岛国、沿海国家或地区生于海洋，难道还要灭于海洋吗？由于环境问题所导致的移民成为新时期海洋移民的组成部分。

三、海洋移民群体

移民的迁移过程不外乎迁移的动力（推拉力）、迁移方式、安置方式等三方面，上面部分虽然是从纵向角度对海洋移民发展历程展开的描述，但是因此依然能够从横向上说明海洋移民的动态迁移过程。正如笔者对海洋移民的定义中所强调的，海洋移民既是一个动态的迁移过程，又是指迁移的主体。而对海洋移民主体的考察，主要应关注海洋移民群体的现实生活。

1. 海洋移民族群融合与矛盾

曾少聪先生在比较了明清时期海洋移民台湾与菲律宾，刘正刚先生在比较了清代闽粤移民台湾与四川的基础上，得出类似的结论：海洋移民的动机影响其在迁入地社会的情感认同，进而影响移民与原居民的融合程度和时间。如明清时期，台湾已经属于中国领土，移民台湾有长期定居的打算，而移居菲律宾只是临时性的居留，等赚了钱以后衣锦还乡。由此导致移民社会在向定居转变的过程中，形成了不同的内部组织和不同的文化融合方向：前者形成小宗族组织，后者只有大宗族组织；前者比较完整地保留中国的传统文化，并同化一部分土著民族的文化，后者虽然保留中国的传统文化，但其文化吸收了某些西班牙人和菲律宾土著民族的文化成分。正如曾、刘二位先生的研究所示，任何国家和地区的海洋移民都会遭遇不同族群的文化冲突。

而多族群在相互的接触和习得中，最终会走向融合。多族群的融合模式有三种。第一种是同化，意味着移民们要放弃原来的习俗和生活方式，调整自己的行为以符合大多数人的价值观和标准。它要求移民改变他们的语言、衣着、生活方式和文化视角，作为融入一种新

① 杨教：《"环境难民"图卢瓦举国移民新西兰》，《科学大观园》，2002年第2期。

② 宋燕波：《未来五年全球将涌现5000万环境难民》，《绿色中国》，2005年第21期。

的社会秩序的一个组成部分。比如，"移民国家"美国，是一个典型的多族群国家，一代代的移民承受着这种被同化的压力，结果他们有许多孩子或多或少地已经成为完全的"美国人"，而在英国，大多数的官方政策一直以将移民同化、融入英国社会为目标。第二种模式被称作熔炉。这种做法不是要求移民们根据占主导地位的已有人口的喜好来改变自己的传统，而是把所有人都混合在一起，并产生一个新的、进化中的文化类型。第三种模式是文化多元主义。在这个社会里承认各种不同"亚文化"的合法性。文化多元主义方法认为少数族群也是社会中平等的一分子，他们应享有与多数人口相同的权利，因此族群差异作为更大范围的国民生活的重要组成部分而受到尊重和赞扬。

2. 中国海外移民族群的特征

整体而言，中国移民族群在移入国均保持中华民族属性，开拓进取，适应环境，并不断壮大。

（1）强烈的民族意识与爱国爱乡情感。具有5000年悠久历史的中华民族的民族意识根深蒂固地保留在这一移民族群之中，其第一、二代尤具强烈的民族归属取向及爱国爱乡情感，关心祖国的命运。这种民族意识和情感在支持孙中山的革命运动中、在支援抗日战争中、在改革开放后积极支援家乡建设中，表现得极为鲜明。

（2）为移入国经济发展及民族独立作出重要贡献。历史上，在东南亚各移入国，中国移民族群遇到两类经济文化水平发展不同的民族，一类是殖民地国家的统治民族，另一类是当地土著民族。华侨多同当地人民同呼吸、共命运，与当地民族并肩开发经济，并为当地民族独立运动作出贡献。

（3）努力保持中华民族文化与社会传统结构。中国移民族群定居移入国后，在语言文字、家庭教育、伦理道德、文化崇尚等方面均努力保持中华民族文化基本属性，以华文教育、华文报刊及华人社团作为传播中华文化并保持民族意识的重要手段，重视以华语进行教育，团结、鼓励海外华人为获取此种教育权利而不惜与当地政府抗争。

（4）华人族群的双重认同。大多数的华人移民族群在取得所在国国籍，成为该国公民之后，实际上是以少数民族（新加坡除外）的资格参与所在国的社会生活。他们往往有双重认同：一方面，作为所在国公民的社会群体，必须在政治上认同所在国，依法履行所在国社会的职责，融入当地社会，为所在国的发展作贡献；另一方面，作为华人族群，又保持自己的种族与文化认同，有着关系族群自身整体利益的问题，如争取经济、政治、文化的合法权益、平等地位等等。[①]

四、结论

大航海时期是人类进入海洋世纪的标志。海洋移民虽然早于海洋时代而发生，但是初期并未对世界产生决定性的影响。随着资本主义的扩张，世界联系日益紧密，海洋移民在全球化的背景下大规模地发生，这是人力资源在全球范围内配置、整合的过程，对人类社会产

---

① 陈秀容：《中国海外移民类型及移民族群特征探讨》，《地理研究》，1999年第1期。

生了重大影响。同样,海洋移民作为一个群体,有其独特的族群文化,这些文化在迁入地同当地土著文化进行着冲突和融合,促进了全世界各个族群进行着文化的交流。

21 世纪是海洋的世纪,是全球化的时代,在这样的社会背景下,人类族群之间的交流将更加频繁,海洋社会特征将更加明显,海洋移民也愈来愈得到人们的重视。如果说 21 世纪之前,因为中国在全球化之初远远落后于资本主义国家,中国人受着各种推拉力的作用,流向海外,流向发达国家,那么,随着中国改革开放的逐渐深入,中国所展示的经济、文化实力,必将吸引欧美国家前来"海外移民"。

参考文献

[1] 李德元:《明清中国国内的海洋移民》,厦门大学硕士学位论文,2004 年。
[2] 刘正刚:《东渡西渐:清代闽粤移民台湾与四川比较》,南昌:江西高校出版社,2004 年。
[3] 林德荣:《西洋航海移民:明清闽粤移民荷属东印度与海峡殖民地的研究》,南昌:江西高校出版社,2006 年。
[4] 曾玲:《越洋再建家园:新加坡华人社会文化研究》,南昌:江西高校出版社,2003 年。
[5] 林德荣、曾少聪:《东洋航海移民:明清海洋移民台湾与菲律宾的比较研究》,南昌:江西高校出版社,1998 年。

宁波在古代海上丝绸之路中的特点

龚缨晏

（宁波大学）

摘要 "宁波"一词实际上包含三层不同的内涵。第一是指整个区域,即古代所说的明州或宁波府,现在所说的宁波市或宁波大市。第二是指古代的宁波城,即古代明州的州城或宁波府的府城。第三是指宁波港。本文所说的宁波,是指古代的宁波城及城外的宁波老港区。在中国海上丝绸之路城市中,宁波的特点是:历史悠久,底蕴深厚;河海交汇,腹地广阔;东海枢纽,海道辐辏;兼收并蓄,开放包容;持续发展,接轨现代。

关键词 海上丝绸之路 宁波 宁波港 对外关系

"丝绸之路"最初是德国地质学家李希霍芬(F. von Richtofen)于1877年提出的,原指古代中国通向中亚的陆上交通路线,后来内涵不断扩大,用来泛指1840年前中国通向外部世界的交通路线。目前学术界普遍认为,丝绸之路实际上可以分为以下几条道路:1. "绿洲之路"或"沙漠之路",指的是由中原地区出河西走廊通往中亚及更远地区的交通路线;2. "草原之路",指的是经蒙古高原通向西方的交通线路;3. "西南丝绸之路"或"南方丝绸之路",指的是从中国西南至印度及中亚的交通路线;4. "海上丝绸之路",指的是中国通向世界其他地区的海上通道。

海上丝绸之路由两大干线组成,一是由中国通往朝鲜半岛及日本列岛的东海航线,二是由中国通往东南亚及印度洋地区的南海航线。如果说陆上丝绸之路是以线条的方式穿越辽阔内陆的话,那么,海上丝绸之路则以网络的形式连接众多港口。蓬莱、扬州、宁波、泉州、漳州、广州、北海、澳门等就是古代中国最主要的海上丝绸之路城市,它们犹如璀璨的明珠,点缀在中国漫长的海岸线上,放射出各具特色的斑斓光芒。通过这些海上丝绸之路港口城市,使古代中国与世界连接起来,从而促进了中外文化的交流,增进了中外人民的友谊,丰富了中国文化的内涵,推动了世界文明的进程。

不过,由于自然与历史的原因,每个海上丝绸之路港口城市都有自身的特点,宁波也不例外。在讨论这个问题之前,我们有必要先对"宁波"作一界定,因为许多论著常将不同内涵的"宁波"混为一谈。

如果仔细分析,可以发现,"宁波"一词其实包含三层不同的内涵。第一是指整个区域,即古代所说的明州或宁波府(包括现在的舟山市),新中国成立之后长期所说的宁波地区,现在所说的宁波市或宁波大市,目前下辖11个县市区,分别为海曙区、江东区、江北区、镇海区、北仑区、鄞州区、余姚市、奉化市、慈溪市、宁海县和象山县。为了便于区别,本文把这 11 个县市区统称为宁波地区。第二是指古代的宁波城,即古代明州的州城或宁波府的府城,相当于现在海曙区的核心区域。20 世纪 20 年代起,随着宁波城的城墙被逐渐拆除,宁波城有形的界线及外部标志也就消失了。1949 年之后,随着行政区划的多次调整,"宁波城"的概念实际上已经不存在了。当前不少人在讨论"宁波城市形象"或"宁波城市风格"之类的问题时,空间概念其实是非常混乱的。他们所说的"宁波城"或"宁波城市",有时是指现在的海曙区,有时是指包括江东区、鄞州区、江北区以及东部新城在内的广大区域,有时甚至把各县市区的主要城镇也包括进来。这里要强调的是,"宁波城"的概念,在古代(1911 年清朝灭亡之前)是明确的,在现代是十分模糊的;任何人在讨论现代"宁波城"或"宁波城市"时,必须把概念界定清楚。第三是指宁波港。而"宁波港"这个概念,在不同的时代也有不同的含义。在古代,宁波港就位于宁波城墙外,其核心区块是奉化江、姚江和甬江交汇的三江口。而现代的宁波港,则包括三大港区,分别是宁波老港区,镇海港区和北仑港区。本文所说的宁波,是指古代的宁波城及城外的宁波老港区。

总的说来,在中国海上丝绸之路港口城市中,宁波的特点主要表现在以下几个方面。

一、历史悠久,底蕴深厚

宁波滨临东海,与海洋的关系源远流长。宁波所在的宁绍平原,是中国海洋文化的重要发源地之一。20 世纪末,在宁绍平原北端的跨湖桥遗址中,发现了一只 8000 年前的独木舟,它也是中国目前所知的最早的船只,堪称"中华第一舟"。这条独木舟表明,早在 8000 年前,宁绍地区的居民就已经开始驾舟活动于水上,甚至可能已活动于近海之滨,从而在走向海洋的道路上迈出了坚实的一大步。

大约距今 7000 年以前,宁绍平原上出现了河姆渡文化。这是我国十分重要的一个新石器文化,不仅以发达的稻作农业而著名,而且还发现了木桨、独木舟遗骸以及陶舟等珍贵文物,表明水上活动十分频繁。特别是,河姆渡文化中发现的金枪鱼、鲨鱼、石斑鱼、鲸鱼等海洋鱼类,形象地告诉我们,当时的人们"不仅经常捕捞淡水鱼,也开始一定规模的近海渔业"。① 而在舟山群岛等岛屿上所发现的一些河姆渡文化遗址,则是河姆渡时代居民渡海活动的明证。

春秋晚期,宁波地区处于越国的统治之下。越王勾践为了发展水军,加强与海外的联系,建立了一个港口城市,名为"句章"。经过多年的考古调查与发掘,现在终于查明,句章故城位于城山渡之北,即宁波江北区慈城镇王家坝村一带。句章城是越国通向海洋的门户,是春秋战国时期中国最重要的港口之一,也是宁波地区最早的港口城市。不过,就其性质而言,这是一个军港,而不是一个商贸港口。

汉代,从岭南地区通向东南亚及印度洋地区的海上丝绸之路南海航线已经形成。这条航线沿着中国海岸线向北继续延伸,就可到达东海之滨的宁波。根据现有资料,宁波的海外

① 李安军:《田螺山遗址》,杭州:西泠印社出版社,2009 年,第 162 页。

贸易应当发端于东汉晚期。也就是说,到了公元3世纪左右,宁波与海上丝绸之路发生了联系。① 宁波火车站、道士堰等地汉墓中所出土的水晶、玛瑙、琥珀、玻璃等外来文物,就是通过海上丝绸之路从东南亚甚至更远的地区辗转输入的。

汉朝之后,宁波地区与海上丝绸之路的联系不断巩固。进入唐朝,为了适应宁波地区的发展需求,公元738年,唐朝政府提升了宁波地区的行政建置级别,单独设立了明州,并且最终将州治建在三江口边。② 821年,明州刺史韩察在此建造子城。892年,明州刺史黄晟在子城之外又修筑了外城"罗城"。此后,直到清朝灭亡,虽然风云变幻,王朝更替,但宁波城的位置及基本格局并没有发生多少变化,宁波一直是海上丝绸之路中的重要港口城市。由此可见,宁波的海洋文化底蕴丰富而深厚,宁波与海上丝绸之路的联系十分悠久。

二、河海交汇,腹地广阔

中国地理的一个显著特点是西高东低,主要河流都是自西向东的,而缺乏贯穿南北的自然水系,这给古代南北交通带来了很大的不便。1400年前,隋炀帝(604—618年在位)集全国的人力物力,通过多年努力,开挖了贯通南北的大运河,它向南直达钱塘江畔的杭州。而在杭州与宁波之间,则有浙东运河。在绍兴地区,早在越王勾践时代就已经开始疏凿运河。西晋永嘉元年至三年(307-309),在绍兴人贺循的主持下,又开通了从钱塘江南岸到绍兴城的"西兴运河"。从绍兴到曹娥江的鉴湖航道,在六朝时已经十分通畅。越过曹娥江,翻过通明堰等几座堰坝,就可以由姚江而至甬江入海。南宋嘉泰元年(1201)完成的《嘉泰会稽志》明确记载:"自杭经越至明,凡三绝江,七度堰。"③这里的杭即杭州,越即越州,明即明州(宁波)。对于从曹娥江到甬江这段运河的开凿历史,目前研究并不多。有学者认为:"曹娥江以东运河应该在唐代已经作过疏凿整理,可以通航较大型的贸易货船。"早在北宋天圣(1023-1032)以前,"从明州到临安(杭州)的浙东运河已经全线开通,并且具备了可以航行外贸海船的基础条件(尽管需要盘驳)。"④这样,"宁波实际上成了大运河的南端终点"。⑤

在近代铁路出现之前,从宁波通往杭州的主要交通线,就是浙东运河。到了杭州后,可由钱塘江向西进入安徽、江西等内陆地区,也可由大运河直达中国北方。宁波因此就与全国的交通主干网络相联接,从而大大扩展了宁波港的辐射范围。宁波既是古代海上丝绸之路的一个重要始发港,又是中国大运河的出海口,辽阔的内陆腹地,为明州港的兴盛提供了丰富的货物来源和广阔的市场。

---

① 林士民:《浅谈宁波"海上丝绸之路"历史发展与分期》,宁波"海上丝绸之路"申报世界文化遗产办公室编:《宁波与海上丝绸之路》,北京:科学出版社,2006年。

② 关于唐代明州州治迁到三江口的时间,有两种不同的说法。多数人认为是在821年,但也有人认为是在771年。参见陈丹正:《隋唐时期宁波地区州县城址沿革三题》,《中国历史地理论丛》,2008年第2辑。

③ [宋]施宿等撰:《嘉泰会稽志》卷一〇,宋元方志丛刊(第七册),北京:中华书局,1990年,第6886页。

④ 陈桥驿主编:《中国运河开发史》,北京:中华书局,2008年,第498页。

⑤ 施坚雅:《中华帝国晚期的城市》,北京:中华书局,2000年,第470页。

三、东海枢纽，海道辐辏

宁波位于中国海岸线的中部，与朝鲜半岛、日本列岛隔海相望。东亚沿海有规律的季风（夏季是南风，冬季是北风），更是为航海活动提供了便利。在木帆船时代，从宁波到朝鲜半岛，单程最快的仅需五六天时间。从宁波到日本的航行时间一般也为五六天，但也有人创造过仅用三昼从镇海出发横渡东海到达日本值嘉岛的记录。①

良好的自然条件，使宁波成为中国通向朝鲜半岛、日本列岛的主要港口，在海上丝绸之路东海航线上起到枢纽港的作用。在漫长的历史中，先后形成了多条航线。最先人们沿着海岸线北上，从山东半岛出发，横渡渤海或黄海到达朝鲜半岛，然后还可以越过对马海岸，到达日本列岛北部。到了7世纪，随着新罗在朝鲜半岛上的崛起，传统的航线严重受阻。进入8世纪，中日之间开始出现了一条新的海上航线，即从浙东沿海出发，直接横渡东海，到达日本列岛的南部。其中明州（宁波）是中国方面最为主要的港口。《新唐书》卷二百二十《东夷传》对这条航线的出现有这样的叙述："新罗梗海道，更繇明、越州朝贡。"

不过，宁波在海上丝绸之路东海航线上枢纽地位的确立，主要的原因并非自然因素，而是由于人为的原因。例如，由于辽、金政权的先后兴起，不仅割断了宋朝与高丽之间的陆路交通，而且使山东沿海成了对敌前沿，而位于江南的宁波则因远离边境线，加上港口条件优越，自然就变得越来越重要了。宋朝元丰三年（1080），甚至规定宁波是通往高丽的唯一合法港口。1117年，宋朝政府还在宁波城内建立了专门接待高丽使团的机构——高丽使馆。明朝政府则把宁波指定为与日本进行朝贡贸易的唯一合法港口。封建王朝通过强大的国家权力，有力地巩固了宁波在海上丝绸之路东海航线上的枢纽地位。

除了朝鲜半岛及日本外，宁波港还直接或间接地与海上丝绸之路的南海航线发生了联系。在宁波市中心的唐宋子城遗址中，就发现了波斯所产的绿釉陶器残片。由于当时宁波及周边地区所产的越窑青瓷在品质上要优于波斯绿釉陶器，因此，这些波斯陶器很可能"只是西亚商人用以储运商品的容器"，而不是贸易商品。② 这就意味着，晚唐时，来自西亚的商人已在宁波从事商贸活动。1982年，在南宋天封塔地宫中发现了一些从南洋诸国输入的文物，包括2件玻璃瓶，"瓶内装有香料之类，出土时打开盖，还能闻到一些香气"。③ 沿着海上丝绸之路南海航线，宁波地区所产的越窑瓷器则被远销到遥远的东南亚及印度洋地区。例如，在也门靠近亚丁湾的舍尔迈（Sharmah）遗址中，就发现了不少越窑瓷器，其时代上起晚唐，下迄元代。④ 再如，在埃及首都开罗南郊的福斯特遗址中，发现了多种越窑瓷器，除少数一些属于晚唐外，大多数属于五代晚期至宋代初期。⑤

从16世纪开始，随着欧洲人的东来，宁波还通过海上丝绸之路与欧洲发生了贸易联系。

---

① ［日］木宫泰彦著、胡锡年译：《日中文化交流史》，北京：商务印书馆，1980年，第121页。

② 汪勃：《再谈中国出土唐代中晚期至五代的西亚伊斯兰孔雀蓝釉陶器》，《考古》，2012年第3期。

③ 林士民：《浙江宁波天封塔地宫殿发掘报告》，《文物》，1991年第6期。

④ 赵冰：《中世纪时期贸易中转港——也门舍尔迈遗址出土的中国瓷片》，陈星灿等主编：《考古发掘与历史复原》，北京：中华书局，2006年。

⑤ 马文宽、孟凡人：《中国古瓷在非洲的发现》，北京：紫禁城出版社，1987年，第37－39页。

16世纪前期,葡萄牙人曾在宁波沿海的双屿港建立过一个居留点,从事国际走私贸易,后于1548年被朱纨指挥的明朝军队摧毁。从17世纪末开始,英国人又多次来到宁波沿海进行贸易。为此,清政府还于1698年在舟山建立了专门管理对英贸易的"红毛馆"("红毛"是当时中国人对英国的称呼)。1757年,乾隆皇帝宣布,禁止英国商船到宁波沿海贸易。虽然欧洲人在宁波沿海活动的时间并不长,但对于整个中西关系史却有重大影响。例如,正是由于明朝军队捣毁了双屿港走私基地,才导致了葡萄牙人后来窃居澳门;1757年清政府为了禁止英国商船来到宁波沿海,结果出现了"广州一口通商",而1840年爆发的鸦片战争又与"广州一口通商"有着密切的关系。

四、兼收并蓄,开放包容

海上丝绸之路不仅是商贸之路,而且还是文化交流的通道。历史上,宁波以开放包容的胸怀,不断接纳来自海外的异质文化,从而丰富了自身的文化内涵,并且通过融合各种文化元素而创造出新的文化。

就宗教而言,大概在东汉末年,佛教就已传到了宁绍地区。汉灵帝(168-189)末年,安息国僧人安清(字世高)到中国传教,最后死于绍兴。东吴赤乌五年(242),太子太傅阚泽把自己在慈湖畔的住宅捐献出来,作为佛寺,即后来的普济寺,其地点就是现在的慈湖中学。此后,佛教在宁波地区快速发展,并且以发达的佛教而著名。不仅如此,宁波的佛教还通过海上丝绸之路而传播到日本、朝鲜半岛。日本的曹洞宗就把宁波天童寺奉为祖庭。宋朝,朝鲜半岛上高丽王朝的王子义天就曾到过宁波,与明智中立法师、法邻慧照法师、大觉禅师怀琏等宁波著名的高僧有过交往。义天回国后,致力于传播天台宗,甚至仿照浙江天台山国清寺而在高丽建成"国清寺"。宁波阿育王寺的介湛禅师与高丽大鉴国师坦然不仅有过书信往来,而且还把坦然认作法嗣,遥传衣钵(现在一些著作说坦然渡海到过宁波,这是错误的。坦然其实没有来过宁波)。

由于宁波位于海上丝绸之路南海航线的延伸段上,所以,古代也有不少来自阿拉伯世界的商人到宁波经商、生活,并在宁波东门口的市舶司附近形成聚居区,人们称其为"波斯巷"。宁波地方志记载说,这里有波斯人开设的市场。阿拉伯、波斯人来到宁波后,还带来了他们的宗教伊斯兰教,并且建立起了他们的礼拜堂,俗称"回回堂"。《民国鄞县通志》说:"鄞邑之有回回堂,肇始于宋咸平间,初建于东南隅狮子桥北,元至元间又建于东南隅海运公所南(今之冲虚观前)。"[1]北宋咸平年间,即公元998—1003年。元朝至元年间,则为公元1264—1294年。到了元代,宁波的穆斯林还是不少的,因为地方志明确记载说:宁波城有"礼拜寺二所,一在东南隅狮子桥北,旧名回回堂。一在东北隅海运所西。"[2]

古代宁波地区,还曾是摩尼教的重要活动区域。摩尼教的创始人是波斯人摩尼(约216—277),唐代比较盛行。宋元时代,浙江、福建等东南沿海地区是摩尼教传播的重点区域。宋朝初年所建的慈溪崇寿宫,就是一座重要的摩尼教寺院。到了南宋末年,虽然宁波地

---

① 张传保等纂:《民国鄞县通志》,政教志,宁波:宁波出版社,2007年,第1357页。

② [元]王元恭撰:《至正四明续志》卷一〇,宋元方志丛刊(第七册),北京:中华书局,1990年,第6571页。

区的摩尼教已经完全中国化了,但崇寿宫的住持张希声依然明确宣称,他所信奉的是"摩尼香火"。崇寿宫的位置,就是后来的淹浦中学。

天主教传入宁波的时间也很早,至少可以上溯到明朝末年。1638 年,来自意大利的传教士利类思为鄞县人朱宗元洗礼,朱宗元成为宁波第一个天主教徒。同时,浙东地区的一些文人也不同程度地受到过天主教的影响。1702 年,法国传教士利圣学、郭中传来到宁波,在泥桥巷口购置土地,建造教堂,有力地推动了宁波地区天主教的发展。现在宁波天一广场的天主教教堂,就是在利圣学等人所建教堂的基础上演变而来的。

五、持续发展,接轨现代

在中国众多的海上丝绸之路港口城市中,有的虽然兴起很早,但后来因为海岸线变迁或自然淤塞等原因而逐渐丧失了港口的功能,例如合浦;有的虽然至今依然有一定的地位,但兴起较晚,前期历史并不重要,例如澳门。而宁波港不仅拥有深厚的历史基础,而且自唐朝开始,持续发展,一千多年来从来没有中断,"在成为中国东海岸沿岸贸易中心的同时,还成为中国与朝鲜半岛、日本、南洋的远距离贸易的中心"。[1] 在中国海上丝绸之路城市中,这样的港口城市是不多的。

宁波不仅比较完整地经历了古代海上丝绸的发展历程,而且还成功地实现了向现代的转型。

古代海上丝绸之路的发展进程,是被鸦片战争打断的,宁波则是鸦片战争的主战场之一。鸦片战争的第一炮,就是于 1840 年 7 月 5 日在当时宁波所属的舟山打响的。这一天,英国侵略军打败了舟山定海的守军。1841 年 10 月 13 日至 1842 年 5 月 7 日,英国侵略军还占领了宁波。鸦片战争结束后,宁波成为五口通商城市之一,被迫向西方开放。1844 年元旦,宁波正式开埠,并在江北逐渐形成外国人居留区。这样,宁波港就发生了质的变化,从古代海上丝绸之路贸易港逐渐演变成现代世界体系中的国际性港口。

海上丝绸之路是木帆船时代的海上航线。鸦片战争期间,英国侵略军的蒸汽轮船(火轮船)曾多次出入宁波港,揭开了从木帆船时代向蒸汽轮船时代转型的序幕。鸦片战争结束后,越来越多的外国蒸汽轮船来到宁波。1854 年,宁波商人集资购买了宝顺轮,这也是中国引进的第一艘蒸汽轮船。此后,蒸汽轮船逐渐取代了木帆船,成为进出宁波港的主要船型。到了 20 世纪后期,内燃机轮船又取代了蒸汽轮船。20 世纪后期,还出现了大型的集装箱轮船。

木帆船时代,三江口为核心的宁波城外(特别是现在的江厦街一带)是宁波港区的中心地带。到了蒸汽轮船时代,由于船舶的吃水深度、载重量都发生了变化,所以宁波港区的中心地带就从三江口转移到了甬江北岸,这里兴建了众多新式码头、船厂、仓场等,最后形成了宁波老港区。但宁波老港区最多只能停泊 3000 多吨的轮船。所以,到了 20 世纪后期,随着造船业与海上运输业的发展,宁波老港区就无法满足时代需求了。这样,1974—1978 年,建成了镇海港区。1979 年开始,又兴建了北仑港区,用来停泊大型集装箱轮船。

---

① ［日］斯波义信:《宋代江南经济史研究》,南京:江苏人民出版社,2001 年,第 475 页。

总之,进入近代以来,宁波一直紧随时代步伐,从木帆船时代进入蒸汽轮船时代,又从蒸汽轮船时代进入到内燃机轮船时代。今天,宁波是世界上重要的集装箱集散港。2011 年,集装箱吞吐量居中国大陆港口第 3 位,全球第 6 位。宁波正以恢宏的气势谱写着全球化时代海上丝绸之路的新篇章。

古代日本留学者的"海上之路"

泉敬史

（日本札幌大学）

摘要 自 7 世纪初期到 9 世纪中期,日本向中国派遣了大量留学者,他们基本上作为朝贡使节团的成员来到中国。在日本的正史上,有关遣隋唐使的记录不少,根据这些记录,古代日本派到隋朝的使节有 5 批,派到唐朝的使节有 15 批,总共有 20批。据《日本书纪》记载,日本白雉四年(653,唐永徽四年)发遣的遣唐使船上有20 名留学者,根据这一数字推测,或许有 400 名左右的留学者来到中国,对这些留学者来说,往来中国的通道是"海上之路"。

关键词 日本遣隋唐使 北路与南路 东亚国际关系 海上之路

一

日本遣隋唐使的航道有两条,一条是北路,一条是南路。在遣使前期使用北路渡海,但随着东亚国际关系的变化,在遣使后期开始使用南路。哪一条航道都不是风平浪静,而是既艰辛又危险的航海。《日本书纪》白雉四年(653,唐永徽四年)七月条中有如下一段记载:

> 被遣大唐使人高田根麻吕等,于萨麻之曲、竹岛之间合船没死。唯有五人,系胸一板,流遇竹岛,不知所计。五人之中,门部金采竹为筏,泊于神岛。凡此五人经六日六夜,而全不食饭。于是,褒美金、进位给禄。

日本孝德天皇白雉四年、唐高宗永徽四年(653),日本派遣了第二批遣唐使。241 人分乘两艘船出航,第一船好歹到达唐朝,但是第二船不幸在途中遭难,未能到达。船上一共有120 人,①除了 5 人生还外,余皆溺死,其中包括道福、义向两名留学僧。

《日本书纪》白雉五年(654,唐永徽五年)二月条有如下记载:

> 遣大唐押使大锦上高向史玄理或本云:夏五月,遣大唐押使大华下高向玄理、

---

① 《日本书纪》白雉四年(653)五月条:夏五月辛亥朔壬戌,发遣大唐大使小山上吉士长丹、副使小乙上吉士驹驹,更名鹰丝,学问僧道严、道通、道光、惠施、觉胜、弁正、惠照、僧忍、知聪、道昭、定惠定惠,内大臣之长子也、安达安达,中臣渠每连之子、道观道观,春日粟田臣百济之学生、巨势臣药药丰足臣之子、冰连老人老人,真玉之子。或本以学问僧知弁、义德,学生坂合部连磐积而增焉,并一百二十一人,俱乘一船。以室原首御田为送使,又大使大山下高田首根麻吕更名八掬脛、副使小乙上扫守连小麻吕,学问僧道福、义向,并一百二十人,俱乘一船,以土师连八手为送使。

大使小锦下河边臣麻吕、副使大山下药师惠日、判官大乙上书直麻吕、宫首阿弥陀
或本云判官小山下书直麻吕、小乙上冈君宜、置始连大伯、小乙下中臣间人连老老、
此云于啰、田边史鸟等，分乘二船，留连数月，取新罗道泊于莱州，遂到于京奉觐天
子。于是东宫监门郭史举悉问日本国之地里及国初之神名，皆随问而答。押使高
向玄理卒于大唐。伊吉博得言：学问僧惠妙于唐死，知聪于海死，智国于海死，智宗
以庚寅年付新罗船归，觉胜于唐死，义通于海死，定惠以乙丑年付刘德高等船归，妙
位、法腾，学生冰连老人、高黄金并十二人，别倭种韩智兴、赵元宝，今年共使人归。

引文最下面《书纪》小注的"伊吉博得书"中出现了学问僧知聪、智国、通于的名字。这
三名留学者也是在"海上之路"上遇难的。他们都是这段史料上的仅见者，至于他们究竟坐
那批遣唐使船渡海，则无从知晓。伊吉博得是作为日本齐明五年(659，唐显庆四年)发遣的
第四批遣唐使的成员。这批遣唐使的第一船也在去的路上遭难。① 也就是说，日本所派四
批遣唐使中，至少有两批在航海时发生了意外。当时的遣唐使都是利用北路渡海，即沿着朝
鲜半岛航行的。第二批"取新罗道"(如上所引)，第四批"使吴唐之道"，②都向唐沿海扬帆
启航。北路是十分危险的航道，但是没有后期使用的南路那么危险。

第五(665)、第六(667)、第七(669)批的遣唐使都是白江口之战(663)战败后，在非常
紧张的情况下由天智天皇发遣的。这三批遣唐使，笔者以为都不是朝着长安启航的。第五
批是以守大石为"遣唐送使"，送唐使刘德高回唐。第六批是以伊吉博德(得)和笠诸石为
"遣唐送使"，送唐使法聪回唐。他们都不是"遣唐大使"，而且法聪是从曾经是百济领土的
熊津都督府来日本的，很可能送到原来的地方，不需要送到长安城。第七批遣唐使以河内鲸
为大使，河内鲸是大使而不是送使。但从当时的情况来看，有可能同第五、第六批一样，是到
朝鲜半岛某一处都督府为止的短途遣使。

676 年罗唐战争结束后，唐罗断绝外交关系，日本遣唐使也不能使用北路了。所以从下
一批遣唐使开始必须使用新航道，也就是南路。相对于沿着朝鲜半岛航行的北路，要跨过茫
茫大海的南路更加危险。自日本太宝二年(702，唐长安二年)派出的第八批遣唐使，一直到
日本承和五年(838，唐开成三年)派出的最后一批遣唐使，除了一个例外③外，这段时间的遣
唐使利用的都是南路。

《续日本纪》天平十一年(739)十月条有如下记载：

入唐使判官外从五位下平郡朝臣广成，并渤海客等入京。

平郡广成作为第十批遣唐使的判官，在日本天平五年(733，唐开元二十一年)随大使多

---

① 《日本书纪》齐明天皇五年(659)七月条：秋七月朔丙子戊寅，遣小锦下坂合部连石布、大仙下津守连吉祥使于
唐国。仍以陆道奥蝦夷男女二人示唐天子。伊吉博德书曰：同天皇之世，小锦下坂合部石布连、大山下津守吉祥连等二
船奉使吴唐之路。以己未年七月三日发自难波三津之浦，八月十一日发自筑紫六津之浦，九月十三日行到百济南畔之
岛，岛名勿分明。以十四日寅时二船相从放出大海，十五日日人之时，石布连船横遭逆风漂到南海之岛，岛名尔加委，仍
为岛人所灭。便东汉长直阿利麻、坂合部连稻积等五人盗乘岛人之船逃到括州……

② 同上。

③ 天平宝字三年(759，唐乾元二年)的第十三批遣唐使以高元度为迎入唐大使。高元度为出迎七年前入唐的大使
藤原清河，随高丽国(渤海)使扬承庆从渤海路入唐。

治比广成入唐，由四艘船组成的遣唐使船团全部平安地到达唐国。但是翌年十月从苏州归国出航后，他所搭乘的第三船失控，开始在海面上漂流。详细内容也见于翌月的记载，其内容如下：

> 十一月辛卯，平郡朝臣广成等拜朝。初，广成天平五年随大使多治比真人广成入唐。六年十月事毕却归。四船同发，从苏州入海。恶风忽起，彼此相失。广成之船一百一十五人漂着昆仑国，有贼兵来围，遂被拘执。船人或被杀，或逃散。自余九十余人，着瘴死亡。广成等四人仅免死，得见昆仑王。仍给升粮安置恶处。至七年，有唐国钦州熟昆仑到彼，便被偷载出来。既归唐国，逢本朝学生阿倍仲满，便奏得入朝，请取渤海路归朝，天子许之。给船粮发遣。十年三月，从登州入海。五月到渤海界。适遇其王大钦茂差使欲聘我朝，即时同发。及渡沸海，渤海一船遇浪倾覆，大使胥要德等人没死。广成等率遣众到着出羽国。

入唐大使多治比广成等搭乘的第一船在日本天平七年三月已经归朝了，入唐留学生吉备真备(后右大臣)也同时归国，副使中臣名代等搭乘的第二船翌年八月归朝。坐在第三船的115人中，只有平郡广成等4人在三年后的日本天平十一年归国。第四船没有归国，100余名搭乘者很可能全部遇难。

日本天平胜宝四年(752，唐天宝十一年)，日本派出了第十二批遣唐使，一共四艘船，全部到达唐朝。但是在归国有途中，大使藤原清河、学生阿倍仲麻吕等乘坐的第一船遇难，[1]他俩侥幸生还，从此以后再也没有回国，一直留在了唐朝。第十四(日本天平宝字五年，761，唐上元二年)、十五批(翌年)遣唐使，因"海上之路"险恶而未能顺利渡航到达唐朝。后来，从十六到十九批的四批遣使中，平安无事得以来回的只有一批。《续日本纪》宝龟九年(778，唐大历十三年)十一月条有如下记载：

> 乙卯，第二船到泊萨摩国出水郡。又第一船海中中断，舳舻各分，主神津守宿尔国麻吕并唐判官等五十六人乘其舻而着甑岛郡。判官大伴宿尔继人并前入唐大使藤原朝臣河清之女喜娘等四十一人乘其舳而着肥后国天草郡。

这是宝龟八年以小野石根为持节副使入唐的第十六批遣唐使归程上遇险的情况。接下去的情况是：

> 继人等上奏言：继人等去年六月廿四日四船同入海。七月三日着泊扬州海陵县。八月廿九日到扬州大都督府。即节度使陈少游且奏且放，六十五人入京。十月十六日发赴上都，至高武县，有中书门下敕牒为路次乏车马减却人数，定廿人。正月十三日到长安。即遣内使赵宝英将马迎接，安置外宅。三月廿四日乃对龙颜奏事。四月廿二日辞见首路，敕令内使扬光耀监送。至扬州发遣，便领留学生起京。又差内使掖庭令赵宝英、判官四人赉国土宝货随使来朝以结邻好。六月廿五日到惟杨。九月三日发自扬子江口，至苏州常耽县候风。其第三船在海陵县，第四

---

① 《续日本纪》天平胜宝六年(754)三月条：癸丑，大宰府言：遣使寻访入唐第一船。其消息云，第一船举帆指奄美岛发去，未知其着处。

船在楚州塩城县。并未知发日。

四船到达唐朝,判官继人等20名成员到长安朝见后,回到苏州,准备归国。

> 十一月五日得信风。第一第二船同发入海。比及海中,八日初更,风急波高,打破左右棚根,潮水满船,盖板举流,人物随漂,无遗勺撮米水。副使小野朝臣石根等卅八人、唐使赵宝英等廿五人同时没入,不得相救。但臣一人潜行,着舳舻角,顾眄前后,生理绝路。十一日五更,帆樯倒于船底,断为两段,舳舻各去,未知所到。四十余人累居方丈之舳,举轴欲没。载缆枕栝,得少浮上。脱却衣裳,裸身悬坐。米水不入口已经六日。以十三日亥时漂着肥后国天草郡西仲岛。臣之再生,叡造所救,不任欢幸之至。谨奉表以闻。

古代中日之间的"海上之路"是如此危险,如此艰辛,而且开始使用南路后的情况更加严酷。如前所说,日本太宝二年(702,唐长安二年)发遣的第八批遣唐使后,除一趟例外,使用的都是南路。按照当时东亚国际关系上的一些惯例,无论如何他们要使用南路渡海。

《续日本后纪》承和六年(839,唐开成四年)三月条有如下记载:

> 丁酉,遣唐三个舶所分配。知乘船事从七位上伴宿祢有仁、历请益从六位下刀岐直雄贞、历留学生少初位下佐伯直安道、天文留学生少初位下志斐连永世等不遂王命,相共亡匿。稽之古典,罪当斩刑。敕特降死罪一等,配流佐渡国。

这些预定留学者们,为了躲避入唐而仓皇逃遁,即使死罪也不惧怕。对他们来说,"海上之路"这条路,毫无疑问是一条形同死路般的非常严酷的通道。

那么,到底是什么驱使古代日本靠着这么严酷的"海上之路"不断向隋唐遣送使者呢?它们的主要目的是什么呢? 关于这一点,笔者还是关注着留学者,并在下面给出结论。

二

《续日本纪》天平七年(735,唐开元二十三年)四月条有如下记载:

> 辛亥,入唐留学生从八位下下道朝臣真备献《唐礼》一百卅卷、《太衍历经》一卷、《太衍历立成》十二卷、测影铁尺一枚、铜律管一部、铁如方响写律管声十二条、《乐书要录》十卷、弦缠漆角弓一张、马上饮水漆角弓一张、露面漆四节角弓一张、射甲箭廿只、平射箭十只。

这里列举了十八年前入唐留学的下道(吉备)真备归国后向朝廷献上的礼书、历书、工具、乐书、武器等各种各样的物品。有关曾入唐请益生(短期留学者)大和长冈的记载见于日本神护景云三年(769,唐大历四年)十月条,内容如下:

> 癸亥,大和国造正四位下大和宿祢长冈卒,刑部少辅从五位上五百足之子也,少好刑名之学,兼能属文,灵龟二年入唐请益,凝滞之处,多有发明,当时言法令者,就长冈而质之。

可知他在留学时间里一直努力学习唐朝的法令。

日本宝龟六年(775,唐大历十年),前右大臣正二位勋二等吉备朝臣真备薨逝时有如下记载:

> ……灵龟二年,年廿二,从使入唐。留学受业,研览经史,该涉众艺。我朝学生播名唐国者,唯大臣及朝衡二人而已。……八年仲满谋反,大臣计其必走,分兵遮之。指麾部分甚有筹略,贼遂陷谋中,旬日悉平。

面对藤原仲麻吕的叛乱,真备充分发挥了作为战术家的才能。那种知识和技术也可能是在十八年间的留学期间里学会的。

关于留学僧的记载见于《续日本纪》天平十六年(744,唐天宝三年)十月条:

> 冬十月辛卯,律师道慈法师毕天平元年为律师。法师俗姓额田氏,添下郡人也,性聪悟,为众所推。大宝元年随使入唐,涉览经典,尤精三论。养老二年归朝。是时,释门之秀者,唯法师及神叡法师二人而已。著述《愚志》一卷,论僧尼之事。其略曰:今察日本素缁行仏法轨模,全异大唐道俗传圣教法则,若顺经典,能护国土;如违宪章,不利人民。一国佛法,万家修善,何用虚设,岂不慎乎? 弟子传业者于今不绝。属迁造大安寺于平城,敕法师勾当其事。法师尤妙工巧,构作形制皆禀其规模,所有匠手莫不叹服焉。毕时年七十有余。

道慈入唐时三十岁左右,在唐十六年,学三论宗,归国后作为一名高僧备受重用。
日本天平十八年(746,唐天宝五年)六月条有如下记载:

> 己亥,僧玄昉死。玄昉,俗姓阿刀氏。灵龟二年入唐学问,唐天子尊昉,准三品,令着紫袈裟。天平七年,随大使多治比真人广成还归,赍经论五千余卷及诸佛像来。皇朝亦施紫袈裟着之,尊为僧正,安置内道場。自是之后,荣宠日盛,稍乖沙门之行,时人恶之。至是死于徒所。世相传云为藤原广嗣灵所害。

玄昉带回来经论五千余卷和一些佛像。以佛教为护国,所谓"护国佛教"是日本朝廷的一项国家政策,玄昉带回国来的这些文物完全合乎国家的要求。入唐求法僧最澄、入唐留学僧空海,他们留学所取得的成果也是如此。①

如上所述的各种各样中国文物、中国文化是古代日本要持续发遣唐使的主要目的。对古代日本国家领导者来说,"海上之路"是得到这种东西,以促使国家发展,并长期占有统治地位的一条重要通道。

三

《续日本纪》天平八年(736,唐开元二十四年)十一月条有如下记载:

---

① 《日本后纪》延历廿四年(805,唐永贞元年)八月条:请入唐求法僧最澄于殿上悔过读经。最澄献唐国佛像。《续日本后纪》承和二年(835,唐大和九年)三月条:丙寅,大僧都传灯大法师位空海终于纪伊国禅居。承和二年三月条:庚午,勅遣内舍人一人弔法师丧,并施丧料。延历廿三年入唐留学,遇青龙寺惠果和尚,禀学真言。其宗旨义味莫不该通,遂怀法宝归来本朝,启秘密之门,弘大日之化。

十一月戊寅,天皇临朝。诏授入唐副使从五位上中臣朝臣名代从四位下,故判官正六位上田口朝臣养年富、纪朝臣马主并赠从五位下,准判官从七位下大伴宿祢首名、唐人皇甫东朝、波斯人李密翳等,授位有差。

日本天平五年(733,唐开元二十一年)发遣的遣唐使副使中臣名代等,这年八月返国。那只船上有三名唐人和一名波斯人。[①] 唐人皇甫东朝,他的名字在《续日本纪》上一共有5处记录。日本天平神护二年(766,唐大历元年)十月,称德天皇在法华寺开"舍利之会"的时候,以"奏唐乐"之功给他授从五位下的官位。[②]

日本奈良市埋藏文化财调查中心2009年在日本奈良县西大寺附近发现了一个已经破损的须惠器,在底部外面写着"皇甫东□"四个字,最后一个字看不清楚。这很可能是坐遣唐使船通过"海上之路"来到日本的唐人皇甫东朝的亲书。他在736年来到日本,为古代中日文化交流架起桥梁,三十年后在称德天皇前演奏唐乐,最终埋骨异乡。与他相同的来日者还有唐僧鉴真与其随从人员一共24名。道璿、天竺僧菩提仟那、林邑(越南)僧佛哲、唐人袁晋卿、波斯人李密翳等,他们也都是经由"海上之路"来到日本的。"海上之路"促成的不仅是中日之间的人才交流,而且是日本与其他更远的一些国家之间的国际关系的萌芽。

《日本三代实录》贞观四年(862,唐咸通三年)八月条有如下记载:

是日,从五位下守大判事兼行明法博士讚岐朝臣永直毕。永直者右京人也,本姓讚岐公,讚岐国寒川郡人。幼齿大学,好读律令,性甚聪明,一听暗诵。弘仁六年,补明法得业生,兼但马权博士。数年之后奉试及第。天长七年春为明法博士。……时年八十。永直自为官吏,爰及晚节,历任勘解由次官,使判决之道能究其旨,为彼使司者,今犹为准的焉。尝大判事兴原敏久、明法博士额田今人等抄出刑法难义数十事欲遣问大唐,永直闻之,自请样解其义。累年疑滞,一时冰释。遣唐之间,因斯止矣。

古代日本开始派留学者到中国,已经有二百六十年左右的时间。在这一段时间里,古代日本一直在学习中国文化、制度、思想、技术、知识等等,但仍然认为还缺得很多。但是,如上所引,如明法博士永直这样的人才已经开始出现了。虽然永直本人没有经历过留学,但是他对刑法非常了解。

《日本纪略》宽平六年(894,唐乾宁元年)八月条有如下记载:

庚戌,以参议左辨菅原道真为遣唐使大使。

但是九月三十日条有如下记载:

其日,停遣唐使。

所谓遣唐使时代事实上闭幕了。古代日本为何停止发遣唐使,专家们已经提出不少观

---

① 《续日本纪》天平八年(736,唐开元二十四年)八月条:八月庚午,入唐副使从五位上中臣朝臣名代等率唐人三人、波斯人一人拜朝。

② 《续日本纪》天平神护二年(766,唐大历元年)十月条:……皇甫东朝、皇甫昇女并从五位下,以舍利之会奏唐乐也。

点。其中的一条原因是,很多日本留学者二百多年的时间里持续来到中国,取得了相当大的留学成果,所以发遣唐使的需要也越来越少了。

　　古代日本留学者的"海上之路"就这样消失了。后来,东亚商人群贸易的"海上之路"抬头,取古代日本留学者的"海上之路"而代之,来中国求法的日本求法僧就搭乘这些商人的船只渡海来华,继续吸取中国文化。

唐宋明州三江口港区的考古学考察

刘恒武

（宁波大学）

摘要 宁波三江口附近余姚江西南岸和奉化江西岸濒江地带是唐宋遗迹富集的区域，这一片区亦是唐宋明州海船停泊的港区。根据三江口附近余姚江西南岸和奉化江西岸唐宋遗迹分布状况与文化层堆积状况的分析，本文指出，唐代海船的停泊区域主要位于和义门——渔浦门余姚江滨一带，入宋以后，在三江口南侧灵桥以北的奉化江西岸形成固定港区。港区的空间移动，一方面归因于市舶管理及查验机构的选址，另一方面也与奉化江岸线的自然条件有关。

关键词 明州　三江口　港区　考古

对于内河船舶以及本埠近海渔舭而言，余姚江、奉化江、甬江江岸随处都可以作为泊舟登岸之所。而对于外洋来航的商舶而言，情况则大为不同。一方面，官府需要保证查验、管控、征税等职守的圆满执行，另一方面，舶商则期待通关、卸货、入仓以及贩售等环节的顺利展开，故而港埠位置的固定化成为一种客观必然。就唐宋宁波三江口海运码头的具体位置而论，可资论考的文献史料十分有限，尤其是唐代港区状况，几无文字材料述及。

不过，由于海运码头一般拥有完善的基础设施，而且是外洋船恒定化的活动场所，故而往往会留下码头存续时期较为丰富的遗物堆积。根据这些遗物的内涵和堆积状况，可以从考古学的角度探讨三江口唐宋港区的变迁。根据现有的考古资料来看，三江口区域余姚江、奉化江、甬江三江六岸古代遗迹最集中的片区为：和义门——渔浦门区、东渡门——灵桥区，这两个滨江的历史文化遗迹富集区也是古代宁波海运港区的核心空间，同时也反映出唐代至宋代港区位置的转移。

一、和义门——渔浦门余姚江滨的考古发现与唐代港区

宁波三江交汇处附近余姚江西南岸濒江地带是一块历史文化遗迹富集的区域，其具体位置大致相当于现在和义路一线东北侧沿江区块，北起解放桥下，循余姚江岸向东南延伸至新江桥下（见文后附图）。这一历史遗迹区有和义门、渔浦门两个标志性遗址，二者均是宋代罗城东北段城门，和义门位于今解放桥下和义路头，渔浦门位于和义路南段钱业会馆附近，下文还将对两门故址具体状况详加说明。1973 年和义路发掘中，考古工作者发现了大面积以唐代文化堆积为主体的古代遗址，本次考古作业共分 4 个发掘区，第 1 发掘区在今新

江桥南端西侧,为故甬东司码头所在地;第2发掘区位于今和义路北段路东侧的电信大厦正门;第3发掘区与第2发掘区隔和义路相对;第4发掘区位于今和义路南段钱业会馆西北侧,为甬江印刷厂旧址所在地。[①] 各发掘区中清理出的主要遗迹如下:

唐—宋城门遗址和义路唐宋城门遗址发现于第4发掘区。唐代城门门道宽3.02米,纵深9.6米,两侧墙壁均以砖砌,西壁厚1.22米,东壁厚0.84米,残高0.75米,城门侧壁的地基中夯有加固木桩,木桩排列为梅花形。门道以砖交错叠砌。门扇部位的门基为砖砌,其上安装木质门槛和门枢。城门附近发现了未铺砖的硬土路面。

五代城门宽2.96米,纵深8.9米,其门道及边壁沿用了唐代城门基础,门扇部位的两侧发现了左右对称的门墩石,中央则清理出将军石。城门内外路面均有铺砖。

宋代城门叠压在五代城门基址之上,较之前代有所拓宽。城门地基以条石叠砌。门道宽4.4米,纵深10.96米,门道侧壁以砖砌成。门扇位于门道中心段,受到部分破坏,仅余门砧限处三块垫基石板。城门内发现铺砖路面。

该城门遗址东南即是东渡门故址(今东门口)。以方位推之,此城门为《宝庆四明志》所言明州罗城渔浦门无疑。

唐代道路遗迹发现于遗址唐代第三文化层,位于上述城门遗址东侧,自南向北向江滨延伸,残长12米。道路两侧设有木质围板,围板内的路面略高于普通地面,用瓦砾、木渣铺垫,而且经过夯筑加固,路中央还发现零星的铺路石板。

版筑水沟位于唐代第二文化层,在城门基址西侧。水沟宽0.5米、深0.21~0.33米,发掘长度为10米。两侧装置长板作为边壁,兼以木桩固定。

唐代造船场遗迹发现于和义路遗址第2发掘区唐代第3文化层。出土大批木渣、木板残片,木质遗物上大多留有金属工具的削凿痕迹,有些木板上则残存油灰及铁钉锈迹,明显属于船舶构件。另外,同地点还发掘到立柱、稻草、竹杆等遗物。根据这些迹象可以推断,这一地点在唐代曾经设有维修、建造船舶的棚舍。

唐船和义路遗址第2发掘区唐代第1文化层发现了一条长11.5米,宽0.95米的船舶。船体保存完整,船尾及船首都留有铜钉。

唐、五代、宋遗物堆积层(文化层)唐代文化层分为三层,在各时代地层中厚度最大、出土遗物最丰富。根据发掘报告,唐第一文化层厚达0.3~0.6米,时代约为晚唐大中(847—859)前后,即明州迁治三江口之后,该层出土有越窑及长沙窑瓷器、漆器、木器以及莲纹瓦当等等。唐第二文化层厚达0.45~1.2米,时代大致在唐元和(806—820),此层遗物包括越窑及长沙窑瓷器、漆木器皿、莲纹瓦当、板瓦、筒瓦。唐第三文化层厚度为0.15~0.9米,时代大约相当于唐贞元(785—805),出土物种类与其他两层基本相同,以瓷器和建筑构件为主。五代晚期—北宋早期文化层叠压在唐第一文化层之上,厚度为0.22~0.7米,出土物多为越窑青瓷。表土层之下的宋代文化层厚度为0~0.37米,遗物包括龙泉窑青瓷残片、铜镜、钱币等。

除上述1973年考古发掘收获之外,1998年,在战船街电信大楼发掘遗址376平方米,

① 林士民:《浙江宁波和义路遗址发掘报告》,载《再现昔日的文明——东方大港宁波考古研究》,上海:三联书店,2005年。

遗址中包含了唐代至清代的文化堆积,其中唐代文化层中出土了大量越窑青瓷残片和瓦砾,唐代文化层之上为江滩淤泥,未发现北宋时期地层,自然淤积层之上为宋元遗物混合的文化层。[①] 2003年,宁波市文物考古研究所在解放桥西南端万豪大酒店施工地块清理出元代和义门瓮城遗迹和一艘南宋木制海船[②]。目前考古清理出的城门遗址以元代遗迹、遗物为主,实际上,该城门应即《开庆四明续志》所言南宋末年迁址后的"盐仓门",迁建后更名曰"和义门",新址在旧址东侧附近[③]。据考察,南宋木制海船残长约9.4米,最宽处约2.8米,深约1.15米,可分辨出9道舱壁。从船的规模和构造来看,该船属三江港内以及近海航行的运输船。[④] 因沉船出土处的和义门在南宋是"盐入则开"的盐运专用门[⑤],故而此船很可能就是往来于昌国盐场(今舟山)与府城的运盐船舶。

从上述发掘资料可以看出,和义门——渔浦门滨江遗迹区唐代文化堆积最为丰富,唐代文化层构成遗址堆积层的主体,唐代文化层中出土瓷器多达800多件,而且不仅限于本地越窑产品,还包含了相当数量的长沙窑器物,极可能是准备向外洋发运的贸易陶瓷。另外,城门、造船工场以及铺筑考究的道路、沟渠等遗迹的发现,则表明这个区域在唐代进行过精心地营建,能够满足海船寄碇休整、装卸货品的需求,应是唐代海运码头所在地。

另外,据《宝庆四明志》记载:"东津浮桥,灵桥门外,唐长庆三年刺史应彪置。……初置于东渡门外,江阔水驶不克成,乃徙今地。"[⑥]由此可见,东津浮桥原计划建于东渡门外。需要指出的是,假设唐代三江口南奉化江岸(今江厦地段)是海船常常靠泊的港区,那么这一计划就不可能被提出。因为东渡门故址在奉化江口西岸,十分接近三江交汇处,在此建造浮桥,就意味着奉化江岸线将被封隔为内河船停靠地。明州政府最终取消了东渡门外建浮桥的计划,其原因并非迫于海船对于奉化江岸线的亟需,而是碍于江面宽度和水流速度。这说明,唐代东渡门以南今江厦一带的奉化江岸线,对于外洋船舶而言并不重要。

二、东渡门——灵桥奉化江滨的考古遗存与宋代港区

三江口南奉化江西岸江厦街地段也发现有大量历史遗迹和遗物,这一区域北起新江桥南,南至灵桥西端,因有东渡门(今东门口)、灵桥两处标志性遗址,故可称为东渡门——灵桥历史遗迹区(附图)。已经确认的遗址地点,由南至北包括灵桥与灵桥门、来安亭与来安门、天后宫遗址、码头遗址及造船场遗址。该区块宋以后文化遗存十分丰富。这表明,入宋以后明州港区的核心区域已经逐渐由三江口余姚江西南岸转移到了三江口奉化江西岸。

东津浮桥与灵桥门在上文已经提到,东津浮桥位于宁波旧城灵桥门外,建于唐长庆三年

① 宁波市文物考古研究所:《浙江宁波船场遗址考古发掘简报》,《浙东文化》,1999年第1期。
② 宁波市文物考古研究所:《宁波市区和义路考古重大发现》,《浙东文化》,2003年第2期。
③ [宋]吴潜修,梅应发、刘锡纂:《开庆四明续志》卷一《城郭》,文渊阁《四库全书》本。
④ 陈潇俐等:《浙江宁波和义路出土古船的树种鉴定和用材分析》,载《宁波文物考古研究文集》,北京:科学出版社,2008年。
⑤ [宋]罗濬:《宝庆四明志》卷三《叙郡下·城郭》,文渊阁《四库全书》本。
⑥ 《宝庆四明志》卷一二《鄞县志·叙县·桥梁》,文渊阁《四库全书》本。

(823)，即迁治明州第三年。最初建成的浮桥"凡十六舟，亘板其上，长五十五丈、阔一丈四尺"。① 东津浮桥故址即今灵桥所在地，现在桥西端南侧立有遗址指示碑。灵桥门故址正对灵桥桥头，位于今药行街与江厦街交叉处。

宋代来安亭与来安门在上文介绍市舶务时已经有所介绍，由来安亭通过来安门可进入城内的市舶务。根据1995年市舶务遗址的发掘状况判断，来安门故址就位于今世贸中心大门的南侧。② 来安亭又称来远亭，始建于宋孝宗乾道年间(1165—1173)，③位于来安门外，应与来安门东西正对。考古工作者曾对来安门位置以西进行过考古调查，确证了奉化江滨"来安亭"的存在④。来安亭是市舶务在城外港区的触角，来航商舶均须在此接受查验，因此，来安亭是明州(庆元)港区最关键的官方设施。清道光七年发现的《来安亭记》碑文中记述了"来安亭"命名的原委：

> 羌性贪而贵吏清，嗜好虽不同，而此心一，天理也。况其涉鲸波，入蛟门，万死一生，得至上国，虽圣德涵覆，有以来之；而所以安之，则在领舶事者：治其委积、馆舍、饮食，《周礼》怀方氏之职，尚可考也。然饮食能饱其腹，不能满其欲；馆舍能便其身，不能悦其□。然则何以安之？曰：使金如粟，不以入怀，如张都尉之谕□羌，则来者安；宽其征输，精粗兼取，如王御史之税番夷，则来者安；市者所须药物于它郡，而□官无所求索，如向文简之著清节，则来者安。否则，昧袪污襫，愧心忡忡，我不自安，安其人可乎？后之登斯亭者，有以知作命名之意，宜葺之，俾勿坏。⑤

市舶务官差吏役与列国舶商，是相互依存、相互矛盾的两个群体，而来安亭正是双方相向而视的第一空间。《来安亭记》不仅写出了越洋而至的外国舶商的艰辛、欲求与焦虑，也言明了舶务执掌者应当遵循的履职方针和必须具备的道德操守。

日本文献《本朝高僧传》卷十九《道隆传》中提到高僧兰溪道隆赴日传法的缘起：日本宽元四年(1246)，挂锡天童山的道隆，在浮桥桥头(即灵桥)看到日本商舶停泊于来远亭(即来安亭)，此时神人忽现，以缘在东方相告，道隆遂决定随舶浮海东渡。⑥ 实际上，道隆赴日心念的产生主要归因于入宋僧明观智镜(1238年入宋)的劝请。但是，《道隆传》中这段带有演义色彩的记述，表明灵桥、来安亭已经成为宋日交流中带有标志意义的地名。

宋元天后宫遗址。关于三江口奉化江西岸宋元天后宫的创建时间及过程，《四明谈助》卷二十九《东城内外(下)》之"天后宫"条所录元人程积斋《重建天妃庙记》中有明确记载：

> 鄞之有庙，自宋绍熙二年。来远亭北，舶舟长沈法询，往南海遇风，神降于舟，以济。遂诣兴化，分炉香以归，见红光、异香满室，乃舍宅为庙址，益以官地，捐资募众，创殿庭、像设。有司因俾沈氏世掌之。皇庆元年，海运千户范忠暨漕运倪天泽

---

① 《宝庆四明志》卷一二《鄞县志·叙县·桥梁》，文渊阁《四库全书》本。
② 林士民：《浙江宁波市舶司遗址发掘简报》，载《再现昔日的文明——东方大港宁波考古研究》，上海：三联书店，2005年。
③ 《宝庆四明志》卷三《叙郡下·制府两司仓场库务并局院坊园等》，文渊阁《四库全书》本。
④ 林士民：《三江变迁——宁波城市发展史话》，宁波：宁波出版社，2002年，第110页。
⑤ [清]徐兆昺著、周冠明点校：《四明谈助》卷二九《东城内外(下)》，宁波：宁波出版社，2000年。
⑥ 转引自[日]木宫泰彦：《日华文化交流史》，富山房，1955年，第383页。

等复建后殿、廊庑、斋宿所,造祭器。余因序其事。①

根据上述碑记内容,宁波天后宫初建于宋绍熙二年(1191),位于来远亭北。1982年,浙江省文物考古研究所和宁波市文管会在今江厦街银亿上上城展示中心一带(当时为工业品展销大厦施工地块)发掘了天后宫遗址,此地恰在来安门、来安亭一线之北,为南宋天后宫故址无误。此次发掘仅清理出元、明、清历代建筑基址,未见宋代建筑遗迹。② 但是,并不能据此否定南宋天后宫的存在,《四明谈助》所载《重建天妃庙记》系元代皇庆元年(1312)年撰制,记述前朝故物旧事,作为史料而言具有较高的置信度。之所以未发现宋代建筑基址,可能是由于南宋初建之天后宫系以沈氏自宅改建,殿庭狭小,历经后世多次翻修工程后遗迹消失殆尽。

天后信仰即闽粤所谓妈祖崇拜,北宋时源自福建莆田,后传播至浙、粤沿海各地,天后宫、妈祖庙成为东南沿海港市不可或缺的宗教设施。南宋绍熙二年明州天后宫的创建,舶商船民出航泊岸之际祈福禳灾的精神需求,使得三江口港区的功能更趋完善。宁波天后宫一直延续至民国时代,1949年毁于空袭。目前,江厦街浦发银行前立有天后宫遗址指示碑。

宋代码头。1978年,宁波市文管会在东门邮政局施工地块发现了宋代海运码头遗址。③遗址正当宋代东渡门故址之东,即东渡门外奉化江岸。本次发掘共发现3处码头遗址,东西向排列,时代不一,年代最晚的1号码头在最东侧,距今奉化江岸约70米,最西侧的3号码头年代最古,距今江岸90余米。

1号码头处在发掘区第4文化层(宋代层)上部,西距2号码头约8.4米,根据残迹来看,该码头东向临水,呈横长方形,南北长度约15米,东西残宽2.8米,用长方条石叠砌而成,由于江岸地基松软,地基部分打入成排木桩,且在排桩之间铺敷树枝,用以加固地基。紧靠码头东侧、北侧临水面之处,发现了大量带有卯眼的木头,推测当时在紧靠码头外侧的水面之上还搭建有干栏式接舶设施。

2号码头在第4文化层(宋代文化层)中部,处于1号码头和2号码头之间。码头平面为长方形,条石围筑,规模不详,地基垫有瓦砾、红烧土块以及碎木块,并夯有木桩,以此加固地基。

3号码头在宋代文化层底部、唐代文化层之上,与1号码头相距约20米。该码头呈长条形,推测长度超过13米,以条石和块石围砌而成,码头内侧地基铺有一层鹅卵石,与胶泥混合,码头地面又以瓦砾、石片铺垫,非常坚实。码头临水面还发现成组的木桩和木板,可能是架设在水面之上的接舶设施留下的遗迹。

上述3个码头,在层位上均属宋文化层,故而都是宋代遗迹,1号码头可能晚至南宋。

在1号码头之下的文化层中还清理出了一艘宋代海船。船体仅存部分底部,残长9.3米,残高1.14米,以龙骨为中心单侧宽2.16米,是一艘尖头、尖底、方尾的三桅海船。

---

① [清]徐兆昺著、周冠明点校:《四明谈助》卷二九《东城内外(下)》,宁波:宁波出版社,2000年。

② 林士民:《浙江宁波天后宫遗址发掘》,载《再现昔日的文明——东方大港宁波考古研究》,上海:三联书店,2005年。

③ 林士民:《宁波东门口码头遗址发掘报告》,载《再现昔日的文明——东方大港宁波考古研究》,上海:三联书店,2005年。

《建炎以来系年要录》记载:南宋建炎三年(1129)十二月,高宗从明州逃往海上,"自州治乘马出东渡门,登楼舡,宰执皆从之"。① 由此可以看出,在两宋之交,东渡门前江滨码头已经是最重要的出海码头。

在1号码头的西北侧不远处,出土了大量的木块、残板、油灰、麻绳、船钉、石臼等遗物,还有厚达25~65厘米的木屑堆积,这些遗物证明该地点曾经是一处修造船舶的工场。② 此处遗迹开口于宋元层(第3文化层),时代应在南宋晚期—元前期。

根据《宝庆四明志》,北宋皇祐年间(1049—1054),明、温两州各设造船场。北宋大观二年(1108),造船场并归明州,买木场并归温州。北宋政和元年(1111),明州复置造船、买木二场。北宋政和二年(1112),明州无木可伐,造船事务归并温州。北宋政和七年(1117),在楼异的提议下,温州造船场移归明州,专力建造三韩岁使船,不久之后,温州船场又复归温州。南宋以降,朝廷在明州设置造船监官,官署在桃花渡,船场在城外一里甬东厢。③

北宋时期,明州造船场达到鼎盛,上文已经提到,神宗元丰元年(1078)安焘、陈睦出访高丽使团所乘"凌虚安济致远"、"灵飞顺济"两艘神舟,即建造于明州船场。另外,北宋政和七年(1117),楼异向朝廷提议建造"二巨航、百画舫",建议最终得以实施,而且为造船之事,温州船场临时迁至明州。楼异督造完成的两艘巨航,实际上就是徽宗宣和五年(1123)路允迪出访高丽使团乘坐的"鼎新利涉怀远康济神舟"和"循流安逸通济神舟"。《宣和奉使高丽图经》中虽未明言这两艘神舟造于明州,但是,使团发船之前的数年中,温州船场移至明州,对高丽外交用舶由明州专办,而且出使之前楼异已有建造"二巨航"的提议。此外,《宣和奉使高丽图经》提到,随神舟一同出行的六艘客舟的外观修饰均在明州完成,而且出使船队出发于明州州城。④ 因此,宣和使团所乘神舟应即明州所造两巨航。如果两船始造于1117年,竣工于徽宗决定派遣使团的宣和四年(1122),那么,两船的建造花费了5年时间。

南宋时期造船监官官署所在地——桃花渡,位于今新江桥西南一带,南距东渡门不远。《宝庆四明志》所说的造船场所在地——甬东厢,其具体位置已经不可查考。以道理推之,此地应该就在与东渡门隔江相对的奉化江和甬江包夹地带。考古发现的修造船遗迹位于东渡门外码头附近,很可能是一处为泊岸海船提供服务的一处修船场。

三、由唐至宋明州三江口港区的空间移动

如果将上述两个历史遗迹区进行比较,我们就会发现,和义门——渔浦门余姚江滨历史遗迹区以唐代遗迹为主,1998年发掘的战船街遗址宋元文化层(第3层)堆积虽厚,但出土残瓷仅50件左右⑤。而奉化江西岸江厦地段的东渡门——灵桥遗迹区以入宋以后的遗存为主,唐代遗物、遗迹较为欠乏。因此,考古资料支持的论断是:唐代外洋贸易船的主要停靠

① [宋]李心传:《建炎以来系年要录》卷三〇,文渊阁《四库全书》本。
② 林士民:《宁波东门口码头遗址发掘报告》,载《再现昔日的文明——东方大港宁波考古研究》,上海:三联书店,2005年。
③ 《宝庆四明志》卷三《叙郡下·官僚·造船官》,文渊阁《四库全书》本。
④ [宋]徐兢:《宣和奉使高丽图经》卷三四《海道一》,丛书集成初编,上海:商务印书馆,1937年。
⑤ 宁波市文物考古研究所:《浙江宁波船场遗址考古发掘简报》,《浙东文化》,1999年第1期。

地在接近三江口交汇处的余姚江西南岸，入宋以后，外洋船港区逐渐向东渡门——灵桥一带转移。

唐代贸易船之所以将和义门——渔浦门一带作为主要停靠地，其原因有二：第一，三江口余姚江岸是深入浙东内地的起点，沿余姚江逆流可达慈溪、余姚，再转其他水道可深入越州腹地。同时，三江口余姚江岸又是慈溪、余姚等地物流到达明州的终点。尤其重要的是，慈溪上林湖是唐代越窑瓷业中心，其产品自余姚江中游舶载至三江口明州城下，系缆于三江口余姚江岸是最为自然、最为合理的选择。第二，明州子城北缘距离余姚江岸约500余米，而东缘距离奉化江岸约1100余米，明州官署通过水路调集的外埠物资在余姚江岸卸运更为方便。此外，唐代明州尚无专门市舶机构，州内各种衙司集中于子城，对海舶实施查验还是以余姚江岸相对便捷。

到了宋初淳化年间，明州设立市舶司，市舶司衙署位于子城东南，紧倚罗城东墙。这一地点距东渡门——灵桥一段奉化江滨很近，对于进入明州港准备接受市舶官吏查验的外洋船舶而言，停泊于东渡门——灵桥奉化江滨无疑便于完成各种市舶手续，对于官方而言，海舶集中停靠于东渡门——灵桥一带也有利于市舶管理。南宋孝宗乾道年间（1165—1173）在灵桥北奉化江滨设来远亭作为查验海舶的专门设施，光宗绍熙二年（1191）又在来远亭北建成航海祈福设施——天后宫，东渡门——灵桥港区趋于成熟和完善。

宋代东渡门——灵桥港区不仅是中外贸易交流的重要场所，也是中外观念、风习汇聚交融的空间。日本入宋求法高僧道元在《典座教训》中记录了自己旅宋悟禅的经历与心路，叙事的开篇正是以庆元海运码头为背景：

> 又嘉定十六年末五月中，在庆元舶里。倭使头说话次，有一老僧来，年六十许岁，一直便到舶里，问和客讨买倭椹。山僧请他吃茶，问他所在，便是阿育王寺典座也。他云，吾是西蜀人也，离乡得四十年，今年是六十一岁，向来粗历诸方丛林，先年权住孤云里，讨一得育王挂褡，胡乱过，然去年解夏了，充本寺典座。明日五日，一供浑无好吃，要做面汁，未有椹在，仍特特来，讨椹买，供养十方云衲。山僧问他，几时离彼。座云，斋了。山僧云，育王去这里有多少路。座云，三十四五里。山僧云，几时回寺里去也。座云，如今买椹了便行。山僧云，今日不期相会，且在舶里说话，其非好结缘乎，道元供养典座禅师。座云，不可也，明日供养吾，若不管便不是了也。山僧云，寺里何无同事者理会已斋粥乎，典座一位不在，有什么欠缺。座云，吾老年掌此职，及耄及之弁道也，何以可让他乎，又来时未请一夜宿暇。山僧又问典座，座尊年，何不坐禅弁道，看古人话头，烦充典座，只管作务，有甚好事。座大笑云，外国好人，未了得弁道，未知得文字在。山僧闻他这地话，忽然发渐警心。便问他，如何是文字，如何是弁道。座云，若不蹉过问处，岂非其人也。山僧当时不会。座云，若未了得，他时后日，到育王山，一番商量文字道理去在。这地话了便起云，日晏了忙去。便归去了也。[①]

后来，道元与老典座在天童山再次相会，道元问典座："如何是文字？"典座答曰："一二

---

① 转引自：[日]安藤嘉则撰、张文良译：《阿育王寺与日本佛教》，《报恩》，2007年第2期。

三四五"。又问:"如何是弁道?"典座云:"遍界不曾藏。"道元在庆元码头舶中与育王寺老典座的邂逅以及后来的问答,使道元感悟良多,归国后以《典座教训》为题总结了旅宋期间的所思所悟。此外,从上述道元的经历可以窥见一些宋代宁波港区的历史景观:外国船舶可以在舟中出售部分货物,甚至可以请宋人留宿船上,宋人亦可自由进入外国舶中求购所需物品。

综上所述,唐代海船的泊岸地主要在和义门——渔浦门余姚江滨一带,根据目前发现的考古资料来看,这里作为港区的设施相比于后世的宋代还不是很完善。宋代以后,明州港区转移至三江口南侧的奉化江西岸,新的港区位置的确定固然与市舶司及查验机关来安亭的选址有关,但同时也应看到奉化江岸线自然条件的因素,奉化江与甬江南北贯通,江水深度大,更适合大体量的宋代海船停泊靠岸。

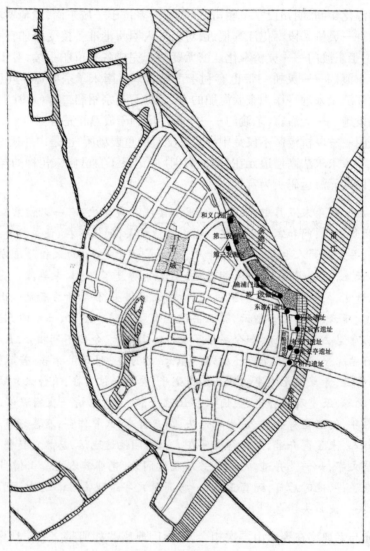

唐宋明州三江口港区遗址分布图

54

宋朝限定沿海发舶港口问题新探

曹家齐

（中山大学）

摘要 为便于对商船集中管理,有效获取市舶之利并加强海上禁防,宋朝从太宗时一度将发舶权限定在两浙市舶。元丰三年八月,始规定赴南蕃诸国贸易须从广州市舶司发舶,入日本、高丽等国,则须从明州市舶司发舶,而回航住舶必须在原发舶州。这一制度,造成泉州等贸易港口发舶甚为不便。为适应海外贸易需要,元祐二年,泉州始置市舶司,并拥有发舶权。元祐编敕亦将回航住舶港口为原发舶港口之限改为至合发舶州住舶,从此,发舶港口以杭、明、泉、广诸州为主。南宋时,因两浙发舶渐集中于明州,发舶港口则为明、泉、广三州,后期则以泉、广二州为主。至于住舶港口,则因三市舶司争利,或为原发舶州,或为合发舶州,多有变动,但最终当以原发舶州为制度。发舶和住舶港口之限定,表面上看似可集中管控市舶之利和海上禁防,但由此产生的对海上贸易之垄断,则又导致发舶港口萧条、舶利亏损,而商贾纷纷冲破政府对港口之限定,改入其他港口贸易。利弊交错,时好时坏,在矛盾中挣扎、维持,应是宋朝市舶之政的真实写照。

关键词 宋朝 发舶港口 舶政

两宋时期,海上交通与贸易空前发达,市舶之利遂成为宋朝国用之重要来源,但对进出口商船和港口之管理,亦构成对宋朝市舶之政的严重挑战。为有效对舶货进行抽解和博买,并维护海上交通诸项禁防,宋朝陆续制定出对进出口商船和港口的管理措施,并根据形势变化而不断调整。其中包括限定商船的进出港口、出海周期,以及严格商船进出手续并加强海上缉查等。官方限定商船进出港口的核心措施,即是限定港口签发商船的出海之权。这一措施乃是宋廷从全局施行的市舶之政,不仅关涉具体港口的地位和发展,更可影响整个海上贸易格局,故以往研究宋代海外贸易和海上交通之论著便对此问题多有涉及。其中代表性的论著有日本学者藤田丰八《宋代之市舶司与市舶条例》[①]、桑原骘藏《蒲寿庚之事迹》[②],中国学者陈高华、吴泰《宋元时期的海外贸易》[③],陈高华《北宋时期前往高丽贸易的泉州舶

---

① 上海:商务印书馆,1936年,魏重庆译本。
② 1929年中华书局出版陈裕菁译本,易名为《蒲寿庚考》。
③ 天津:天津人民出版社,1981年。

商——兼论泉州市舶司的设置》，①王杰《中国古代航海贸易管理史》，②廖大珂《福建海外交通史》③等。但诸位先生之论著皆未对宋朝限定发舶港口问题作专门的讨论。上世纪九十年代中，笔者以《宋代交通管理制度研究》为题，写作博士学位论文，于《边塞与海上交通制度》一章列"对商船出入港口的限定"一目，作过专门考述，④但亦仅限于当时所见文献基础上之简单勾勒。2007年末，广东阳江"南海一号"沉船打捞一度成为媒体和社会关注热点，笔者曾因对宋代海上交通作过一定研究而多次受到媒体采访。被问最多的一个问题，便是"南海一号"沉船当初最有可能从何处起航。这虽然是一个很难回答的问题，但促使笔者对宋朝发舶港口问题再作思考。回头再看以往之研究，不难发现，不仅元祐以后限定发舶港口事未能究明，而且之前限定港口措施的实际执行状况亦缺乏必要之探索；另外，港口限定与舶政之关系亦堪为研究之问题。故今于以往研究之基础上，对宋朝限定沿海发舶港口问题再作些讨论。

一、端拱二年限海舶于两浙陈牒诏令之执行始末

北宋初年，继唐五代之势，在沿海仍有多个港口对外通商。如《宋会要》载：

> 太平兴国初，京师置榷易院。乃诏："诸蕃国香药、宝货至广州、交趾、泉州、两浙，非出于官库者，不得私相市易。"⑤

此载说明宋朝对外贸易在国初便在广州、泉州、明州、杭州等港口进行，只是其中之香药、宝货一切由政府专卖，民间不得任意与外商交易。尽管北宋在开宝四年（971）就在广州设置市舶司，而他处未设，但从相关记载看，宋朝一开始亦并未限定商船出海之港口。直到端拱二年（989），即在杭州设置市舶司后，⑥始诏："自今商旅出海外蕃国贩易者，须于两浙市舶司陈牒，请官给券以行，违者没入其宝货。"⑦淳化三年（992）两浙市舶司移至明州定海县，商船出海凭证应随之改至定海请领，但翌年又移司杭州。至咸平二年（999），又"令杭州、明州各置市舶，听蕃官从便。"⑧但不管怎样，端拱二年的诏令字面意思便是说，凡国内海舶出海贸易，皆须到两浙办理出海手续，领取出海凭证。从政府管理之角度看，此举便于集中控制海商的活动，可有效掌控海商出国贩易之状况。但此诏令果得施行，则广州、泉州、温州等处商船若往南蕃诸国贸易，便须北上杭州或明州请牒，然后再折返向南。泉州、温州倒还好说，广州显然迂远不便，即便是将人、船、货物经本州证明，再凭一纸文书到两浙办理出海手续亦甚为不便。另外，端拱二年诏令若果得施行，则又昭示出有市舶司处未必有签发海舶之权，如广州最早设置市舶司，此时却无发舶权。

---

① 《海交史研究》1980 年第 2 期。
② 大连：大连海事大学出版社，1994 年。
③ 福州：福建人民出版社，2002 年。
④ 曹家齐：《宋代交通管理制度研究》，郑州：河南大学出版社，2002 年。
⑤ ［清］徐松：《宋会要辑稿》（以下简称《宋会要》）职官四四之一，北京：中华书局，1957 年，第 3364 页。
⑥ 关于杭州于端拱二年置司，参据藤田丰八推论，详见氏著《宋代之市舶司与市舶条例》，第 37 页。
⑦ 《宋会要》职官四四之二，第 3364 页。
⑧ ［元］马端临：《文献通考》卷六二《职官一六·提举市舶》，杭州：浙江古籍出版社，1988 年，第 563 页。

更为重要的是,若只有两浙一处市舶司可以签发海舶出海外蕃国贸易凭证,则其他诸处港口的贸易必受影响。但熙宁时诸处贸易数额似乎难以合理解释。毕仲衍《中书备对》载熙宁十年(1077)明、杭、广三州市舶乳香收入云:

> 三州市舶司[所收]乳香三十五万四千四百四十九斤。其内明州所收惟四千七百三十九斤;杭州所收惟六百三十七斤;而广州所收者则有三十四万八千六百七十三斤。是虽三处置司,实只广州最盛也![①]

如果此时仍在执行商旅皆须于两浙办理出海手续之制度,则此商旅应是国内商旅,而不包括外国蕃商。否则,如果包括外国蕃商,则外国蕃商来广州贸易后,回国须北上两浙办理手续,如此必然会影响外国蕃商入宋贸易之积极性。但即便仅是限制国内商旅,广州贸易额高出杭、明二州如此之多亦甚难理解。因为,即便广州离南蕃诸国较近,但如果广州市舶司没有发舶权,亦必不会有太多的海舶到广州贸易。

根据广州熙宁时贸易状况可以推测,端拱二年限定两浙签发海舶之诏令,或是不久废止,或是事实上未得认真施行。结合其他记载大致可知,端拱二年诏令应是未能得到长久实施。元祐五年(1090),时任知杭州的苏轼上《乞禁商旅过外国状》,其中举出有关商旅出海的庆历、嘉祐、熙宁、元祐编敕和元丰中书札子。有云:

> 庆历编敕:客旅于海路商贩者,不得往高丽、新罗及登、莱州界,若往余州,并须于发地州军先经官司投状、开坐所载行货名件、欲往某州军出卖,许召本土有物力居民三名结罪,保明委不夹带违禁及堪造军器物色、不至过越所禁地分,官司即为出给公凭。如有违条约及海舡无公凭,许诸色人告捉。舡物并没官,仍估物价钱,支一半与告人充赏。犯人科违制之罪。
>
> 嘉祐编敕(略)
>
> 熙宁编敕:诸客旅于海道商贩,于起发州投状,开坐所载行货名件、往某处出卖,召本土有物力户三人结罪,保明委不夹带禁物,亦不过越所禁地分,官司即为出给公凭。仍备录舡货,先牒所往地头,使到日点检批凿公凭讫,却报元发膝州,即乘舡。自海道入界河,及往北界高丽、新罗并登、莱界商贩者,各徒二年。
>
> 元丰三年八月二十三日中书札子节文:诸非广州市(舡)[舶]司,辄发过南蕃纲舶舡,非明州市舶司,而发过日本、高丽者,以违制论,不以赦降去官原减(其发高丽舡仍依别条)。
>
> 元丰八年九月十七日敕节文:诸非杭、明、广州而辄发海商舶舡者,以违制论,不以去官赦降原减。诸商贾由海道贩诸蕃,惟不得至大辽国及登、莱州。即诸蕃愿附舡入贡或商贩者听。
>
> 元祐编敕(略)[②]

苏轼此奏,旨在希望朝廷仍按庆历、嘉祐施行,禁止商贩入高丽、新罗贸易。其所引庆历、嘉祐、熙宁编敕,与元丰三年中书札子、元丰八年敕和元祐编敕,应是节录相关内容并放

① [清]梁廷枏总纂、袁钟仁校注:《粤海关志》卷三《前代事实·宋》,广州:广东人民出版社,2002年,第37页。
② [宋]苏轼:《苏东坡全集·奏议集》卷八《乞禁商旅过外国状》,北京:中国书店,1986年,第493—495页。

在同一逻辑层面进行论述。从此角度看,庆历编敕、嘉祐编敕(与庆历编敕同)和熙宁编敕中所言"客旅于海路商贩者"虽非专指"出海外蕃国贩易者",但应包括之,同时亦包括在国内往其他州军贩易者。但无论庆历、嘉祐编敕,还是熙宁编敕,都仅言"须于发地州军先经官司投状、开坐所载行货名件、往某处出卖,召本土有物力户三人结罪,保明委不夹带禁物,亦不过越所禁地分,官司即为出给公凭",并未涉及限定港口事。由此观之,端拱二年诏令条文,至迟在庆历之前便已废止。具体何年废止呢?《文献通考》载:

> 咸平二年九月庚子,令杭州、明州各置市舶,听蕃官从便。熙宁中,始变市舶法,泉人贾海外者,往复必使(东)[西]诣广,否则没其货。海道回远,窃还家者过半,岁抵罪者众。太守陈偁奏疏,愿置市舶于泉。不报。①

其中所言"熙宁中,始变市舶法,泉人贾海外者,往复必使(东)[西]诣广"应是熙宁至元丰修订市舶法事,此市舶法即《广州市舶条》,于元丰三年修定,其内容之一便是苏轼奏议中所言元丰三年中书札子节文"诸非广州市(舡)[舶]司,辄发过南蕃纲舶舡,非明州市舶司,而发过日本、高丽者,以违制论,不以赦降去官原减"。(《广州市舶条》事见下文)《文献通考》将此内容直接系于咸平二年诏令后,按照前后逻辑,则咸平二年"令杭州、明州各置市舶,听蕃官从便"则意指不再限定发舶港口,似针对端拱诏令而言。若如此,则端拱二年限海舶统一自两浙市舶司陈牒请券之诏令便是在咸平二年九月废止。

二、元丰三年中书札子与元丰八年敕对发舶港口之限定情况

元丰三年后,宋廷对海舶出海港口又作出限制。元丰三年中书札子规定"诸非广州市(舡)[舶]司,辄发过南蕃纲舶舡,非明州市舶司,而发过日本、高丽者,以违制论,不以赦降去官原减",还仅是针对去外国贩易海商,但元丰八年敕却规定"诸非杭、明、广州而辄发海商舶舡者,以违制论,不以去官赦降原减。诸商贾由海道贩诸蕃,惟不得至大辽国及登、莱州。"连在国内沿海贩易之海商亦包括在内了。亦即所有海商出海贩易必须到杭州、明州或广州办理出海手续,领取公凭。其起因大概是熙宁九年五月二日,"给事中、集贤殿修撰程师孟乞罢杭州、明州市舶司,只就广州市舶一处抽解"。② 之后,三司便与程师孟共议广州、明州市舶利害。但直到元丰三年八月二十七日,中书才上言"《广州市舶条》已修定。乞专委官推行。""诏广东以转运使孙迥、广西以转运使陈偁、两浙以转运副使周直孺、福建以转运判官王子京。迥、直孺兼提举推行;偁、子京兼觉察拘拦。其广南东路安抚使更不带市舶使。"③而苏轼《乞禁商旅过外国状》所引元丰三年八月二十三日中书札子节文,则应是即将修定的《广州市舶条》之重要内容之一,元丰八年再加以修订以敕令颁出。

检核现存文献,元丰三年中书札子节文与元丰八年敕的确在此后得到实施。除前揭《文献通考》所言事实外,又有陈偁之子陈瓘《先君行述》等记载。陈瓘《先君行述》与《文献通考》所言为同一事,但更为具体,其中云:

---

① 《文献通考》卷六二《职官一六·提举市舶》,第563页。
② 《宋会要》职官四四之六,第3366页。
③ 《宋会要》职官四四之六,第3366页。

泉人贾海外,春去夏返,皆乘风便。熙宁中,始变市舶法,往复必使东诣广,不者没其货。至是命转运判官王子京拘拦市舶。子京为尽利之说以请,拘其货、止其舟以俟报。公(指陈偁)以货不可失时,而舟行当乘风便,方听其贸易而籍名数以待。子京欲止不可,于是踪迹连蔓起数狱,移牒谯公沮国法,取民誉。朝廷所疾,且将并案。会公得旨再任,诏辞温渥。子京意沮,而搜捕益急。民骇惧,虽药物燔弃不敢留。公乃疏其事,请曰:"自泉之海外,率岁一往复。今迁诣广,必两驻冬,阅三年而后返,又道有(焦)[礁]石浅沙之险,费重利薄,舟之南日少,而广之课岁亏重。以拘拦之弊,民益不堪。置市舶于泉,可以息弊止烦。"未报。而子京倚法籍没以巨万计。上即位,子京始惧,而遽以所籍者还民。①

结合前揭《宋会要》所载元丰三年八月修定《广州市舶条》,及分别委任孙迥、陈偁、周直孺、王子京在广东、广西、两浙、福建推行市舶新法事,不仅可知《文献通考》与陈瓘《先公行述》所言"熙宁中,始变市舶法,[泉人贾海外],往复必使(东)[西]诣广"实为元丰三年之后情况,亦可知元丰三年限定发舶港口之规定确实得以实施,并对泉州海商带来诸多不便。

又,元丰三年后被限定在明、广二州发舶的海商,既包括出外国贩易之海商,亦包括在国内州军贩易之海商。如《续资治通鉴长编》载:

> [元丰五年(1082)十二月]丁卯,广西转运副使吴潜言:"雷、化发船之地,与琼岛相对,今令例下广州约五千里请引,不便。欲乞广西沿海一带州县,如土人、客人载米穀、牛、酒、黄鱼及非市舶司抽解之物,并依旧更不下广州请引。"诏孙迥相度于市舶法有无妨碍,既而不行。②

从吴潜所言中可以看出,广西沿海商船发往琼州,曾直接自雷州和化州出发,无须经广州。此当是依庆历至熙宁编敕,但后来必须经五千里到广州请引,当是依元丰三年中书札子。此亦应是元丰三年《广州市舶条》内容之一。但元丰三年中书札子规定"诸非广州市舶司,辄发过南蕃纲舶舡",以违制论,琼州是否亦包括在"南蕃"之内呢?考诸文献,宋朝虽未将琼州视作"南蕃",却与"南蕃"一并看待,如熙宁七年(1074)正月,诏:"诸泉、福缘海州,有南蕃、海南物货船到,并取公据验认。"③如果从琼州靠近南蕃,又处在去南蕃必经之路的特殊地位来看广西沿海一带土人、客人赴琼州贸易一事,似乎可视作特例,但若结合陈瓘《先公行述》所记泉州之情况,及《宋会要》所载元丰三年以后令孙迥、陈偁往诸处推行新市舶法之状况,则可见广西沿海土人、客人赴琼州贩易须到广州请引,与泉州海商到广州请引是一样的,都是元丰三年中书札子或《广州市舶条》实施之体现。

三、元祐以后发舶港口限定情况

元丰时限定海舶自杭、明、广三州签发,无疑给其他港口和地区的商人带来不便,甚至影

---

① 《永乐大典》卷三一四一,"陈"字门"陈偁",北京:中华书局,1986年,第1836页。
② [宋]李焘:《续资治通鉴长编》卷三三一,元丰五年十二月丁卯条,北京:中华书局,2004年,第7989页。
③ 《宋会要》职官四四之五,第3366页。

响到整个国家的市舶收入。其中以泉州港的情况最为突出。元丰三年后,泉州舶船往南蕃贸易必须到广州,方许出海。由泉州一般冬天利用北风发船,第二年夏天利用东南风即可返航。现在先得在冬天乘北风到广州,在广州过冬,第二年冬天才能去南海,第三年才能回国。这就是陈偁上书中所说的"今远诣广,必两驻冬,阅三年而后返"。再加上泉、广之间海道多有"礁石浅沙",艰险难行,不仅"舟之南日少(去广州的舶船愈来愈少)而广之课岁亏"(广州的市舶收入不能满额),而且使泉州的海外贸易急剧下降,从而影响到政府的收入。①

元丰三年限定发舶港口的基本依据应是港口是否设有市舶司。当时宋朝国内诸港口中,只有广州、明州和杭州设有市舶司,而泉州等地则无。因此,元丰时任泉州知州的陈偁便悉举泉州海商出海必诣广州之弊,向朝廷陈述,奏请于泉州设置市舶司。实际上,早在熙宁五年(1072),就有人"请置司泉州,其创法讲求之"②,未见下文,此时陈偁又奏请置市舶司于泉州,结果仍是"不报"。③直到哲宗即位,宋廷始于"元祐二年十月六日,诏泉州增置市舶。"④

泉州增置市舶司后,便与广州、明州一样有发舶权了。如苏轼《乞令高丽僧从泉州归国状》云:

> 元祐四年十二月三日,龙图阁学士、朝奉郎、知杭州苏轼状奏:"臣近为泉州商客徐戬带领高丽国僧统义天手下侍者僧寿介等到来杭州,致祭亡僧净源,因便带到金塔二所,遂具画一事由闻奏。已准朝旨,许令寿介等致祭亡僧净源毕,差人舡送到明州,附因便海舶归国。如净源徒弟愿与回赠物色,即量度回赠。本州已依准指挥,许令寿介等致祭净源了毕,其徒弟量将土仪回赠寿介等收受。所有带到金塔二所,据寿介等令监伴职员前来告臣云:'恐带回本国得罪不轻。'臣已依元奏词语判状付逐僧执归本国照会,及本州实时差拨人舡乘载寿介等。亦将米面、蜡烛之类随宜钱送。逐僧于十一月三十日起发前去外,访闻明州近日少有因便商客入高丽国,窃恐久滞,逐僧在彼不便。窃闻泉州多有海舶入高丽往来买卖,除已牒明州契勘,如寿介等到来年卒无因便舶舡,即一面申奏乞发往泉州附舡归国外,须至奏闻者。右伏乞朝廷特降指挥,下明州疾速契勘,依此施行。所贵不至住滞。谨录奏闻,伏候敕旨。"⑤

苏轼此奏上于元祐四年十二月,已是泉州市舶司设置两年之后。奏议中提到泉州客商徐戬带领高丽僧人寿介前来杭州,知杭州苏轼欲派人将其送到明州,令其搭便船归国,因明州近期很少有客商入高丽,而泉州多有海舶入高丽买卖,便申请将寿介送往泉州搭便船归国。此例不仅说明泉州当时已可发舶,而且入高丽之商船多于明州。

---

① 参见前揭陈高华《北宋时期前往高丽贸易的泉州舶商——兼论泉州市舶司的设置》。
② [元]脱脱:《宋史》卷一八六《食货下八·互市舶法》,北京:中华书局,1985年,第4560页。
③ 《文献通考》卷六二《职官一六·提举市舶》,第563页。
④ 《宋会要》职官四四之八,第3367页。按:关于泉州市舶司设置时间,诸书记载不一,《宋史》卷六七《职官志七·提举市舶》载:"元祐初,诏福建路于泉州置司。"第3971页;《宋史》卷一八六《食货下八·互市舶法》称:"元祐三年,……乃置密州板桥市舶司,而前一年,亦增置市舶司于泉州。"第4561页;《文献通考》卷六二《职官一六·提举市舶》则云:"哲宗即位之二年,始诏泉州置市舶。"第563页。今从《宋会要》。
⑤ 《苏东坡全集·奏议集》卷六,第475页。

若有市舶司之设，便可有权签发海舶，则元祐三年密州板桥镇置司后亦可能成为发舶港口。考之元祐编敕："诸商贾许由海道往外蕃兴贩，并具人舡物货名数、所诣去处，申所在州，仍召本土有物力户三人，委保物货内不夹带兵器，……仍给公据。方听候回日，许于合发舶州住舶，公据纳市舶司。"①可知其时发舶之制大概又如熙宁以前，但从"方听候回日，许于合发舶处住舶，公据纳市舶司"之句，可以推断发舶之处应是有市舶司之地。

绍圣至靖康时，未见宋廷对发舶港口再有调整，只是对三路提举市舶官罢而复置。② 政和三年(1113)在秀州华亭县增设市舶务。③

南宋时，密州市舶司不复存在，其市舶则维持广南、福建和两浙三个市舶司的格局，其发舶港口亦大致是广州、泉州和明州、杭州。如绍兴二年(1132)，广南东路经略安抚提举市舶司言："广州自祖宗以来，兴置市舶，收课入倍于他路。每年发舶月分，支破官钱管设津遣，其蕃汉纲首、作头、梢公等人，各令与坐，无不得其欢心，非特营办课利，盖欲招徕外夷，以致柔远之意。"④绍兴十四年九月，提举福建市舶楼璹言："今来福建市舶司，每年止量支钱委市舶监官备办宴设，委是礼意与广南不同。欲乞依广南市舶司体例，每年于遣发蕃舶之际，宴设诸国蕃商，以示朝廷招徕远人之意。"⑤隆兴二年(1164)，臣僚言："熙宁初，创立市舶，以通货物。旧法，抽解有定数而取之不苟，纳税宽其期而使之待价。怀远之意实寓焉。迩来抽解名色既多，兼迫其输纳，使之货滞而价减，所得无几，恐商旅不行。……且三路舶船，各有司存。旧法，召保给据起发，回日各于发舶处抽解。近缘两浙舶司申请，随便住舶变卖，遂坏成法。乞下三路照旧法施行……。"从之⑥。由此可见，至孝宗时，三大市舶司仍有给据发舶之权。

南宋时，三大市舶司给据发舶虽无大的改变，但两浙市舶司情况却多有调整。建炎元年(1127)，高宗即位，片面以为"市舶司多以无用之物，枉费国用，取悦权近"，于当年六月将两浙、福建路提举市舶司一度归并于转运司。但"并废以来，土人不便，亏失数多"，又于次年五月复置。⑦ 绍兴元年以前，温州又设置市舶机构，隶属两浙市舶司。⑧ 绍兴二年，两浙提举市舶司移至秀州华亭县，⑨此地当有签发海舶公凭权。绍兴十五年，江阴军设置市舶后⑩，两浙市舶司便下辖杭州、明州、秀州、温州、江阴军五处市舶司(务)。尽管如此，签发海舶公凭则不应各归五处，理应在秀州和明州。乾道初(1165)，臣僚言："福建、广南皆有市舶，物货浩瀚，置官提举实宜，惟两浙冗蠹可罢。"⑪于是，次年便因"两浙路置官委是冗蠹"，罢两浙路

① 《苏东坡全集·奏议集》卷八《乞禁商旅过外国状》，第 495 页。按：《宋会要》职官四四之八（第 3367 页）载元祐五年十一月二十九日刑部所言，而朝廷从之的内容正与苏轼《乞禁商旅过外国状》所引元祐编敕同，知元祐编敕发布时间应在元祐五年十一月之后。

② 《宋会要》职官四四之九，第 3368 页。

③ 《宋会要》职官四四之一一，第 3369 页。

④ 《宋会要》职官四四之一四，第 3370 页。

⑤ 《宋会要》职官四四之二四，第 3375 页。

⑥ 《文献通考》卷二〇《市籴考一·均输市易和买》，第 201－202 页。

⑦ 《宋会要》职官四四之一一、四四之一二，第 3369 页。

⑧ 此据藤田丰八推论，见《宋代之市舶司与市舶条例》，第 44 页。

⑨ 《宋会要》职官四四之一四，第 3370 页。

⑩ 《宋会要》职官四四之二四，第 3375 页。

⑪ 《宋史》卷一六七《职官志七·提举市舶司》，第 3971 页。

提举市舶司,所有逐处(指存留的五处市舶务)抽解职事,委知、通、知县、监官同行检视,而总其数令转运司提督①。但此后蕃舶往来逐渐只集中于明州。至光宗、宁宗时,即废其他四处市舶务。如《宝庆四明志》载:"光宗皇帝嗣服之初,禁贾舶至澉浦,则杭务废。宁宗皇帝更化之后,禁贾舶泊江阴及温、秀州,则三郡之务又废。凡中国之贾,高丽与日本、诸蕃之至中国者,唯庆元得受而遣焉。"②因诸处市舶务废,嘉定六年(1213),则规定,临安府海商"欲陈乞往海南州军兴贩,止许经庆元府给公凭。"③理宗淳祐六年(1246),又于澉浦派市舶官,淳祐十年置市舶场,④但两者市舶似乎再未恢复以往之光景。

两浙市舶机构的变化,反映出在南宋时海上贸易的重心逐渐转移到泉州和广州。如曾任泉州提举市舶的赵汝适于宝庆元年(1225)在《诸蕃志》自序中称:"国朝列圣相传,以仁简为宝,……于是置官于泉广,以司互市",⑤竟置明州于不顾。由此可见,南宋后期,海舶签发港口亦主要是泉、广二州了。

四、港口限定与舶政实态

毋庸置疑,宋朝对发舶港口进行限制,其意旨是能集中管理,有效掌握和控制沿海港口进出之商船。这一方面是便于集中收取舶税;另一方面则可加强海上禁防。海上贸易给宋朝带来丰厚的财政收入,但同时亦存在不利于国家安全的隐患。因此宋朝一方面要鼓励贸易,一方面又要加强海上禁防。其禁防内容大概有四:其一,对一些国家和地区(主要是辽、金)禁通贸易;其二,禁中国商船擅载外国人入宋;其三,禁运铜钱和军用物资出海;其四,禁与蕃客私相交易。⑥

要有效收取舶税并防止以上各类事情发生,不仅须限定发舶港口,亦当限定住舶港口,而宋朝亦正是这样做的。宋朝市舶制度内可见,海船回航时,必须在指定港口住舶,但此制始于何时,不得而知。神宗熙宁七年(1074)正月,诏书有云:

> 诸舶船遇风信不便,飘至逐州界,速申所在官司,城下委知州,余委通判或职官与本县令佐躬亲点检。除不系禁物税讫给付外,其系禁物即封堵,差人押赴随近市舶司勾收抽买。诸泉、福缘海州有南蕃、海南物货船到,并取公据验认。如已经抽买、有税务给到回引,即许通行。若无照证,及买得未经抽买物货,即押赴随近市舶司勘验施行。诸客人买到抽解下物货并于市舶司请公凭引目,许往外州货卖。如不出引目,许人告,依偷税法。⑦

此诏是对商船停泊的处理规定。据此推知,商船回航和蕃舶入宋,当有指定住舶港口,

① 《宋会要》职官四四之二八,第3377页。
② [宋]胡榘修,方万里、宋罗浚纂:《宝庆四明志》卷六《叙赋下·市舶》,北京:中华书局,1990年影印宋元方志丛刊本,第5054页。
③ 《宋会要》职官四四之三四,第3380页。
④ [宋]罗叔韶修,常棠纂:《澉水志》卷上,北京:中华书局,1990年影印宋元方志丛刊本,第4663页。
⑤ [宋]赵汝适著,杨博文校释:《诸蕃志校释·序》,北京:中华书局,1996年,第1页。
⑥ 详见前揭拙著《宋代交通管理制度研究》第244-247页。
⑦ 《宋会要》职官四四之五,第3366页。

而且须在有市舶处。此制在熙宁之前就已确立，最早应该宋初就有。熙宁以前有市舶处仅有广州、明州和杭州三处。可以得知，商船回航和蕃舶入宋，必须先到有市舶处接受抽解，然后凭税务给到回引，可到没有市舶的泉州等地销售。如果商人买到抽解下物货，必须从市舶司请取公凭引目，然后可到其他港口或州军买卖。到非市舶港口和州军住舶的商船应是这两类。从熙宁编敕可知，海船发舶时，起发州"仍备录船货，先牒所往地头，使到日点检批凿公凭讫，却报元发牒州。"但这些只是制度规定，实际上，违法冒禁之事应是经常发生，熙宁七年正月的这份诏书便能反映这一事实的存在。

大概从元丰三年以后，宋廷对海舶回航住舶港口又有新的规定。如崇宁五年（1106）三月四日诏曰：

> 广州市舶司旧来发舶往来南蕃诸国博易回，元丰三年旧条，只得赴广州抽解。后来续降沿革不同。今则许于非元发舶州（往）［住］舶抽买，缘此大生奸弊，亏损课额。可将元丰三年八月旧条与后来续降冲改参详，从长立法，遵守施行。①

此诏中所言元丰三年旧条应是该年修定的《广州市舶条》，其中规定从广州签发往南蕃诸国的商船，回航时必须在广州住舶抽解。"后来续降沿革不同"，当指元祐之变更。应是《广州市舶条》关于回航住舶之条例，被两浙市舶司和福建市舶司照搬，前揭元祐编敕便对市舶条例统一作了修改，规定商贾"许由海道往外国兴贩，……回日，许于合发舶州住舶，公据纳市舶司"。此处"合发舶州"虽指有市舶处，但并非"原发舶州"。亦即元祐五年时变更元丰制度，规定商船回航，须于有市舶处住舶抽解，但不一定是原发舶州。这样甚不利于市舶司的抽税与检查，"缘此大生奸弊，亏损课额"，于是，崇宁五年便将诏"可将元丰三年八月旧条，与后来续降冲改参详，从长立法，遵守施行"，即又规定商船回航，必须于原发舶处州住舶抽解。此后未见再改动。但三路市舶司之间互相争利，招纳别处所发商船，此制又渐破坏，其状况应是持续到南宋。

隆兴二年（1164）八月，两浙市舶司申："三路舶船各有置司去处。旧法，召保给公凭起发，回日缴纳，仍各归发舶处抽解。近缘两浙市舶司事争利，申请令随便住舶变卖，遂坏成法，深属不便。乞行下三路，照应旧法施行。"②福建路市舶司亦有同样请求。朝廷予以采纳，乾道三年（1067）年四月，诏："广南、两浙市舶司所发船，回日，内有妄托风水不便、船身破漏、樯柂损坏，即不得拘截抽解。若有别路市舶司所发船前来，泉州亦不得拘截，即委官押发离岸，回元来请公验处抽解。"③后来实行情况如何，则亦可想而知。

宋廷为集中、有效地获取市舶之利，控制海上禁防，便须限定发舶和住舶港口。从管理层面而言，发舶和住舶港口越少越好。但为适应海上贸易与获取市舶利益之需求，又不得不增设市舶机构和发舶港口，最终形成广南、福建和两浙三大市舶司的格局。但招徕蕃舶，增加舶税，是市舶司设置的直接目的，亦是考察市舶官员及相关地方官员政绩的重要标准。因此，各市舶司之间便互相争利，这是宋朝一直未能妥善解决的问题。市舶司之间互相争利直接影响到整个舶政，对发舶与住舶港口限定之制度变动不定与之互为因果。除此之外，还有

① 《宋会要》职官四四之九，第3368页。
② 《宋会要》职官四四之二七，第3377页。
③ 《宋会要》职官四四之二九，第3378页。

更深层面的影响。

首先,限定发舶与住舶港口,使市舶官员和其他地方官员得以控制本港进出商船,垄断贸易权。不法官员便将权力渗入海外贸易从中谋利,因而损害国家市舶之入并影响舶商之积极性。如《建炎以来系年要录》载:

> [绍兴三十年十月己酉]言者论:"国家之利,莫盛于市舶,比年商贩日疏,南库之储半归私室,盖商贾之受弊有四,官中之亏损有二。旧法,抽解十五之中泛取其一,今十半之中尽择良者;向来舶贾率皆土人,事力相敌,初无攘夺相倾之患,其后将帅贵近各自遣舟,既有厚赀,专利无厌,商贾为之束手;旧舶舟之行,惟给符引,财货盈缩,事止一身,其后附以官钱,或遇风涛,人溺舟覆,捕系妻子,籍产追偿,故海滨之民冒万死一生之利而得不偿费,人人失业,于是私切相戒,不敢发舟;官司又追捕纠告而遣发之,此四弊也。旧海贾既多,物货山积,故抽解所入不可以数计,今权豪之家势足自免,县官岁入坐损其半;往岁土人入蕃之货不过瓷器、绢帛而已,今权豪冒禁,公以铜钱出海,一岁所失,不知其几千万,此二损也。市舶一司,自唐以来恃此以为富国裕民之本,今其弊至此。①

尽管两宋朝廷曾不断立法、严令禁止,并处罚不法官员,②但这一类现象一直都未曾杜绝。

其次,各市舶司之间为争利,或官员为中饱私囊,过分征收舶税及盘剥商贾,致港口萧条。此类现象两宋都很普遍,南宋尤为突出。嘉定十年,真德秀第一次知泉州时上《知泉州谢表》云:

> 泉虽闽镇,古号乐郊,其奈近岁以来,浸非昔日之观。征榷大苛,而蛮琛罕至。涝伤相继,而农亩寡收。③

又如嘉定十二年十二月二十三日,臣僚言:

> 泉、广舶司日来蕃商寖少,皆缘克剥太过。既已抽分和市,提举监官与州税务又复额外抽解、和买。宜其惩创,消折悼于此来。乞严饬泉、广二司及诸州舶务,今后除依条抽分和市外,不得衷私抽买,如或不悛,则以赃论。④

市舶司及官员的过分克剥,严重影响海商到指定港口贸易的积极性,至使海商纷纷冒禁入其他港口贸易,以逃避市舶司和官员的诛求。如绍定六年知泉州真德秀《申尚书省乞拨降度牒添助宗子请给》称:

> 窃见本州通年以来,公私窘急,上下煎熬。虽其积非一日,其病非一端,然其供亿之难、蠹耗之甚,则惟宗子钱米一事而已。……然庆元之前未以为难者,是时本

---

① [宋]李心传:《建炎以来系年要录》卷一八六,绍兴三十年十月己酉条,上海:上海古籍出版社,1992 年影印文渊阁四库全书本,第 658 页。

② 参见关履权:《宋代广州的海外贸易》,广州广东人民出版社,1994 年,第 185 - 189 页。

③ [宋]真德秀:《西山文集》卷一七,台湾商务印书馆影印文渊阁四库全书本,第 256 页。

④ 《宋会要》食货三八之二四,第 5478 页。

州田赋登足，舶货充美，称为富州，通融应副，未觉其乏。自三二十年来，……富商大贾，积困诛求之惨，破荡者多，而发船者少；漏泄于恩、广、潮、惠州者多，而回州者少。嘉定间，某在任日，舶税收钱犹十余万贯；及绍定四年，才收四万余贯；五年，止收五万余贯，是课利所入又大不如昔也。①

因为市舶司及官员对商贾多有诛求，又加官员以权强为海外贸易，至使海商纷纷入他处贸易，泉州市舶岁入大减。泉州如此，广州、明州亦未必不如此。由此来看，宋廷限定发舶住舶港口，本想加强控制，多获舶利，结果却因过度垄断而适得其反。限定港口之利弊，于此可见一斑。

五、结语

为便于对商船集中管理，有效获取市舶之利并加强海上禁防，宋朝从太宗时一度将发舶权限定在两浙市舶司，但行之未久。大概从咸平二年至元丰三年的八十余年间，宋廷对发舶港口未作严格限制，唯是对各港口发舶手续和发往地区有诸多规定，但商船回航住舶抽解则须到有市舶处，了毕方可凭税务回引或公凭引目入其他港口住舶买卖。元丰三年八月起，始规定赴南蕃诸国贸易须从广州市舶司发舶，入日本高丽等国，则须从明州市舶司发舶，而回航住舶必须在原发舶州。这一制度，造成泉州等贸易港口发舶甚为不便。为适应海外贸易之形势，元祐二年，泉州始置市舶司，并拥有发舶权。元祐编敕，亦将回航住舶港口为原发舶港口之限，改为至合发舶州住舶。从此，发舶港口则以杭、明、泉、广诸州为主。南宋时，因两浙发舶渐集中于明州，发舶港口则为明、泉、广三州，后期则以泉、广二州为主。至于住舶港口，则因三市舶司争利，或为原发舶州，或为合发舶州，曾有变动，但最终当以原发舶州为制度，只是具体执行情况未尽如人意。对发舶和住舶港口之限定，表面上看似可集中管控市舶之利和海上禁防，但由此产生的对海上贸易之垄断，则又导致发舶港口萧条、舶利亏损，而商贾纷纷冲破政府对港口之限定，改入其他港口贸易。利弊交错，时好时坏，在矛盾中挣扎、维持，应是宋朝市舶之政的真实写照。

明了宋朝对发舶港口之限定及相关制度，再看"南海一号"沉船问题，即便可以推测其为发往东南蕃国之商船，但在船上出水文物尚不能充分说明问题的情况下，对其发舶港口仍不能妄测。从当时制度层面来看，广州、泉州和明州都有可能，若考虑商贾冒禁之可能性存在，广、泉、明三州中之一州为其起发地点，却亦未必。

---

① 《西山文集》卷一五，台湾商务印书馆影印文渊阁四库全书本，第231-233页。按：真德秀文在该文中言及"某守臣也，到任六月"（第233页），小贴子中又称"泉州有请"（第234页）则知真德秀时任知泉州，且刚上任六个月。据《宋史·真德秀传》（第12960-12963页）所载，真德秀曾两次知泉州，第一次是嘉定年间以右文殿修撰知泉州，第二次则是绍定五年进徽猷阁知泉州。引文中出现绍定年号，则该申请必为绍定五年后以徽猷阁待制知泉州时所上。《宋史·真德秀传》中亦载有与本申请相关的内容。至于具体的月份，据《宋史·理宗本纪》（第797页）载：绍定五年八月乙卯，起真德秀为徽猷阁待制、知泉州。上此申请时真德秀到任六月，应为绍定六年二月。（该时间之考证由博士生石声伟提供，谨此致谢）

宋代的海上航行及风俗

徐吉军

（浙江省社会科学院）

摘要 随着造船业的进步和航海业的发展,宋代的海外交通也比以前更加发达,不仅与东亚、东南亚诸国建立了联系,而且与红海沿海的西亚和非洲北部地区也有贸易往来。同时,在长期的航行过程中,形成了有别于前代的海神信仰和祈舶趁风、以物厌胜等与航海相关的海洋风俗。

关键词 宋代　海上交通　风俗

宋代是海上航行发达的时代,这一时期与中国有联系的海外国家和地区,东有朝鲜半岛、日本列岛、流球群岛上的国家和地区,南有东南亚、南亚、菲律宾群岛、印度洋西岸的国家和地区,乃至红海沿海的西亚南部和非洲北部地区。宋王朝积极发展海外贸易的政策,与这些海外国家保持着密切的经济交往关系,海外远洋交通获得了较大的发展,杭州、明州、泉州、广州、福州、温州等地,是中国与这些海外国家海洋交通的重要港口。①

北宋时的杭州为全国四大港口城市之一,"俗习工巧,邑屋华丽,盖十余万家。环以湖山,左右映带。而闽商海贾,风帆浪舶,出入于江涛浩渺、烟云杳霭之间,可谓盛矣"。② 南宋时,临安的海外贸易以澉浦港为主。据宋常棠撰《海盐澉水志》卷三《水门》所载,澉浦港的交通非常方便,"海在镇东五里,东达泉、潮,西通交、广,南对会稽,北接江阴、许浦,中有苏州,洋远彻化外。西南一潮至浙江,名曰上潭;自浙江一潮,归泊黄湾;又一潮到镇岸,名曰下潭;东北十二里名曰白塔潭,可泊舟帆,亦险要处……"葛澧《帝都赋》:"蜀商闽贾,水陆浮趋。"③其时,被封为清河郡王的张俊利用其手中职权,"广收绫锦奇玩、珍馐佳果及黄白之器"到海外贸易,"获利几十倍"。④ "临安人王彦太,家甚富,有华室,忽议航南海,营舶货"。⑤

泉州是与福州并称的大城市,"城内画坊八十,生齿无虑五十万"。⑥ 这里"实今巨镇,舟

---

① 参见张锦鹏《南宋交通史》第五、六章《南宋海外交通》部分,北京:人民出版社,2008 年。

② ［宋］欧阳修:《居士集》卷四《有美堂记》,《欧阳修全集》,北京:中国书店,1986 年,第 281 页。

③ ［宋］王象之:《舆地纪胜》卷二引,清咸丰五年南海伍氏粤雅堂刊本。

④ 罗大经:《鹤林玉露》丙编卷二《老卒回易》,北京:中华书局,1983 年,第 269 页。

⑤ ［宋］洪迈:《夷坚支志》丁集卷二一《王彦太家》,文渊阁《四库全书》本。

⑥ ［宋］陆守:《修城记》,载王象之《舆地纪胜》卷一三〇《泉州》。

车走集,繁华特盛于瓯闽"。"水陆据七闽之会,梯航通九译之重"。①"蛮舶萃聚,财货浩穰"。②

广州也早在北宋时就非常繁华。与苏轼同时的赵叔盎说:"南海(按:即今广州),广东之一都会也。襟带五岭,控制百粤。海舶贾蕃,以珠犀为之货,丛委于地,地大物伙,号称富庶。"③

下面择要对宋代海上的交通路线、交通工具及其风俗作一粗浅的研究,以求教于方家。

一、宋代的海上交通路线与交通工具

(一)海上交通路线

随着宋代造船事业和航海事业等的发展,海外交通也比以前更加发达,廖刚说:"(海船)则又必趁风信时候,冬南夏北,未尝逆施,是以舟行平稳,少有疏虞,风色既顺,一日千里,曾不为难。"④据文献记载,其时国内海道大致可以分为长江口外海道、钱塘江外海道、闽江口外海道和珠江口外海道数条。

长江口外海道又分为浙西路、浙东路。《建炎以来系年要录》卷五六说:"绍兴二年七月甲申,吕颐浩言:敌舟从大海北来,抛洋直至定海县,此浙东路也。自通州入料角,放洋至青龙港,又沿流至金山村、海盐县,直泊临安江岸,此浙西路也。"即山东莱州"抛洋"直航定海的为浙东路;从常熟浒浦发船出长江口,经料角、盐城到登、莱两州为浙西路。

钱塘江外海道以临安府、明州为中心。临安府之"浙江乃通江、渡海之津道",出海可到台、温、泉、福及广南等处,但后因浙江的高潮、积沙及罗刹石的阻途,载重量大的海船无法从浙江直达杭州,必须在余姚由运河船接替装运,经西兴渡到达临安府。⑤明州海运发达,往北有直航山东登、莱诸州的浙东路;向南航行经象山洋、台州洋、温州洋、福州洋可到达福州、泉州、廉州等地。《云麓漫钞》卷二说:"东南天水混合无边际,自东即入辽东、渤海、日本、毛人、高丽、扶桑诸国;自南即入漳、泉、福建路。"

闽江口外海道以福州、泉州为中心。福州入海往南经泉州可至广州,往北可达温、明、临安等地。泉州也是一个"南、北洋舟船必泊之地",往东航行可至台湾岛,南航则到广州及南洋、西洋各国,北航则抵临安,或经长江口转入镇江。如不在长江转海,继续北航则可到达楚州(今淮安盐城)、密州板桥镇(今山东胶县)。此外,泉州还有去流求的海路。

珠江口外海道以广州为中心。从黄水湾始航,东向经涨海可到东南沿海各地,过溽州则航行国外,西向抵道海南岛及广西北部湾。⑥

在海外航线方面,宋代主要有对日本、高丽东洋航线和东南亚、阿拉伯以及非洲东岸的

---

① [宋]《舆地纪胜》卷一三〇《泉州》,清咸丰五年南海伍氏粤雅堂刊本。
② [宋]许应龙:《东涧集》卷六《刘炜叔知泉州制》,文渊阁《四库全书》本。
③ [宋]赵叔盎:《千佛塔记》,载《广东通志》卷五一《风俗志》,文渊阁《四库全书》本。
④ [宋]廖刚:《高峰集》卷五《漳州到任条具民间利病五事状》。
⑤ 参见[宋]吴自牧:《梦粱录》卷一二《浙江》、《江海船舰》,杭州:浙江人民出版社,1984年。
⑥ 参见冯汉镛:《宋代国内海道考》,《文史》,1986年,第26辑。

西洋航线。

宋对日本的航线，主要是从明州发船，然后横渡东海，直达日本值嘉岛。这条直捷快速的航线，如顺风的话，一般六天左右便可到达对方目的地。赴日多在五六月份，来华则在三四月间。如日人亨庵宗元所著的《荣尊和尚年谱》载荣尊和尚于端平二年（1128）来华经过时说："师岁四十一，与辨圆共乘商船，出平户，经十昼夜，直达大宋明州。"又《元亨释书·荣西传》载荣西从中国回日本经过说："西趋出到奉国军（即明州），剩杨三纲船，抵平户岛苇浦。"

宋对高丽的航线也是以明州港为起点站，经白水洋、黄水洋、黑水洋到朝鲜半岛西岸礼成江碧澜亭。在正常情况下，这条航线的全程航期约为十五天左右。如顺风则更快，建炎二年（1128），南宋使臣"杨应诚等以海舟发高丽，复五日至明州定国县"，[①]航期仅为六天。

宋对东南亚、阿拉伯和非洲地区的航线基本上承袭唐代。据周去非《岭外代答》、赵汝适《诸蕃志》等书所载，其路线大致如下：循广东海岸西南航，穿过琼州海峡后，径往占城（今越南南部）。又南往真腊（今柬埔寨），然后航行到三佛齐。由三佛齐东南行到阇婆（今爪哇），再由阇婆东北航行至渤泥（今文莱），由渤泥东北航行到麻逸（今菲律宾）。如要到大食，则从阇婆向西航行到注辇（今马拉巴尔，在印度半岛东海岸），或到故临（在印度半岛西海岸）。然后从故临航海至弼斯啰（今伊拉克巴士拉四部）、粥琶啰（今索马里柏培拉）、层拔（今坦桑尼亚桑给巴尔）、遏根陀（今埃及亚历山大）及茶弼沙（今摩洛哥境内一带）等地。其航线已向西扩展到红海和东非，这正如戴维斯《古老非洲再发现》一书所说的："在十二世纪，不管什么地方，只要帆船能去，中国船在技术上也都能去了。"

（二）宋代的远洋船只及指南针的使用

1. 宋代的远洋船只

宋代是我国历史上造船业最繁盛的时期。在这一时期，我国的造船技术超过了世界上的任何一个国家。在唐中叶以前，往来于南洋的海船大都是外国的，在新旧《唐书》中，"西域舶"、"西来夷舶"、"蛮舶"、"蕃舶"的名称屡见不鲜。中国人对外国船舶也是备加赞赏，如唐代李肇《国史补》卷下载："南海舶，外国船也。每岁至安南、广州。师子国舶最大，梯而上下数丈，皆积宝货。"但在唐末以后，中国的造船水平已经超过了外国。到了宋代，中国的海洋船几乎垄断了西太平洋、印度洋的航行。当时不但中国客商坐中国制造的海船，而且连外国客商也多搭乘中国制造的海船。中国海舶以体积大、负载多、安全平稳、设施完备等著称于世，再加上指南针在航海上的使用，更受到了各国客商的欢迎。

在这一时期，"海舟以福建船为上，广东西船次之，温、明州船又次之"。[②] 关于海船造价，在当时也有记载。绍兴三十一年（1161），"以财雄东南，因纳粟授官"的金彦，为升官而行贿，造海舟献给得到高宗赵构宠幸的医官王继先，"其直万缗，舟中百物皆具"。[③] 据此可知，这艘海船的造价在一万贯左右。

① ［宋］李心传：《建炎以来系年要录》卷一七，建炎二年九月癸未条，上海：上海古籍出版社影印本，1997 年。
② ［宋］吕颐浩：《忠穆集》卷二《论舟楫之利》，文渊阁《四库全书》本。
③ 《建炎以来系年要录》卷一八九，绍兴三十一年三月辛卯条。

而海舟又推远洋船最为先进,这是一种载重量极大的海船。据文献记载,北宋神宗时,明州所造的"神舟"(或称"万斛船"),其规模之宏大,在当时世界上无船能与其匹敌。元丰元年(1078),安焘、陈睦两学士出使高丽,朝廷敕明州造万斛船两只,一只赐号为"凌虚致远安济神舟",另一只赐号为"灵风顺济神舟"。当这两只规模壮观的海船到达高丽国时,高丽人惊叹不已,"倾国耸观,而欢呼嘉叹"。① 徽宗时,朝廷又派徐兢出使高丽,再诏明州造"鼎新利涉怀远康济神舟"、"循流安逸通济神舟",两船"巍如山岳,浮动波上,锦帆鹢首,屈服蛟螭"。② 虽然文献中没有记载这些神舟的载重量,但据与其同行的"顾募客舟"推算,其载重量当在两万斛以上,合今1100吨左右。③ 此外,南宋周去非《岭外代答》卷六《器用门·木兰舟》记载从南海出发的远洋巨舶"浮南海而南,舟如巨室,帆若垂天之云,舵长数丈,一舟数百人,中积一年粮"。甚至还有比木兰舟更大的,"一舟容千人,舟上有机杼市井"。当然,普通的远洋船没有这么大,《梦粱录》卷一二《江海船舰》记载南宋都城临安出海的远洋船:"大小不等,大者五千料,可载五六百人;中等二千料至一千料,亦可载二百人;余者谓之钻风,大小八橹或六橹,每船可载百余人。"一料等于一石,载重五千料就是五千石,约为三百吨左右。载重两千料(石)的船,则约重一百二十吨左右。"其长十余丈,深三丈,阔二丈五尺";"每舟篙师、水手可六十八人"。④ 这与日本人的记载大致吻合。当时由临安一带去日本等国的远洋商船,多是乘坐六七十人(最多不过百人左右)的小型的、轻便的帆船。⑤

这些远洋船舶已有较好的抗沉性能,"皆以全木巨枋,搀迭而成"。⑥ 造船木料一般用松木或杉木,除部分来自附近州县外,主要从日本进口。这可从日本学者中村新太郎、斯波义信等人的著作中得到证实。据中村新太郎《日中两千年》一书记载,进入十二世纪后,日本向南宋输出的物品主要是周防(山口)的松、杉、桧等木材和硫黄岛的硫黄。这些进口的木材,除部分用于房屋建筑和棺木外,大都用于造船。船侧板用二重或三重木板,并用桐油、石灰舱缝,以防止漏水。每船一般隔成十余舱,有的大船船舱为数更多。每个船舱之间相互密隔,即便有一二个舱漏水也不至于船只沉没。

海船的形体和设备,还具有快航的特点。海船一般尖底,如V字形,据北宋末年徐兢所著《宣和奉使高丽图经》卷三四《客舟》所载,这种海船"上平如衡,下侧如刃,贵其可以破浪而行也"。航行主要依靠风力,"大樯高十丈,头樯高八丈,风正则张布帆五十幅,稍偏则用利篷,左右翼张,以便风势。大樯之巅,更加小帆十幅,谓之野狐帆,风息则用之"。由于充分利用了各种不同形式的风帆,航行时"风有八面,唯当头不可行"。船腹两旁"缚大竹为橐以拒浪",起到稳定船身、加速航行的作用。船尾舵有"大小二等"的正舵,还有三副舵,根据水的深浅和离岸的远近分别使用,对于掌握船的航向有很大的作用。船上还有铁锚和矴石,

① [宋]徐兢:《宣和奉使高丽图记》卷三四《客舟》,《丛书集成初编》本。

② [宋]徐兢:《宣和奉使高丽图记》卷三四《客舟》。

③ 王曾瑜:《谈宋代的造船业》,《文物》,1975年第10期。

④ [宋]徐兢:《宣和奉使高丽图记》卷三四《客舟》。

⑤ [日]藤家礼之助:《日中交流二千年》,北京:北京大学出版社,1982年;中村新太郎:《日中两千年》,长春:吉林人民出版社,1980年;斯波义信:《宋代商业史》第二章《宋元时代交通运输的发达》,日本株式会社风间书房,昭和43年。

⑥ [宋]徐兢:《宣和奉使高丽图经》卷三四《客舟》。

以保证船只的完全停泊。铁锚大者重数百斤,下有四爪①。矴石上连着"其大如椽"、长数百尺的藤索,用车轮转动上下。不仅近岸抛泊时可用铁锚、矴石,就是逆风时也可以用矴石使船只固定不走。②

为了让长期航行在茫茫大海上的中外客商和海员过上比较舒适的生活,船上还设有装饰比较豪华、可以携带家属的幽静船舱。③ 从《宣和奉使高丽图经》的记载来看,全船中部分作三舱,前舱在头桅至大桅之间,其中上层作为储存水和炊事用舱,下层为随行水手的住舱。中舱分为四室,主要用于装货;后舱为乔屋,四壁开窗,彩绘华丽,装饰富丽堂皇。乔屋上有竹蓬,平时叠积待用,阴雨天时以遮风雨。这一经过精心装修的两个舱室,由随从官员按品级分居。

2.海图、指南针在宋代的应用

宋代是地图大发展的时期,举凡山川、水利、河流、交通、邮驿、城市、都会,莫不有图。其中著名的海上交通图,有《交广图》、《海外诸域图》、《海外诸蕃地理图》等。这一时期,远洋海船上还配备了当时世界上最先进的用于航海导向的罗盘指南针。

早在两千年前,中国人就已经研制出一种实用的原始罗盘,这就是古代文献中所指的"司南"。但在宋代以前,船工们并没有使用这种先进的设备,他们在茫茫大海中仅依靠长期积累的航海经验辨别航向,"昼则观日,夜则观星"。但在大雾或阴雨天,由于看不到太阳和星星,船只就很容易迷失方向,从而危及船只及船工的安全。这一现象直到北宋前期仍然未得到根本性的改变,"司南"仅为方士们寻找风水佳地的工具,如北宋中叶科学家沈括在《梦溪笔谈》中指出:"方士们用磁石摩擦针尖,使其指向南方。"同时他还介绍了当时指南针的四种装法,即"水浮法"、"碗唇旋定法"、"指甲旋定法"和"丝悬法"。④ 稍后的寇宗奭则更是完善了水浮法,即将指南针穿在灯草心中,再浮于水面。⑤ 这种"浮针"再装在刻有二十四个方向的罗盘上,就成了世界上最早的"水罗盘"。大约到北宋中晚期,中国航海家开始把水罗盘装备到远洋船只上,用于远洋航行。这是中国和世界航海史上具有划时代意义的重大技术突破。世界著名的中国科技史家李约瑟指出:指南针在航海中的应用,是"航海技艺方面的巨大改革",它把"原始航海时代推到终点","预示计量航海时代的来临"。⑥ 成书于北宋末年的朱彧《萍洲可谈》和徐兢《宣和奉使高丽图经》两书就此作了记载。

朱彧《萍洲可谈》卷二载其父朱服于北宋元符、崇宁年间(1098-1106)在广州时的见闻:"舟师识地理,夜则观星,昼则观日,阴晦观指南针……便知所至。"这是中外科技史上公认的世界上关于航海罗盘的最早记载。稍后的徐兢在宣和五年(1123)所著的《宣和奉使高丽图经》一书也再次证实了航海罗盘的运用:"舟行过蓬莱山之后,……是夜,洋中不可住,

---

① [宋]周密:《癸辛杂识》续集上《海鲋》,北京:中华书局,1988年,第157页。

② [宋]朱彧:《萍洲可谈》卷二,上海:上海古籍出版社,1989年,第26页。

③ 如摩洛哥旅行家伊本白图泰《异域奇游胜览》载广州建造的远洋海船,"船上造有甲板四层,内有房舱、官舱和商人舱。官舱内的住室附有厕所,并有门锁,旅客可以携带妇女、女婢闭门居住。有时旅客在官舱内,不知同舟者为何许人,直至抵达某地相见时为止。水手们则携带眷属子女,并在木槽内种植蔬菜、鲜姜"。

④ [宋]沈括:《梦溪笔谈》卷二四《杂志一》,北京:文物出版社1975年影印元刻本,第15页。

⑤ [宋]寇宗奭:《本草衍义》卷五《磁石》,北京:商务印书馆重印本,1957年。

⑥ 参见[英]《李约瑟文集》第二〇篇《中国对航海罗盘研制的贡献》,沈阳:辽宁科学技术出版社,1986年。

惟视星斗前迈。若晦冥,则用指南浮针,以揆南北。"①

但指南针在航海中大展身手,却是从南宋开始的。这一时期的指南针,已从过去简单的单针进一步发展成为比较复杂的罗盘针。如南宋福建崇安人陈元靓在《事林广记》后集卷一一《器用类》中就介绍了一种当时流行的指南龟装置新法,即将一块天然磁石安装在木刻的指南龟腹内,在木龟腹下挖一光滑的小穴,对准了放在顶端尖滑的竹钉子上,使支点处摩擦阻力很小,木龟便可自由转动以指南。这就是后来出现的旱罗盘的先声。②曾二聘所著的《因话录》也称子午针为地螺(罗)。赵汝适《诸蕃志》卷下《海南》载:"舟舶来往,惟从指南针为则,昼夜守视惟谨,毫厘之差,生死系矣。"毫无疑义,这里所说的用来定向导航的"指南针"就是航海罗盘,如果没有航海罗盘上的指向分度,便无法做到"守视惟谨,毫厘不差"。此后,成书于咸淳年间的《梦粱录》卷一二《江海船舰》也载:"风雨晦冥时,惟凭针盘而行,乃火长掌之,毫厘不敢差误,盖一舟人命所系也。……海洋近山礁则水浅,撞礁必坏船。全凭南针,或有少差,即葬鱼腹。"可见,指南针在航海中具有十分重要的作用。

二、宋代的海上航行风俗

(一)宋代海上航行的保护神

宋代海上航行的保护神众多,如"台州临海县上亭保,有小刹曰真如院。东庑置轮藏,其神一躯,素著灵验。海商去来,祈祷供施无虚日"。③而沿海的福建地区就更多了,有仙游的东瓯神女、涵江的灵显侯、郡北的大官神、福州屿神、泉州"通远王神"等数位海神,他们在各地均有较大影响,如兴化军城北的祥应庙神,"商人远行,莫不来祈",④为海商所皈依。又如泉州延福寺的"通远王神"在当地就广有影响。据文献记载,"每岁之春冬,商贾市于南海暨番夷者,必祈谢于此"。⑤当地市舶司都要在九日山上举行盛大的祈风仪式,届时所有文武官员都要出席,并勒石纪胜。曾任泉州知府的真德秀在他所撰的《祈风文》中说道:"惟泉为州,所恃以足公私之用者,蕃舶也。……是以国有典礼……一岁而再祷焉。"又曰:"凡家无贫富贵贱,争像而祀之,惟恐其后。"⑥但后来随着天妃(即后人所说的妈祖)信仰的崛起,这一仪式也被其代替了。

据文献记载及民间传说,天妃原为五代时闽王统军兵马使、莆田湄州人林愿第六女,北宋建隆元年(960)出生。少能言人祸福,且能乘席渡海,云游岛屿,人称龙女。雍熙四年(987)升化后,常穿朱衣飞翻海上,故民间设庙祀之,号通贤神女。庆元二年(1196),泉州首建天妃宫(即妈祖庙)。北宋宣和年间,路允迪奉命出使高丽,中途遭遇大风,八只船中有七

① [宋]徐兢:《宣和奉使高丽图经》卷三四《半洋焦》。
② 参见杜石然等:《中国科技史稿》下册,北京:科学出版社,1982 年,第 11 页。
③ 《夷坚支庚》卷五《真如院藏神》。
④ [宋]方略:《有宋兴化军祥应庙记》,《宋代石刻文献全编》(第 4 册),北京:北京图书馆,2003 年,第 646 – 649 页。
⑤ [宋]李邴:《延福寺放生池记》,见怀荫布:《乾隆泉州府志》卷七《山川》,上海:上海书店,2000 年。
⑥ [宋]真德秀:《西山先生真文忠公文集》卷五,文渊阁《四库全书》本。

只沉溺,独路允迪一舟因有"湄州神女"保佑完好无损。于是,路允迪出使回来后,上奏于朝,朝廷赐庙额为"顺济",正式列入国家祀典。至南宋绍兴二十六年(1156),统治者又封其为"灵惠夫人";绍熙三年(1192)改封为灵惠妃。① 于是天妃信仰在民间迅速盛行,官员奉命出使海外,商人出洋经商,渔民出海捕鱼,在船舶启锚之前,总是要到天妃庙祭祀,祈求天妃保佑顺风和安全。"千里危樯一信风"。② 时人刘克庄也说:"妃庙遍于莆(田),凡大墟市、小聚落皆有之。"③此外,其他沿海地区也相继建立了天妃庙。④

崇福夫人在福建、岭南也被人们视为海神。如《湖海新闻夷坚续志》后集卷二《崇福夫人神兵》载道:"广州城南五里,有崇福无极夫人庙,碧瓦朱甍,庙貌雄壮,南船往来,无不乞灵于此。庙之后宫绘画夫人梳装之像,如鸾镜、凤钗、龙巾、象栉、床帐、衣服、金银器皿、珠玉异宝,堆积满前,皆海商所献,各有库藏收掌。凡贩海之人,能就庙祈笅,许以钱本借贷者,纵遇风涛而不害,获利亦不赀。庙有出纳二库掌之。船有遇风险者,遥呼告神,若有火轮到船旋绕,纵险亦不必忧。凡过庙祷祈者,无不各生敬心。"又,《夷坚支志戊》卷一《浮曦妃祠》载:"绍熙三年,福州人郑立之,自番禺泛海还乡。舟次莆田境浮曦湾,未及出港,或人来告:'有贼船六只在近洋,盍谋脱计?'于是舟师诣崇福夫人庙求救护。"此外,还有祭拜广利王的,如《夷坚乙志》卷四《赵士藻》载:"赵士藻,绍兴中权广东东南道税官。既罢,与同官刘令、孙尉共买舟泛海如临安。士藻挈妻子已下凡六人俱,初抵广利王庙下。舟人言:'法当具牲酒奠谒。'藻欲往,而令、尉者持不可。是夕,藻梦与二人入庙中,王震怒责之曰:'汝曹为士大夫,当知去就。大凡过一郡一邑,犹有地主之敬,今欲航巨浸而傲我不谒,岂礼也哉!'"

(二)祈舶趠风的风俗

商人乘大船出海贸易时还有祈舶趠风的风俗。舶趠风为信风之一种,有了这种风,可使船乘风破浪,快速地到达目的地。

陈岩肖《庚溪诗话》载:"每暑月,则有东南风数日,甚者至逾旬而止,吴人名之曰'舶趠风',云:海外舶船祷于神而得之,乘此风到江浙间也。"⑤苏轼《船趠风》诗曰:"三旬已过黄梅雨,万里初来船趠风;几处萦回度山曲,一时清驶满江东;惊飘簌簌先秋叶,唤醒昏昏嗜睡翁;欲作兰台快哉赋,却嫌分别问雌雄。"作者在诗序中还说:"吴中梅雨既过,飒然清风弥

---

① [宋]潜说友:《咸淳临安志》卷七三《顺济圣妃庙》,《宋元方志丛刊》本,北京:中华书局,1990年。
② [宋]黄公度:《知稼翁集》卷五《题顺济庙》,文渊阁《四库全书》本。
③ [宋]刘克庄:《后村大全集》卷九一《风亭新建妃庙》,《四部丛刊》本。
④ 如南宋丁伯桂《艮山顺济圣妃庙记》曰:"神之祠不独盛于莆,闽、广、浙、甸皆祠也。"刘克庄《风亭新建妃庙记》中也说:"非但莆人敬事,余游北边,南使粤,见承楚、番禺之人祀妃尤谨,而都人亦然。"另,《金台纪闻》卷上载:"天妃宫,江淮间滨海多有之,其神为女子三人,俗传神姓林氏,遂实以为灵素三女。太虚之中,惟天为大,地次之,故制字者谓一大为天,二小为示,故天称皇,地称后。海次于地者,宜称妃耳。其数从三者,亦因一大二小之文,盖所祀者海神也。元用海运,故其祀为重。司马温公则谓:水阴类也,其神当为女子。此理或然。或云:宋宣和中,遣使高丽,挟闽商以往,中流遭风,赖神以免,使者路允迪上其事于朝,始有祀。"
⑤ 叶梦得《石林避暑录话》卷二也有同样的记载:"常岁五六月之间梅雨时必有大风,连昼夕,逾旬乃止,吴人谓之舶趠风,以为风处海外来,祷于海神而得之,率以为常。"上海:上海书店出版社,1990年。

月,岁岁如此,吴人谓之舶趠风,是时海舶初回,云此风与舶俱至云尔。"①

宋代海上交通风俗中还有祈风等。《萍洲可谈》卷二载:"舶船去以十一月、十二月,就北风,来以五月、六月,就南风。船方正若一木斛,非风不能动。其樯植定而帆侧挂,以一头就樯柱如门扇,帆席谓之'加突',方言也。海中不唯使顺风,开岸就岸风皆可使,唯风逆则倒退尔,谓之使三面风,逆风尚可用矴石不行。广帅以五月祈风于丰隆神。"

(三)以物厌胜风俗

而在海上,则有以物厌胜之俗。曾敏行《独醒杂志》卷一○就记载了这样一个故事:"庐陵商人彭氏子市于五羊,折阅不能归。偶知旧以舶舟浮海,邀彭与俱。彭适有数千钱,谩以市石蜜。发舟弥日,小息岛屿。舟人冒骤暑,多酌水以饮。彭特发奁出蜜,遍授饮水者。忽有蜑丁十数跃出海波间,引手若有求,彭谩以蜜覆其掌,皆欣然舐之,探怀出珠贝为答。彭因出蜜纵嗜群蜑属餍,报谢不一,得珠贝盈斗。又某氏忘其姓,亦随舶舟至蕃部,偶携陶瓮犬鸡提孩之属,皆小儿戏具者登市。群儿争买,一儿出珠相与贸易,色径与常珠不类,亦谩取之,初不知其珍也。舶既归,忽然风雾昼晦,雷霆轰吼,波浪汹涌,覆溺之变在顷刻。主船者曰:'吾老于遵海,未尝遇此变,是必同舟有异物,宜速弃以厌之。'相与诘其所有,往往皆常物。某氏曰:'吾昨珠差异,其或是也。'急启箧视之,光彩眩目,投之于波间,隐隐见虹龙攫挐以去,须臾变息。暨舶至止,主者谕其众曰:'某氏若秘所藏,吾曹皆葬鱼腹矣。更生之惠不可忘!'客各称所携以谢之,于是舶之凡货皆获焉。"此外,海舶中最忌有病死者。《萍洲可谈》卷二载:"舟人病者忌死于舟中,往往气未绝便卷以重席,投水中,欲其遽沈,用数瓦罐贮水缚席间,才投入,群鱼并席吞去,竟不少沈。"洪迈《夷坚三志己》卷二《余观音》就记载了这方面的故事:"泉州商客七人:曰陈、曰刘、曰吴、曰张、曰李、曰余、曰蔡,绍熙元年六月,同乘一舟浮海。余客者,常时持诵观音菩萨,饮食坐卧,声不绝口,人称为余观音。然是行也,才离岸三日而得疾,旋即困忌。海舶中最忌有病死者。众就山岸缚茅舍一间,置米菜灯烛并药饵,扶余入处,相与诀别曰:'苟得平安,船回至此,不妨同载。'余悲泣无奈……(后)病豁然脱体,遂复还舟。"

---

① [宋]苏轼:《苏轼诗集》卷一九,北京:中华书局,1982年。

宋元时期泉州社会经济变迁与海外贸易

——兼析泉州古代经济发展之路

刘文波

（泉州师范学院）

摘要 宋元时期泉州海外贸易的高度发展与泉州社会经济结构的变迁有着密切的关系。这一时期，无论是农业经济、工商经济，还是民众的观念习俗，都发生明显的转变。也正是这些因素相互作用，最终促使泉州海外贸易的繁荣发展。

关键词 宋元时期 泉州 社会经济变迁 海外贸易

泉州在宋元之际海外贸易高度发达，被誉为"东方第一大港"。学术界对于泉州港的兴盛已作了较为深入的探讨，并归纳出多方面的因素。究其实质，宋元时期泉州区域社会经济结构的变迁与其有着密切的关系。对此，袁冰凌硕士论文《宋元泉州社会经济特色》和王四达先生《宋元泉州的社会转型及其文化初探》等文已就宋元海外贸易与泉州社会经济结构转型的关系作了探讨。基于上述研究，本文拟就宋元之际泉州社会经济情况做进一步论述，冀以厘清宋元之际泉州社会经济的变迁实是这一时期泉州海外贸易兴盛的根本原因所在，并借此探讨泉州古代经济发展道路之选择。

一、农业经济的转型

福建地处东南一隅，社会经济长期落后于全国其他地区。唐末五代以来，王氏入闽，北方移民随之大量进入福建，促进了福建社会经济的进一步开发，许多内陆山区发展已达相当程度而设县。就泉州而言，社会经济更是走向了全面的发展，广大地区得到了全面的开发。如唐贞元十九年（803）置大同场，在五代后唐闽永隆元年（939）升为同安县；唐长庆二年（822）置桃林场，在五代后唐长兴四年（933）升为桃源县（后晋天福三年，938年改名为永春）；唐咸通五年（864）置小溪场，在五代南唐保大三年（955）升为清溪县（次年更名为安溪）；同年，唐乾符三年（876）置武德场升为长泰县（宋初划归漳州）。此四县皆由南安县析出。此外，属晋江流域的德化县（时属福州管，宋初划归泉州）也由唐贞元时置归德场而于后唐长兴二年（931）升为县；泉州另一属县惠安则于泉州入宋的第四年，即宋太平兴国六年（981），由晋江以北地区析置。①

---

① ［宋］乐史：《太平寰宇记》卷一〇二《江南东道》，北京：中华书局，2007年。

人口在原有的基础上大量增加。据载：宋太平兴国间（976—983），泉州刚归宋时，户数已达九万六千五百八十一户。比元和年间（806—820）二万四千五百八十六户增加了三倍。[①] 入宋以后，泉州人口更是急剧增长，元丰年间（1078—1085）户数已达二十万余，[②]比宋初又增长了一倍有余，而人口则"生齿无虑五十万"。[③] 至南宋淳祐年间（1241—1252）更是高达二十五万余户。[④] 可见，在四百年期间，泉州户数增加了十倍。户口的大量增加极大地改变泉州社会经济面貌，当时"虽硗确之地，耕耨殆尽"，[⑤]人地矛盾情况已是相当严重，正如谢履《泉南歌》："泉州人稠山谷瘠，虽欲就耕无地辟。"[⑥]

面对耕地不足的情况，"填地却潮以备农耕"在泉州已十分必要。因此，当时"凡诸港、埔、埭、塘皆古人填海而成"，[⑦]一方面围海造田，一方面大力推广农耕技术，兴修水利，改善围田。据冀朝鼎先生《中国历史上基本经济地带与灌溉事业》一书统计，宋代福建兴修的水利达402处，列全国第一。但是，泉州农业经济危机的局面依然十分严重，正如时任泉州刺史的真德秀指出：泉州"虽当上熟仅及半年"，常年粮食消费"专仰南北之商转贩给以自给"。[⑧] 在这样的情况下，泉州单靠传统农业经济的发展难以满足本地民众的生存需求，农业经济的发展必然面临着转型。

一方面，时人已认识"其田之膏腴，亦由人力尽也"，[⑨]逐步改变原来的粗放型经营模式，充分发挥劳动力充足的优势，实行精耕细作。真德秀在福建任职间就倡导"凡为农人，岂可不勤，勤且多旷，惰复何望。勤于耕畲，土熟如酥；勤于耘耔，草根尽死；勤修沟塍，蓄水必盈；勤于粪壤，苗稼倍长，勤而不惰，是为良农"，"为农而惰，不免饥饿，一时嬉游，终岁之忧，我劝尔农，惟勤一字"。[⑩] 泉州地区就是如此，如民国《南安县志》卷十二《田赋志》载："泉南滨海，土地瘠卤，……山民佃作间有腴地；然多凌层埠而理钱铗，耕耨所获，大率以人力胜。"精耕细作水平居于全国领先之列，"江浙闽中能耕之人多，可耕之地少，率皆竭力于农，每亩所收者，大率倍于湖右之田"。[⑪] 这为挖掘有限的可耕地资源提供了一种有效的手段。

另一方面，充分利用泉州亚热带气候与山地、丘陵地形的特点，适宜发展多种经营以发展农业经济，弥补粮食生产的不足。真德秀在泉州时要求农民因地制宜，"高山种早，低田中晚，燥处宜麦，湿处宜禾，田硬宜豆，山畲宜粟，随地所宜，无不耕种"，做到"有黍有禾，有麦有菽"[⑫]。农作物的多种经营使农民能够充分利用可耕地资源、最大程度地提高单位面积产出，同时，泉州境内适宜经济作物的种植则使人们能够从中获取更多的经济利益。当时，

① ［宋］《太平寰宇记》卷一〇二《江南东道》，北京：中华书局，2007年。
② ［宋］王存：《元丰九域志》卷九《泉州》，北京：中华书局，1984年。
③ ［宋］王象之：《舆地纪胜》卷一三〇《泉州》，北京：中华书局，1992年。
④ ［清］怀阴布：《乾隆泉州府志》卷一八《户口》，民国十三年（1924）补刻本。
⑤ ［元］脱脱：《宋史》卷八九《地理志》，北京：中华书局，1977年。
⑥ ［宋］王象之：《舆地纪胜》卷一三〇《泉州》，北京：中华书局，1992年。
⑦ ［清］顾祖禹：《读史方舆纪要》卷九九《泉州府》，北京：中华书局，2012年。
⑧ ［宋］真德秀：《西山先生真文忠公文集》卷一五《奏乞拨平江百万仓赈粜福建四州状》，《四部丛刊》本。
⑨ ［宋］高斯得：《耻堂存稿》卷五《宁国府劝农文》，文渊阁《四库全书》本。
⑩ ［宋］真德秀：《西山先生真文忠公文集》卷四《福州劝农文》，《四部丛刊》本。
⑪ ［宋］王炎：《双溪文集》卷一一《上林鄂州书》，文渊阁《四库全书》本。
⑫ ［宋］真德秀：《西山先生真文忠公文集》卷七《泉州劝农文》，《四部丛刊》本。

泉州生产的苎麻、棉花、甘蔗、茶叶、水果等闻名海内外，不少农人藉此能够获得丰厚利润，便植此为生。如蔡襄《荔枝谱》载：“（荔枝）水浮陆转以入京师，外至北戎、西夏，其东南舟行新罗、日本、流求、大食之属，莫不喜好，重利以酬之。故商人贩易广，而乡人种益多，一岁之出不知几千万亿”。时人谢枋得亦赋诗：“嘉树种木棉，天何厚八闽，厥土不宜桑，蚕事殊艰辛，木棉收千株，八口不忧贫。”①因此，当时在泉州乃至福建境内，“细民莳蔗，秋以规利”，②“每岁方春，摘山之夫，十倍耕者”，③刺激了农民种植经济作物的积极性，以致“田耗于蔗糖”，④“多费良田以种瓜植蔗”，⑤经济作物的种植在泉州乃至福建境内得到了快速的发展。

因此，在人口增多和可耕地资源有限的压力下，泉州农业经济危机加重，但也由此实现了转型，推行精耕细作和经济作物的多种经营，不仅弥补了粮食生产的不足，而且改变了传统农业的发展模式，使泉州农业经济发展到一个新的水平，促进了泉州工商经济和海外贸易的发展。

二、工商经济的发展

“闽地褊不足以衣食之也，于是散而之四方。故所在学有闽之士，所在浮屠老子宫有闽之道释，所在阛阓有闽之技艺。”⑥耕地的不足促使大量过剩人口转向其他行业。而福建境内“有银、铜、葛越之产，茶、盐、海物之饶”，⑦无论是多山地、丘陵地形所蕴藏的矿产资源，还是农业经济作物的多种经营，都为泉州发展工商经济提供了丰富的原料。因此，泉州经济在这一时期就出现工商经济较为突出的发展趋向。

这种趋向其实早在唐末五代就已出现。当时，纺织、制瓷、矿冶就已成为泉州三大手工行业，也是泉州海外贸易输出的主要外销商品生产行业。

纺织业在唐代就具有相当水平，《唐六典》将福建泉、建、闽出产的绢、䌷列入贡品八等之列。⑧宋代福建路已成为全国重要丝绸产地之一，如徽宗时“大观库帛不足，令两浙、京东、江东西、成都、梓州、福建路市罗、绫、纱一千至三万匹各有差。”⑨泉州丝织业尤为发达，苏颂曾赋诗赞泉州“绮罗不减蜀吴春”，⑩至元代，十三世纪来华的摩洛哥旅行家伊本·拔都他更称“刺桐城……出产绸缎，较汉沙（今杭州）及汗八里（今北京）二城所产为优。”认为：“刺桐城在中国宋时为丝业中心，与杭州并称一时之盛。”⑪而泉州棉纺织也十分发达，据载：

① ［宋］谢枋得：《叠山集》卷三《谢刘纯父惠木棉》，台北：文渊阁《四库全书》本。
② ［宋］黄岩孙：《仙溪志》卷五《物产》，福州：福建人民出版社，1990年。
③ ［宋］祝穆：《方舆胜览》卷一一《引韩无咎〈记〉》，台北：文海出版社有限公司，1981年。
④ ［宋］方大琮：《铁庵文集》卷二一《项乡守博文》，台北：文渊阁《四库全书》本。
⑤ ［宋］韩元吉：《南涧甲乙稿》卷一《建宁府劝农文》，台北：文渊阁《四库全书》本。
⑥ ［宋］曾丰：《缘督集》卷一七《送缪帐干解任诣铨改秩序》，台北：文渊阁《四库全书》本。
⑦ ［元］脱脱：《宋史》卷一二五《食货志》，北京：中华书局，1977年。
⑧ ［唐］李林甫等：《唐六典》卷二〇《太府寺》，北京：中华书局，1992年。
⑨ ［元］脱脱：《宋史》卷一二五《食货志》，北京：中华书局，1977年。
⑩ ［宋］苏颂：《苏魏公集》卷七《黄从政晋江赋》，台北：文渊阁《四库全书》本。
⑪ 张星烺编注、朱杰勤校订：《中西交通史料汇编》（第2册），北京：中华书局，1977年，第75－77页。

南宋绍兴年间泉州一地每年就上贡棉布 5000 匹。①

制瓷业在唐代就有一定基础,如在泉州境内现已发现的唐至五代古窑有 18 处,集中在沿海的晋江、惠安一带。② 至宋代发展到一个新的阶段,当时福建瓷器以德化窑、泉州窑最为著名。据统计,福建是全国发现宋元古窑址最多的省份,以泉州为例,德化有 42 处、永春 10 余处、南安 30 余处、安溪 20 余处、晋江 20 处、同安(今厦门地区)10 余处。③ 泉州也成为"陶瓷、铜铁,远泛于蕃国"的主要港口,泉州瓷器通过泉州港销往世界各地,《云麓漫钞》、《诸蕃志》、《真腊风土记》、《岛夷志略》均记载了宋代福建瓷器在世界各地的行销情况。

矿冶业在唐代就有明确的记载,《新唐书》载:福建九县有矿山,泉州南安就是当时主要产铁县之一。④ 五代时泉州安溪县就是因盛产银铁而由小溪场升置为县。⑤ 因此,"陶瓷、铜铁,远泛于蕃国"。宋代福建矿产资源丰富,金、银、铜、铁、铅、锡齐备;矿场分布广泛,八州军中有七个遍设矿场,成为全国重要的矿冶之地。铁冶最为发达,当时"福建路产铁至多,客贩遍于诸郡",⑥宋代福建铁场有七个,泉州独占其三。⑦ 因此,铁器、铜钱也成为泉州海商外销商品的主要产品之一,"商贾通贩于浙间,皆生铁也。庆历三年,发运使杨吉乞,下福建严行戒法,除民间打造农器锅釜等外,不许私贩下海。两浙发运使奏,当路州军自来不产铁,并是泉福等州转海兴贩……"。⑧ 铜钱外销更受欢迎,"广南、福建、两浙、山东恣其所往,所在官司公为隐庇,诸系禁物,私行买卖,莫不载钱而去",⑨"福建之钱聚而泄于泉之番舶",⑩"泉州商人夜以小舟载铜钱十余万缗入洋",⑪成为泉州海商贩易的重要商品之一。

宋元时期泉州地区商业经济已相当发达。宋代泉州城内已是"画舫八十,生齿无虑五十万",⑫元代泉州更是"七闽之都会也,番货远物并异宝奇玩之所渊薮;殊方异域,富商巨贾之所窟宅,号为天下最"。⑬ 当时,泉州与周边区域"驿道四通,海商辐辏。夷夏杂处,权豪比居",⑭"荆、淮、湖外,及四川之远,商贾络绎,非泉即广,百货所出,有无相易",⑮形成一个庞大的商业网络。

一方面,泉州与周边区域的商业联系在交通条件方面得到了较大的改善。交通犹如经济动脉,修路建桥是商品流通的必然要求,也是商业经济发达的产物。"泉自宋盐场多于他

---

① [清]怀阴布:《乾隆泉州府志》卷二一《田赋》,民国十三年(1924)补刻本。

② 许清泉:《宋元泉州陶瓷的生产》,《海交史研究》,1986 年第 1 期。

③ 资料来源:《德化县文物志》1996 年,《晋江地区陶瓷史料选编》1976 年;另参见叶文程《古泉州地区陶瓷生产与海上"陶瓷之路"的形成》,载中国航海学会:《泉州港与海上丝绸之路(二)》,北京:中国社会科学出版社,2003 年。

④ [宋]欧阳修、宋祁:《新唐书》卷四一《地理志五》,北京:中华书局,1975 年。

⑤ [清]孙尔准、陈用光:《重纂福建通志》卷二《沿革》,清道光九年修、十五年续修。

⑥ [宋]李心传:《建炎以来系年要录》卷一一七,绍兴二十七年,商务国学丛书本。

⑦ [清]怀阴布:《乾隆泉州府志》卷二一《田赋》,民国十三年(1924)补刻本。

⑧ [宋]梁克家:《淳熙三山志》卷四一《物产》,北京:中华书局,宋元方志丛刊本,1990 年。

⑨ [宋]李焘:《续资治通鉴长编》卷二六九,熙宁八年十月辛卯,北京:中华书局,1995 年。

⑩ [宋]包恢:《敝帚稿略》卷一《禁铜钱申省状》,文渊阁《四库全书》本。

⑪ [宋]李心传:《建炎以来系年要录》卷一五〇,绍兴十三年十二月丙午,商务国学丛书本。

⑫ [宋]王象之:《舆地纪胜》卷一三〇《泉州》,北京:中华书局影印文选楼影宋抄本。

⑬ [元]吴澄:《吴文正公集》卷一六《送姜曼卿赴泉州路录事序》,文渊阁《四库全书》本。

⑭ [宋]郑侠:《西塘集》卷八《代谢仆射相公》,文渊阁《四库全书》本。

⑮ [明]杨士奇等:《历代名臣奏议》卷三四九《夷狄》,上海:上海古籍出版社,1989 年。

郡,而番舶于此置司,故其郡独富,余力及于桥道……",①故桥梁建设最盛,《泉州府志》载:晋江、南安、惠安、同安、安溪五县历代建桥共275座,标明宋代修建的有106座,总长度达万丈以上(约五六十里),其中绍兴年间(1131—1162)达到高峰,仅绍兴三十二年(1162)就修建了25座。② 因此,泉州商业经济的发达促进了桥梁建设,而桥梁建设的发展又极大地推动了泉州的对外交通以及与周边区域的商品流通。如:洛阳桥"当惠安属邑与莆田、三山(福州)、京国孔道",往来其上,"肩毂相踵";安平桥处安海与水头之间,"方舟而济者日以千计",建成后,"舆马安行商旅通";顺济桥则是"下通两粤,上达江浙","维桥之东,海舶所凑";③石笋桥更是"南通百粤北三吴,担负舆肩走駥牝",④泉州对外交往和商品流通条件得到大大的改善,时称:"近接三吴,远连两广,万骑貔貅,千艘犀象。"⑤

另一方面,随着泉州海外贸易地位的提高,泉州与海外国家的贸易联系日益密切,形成一个广泛的海上贸易圈。北宋时,泉州"通互市于海外者,其国以十数",⑥到开禧年间(1205—1207)《云麓漫钞》所记福建市舶常到诸国舶船达三十一国,⑦而嘉定至宝庆年间(1208—1227)赵汝适"暇日阅诸蕃图"、"询诸贾胡,俾列其国名"则达五十八处⑧。至元代旅行家汪大渊《岛夷志略》所载与泉州保持海上交通贸易往来的国家和地区,除澎湖外,更是多达九十八个,涵盖高丽、日本、南洋诸国,还远及阿拉伯、东非。因此,宋元之际,泉州已是"梯航万国,此其都会。……四海舶商,诸番琛贡,皆于是乎集",⑨成为中外交通的门户,"若欲船泛外国买卖,则自泉州便可放洋",⑩可谓:"珍奇毕集,近联七邑百万家;生聚实蕃,远控重溟数十国。"⑪

可见,宋元之际泉州在农业经济实现转型的条件下,能够结合自己的资源与区域位置优势,迎来了工商经济发展的一个新时期,尤其是在海外贸易方面,开创了泉州历史上其他时代都难以企及的辉煌时期。

三、观念习俗的转变

宋代是我国商品经济高度发展、繁荣的时期。宋元两朝政府都对海外贸易持鼓励态度,不仅在沿海各港口开设市舶机构专门管理海外贸易事务,设置"来远驿"负责外商的接待,而且也都颁布了相关的"市舶条法",不断规范海外贸易的管理。与此同时,还出台了一系列奖惩优渥政策,鼓励市舶官吏招徕外商海贾,如诏令"闽、广舶务监官抽买乳香,每及百万

---

① [清]顾炎武:《天下郡国利病书》卷九六《福建六》,《四部丛刊》本。
② [清]怀阴布:《乾隆泉州府志》卷一〇《桥渡》,民国十三年(1924)补刻本。
③ [清]怀阴布:《乾隆泉州府志》卷一〇《桥渡》,民国十三年(1924)补刻本。
④ [宋]王十朋:《梅溪王先生文集·后集》卷一九《石笋诗》,台北:文渊阁《四库全书》影印本。
⑤ [宋]王象之:《舆地纪胜》卷一三〇《泉州》,北京:中华书局影印文选楼影宋抄本。
⑥ [宋]林之奇:《拙斋文集》卷一五《泉州东坂葬番商记》,文渊阁《四库全书》本。
⑦ [宋]赵彦卫:《云麓漫钞》卷五《福建市舶常到诸国舶船》,文渊阁《四库全书》本。
⑧ [宋]赵汝适:《诸蕃志校注》(自序),北京:中华书局,1956年。
⑨ [清]怀阴布:《乾隆泉州府志》卷一一《城池》,民国十三年(1924)补刻本。
⑩ [宋]吴自牧:《梦粱录》卷一二《江海船舰》,文渊阁《四库全书》本。
⑪ [宋]真德秀:《西山先生真文忠公文集》卷四九《上元设醮青词》,《四部丛刊》本。

两转一官"①;对于在海外贸易中有突出成绩的,无论是本国纲首,还是蕃商,一律予以奖励,乃至授予官职,如"诸市舶纲首能招诱舶舟,抽解货物,累价及五万贯、十万贯者,补官有差。"②

宋元朝廷的海外贸易政策以及当时蓬勃发展的商品经济,都给社会、尤其是民众观念造成了极大的冲击。这一时期,传统的"义利"、"重本抑末"观念发生了深刻的变化,所谓的"农本商末"、"耻于言利"之说已不再具有说服力,而"贵末贱农"、"嗜利轻义"的观念不仅不足为怪,却为当时社会所崇尚,形成一时之风气。

早在唐末五代时期,泉州社会的观念、习俗就已悄悄发生变化。尤其是王闽割据福建,大力"招徕海中蛮夷商贾",推行积极的海外贸易政策,鼓励人们以"陶瓷、铜铁,泛于蕃国,收金贝而还",③由此,泉州海外贸易一改以往多外商来贩之"被动型态",许多泉州沿海居民为了追求巨额利润,积极投身远洋贩易,当时泉州人黄滔就曾赋诗:"大舟有深利,沧海无浅波。利深波也深,君意竟如何。鲸鲵凿上路,何如少经过。"④描绘了泉州商人在大海中追波逐利的情形。

至宋元时期,泉州社会经济得到了较大发展,却也出现上述之人地矛盾现象,如廖刚所言:"七闽地狭人稠,为生艰难,非他处比。"⑤而"闽地褊不足以衣食之也,于是散而之四方。故所在学有闽之士,所在浮屠老子宫有闽之道释,所在阛阓有闽之技艺"。⑥因此,泉州人民充分利用海路交通的便利,出海经商博利成为泉州沿海人民谋生的主要出路,"泉州人稠山谷瘠,虽欲就耕无地辟,州南有海浩无穷,每岁造舟通异域"。⑦

随着商品经济的发展,泉州沿海居民逐渐形成了重商求利的价值取向。"凡人情莫不欲富,至于农人百工商贾之家,莫不昼夜营度,以求其利。"⑧在这样的情况下,就有刘克庄所描述之现象:"闽人务本亦知书,若不耕樵必业儒。惟有桐城南郭外,朝为原宪暮陶朱。海贾归来富不赀,以身殉货绝堪悲。似闻近日鸡林相,不博黄金不博诗。"⑨有着丰厚利润的海外贸易必然为人们所向往。泉州海商杨客"为海贾十余年,致赀二万万",⑩林昭庆"往来海中者数十年,资用甚饶",⑪"泉州纲首朱纺舟至三佛齐国,……往返不期年,获利百倍",⑫更有阿拉伯商人蒲罗辛与泉州纲首蔡景芳因经营海外贸易而被宋廷授予"承信郎"一职。⑬这些人的成功也成为人们趋利的榜样。因此,即使有着"海贾归来富不赀,以身殉货绝堪悲"⑭

① [元]脱脱:《宋史》卷一八三《食货志下》,北京:中华书局,1977年。
② [清]徐松:《宋会要辑稿》职官四四之一九,北京:中华书局,1957年。
③ 《清源留氏族谱·鄂国公传》,泉州海交馆藏手抄本。
④ 李调元辑:《全五代诗》卷八四《贾客诗》,成都:巴蜀书社,1992年。
⑤ [宋]廖刚:《高峰集》卷一《投省论私买银剂子》,文渊阁《四库全书》本。
⑥ [宋]曾丰:《缘督集》卷一七《送缪帐干解任诣铨改秩序》,文渊阁《四库全书》本。
⑦ [宋]王象之:《舆地纪胜》卷一三〇《泉州》,北京:中华书局影印文选楼影宋抄本。
⑧ [宋]蔡襄:《蔡文忠公文集》卷三四《福州五戒文》,文渊阁《四库全书》本。
⑨ [宋]刘克庄:《后村先生大全集》卷一二《泉州南郭二首》,《四部丛刊》本。
⑩ [宋]洪迈:《夷坚丁志》卷六《泉州杨客》,北京:中华书局,1981年。
⑪ [宋]秦观:《淮海集》卷三三《庆禅师塔铭》,《四部丛刊》本。
⑫ [清]陈寿祺:《道光福建通志》卷九《金石志》,台北:台湾华文书局影印本同治十年刊本。
⑬ [清]徐松:《宋会要辑稿》职官四四之一九,北京:中华书局,1957年。
⑭ [宋]王十朋:《梅溪王先生文集·后集》卷一七《提举延福祈风途中有作次韵》,文渊阁《四库全书》本。

的风险,人们却"但知贪利,何惮而不为者",①"虽焦手于猛火,残肌于白刃,必冒热当锋而进"。② 出于这种"轻生射利"、求富于海外贸易的欲望与热情,当时,即使身仅"少或十贯"本钱的小商人亦同乘出海,在船上"分占贮货,人得数尺许,下以贮物,夜卧其上"。③ 如"泉州商客七人:曰陈、曰刘、曰吴、曰张、曰李、曰余、曰蔡,绍熙元年六月,同乘一舟浮海",④或"以钱附搭其船,转相结托,以买番货而归,少或十贯,多或百贯,常获数倍之赏"。⑤ 反映了出海经商谋利的观念已广植于泉州沿海民众的心中,这种信念无论遇到多大的艰难险阻都是难以改变的,这才是促成泉州海商走向海外进行贸易之动力所在。

综上所述,宋元时期泉州社会经济确实发生了新的变化。当时在人多地少的困局中,农业经济改变了传统的发展模式,走向精耕细作和经济作物的多种经营。借助于有利的资源条件,工商经济在经济结构中的地位日益突出,尤其是海外贸易方面取得了举世瞩目的成就。同时,在商品经济的刺激下,泉州沿海民众出海贸易由谋生所迫转向求富趋利,观念已发生明显的转变。新的景象也告诉我们:以农业经济为辅、工商经济为主,尤其突出港口经济、拓展海外贸易,是泉州经济发展必然之路。这是历史经验的总结,更是泉州先天资源条件、宋元以来根植于民众心中的观念所决定的。

---

① 〔宋〕包恢:《敝帚稿略》卷一《禁铜钱申省状》,文渊阁《四库全书》本。
② 〔宋〕蔡襄:《端明集》卷二七《上运使王殿检书》,文渊阁《四库全书》本。
③ 〔宋〕朱彧:《萍洲可谈》卷二,上海:上海古籍出版社,1989年。
④ 〔宋〕洪迈:《夷坚乙志》卷二《余观音》,北京:中华书局,1981年。
⑤ 〔宋〕包恢:《敝帚稿略》卷一《禁铜钱申省状》,文渊阁《四库全书》本。

元代昌国地区与日本的海外关系

冯定雄

（浙江海洋学院）

摘要 昌国地区在元朝海外关系中占有一定的地位。在元朝东征日本中,昌国地区曾是元军重要的出发地;在元朝的海外贸易中,昌国是重要的中转站;在倭患方面,昌国地区也遭受了严重的灾难;在中日文化交流中,元朝高僧一山一宁起了重要的促进作用。本文拟就这些问题进行介绍。

关键词 元朝 昌国地区 东征日本 海外贸易 倭患 一山一宁

元统一全国后,随着农业、手工业的恢复和发展,商品生产也逐渐发达,"舍本农,趋商贾"的风气逐渐兴盛。海运的发达正是商品经济发展的重要表现。昌国地区作为东亚海上丝绸之路的地位和作用在元代进一步加强,而且过往船只频繁,数量众多。发达的海运为昌国地区的海外关系的发达奠定了重要基础。本文就昌国地区在元朝东征日本中的作用、在元朝海外贸易中的作用、元朝时昌国地区的倭患以及高僧一山一宁在中日文化交流中的地位进行介绍。

一、元朝东征日本与昌国地区

自唐武宗灭佛到蒙古人建立元朝,日本和中国脱离外交关系长达 4 个世纪之久。到元世祖忽必烈时,为了改变之前的状况,他不断地派遣使臣到日本,要求日本与其他政权和民族一样臣服于蒙古人,但都没有成功。[①] 最终忽必烈因无法忍受五次遣使被拒的愤怒与耻辱,不顾蒙古与南宋激战正酣,下令调集军队、船只、粮饷,向日本发起战争攻势。至元七年(1270),元军从合浦(今朝鲜马山)出发,直捣日本。但这一次东征以蒙古失败而告终,这在蒙古兴起后的战争史上是少见的。蒙古人战无不胜的神话在这次海战中被彻底粉碎。

忽必烈听到征服日本失败的消息后非常震惊,他几乎不相信战无不胜的蒙古军队竟败在小小的日本国手下。为了挽回蒙古人的面子,他决心与这个岛国周旋到底。但由于与南宋的战争正进入关键时期,于是他再次遣使并以强硬的态度要求日本纳贡,威胁将再次诉诸武力。日本也加强了防范,并将忽必烈派遣的使节处死。这对元朝来说是极大羞辱,于是忽必烈决心不惜一切代价讨伐日本国。他一面招募军队、筹集资金,一面遣使要求日本马上朝

---

① [日]井上靖:《日本历史》,天津:天津人民出版社,1974 年,第 180 页。

贡。北条时宗再次拒绝了忽必烈的要求，并积极策划远征高丽。忽必烈别无选择，至元十八年（1281），再次远征日本。这次远征，因江南军队行动迟缓，没有按预定时间与东路军会合，东路军在等待无望的情况下侵袭日本，结果战败，退至鹰岛、对马、一岐、长门等地，与姗姗来迟的江南军会合。黄仁宇在《中国大历史》中说："公元1281年的远征已在南宋覆亡之后，兵力增大数倍。北方的进攻部队有蒙古和朝鲜部队40 000人，船只900艘，仍循第一次路线前进；南方军由宋降将范文虎率领，有大小船只3 500艘，载兵10万，由浙江舟山岛起航。规模之大，是当时历史上所仅有，这纪录直到最后才被打破。"[①]江南军实际上是由行省右丞相阿塔海、右丞范文虎（南宋降将）、左丞李庭、张禧等率领，从庆元（宁波）、定海启航的。[②] 七月，两路大军在平壶岛会合后，主力驻屯鹰岛，偏师进屯平壶岛，计划分数路进攻太宰府。但是，元军统帅之间不和，影响了军务，加上日军戒备森严，元军在鹰岛滞留达一个月之久。八月初一夜，元军遭飓风袭击，大部分船只沉没，军士溺死者无数。初五，范文虎临阵脱逃，竟将10多万元军将士遗弃在海岛上。日军上岛后，元军大部分将士背水战死，数万士卒被俘。此次背水大战生还者概不足五分之一。[③] 此年为日本俊宇多天皇弘安四年，日本史志称这次战役为"弘安之役"。

两次出师失利，并未使忽必烈放弃征服日本的计划。至元二十年（1283）年初，忽必烈下令重建攻日大军，建造船只，搜集粮草，引起江南民众的强烈反抗，迫使其暂缓造船事宜。至元二十二年（1285），再次下令打造战船。年底，征调江淮等地漕米百万石运往高丽合浦，下令禁军五卫、江南、高丽等处军队于第二年春天出师，秋天集结于合浦。后因部分大臣反对，尤其还要对安南用兵，忽必烈才不得不于至元二十三年（1286）正月下诏罢征日本。此后，元朝虽然有过征伐日本的议论和准备，但均未能实现。至此，元代与日本的战事，以蒙军的失败而结束。

二、元代的昌国地区在海外贸易中的地位

作为海上丝绸之路中继站的昌国地区，在元代的海外贸易中同样占有非常重要的地位。日本学者木宫泰彦曾对日元间的商船往来作了统计，制成《日元间商船往来一览表》（表1）。[④] 中国学者高荣盛在该表的基础上补入了一些中文史料，并对原表中个别地方作了辨正。[⑤] 在两个表中，除了直接写明是"普陀山"之类的昌国地区地名外，还有大量没有写明经过昌国地区而进入宁波（即当时的庆元[⑥]）的商船，但毫无疑问，凡进入宁波的日本商船，无一例外地会经过昌国地区，因此，这里在摘录《元代海外贸易研究》著作中与昌国相关的商贸时，把至庆元的内容也包括进来（其中带"＊"号标示者为高著增补内容，附注说明为高著之辨正）。

---

① 黄仁宇：《中国大历史》，北京：三联书店，1997年，第168页。
② 内蒙古社会科学院历史所：《蒙古族通史》，北京：民族出版社，1991年，第121页。
③ 内蒙古社会科学院历史所：《蒙古族通史》，北京：民族出版社，1991年，第121页。
④ ［日］木宫泰彦著，胡锡年译：《日中文化交流史》，北京：商务印书馆，1980年，第389－393页。
⑤ 高荣盛：《元代海外贸易研究》，成都：四川人民出版社，1998年，第86－91页。
⑥ 方豪先生认为，在当时的浙江对外贸易港口中，"庆元对倭贸易最盛，故仁宗延祐四年（1317）命王克敬往四明监倭人贸易。"（方豪：《中西交通史》，上海：上海人民出版社，2008年，第351页。）

表1 日元间商船往来一览表

时 间	内 容	附 注
至元十六年 （1279） 弘安二年	上年十一月，元诏谕沿海官司通日本国人市舶。＊当年八月范文虎言："臣奉诏征讨日本，此遣周福、栾忠与日本僧齎诏往谕其国，期以来年四月还报，待其从否始宜进兵……"皆从之（《元史》卷10《世祖纪》）。当年，日本商船四艘，篙师二千余人至庆元港口，哈刺歹谍知其无它，言于行省，与交易而遣之（《元史》卷132《哈刺歹传》）。	所遣二人亦可能搭乘此商船回日本
至元二十九年 （1292） 正应五年	六月，日本来互市，风坏三舟，唯一舟达庆元路舟中十月，日本舟至庆元求互市，舟甲仗皆具，恐有异图，诏立都元帅府，令哈刺带（即上条哈刺歹）将之，以防海道（《元史》卷16《世祖纪三》）。	
大德二年（1298） 永仁六年	夏，有日本商船开到庆元，元成宗令僧人一山一宁搭乘此船持国书于次年使日（《妙慈弘济大师行纪》）。	一山一宁法师是普陀山住持（本书作者注）
大德三年（1299） 永仁七年	＊三月，命妙慈弘济大师、江浙释教总统补陀（普陀）僧一山齐召使日本，附商舶以行（《元史》卷20《成宗纪三》）。	此条可印证日方上条记载
大德九年（1305） 嘉元三年	有日本商船开到庆元，日僧龙山德见搭乘此船入元。这时因元朝怒日本不臣服，为了不许交易，特地提高抽分税（《真源大照禅师龙山和尚行状》）。	
大德十年（1306） 德治元年	四月，日商有庆等抵庆元贸易，以金铠甲为献，命江浙行省平章阿老瓦丁等备之（《元史》卷20《成宗纪四》）。僧人远溪祖雄这年入远（《远溪祖雄禅师之行实》）。	
大德十一年 （1307） 德治二年	这年，日本商人与元朝官吏争吵，焚掠庆元（《真源大照禅师龙山和尚行状》），但《元史·兵志》中作至大元年，即日本延庆元年。日僧雪村友梅这年搭乘商船入元（《雪村大和尚行道记》）。	焚掠庆元事件日籍作德治二年，但《元史》称至大二年七月枢密院臣言其事发生于"去年"即至大元年，《元史》卷99《兵志二》《镇戍》应更可靠。兹姑从原表。
延祐四年（1317） 文保元年	＊江浙行省左右都司王克敬往四明监日人互市，当时有位从军征日而陷于日本的吴人顺搭此次日本商船回国（《元史》卷184《王克敬传》）。	
1320年	这年日僧寂室元光、可翁宗然、钝庵俊、物外可什、别源圆旨等入元（《寂室和尚状》、《圆应禅师行状》、《别源和尚塔铭》、《本朝高僧传》、《延宝传灯录》）。＊某"中夜"，有"倭奴"40余人"擐甲操兵，乘汐入（庆元）港"（程端礼：《畏斋集》卷6《谔勒哲图行状》）。	
1325年	秋九月，日僧中岩圆入元（《中岩和尚自历谱》）。这年，为了获得建长寺的营造费，派建长寺船驶元（《中村文书》）。＊11月，日本商船来互市（《元史》卷29《泰定帝纪》1）。＊冬10月，日船至定海海口（袁桷：《清容居士集》卷19《马元帅防倭记》）。	与《清容居士集》所载为一事。日本这次商船似须在中国住冬，次年回国，因此，《元史》次年七月所遣"还国"的40名日僧很可能乘搭了此次商船（见下）。

时　间	内　　容	附　注
泰定三年(1326) 嘉历元年	七月,遣日本僧瑞兴等40人还国(《元史》卷30《泰定帝纪二》),这年日僧不闻契闻入元(《不闻和尚行状》)。元僧清拙正澄率弟子永镇和日本入元僧无隐元晦、古先印元、明叟齐哲等于六月从元朝出发,八月到达博多。又这年回国的日僧石室善久、寂室元光,似乎也同船(《清拙大鉴禅师塔铭》、《本朝高僧传》、《延宝传灯录》、《古先和尚行状》、《寂室和尚行状》、《圆应禅师行状》)。	关于遣日僧人还国事,原表记作"七月,日僧瑞兴等40人赴元"(材料出处亦误为《元史·成宗本纪》),这样的转述会有可能造成失误(见上条"说明")。
泰定四年(1327) 嘉历二年	日僧古源邵元乘商船来到庆元(《古源和尚传》)。	
至正元年(1341) 兴国二年	秋,日僧愚中周及赴元,在庆元登陆(《大通禅师语录》)。	
1342 年	秋,遣天龙寺船一艘驶元(《天龙寺造营记录》)。秋,泉侍者等25人入元(《梵仙语录》)。这年十月,日僧性海灵见赴元,在庆元登陆(《性海和尚行实》)。	
至正十年(1351) 正平六年	三月间,入元僧愚中周及自庆元出发,初夏回到博多(《大通禅师语录》)。入元僧性海灵见于五月中回国(《性海和尚行实》)。元僧东陵永玙来日(《延宝传灯录》)。	

在日元往来中,僧侣的活动显然占多数,他们是以"附舶"方式即搭乘商船来往于两地之间,这是可以肯定的,但僧侣活动的背后却是双方的商业往来。日本学者木宫泰彦认为,尽管日元间的形势颇为险恶,但在日本一方,除弘安之役后曾一度对船舶进行搜索,并制止外国人来日外,其余时间并不限制日本人航行海外;在元朝一方,则对日本商人"格外宽大"。于是他作了这样的统计,遣隋使、遣唐使在230年间,只派遣过16次(不包括送唐客使与迎人唐使),平均每15年一次;后来的遣明使在足利义满时虽很频繁,但到足利义敦时,不过派了11次。相比之下,日本来到元朝的商船,除至正二年(兴国二年,1341)派遣的天龙寺船比较特殊外(义指与隋唐、明代一样,属官遣船),其余都是私人商船,往来极为频繁。他还认为,元代六七十年间,"恐怕是日本各个时代中商船开往中国最盛的时代"。因此,我们可以肯定,以上远远不是当时元朝与日本贸易的全部体现,如在元朝两次侵日前后,虽均有10多年中断关系,但双方对通商仍持积极态度,来华日商"几乎每年不断"。①

作为元日海上贸易中转站的昌国地区,在元日海上贸易与交流中占有重要地位,虽然日本商船的目的地不一定是昌国,而是庆元,但毫无疑问,这些商船都要经过昌国地区,昌国地区成为元日海外贸易的重要中继站。

---

① 高荣盛:《元代海外贸易研究》,成都:四川人民出版社,1998年,第92－94页。

三、元代倭患与昌国地区

在频繁的商舶和僧侣往来中,伴随着战争、贸易冲突与寇患,元日关系呈现出相当复杂的态势。总的说来,至大元年(1308)发生的日商焚掠庆元(宁波)事件是明显的分界:前期,元军虽两次侵日,双方亦不断强化戒备,但商贸与僧侣往来大体上和平进行;焚掠事件发生后,"倭寇"不断袭扰中国沿海,情势趋于严重。

忽必烈虽然放弃了侵日计划,但日本为防元军再度来袭,在西部沿海构筑海堤,并命各地"御家人"轮番服役,加强海防。幕府还一度对船舶进行搜索,制止外国人来日。在元朝方面,虽对商船持欢迎立场,但在日方始终拒绝通好的情况下,显然也加强了戒备。弘安之役 12 年后(至元二十九年),日船至庆元"求互市",元方见船中甲仗皆具,"恐有异图",始立都元帅府,命哈剌歹为帅,"以防海道"。①

大德三年(1299),成宗从妙愚弘济大师、江浙释教总统补陀(普陀)僧一山(一山一宁)之请,命其持诏使日,表示"日本之好,宜复通问"以及"惇好息民"的愿望。一山随日本商舶至太宰府,一度被疑为间谍而遭禁锢,后在日本大弘禅法。虽然此后日僧来华与日俱增,但日本当政者拒不正面作答的态度,实际上表示了拒绝通问。此后,元方加强了防务,如大德六年和八年先后改江浙宣慰司为宣慰司都元帅府,徙治庆元,以"镇遏海道",并"置千户所,戍定海,以防岁至倭船";②又以江南海口军少,从各地调 500 汉军、新附军"守庆元",调 300 蒙古军"守定海"。③ 到武宗执政时,终于发生日本商船焚掠庆元的严重事件。日商用随船带来的硫磺等物焚烧官衙、寺院、民舍,乃至"恣意掠夺",显然是一次严重寇掠事件。

作为海上中继站和重要前哨的昌国地区,毫无疑问也是"倭患"的首当其冲之地。在元代,与昌国地区有关的日本"倭寇"事件很多,这里仅列举明确记载与昌国有关的事件。

(1)延祐七年(1314)之某"中夜",有"倭奴"40 余人"摄甲操兵,乘沙入港",蕲县万户府达鲁花赤完者都(四库馆臣改为谔勒哲图)"得变状",将倭人所赂"上官"金征还之。但倭人旋即至昌国北,"掳商贸十有四,掠民财百三十家,渡其子女,拘能舟者役之,余氓奔窜",完者都"亟驾巨舰追之",谕其酋长,"皆股栗战恐,愿尽还所掠以赎罪"。④

(2)泰定二年十月,"倭人以舟至海口",浙东道宣慰使都元帅马充实奉命至定海(今镇海),宣布有关外商舶船不得进入庆元(以庆元外港定海作为贸易口岸)及相关市舶则法,对方"始疑骇,不肯承命;反复申谕,谕如教"。于是,他"整官军,合四部以一号召,列逻船以示备御。……除征商之奸,严巡警之实"。可见,"贾区市虚,陈列分(纷)错,咿嗄争奇,踏歌转舞"景象的出现,已离不开对某些亦商亦寇、莫从辨识的日船的坚决而切实的范防。⑤

(3)至顺元年(1330)升(张震)为同知庆元路事。"先是,倭舶交易,吏卒互市,欺虐凌侮,致其肆暴蓄毒,火攻残民骨肉"。张震至,"议于帅,接之以诚而防其不测,交易而退,遂

① [明]宋濂撰:《元史》卷一六《成祖纪一三》,北京:中华书局,1976 年。
② [明]宋濂撰:《元史》卷二一《成宗纪四》。
③ [明]宋濂撰:《元史》卷一八《成宗纪一》。
④ [元]程端礼:《畏斋集》卷六《谔勒哲图(完者都)行状》,文渊阁《四库全书》本。
⑤ [元]袁桷:《清容居士集》卷一九《马元帅防倭记》,卷二七《马公神道碑》,文渊阁《四库全书》本。

以无事"。① 元后期福建邵武隐士黄镇成于至顺间北上游历，浮海而返时，登补陀（普陀），作《岛夷行》。该诗所描写的，虽未必是至顺时期的情形，但也可资参证。诗云："岛夷出没如飞隼，右手持刀左持盾。下舶轻艘海上行，华人未见心先陨。千金重募来杀贼，贼退心骄酬不得。尔财吾橐妇吾家，省命防城谁敢贵。"②

（4）至正十七年（1357）方国珍降明后，受命"控制东藩"，史称"自是东方以宁"。但元末明初人乌斯道的一段描述足可显示元末倭寇鸱张情景："倭为东海枭夷，……比岁候舶趁风至寇海中，凡水中行而北者病焉。……彼尚艨艘剽轻，出入波涛中若飞。有不利则攲沙石，大舟卒不可近。……且彼既弗归顺，素摈弃海外，今又犯我中国地，枭鸥固当。第虏吾中国人日夥，就为向导，为羽翼，求其回心内附岂得已哉！"③

自至大元年庆元焚掠事件以来，倭患已对昌国地区构成严重的威胁。事实上，并不仅仅是昌国地区，整个江浙及福建地区都面临着严重的倭患。从倭寇产生和发展的情形看，它并不是偶然事件，更不是一时表现，在元代已经出现并且日趋严重。④ 到明代时，已经严重危及到国家的安全。但与明代实施海禁政策有所不同的是，元朝对倭寇并没有采取中断贸易的办法进行消极防御，而是坚持积极接纳来商，并通过派遣能臣前往口岸监市，力求缓解矛盾。

四、一山一宁与中日文化交流

元朝时，中国与日本在佛教文化的交流方面十分频繁，据统计，从1299年到1351年，中国前往日本的高僧有13位，分属于临济宗和曹洞宗，其中临济宗占11位，曹洞宗2位。⑤ 这与当时汉地佛教以北方的曹洞宗盛行和南方的临济宗大行其道的禅宗为主流是相符合的。

在昌国地区，这一时期出现了很多著名的佛教高僧，其中一山一宁是最著名的一位，他不仅对昌国地区、江南佛教的发展有重要意义，而且在促进中日佛教文化交流中起了非常重要的作用。

唐朝的道璇、鉴真，宋元的道隆、普宁、正念、祖元、清代的心越等前往日本的高僧，大多是受日本僧人或之前寓居日本的中国僧人的邀请去日本讲经说法，唯独元初赴日的一山一宁，是受元朝皇帝派遣，作为元朝的使者而赴日的。

一山一宁，法号一宁，自号一山。南宋淳祐七年（1247）出生在台州府临海县城西白毛村，俗姓胡。一宁在村塾读书时，即机敏超群。稍长大以后，由其叔父灵江介绍，至天台山鸿福寺作侍者。3年后，又随灵江去四明的太白山（今郫县阿育王寺一带）学习《法华经》等经书。两年后出家得度，到城中应真律寺学戒律，又到延庆教寺及杭州的集庆院学天台宗。由

---

① ［元］虞集：《道园稿》卷四三《张震神道碑》，文渊阁《四库全书》本。
② ［元］黄镇成：《秋声集·岛夷行》卷一，文渊阁《四库全书》本；同见［清］钱熙彦：《元诗选》初集庚集，北京：中华书局，2002年。
③ ［明］乌斯道：《春草斋集》卷三《送陈仲宽都事从元帅捕倭寇事》，文渊阁《四库全书》本。
④ 也有学者认为"倭寇"萌于13世纪初期（南宋理宗即位前后），但所谓的"前期倭寇"的起始时间却在14世纪初。（高荣盛：《元代海外贸易研究》，第103页，第105页。）
⑤ ［日］木宫泰彦著、胡锡年译：《日中文化交流史》，北京：商务印书馆，1980年，第408－410页。

于当时的天台宗日渐衰微,一宁改去天童山简翁敬禅处问禅法。在顽极行弥指点下,得到契悟。后又历访天台山、雁荡山、阿育王山等地高僧。① 元至元二十一年(1284),一宁渡海至昌国,任祖印寺住持。在祖印寺10余年后,一宁又转到普陀山的观音寺任住持。

元朝的两次远征日本,都因出师不利并最终被迫放弃。至元二十三年(1286)元世祖发布停战令,改为遣使招抚。元政府派出普陀山高僧如智法师和参在政事王积翁为使者赴日本,但都未能到达日本本土,元日间的关系仍未缓解。至元三十一年(1294),元世祖去世,元成宗铁穆儿继位,沿续遣使招抚的政策。元大德三年(1299),适逢日本商船来华,元成宗物色赴日人选,众推一山一宁。于是,当年五月,铁穆儿皇帝赠一宁以"妙慈弘济大师"及"江浙释教总统"称号,又赠金桐架装,并交予他致日本诏书一封前往日本。元成宗在致日本国的诏书中说:"有司奏陈,向者世祖皇帝尝遣补陀禅僧如智及王积翁等两奉玺书通好日本,咸以中途有阻而还。自朕临御以来,妥怀诸国,薄海内外,靡有遐遗。日元之好,宜复通问。今如智已老,补陀僧一山道行素高,可令往谕,附商船以行,庶可必达。朕特从其请,盖欲成先帝遗意耳。至于好息民之事,王其审图之。"②

怀着修复中日人民友好感情的愿望,一山一宁不顾前任两位使者两次出使日本的失败和海途凶险,于同年五月下旬踏上凶吉未卜的旅途。一山一宁与西涧士昙及外甥石梁仁恭等一行5人,从庆元府搭乘日本商船东渡,历海上近三个月艰辛,于六月上旬到达九州博多湾,后经京都转至关东。当时,日本镰仓幕府执权北条贞时认为其携带敌国使命,颇有间谍之嫌,于是将其发遣至僻远的伊豆修禅寺。事后北条贞时受有识之士劝说,得知其为"彼国望士",又于同年十二月将其迎入镰仓,请其主持关东最大的禅寺——建长寺,并亲自向他参禅,行弟子礼。一山一宁住建长寺三年,于乾元元年(1302)十月迁往圆觉寺,二年后又回建长寺,再移净智寺。正和元年(1312),因京都瑞龙山南禅寺住持规庵祖圆圆寂。后宇多天皇降旨,请一山一宁到京都做南禅寺主持。其间,后宇多天皇曾多次亲临寺院问禅,并皈依于一山一宁。后来,一山一宁以老病日加,屡次请辞,但后宇多天皇仍极力挽留,一山一宁不得已,一度潜赴越前(今日本福井县)。天皇得知后,又派专使到越前,加以抚慰,并促其归山。盛情难却,一山一宁于正和四年(1315)重返京都,居南禅山慈济庵。文保元年(1317)十月二十五日,一山一宁因病在慈济庵圆寂。后宇多天皇深表哀悼,赐其"国师"谥号,令前权大纳言源有房撰文致祭,敕令建塔庙,御赐《法雨》匾,亲题其像赞曰:"宋地万人杰,本翰一国师。"徒僧嵩山居中辑有《一山国师语录》二卷传世,弟子虎关师练著有《一山国师妙慈弘济大师行状》。延祐六年(1319),东光寺僧月山友桂赍牌位入元,纳于育王山。③

一山一宁出使日本,对日本社会、文化、生活等各方面都产生了重要影响,为中日文化交流作出了重要贡献,从而使他在中日文化交流史上占有重要地位。④ 主要体现在以下几个方面:第一,对日本禅宗发展产生了重要影响。一山一宁在日本创建了禅宗的一山派,对弘扬佛法起了很重要的作用。他使禅宗由镰仓幕府的独家信仰走向了大众信仰,而且培养了

① 包江雁:《"宋地万人杰　本朝一国师"——高僧一山一宁访日事迹考略》,《浙江海洋学院学报》(人文科学版),2001年第2期。

② [明]宋濂撰:《元史》卷二〇,北京:中华书局,1976年。

③ 朱颖、陶和平:《试论一山一宁赴日在中日关系发展史中的作用和意义》,《日本研究》,2003年第1期。

④ 郧军涛:《高僧一山一宁东渡日本与元代的中日文化交流》,《陇东学院学报》(社会科学版),2004年第2期。

雪村友梅、龙山德见等大批卓有成就的弟子。一山一宁到日本前，日本所谓的"禅"，是以镰仓为中心的武家禅，而他到日本后，公家禅得以兴盛。正如汪向荣先生所言："禅宗在日本的普及，由武家禅而公家禅，更由局限于少数人而广传于一般平民之间，一山一宁是有功的。"①第二，对日本宋学的影响。一宁赴日时，日本还处于宋学传播的初期阶段。一山一宁个人极高的宋学造诣，"博学多识，凡教乘诸部、儒、道、百家之学，固不待言，即稗官、小说、乡谈、俚语，也无不通晓，犹善于书法。"②他在给弟子传法之间，往往直接宣讲朱子之学。由于一山一宁对朱子之学的直接讲解，理清了日本宋学传抄中的谬误。因而，从其学者众多，为日本培养了一大批宋学人才。弟子虎关师炼就多次请教于他："某（师炼）智薄淡谀，每见程杨之说不能尽解，老师（一宁）宏才博学，赖以愚所疑。"在一宁的启迪下，虎关师炼成为日本宋学的先驱之一。"一宁在日本度过二十年的生涯中，对于和他接触过的很多道俗，想必也以同样的清谈来相酬酢，对于日本的学术、文学、书法、绘画等方面的刺激一定是很显著的。"③第三，对日本文学的影响。在文学方面，一宁以其极高的文学修养，培养了虎关师炼、雪村友梅、中岩圆月等人，开日本室町时代五山文学之先河。虎关师炼与一宁习文唱和，时人评价他"微达圣域，度越古人"。虎关师炼的汉诗文集《济北集》系五山文学早期的代表作，而与虎关师炼相比，雪村友梅的汉诗文则是"植根于中国的文化土壤，由元代高僧一手培养起来的"。可见一宁在日本文学发展史上的重要地位。④　第四，对日本书画艺术的影响。在书法、绘画艺术上，一宁的造诣自不待言，他手书的《一山一宁法师》流传至今，被定为日本国宝级文物，成为"禅宗样"书道艺术的真迹。他认为："书与画非取其逼真，大体取其意，故古人之清雅好事者，只贵清逸简古，其人之名德，非笔墨间也。画以古人高逸者为重，书以晋宋间诸贤笔法为妙。"在他的熏陶下，雪村友梅、宗峰妙超等人成为镰仓末期的著名书画大家。

正是由于一山一宁对日本社会、文化的诸多影响，使得其弟子龙山德见等诸多日本僧人立志学习中国文化、学术，日僧不断来华进行学术、文化交流，这也推动了中日民间贸易的大大恢复，中日民间交流空前繁荣。

一山一宁作为国使成功地出访日本，改善了两国关系，重续了中日两国的友好往来，开创了自唐宋以来中日之间在政治、经济、宗教诸方面交流的又一新高峰。在一山一宁出访以前，中日之间已中断了二十多年的交往。自一山一宁赴日后，开始有大批僧人入元，其中有龙山德见、雪村友梅等一山一宁的弟子，至元末，日本来元僧人达二百多人。元朝赴日僧人也络绎不绝，其中有史记载的就有灵山道隐、清掘正澄、明极楚俊、东明惠日、竺仙梵仙等一批高僧。可以说是一山一宁重续了中日关系的新篇章。总之，一山一宁以元王朝使者的特殊身份，于中日关系僵化的非常时期出使日本，修复了两国关系；他以一个禅宗大师的身份，在日本弘扬佛法，传播宋学汉文，深得日本人民的爱戴。一山一宁的东渡，在中日两国关系史上有着特殊的不可磨灭的功绩。

---

① 汪向荣、汪皓：《中世纪的中日关系》，北京：中国青年出版社，2001年，第81页；郧军涛：《高僧一山一宁东渡日本与元代的中日文化交流》，《陇东学院学报》（社会科学版），2004年第2期。

② ［日］木宫泰彦著，胡锡年译：《日中文化交流史》，北京：商务印书馆，1980年，第412页。

③ ［日］木宫泰彦著，胡锡年译：《日中文化交流史》，北京：商务印书馆，1980年，第413页。

④ 郧军涛：《高僧一山一宁东渡日本与元代的中日文化交流》，《陇东学院学报》（社会科学版），2004年第2期。

郑和出使日本考略

何忠礼

（杭州市社会科学院）

提要　以往人们只知道郑和曾经七次下西洋,对于他和他的船队是否到过日本一事,在正史中和日本方面几乎无一字记载。实际上,早在郑和下西洋之前,他已经二次出使日本。其理由和证据有二:一是既然郑和远航海外的目的之一是寻找建文帝的下落,那么与建文朝关系十分密切的日本,当然是首先必须"纵迹之"的重要国家;二是从《敕封天后志》、《明史纪事本末》、《七修类稿》、《筹海图编》、《松窗梦语》、《日本一鉴》、《明书》等书的记载中,或明或暗地道出了郑和为了"赍谕"成祖登基、寻找建文帝下落和打击倭寇的需要,曾经出使过日本。郑和出使日本,增强了中日之间的友好交往,有利于打击倭寇对中国沿海地区的侵扰,在当时具有一定意义。

关键词　明朝　　日本　　郑和　　建文帝　　出使日本　　倭寇

郑和(1371–1433),是中国明代早期的一个伟大航海家,他原姓马,初名三保,回族人,祖居云南昆阳州(今属云南晋宁)。明太祖朱元璋统一云南后,郑和被阉入宫,并被明太祖赐给驻守在北平(即今北京)的第四子燕王朱棣。建文元年(1399),朱棣发动"靖难之役",经过四年战争,从他的侄儿惠帝手中夺取了皇位,改元永乐,是为明成祖。郑和因助朱棣起兵有功,被赐姓郑,提拔为内官监太监,人称三保太监。[①]

从明成祖永乐三年(1405)到明宣宗宣德八年(1433)的二十八年间,郑和先后七次下西洋,[②]率领规模庞大的船队,经中国南海诸岛,入印度洋、红海,最远到达非洲东海岸的慢八撒(今肯尼亚的蒙巴萨),[③]遍访亚、非三十多个国家和地区,总航程约七万海里以上,成为中国和世界航海史上的一大壮举。

今人在研究郑和的航海活动时,对他在1405年以后的七次下西洋论述甚详,但对他是否还到过日本一事,无论是在正史、实录和传记中,或是在有关教科书中,皆不见提及,甚至在叙述郑和生平甚详的《郑和年表》[④]中也无半点记载。从日本方面来看,同样也是如此,如

---

① [明]查继佐:《罪惟录》卷二九《郑和传》,北京:商务印书馆,1936年;《郑和家谱·三使西洋事条》。

② 元明时代,中国把今南海以西的海洋及沿海各地(远至印度及非洲东部),概称为西洋。参见(明)张燮《东西洋考》。

③ 参见郑一均著:《论郑和下西洋》第三节《郑和下西洋航程的综合研究》,北京:海洋出版社,1985年。

④ 《郑和年表》一文,收入郑鹤声等编《郑和下西洋资料汇编》(上),齐鲁书社,1980年,第99–139页。

在日本著名学者木宫泰彦所著的《日中文化交流史》一书中,也没有说到郑和出使日本的事。因此从许多人看来,这不可能是个偶然的疏忽,而是认为郑和根本就没有去过日本。

但笔者在仔细研读明初的历史和有关郑和的史料时,发现郑和不仅有必要出使日本,而且确实二次到过日本。对于这一结论,虽然有部分推测的成份,但决非空穴来风。现将管见所得,作考略于下,以求教于大家。

一、郑和出使日本的必要性

根据史籍记载,明成祖派遣郑和出海的目的有两个方面:一是"疑惠帝(按:即建文帝)亡海外,欲综迹之"。二是"欲耀兵异域,示中国富强"。① 对此,学术界似乎并无异议。

先说第一个目的。建文四年(1402)六月,燕王朱棣率兵攻陷京城南京,"宫中火起,帝不知所终"。② 于是有关建文帝去向的各种传闻,纷纷而出,有的说他从地道逃走,避匿他乡。③ 有的说他已经逃往海外,准备"以其匿地方起事"④。因此,明成祖为了找到惠帝,达到斩草除根,不留后患的目的,派遣心腹太监郑和往海外"综迹之",亦在情理之中。据《明史》卷一六九《胡濙传》记载:

> 惠帝之崩于火,或言遁去,诸旧臣多从者,帝疑之。五年遣濙颁御制诸书……隐察建文帝安在。濙以故在外最久……十七年复出巡江浙、湖、湘诸府。二十一年还朝,驰谒帝于宣府。帝已就寝,闻濙至,急起召入。濙悉以所闻对,漏下四鼓乃出。先濙未至,传言建文帝蹈海去,帝分遣内臣郑和数辈浮海下西洋,至是疑始释。

这说明即使到明成祖夺取帝位已十七年之后,他还十分留意建文帝的下落,甚至深更半夜,已经入睡,还急忙起来听取臣下的报告。国内派胡濙等人寻找,而海上一路的寻找任务,正是由郑和等人来承担。

可是,如果建文帝真的浮海出逃,那么首先逃往的地方,不可能是西洋,而恰恰应该是日本。对此,我们有必要对明朝前期的中日关系作些说明。

明太祖统治时期,为了恢复因元末长期战乱而被破坏的社会经济,他接受了历史上的经验教训,基本上采取了保境安民的自守政策。他多次告诫子孙、臣僚道:

> 海外蛮夷之国,有为患于中国者,不可不讨;不为中国患者,不可擅自兴兵。古人有言:地广非久安之计,民劳乃易乱之源……彼不为中国患者,不可不谨备之耳。⑤

有鉴于此,明朝立国之初,对日本、朝鲜、安南各国,都采取睦邻友好的政策。但是这种状况,随着倭寇对明朝沿海的不断侵犯,特别是胡惟庸事件的发生,出现了重大变化。

---

① [明]张廷玉等:《明史》卷三〇四《郑和传》,北京:中华书局,1974 年,第 7766 页。
② 《明史》卷四《恭闵帝本纪》,第 66 页。
③ [明]皇甫禄:《皇明纪略》,文渊阁《四库全书》本。
④ [明]沈德符:《万历野获编》卷一《列朝·建文君出之》,《历代史料笔记丛刊》本,中华书局,1959 年。
⑤ 《明成祖实录》卷六八,台湾中央研究院历史语言研究所 1962 年影印原北平图书馆所藏"红格本"。

洪武十三年(1380),左丞相胡惟庸因谋反罪被杀。到洪武十七年,明朝政府才发现了胡惟庸生前的一个阴谋:胡惟庸曾与宁波卫指挥林贤相勾结,假奏林贤有罪,将他贬谪到日本,令其与日本君臣勾通,然后又奏请恢复林贤的职位,把他召回,并要他向日本国王(实指日本征西府怀良亲王)借兵助己。所以林贤回国后,日本派遣僧如瑶率兵四百余名,诈称入贡献巨烛,内藏火药刀剑到中国。但当如瑶到达时,胡惟庸的阴谋已经败露,计才不行。明太祖知道此事后,"怒日本特甚,决意绝之"。① 从此,明朝与日本的关系遭到彻底破坏。

明建文三年(日本后小松天皇应永八年,1401),已经实现南北统一的室町幕府将军足利义满为了恢复日中贸易,改善财政状况,首先打破僵局,主动派人到明朝通好,献上黄金千两、马十匹及手工艺品等物。当时建文帝虽处在"靖难之役"的紧张关头,还是热情加以接待,并派遣僧道彝天伦、一庵一如出使日本。明朝使臣到达日本后,足利义满亲自前往兵库将他们迎回京都,在北山殿举行了隆重的接见仪式。② 由此可见,此时的中日关系开始恢复正常。

可是,仅仅过了半年,朱棣就打败建文帝登上皇位。由于过去日本曾有过帮助胡惟庸谋反的事实,近年内建文帝与日本方面又建立了良好的关系,明成祖必然会考虑到,如果建文帝及其手下亡命海外,日本是最有可能前往的地方。因此,明成祖派郑和到海外寻找惠帝下落,日本当然是首要目标。

再言第二个目的。本来,中国历代封建统治者都有妄自尊大,以"天朝自居"的毛病,加上明成祖因为是依靠不正当的手段夺取了皇位,故心虚得很,因而他更希望做几件"惊天动地"的事业,以提高自己在全中国乃至全世界的声威,这就是明成祖所以要派郑和出使海外,"欲耀兵异域,示中国富强"的原因。但是,即使在洪武年间,中日关系恶化时,明太祖仍然把日本列为十五个"不征之国",③对此"祖训",明成祖决不会忘记。再从以后郑和七次下西洋时,除了自卫以外,从未主动对海外用兵这一点来看,都能说明所谓"耀兵异域"之目的,确实不是为了实行对外的扩张和侵略。对此,人们不应产生误解。

可是,永乐初年,中国东南沿海的局势很不稳定,主要是倭寇的不断侵犯。据史籍记载,"永乐癸未(元年,1403),寇福建"。"永乐甲申(二年),倭寇直隶、浙江地方,遣使中官郑和往谕日本王"。④ "永乐二年四月,对马、(壹)岐倭寇苏、松。贼掠浙江穿山而来,转掠沿海"。⑤ 倭寇的侵犯,不仅使沿海居民深受其害,而且给郑和的远航也会造成威胁。特别是建文帝的残余势力主要在东南沿海,万一它与倭寇相勾结,甚至还会严重地危及到明成祖的统治。因而,如果要让郑和"耀兵异域",决不可能舍近及远,置眼前的直接危险于不顾。这也是郑和在下西洋前夕,有必要出使日本的另一个重要原因。

此外,郑和虽然非常聪明,有卓越的组织才能,又是一个回教徒,从小受家庭影响,懂得不少有关西洋的地理知识,但他毕竟生于云南,长于内陆,既无造船知识,更无航海经验。对

① 《明史》卷三二二《日本传》,第8344页。
② [日]瑞溪周凤:《善邻国宝记》中。
③ 《明史》卷三二二《日本传》,第8344页。
④ [明]郑舜功:《日本一鉴·穷河话海》卷六《流通》。
⑤ [明]郑若曾:《筹海图编》卷六《直隶倭变记·苏松常镇》。按:郑若曾是明朝嘉靖间江浙总督胡宗宪的幕僚,今本《筹海图编》撰者作胡宗宪,误。文渊阁《四库全书》本。

于这样一个人,明成祖要他立刻率领由二万七千八百余人和六十二只巨船组成的的庞大船队,①进行远航,恐怕也有点冒险。因此,在郑和于永乐三年(1405)下西洋之前的二年间,他有必要出使类似日本、安南、泰国等附近国家,一面就近寻找建文帝,一面进行航海实践锻炼,取得经验后,才有可能担负如此重任。

二、郑和出使日本的经过

史籍对郑和出使日本的记载,虽然并不明显,但我们还是从字里行间找到一些证据。

朱棣于建文四年(1402)六月在南京即帝位,九月,遣使以即位诏遍告安南、暹罗、爪哇、琉球、日本、苏门答剌、占城诸国。② 其中出使暹罗(即今泰国)的情况,《敕封天后志》有这样的记载:"永乐元年差太监郑和等往暹罗国,至广州大星洋,遭风将覆,舟人请祷于海,和祝曰:'和奉使出使外邦,忽风涛危险。身固不足惜,恐无以报天子。且数百人之命,悬于呼吸,望神妃救之。'俄闻暄然鼓吹声……风恬浪静。归朝复命,奏上,奉旨遣官整理祠庙。"③ 就是说,郑和率领数百人的使团前往暹罗途中,因为遭到风浪,差一点遇难,后来郑和向大海祝祷,获得天妃保佑,才使风浪平静。郑和回国后,因此奏请朝廷,重新修理天妃庙。这条记载中的天妃显灵,诚不足信,但在他下西洋前二年,已经出使过暹罗却是事实。而这一点,也不见于其他史志的记载,如果没有《敕封天后志》的存在,人们也就不会知道他曾经出使暹罗。

永乐元年(1403)十月辛亥,明成祖对礼部的官员说:"近西洋回回哈只等,在暹罗闻朝使至,即随来朝。远夷知尊中国,亦可嘉也。"④ 既然回回哈只是随郑和使团一起到中国的,由此推算,郑和出使暹罗的时间,大概是在本年的夏天。此外还值得令人注意的是,这条记事,虽然出于《明成祖实录》,但里面只是泛指"朝使",而并未提及郑和之名。

再据清朝前期成书的谷应泰《明史纪事本末》载:"(永乐)十五年冬十月,遣礼部员外郎吕渊等使日本。先是,帝命太监郑和等赍谕诸海国,日本首先归附,诏厚赉之。"⑤ 从这段史料的前后意思来看,说明在永乐初年,日本所以首先与明朝建立正常关系,是郑和等人"赍谕",也就是招抚的结果。那么,永乐初年,郑和有否亲自前往日本"赍谕"呢?对此有必要再作进一步的探讨。

首先,从时间方面来看,在建文四年(1402)九月到永乐元年(1403)的这一年多的时间里,郑和若率领二百人左右的使团,从东起日本西到爪哇的这些太平洋沿岸诸国作一番小规模的航行访问,时间是足够的。

其次,永乐三年(1405)六月十五日,亦即郑和第一次下西洋前夕,明成祖下了一道诏书,内称:"遣中官郑和等赍敕往谕西洋诸国。"⑥此处的"赍敕往谕西洋诸国"和前揭的"赍

---

① 《明史》卷三〇四《郑和传》,第 7766－7767 页。
② 《明成祖实录》卷一二上。
③ 《敕封天后志》卷下,转引自《郑和下西洋资料汇编》(上),第 46 页。
④ 《明成祖实录》卷二四。
⑤ 谷应泰:《明史纪事本末》卷五五《沿海倭乱》,文渊阁《四库全书》本。
⑥ 《明成祖实录》卷四三。

谕诸海国"，都是一个意思：就是命郑和等人到各国去宣布明成祖已经即位的消息，希望各国都能与明朝政府进行友好交往，当然，这仅仅只是公开的任务，寻找建文帝才是主要任务，不过这是明统治者的内部秘密，不会在诏书中明白宣示。既然第二个诏书是由郑和亲往西洋执行，那么，人们没有理由怀疑第一个诏书也是由郑和亲往执行。

复次，明人对郑和出使日本一事，也存在着若明若暗的记载。例如，郎瑛在《七修类稿》中分析明初的中日关系时，指出明太祖时期由于发生了胡惟庸案而使中日绝交，"永乐间，三保太监招抚四夷，复通"。① 张瀚在《松窗梦语》中，还专门论述了郑和下西洋与日本入贡的关系，并进一步分析了此事的利弊和影响。② 明代著名史学家王世贞之父王忬在其出任浙江都御史时也说过"永乐初，命太监郑和等招抚诸番，日本独先纳贡"③等等。

另外，从日本方面也可找到旁证。日本后小松天皇应永十年（明永乐元年，1403）三月，足利义满将军派遣明使赴明朝时，事先准备了二封国书，④其中一封是致明成祖的，内说："日本国王臣源表：臣闻太阳升天，无幽不烛，时雨沾地，无物不滋。矧大圣人明并曜英，恩均天泽，万方响化，四海归仁。钦维大明皇帝陛下，绍尧圣神，迈汤智勇，勘定弊乱，甚于建瓴，整顿乾坤，易于返掌……"⑤说明在当时日本方面对朱棣即位已有所闻，只是尚吃不准这个消息的正确程度，所以作了这样的两手准备。传去消息的人，我们认为就是郑和等人。正由于郑和初到日本时，义满对明朝政局的剧变情况了解不多，为防止受骗上当，所以对郑和的接待不敢大事声张，这或许就是在日本史籍上没有留下郑和使日痕迹的原因之一。

郑和不仅在建文四年（1402）九月到永乐元年（1403）这段时间里出使过日本，而且在永乐二年（1404），为制止倭寇的侵扰，又第二次奉命前往日本。

据《明成祖实录》记载："（永乐二年正月）壬戌（二十日），命京卫造海船二十艘……（癸亥，即二十一日）将遣使西洋诸国，命福建造海船五艘。"⑥这当然都是为郑和一行下西洋作的准备。但是就在这年四月，发生了倭寇侵略浙江和直隶的事件，为此，明成祖有必要再次派遣郑和出使日本。下面，让我们来看一下有关史料的记载。

明人郑若曾的《筹海图编》说："永乐二年四月，对马、（壹）岐倭寇苏、松……上命太监郑和谕其国王源道义。"⑦对同一件事，在比《明史》还要早撰半个多世纪的《明书》中，也作了这样的记载："永乐二年，寇浙、直，乃命太监郑和谕其国王源道义，源道义乃絷其渠魁以献。复令十年一贡，正副使毋得过二百人，若贡非期入，及人船逾数，或挟兵刃，以盗论。"⑧上述两书都明确地记载了郑和出使日本的时间是永乐二年，也就是出使暹罗的第二年和下西洋的前一年，出使的原因是因为倭寇侵略浙江和直隶，已与"赍谕"即位无关。这里附带说一下，由于当时的日本实行的是幕府政治，天皇只是明义上的最高统治者，一切权力和对外交

① ［明］郎瑛：《七修类稿》卷五《天地类·日本略》，上海：上海书店出版社，2001年，第48页。
② ［明］张瀚：《松窗梦语》卷三《东倭记》，《武林往哲遗著》本。
③ 《筹海图编》卷一二《经略二·降宣谕》，文渊阁《四库全书》本。
④ 《吉田家日次记》应永十年二月十九日条，转引自［日］木宫泰彦著，胡锡年译：《日中文化交流史》五《明、清篇》，北京：商务印书馆，1980年，第518页。
⑤ 《善邻国宝记》中。
⑥ 《明成祖实录》卷二七。
⑦ 《筹海图编》卷六《直隶倭变记·苏松常镇》，文渊阁《四库全书》本。
⑧ ［清］傅维鳞：《明书》卷七二《戎马志》，《丛书集成初编》本。

往都操在足利氏手中,因此在明朝政府看来,幕府将军足利义满(即源道义)就是日本国王。

另外,对郑舜功在《日本一鉴》中的记载也值得注意。郑舜功曾在嘉靖三十四年(1555)受当时的浙江总督杨宜派遣,作为"国使"出访过日本,回国后他写了本书,其中说到:"永乐甲申(二年),倭寇直隶、浙江地方,遣使中官郑和往谕日本王。"①他的话,应该更为可信。

郑和船队出使日本的路线,据郑舜功的记载是这样的:首先从江苏太仓刘家河港发舟,经宝山、吴淞口、佘山、大戢山、小戢山,至滩浒山。再经茅山、升罗屿,过双屿港,孝顺洋、乱礁洋,到达宁波港。再从宁波附近的韮山出海,横渡东海,直至日本港口野顾山(即屋久岛),沿九州北上,最后到达京都。中国自南宋以来,宁波(原称明州、庆元)一直是通往日本航程的出发点,明后期,有人从宁波港附近的桃花渡打捞出郑和船队的遗物——大石碇,正说明郑和出使日本是从宁波港出发的。②

三、郑和出使日本的意义

郑和二次出使日本,在历史上具有一定的积极意义。

(一)增强了中日之间的友好交往

由于郑和等人于明成祖即位不久就出使日本,使日本政府对"靖难之役"的结局得到及时了解,主动遣使入贡,并对明成祖的即位表示祝贺。因此,明成祖也对日本采取了特别友善的态度。自宋朝以来,日本生产的兵器非常精美,向为中国士大夫所喜爱,但明朝政府从安全角度考虑,历来禁止携带武器入境,更不许买卖。永乐元年(1403)九月,日本遣使入贡,已进入宁波府,礼部尚书李至刚向明成祖报告,建议按照惯例,对番舶中的兵器进行搜检,"籍封送京师"。但明成祖不同意,认为使人带入兵器,那是为了补助一点路费,也是人之常情,"岂当一切拘之禁令"。李至刚又奏,认为既然民间不许私有武器,就不允许鬻卖,还得"籍封送官"。于是明成祖要当地政府按市价将兵器买下来,并告诉李至刚说,对待日本贡使,"毋拘法禁,以失朝廷宽大之意,且阻远人归慕之心,此要务也"。③

应永十五年(明永乐六年,1408),义满死,其子足利义持(即源义持)遣使到明朝告父丧,明成祖派宦官周全赴日悼念,称颂义满的功绩,赐谥"恭献",并册封义持为日本国王。应永十七年(明永乐八年,1410),义持遣使谢恩,也像他父亲一样,把所俘倭寇献给明朝,受到明成祖的嘉奖。④ 以上事实,充分说明此时中日两国在政治上已建立起了良好的关系。但是,不久由于义持受到元老斯波义将的挑拨,一度恶化了与明朝的关系,那是后话。⑤

自洪武以来,中日之间的官方贸易长期处于断绝状态,郑和出使后,中日双方签订了第一期"勘合贸易",使两国的经济联系也有所加强。明朝为了加强海禁,防止非法贸易,对外贸易采取勘合制度,对日本国的勘合制度是这样的:先把日本二字分开,作成日字号勘合一

---

① 《日本一鉴·穷河话海》卷一。

② [明]王稚登:《客越志》,见《说郛续》弱第二四。

③ 《明成祖实录》卷二三。

④ 《明史》卷三二二《日本传》,第8345页;《善邻国宝记》卷中。

⑤ 参见《日中文化交流史》五《明、清篇》,第525－526页。

百道,本字号勘合一百道,共计二百道。同时又别作成日字号和本字号勘合底簿(即存根)各二扇,共计四扇。其中日字号勘合一百道、日字号勘合底簿一扇、本字号勘合底簿一扇,存在明朝礼部,本字号勘合底簿一扇,放在福建布政司;另以本字号勘合一百道,日字号勘合底簿一扇,给日本。双方在进行贸易时,以所携带的日字号勘合或本字号勘合与对方保存的勘合底簿进行核对,以防止假冒。用过的勘合即行没收,今后新皇帝即位后,没有用完的勘合收回,重新签订新的勘合文簿。[1]

中日之间的第一期勘合贸易,签订于永乐二年(日本应永十一年,1404),故又称"永乐条约"。按制度规定,双方每隔十年进行一次勘合贸易,勘合船每次二艘,人员不得超过二百。但实际上,无论是明朝或日本,都不曾按规定实行,次数、船只和人员,都大大超过了限额。如从应永十一年(明永乐二年)到应永十七年(明永乐八年)的七年间,日本和明朝各有六次勘合船驶向对方,每次船只都有六七艘之多。[2] 充分反映了郑和出使日本,对中日在经济上的友好往来也起到了积极的促进作用。

(二)有利于打击倭寇对中国沿海地区的侵扰

元末明初,日本正处在南北朝分裂时期,一些没落的武士、浪人和走私商人,经常骚扰和掠夺中国沿海地区,历史上称他们为倭寇。洪武后期,足利义满虽然统一了南北朝,但由于明朝政府对日本实行了断绝经济往来的政策,使倭寇的活动更加猖獗,给中国人民的生命财产造成了重大损失。

永乐二年(1404)郑和第二次使日以后,由于加强了中日之间的友好关系,因此在明朝与倭寇的斗争中,获得了日本政府的积极支持和配合。当年,义满立即派出军队,讨伐对马、壹岐二地的倭寇,[3]并于次年将曾经侵扰过中国的二十余名倭寇献给明政府处置。明成祖"嘉其勤诚",派人赐义满王印,封他为日本国王,封其国之镇山为"寿安镇国山"。[4] 以后,义满又二次来献犯边的倭寇,从而沉重地打击了倭寇的凶恶气焰,使明朝一度"海隅绝警"。[5]

此外,由于郑和二次出使日本,不仅增强了中日之间的友好交往,保证了中国沿海一带的安全,也为郑和下西洋解除了后顾之忧。于是,到永乐三年六月,郑和率领的庞大船队,顺利地开始了第一次下西洋的大规模远航。

---

① 参见《日中文化交流史》五《明、清篇》,第 542 页。
② 参见《日中文化交流史》五《明、清篇》,第 521 – 530 页。
③ 《善邻国宝记》卷中。
④ [明]王宗载《四夷馆考》,东方学会排印本,第 17 – 18 页;《日本一鉴·穷河话海》卷六《流遖》。
⑤ 《日本一鉴·穷河话海》卷六《征伐》。

略论葡萄牙人在中国东南沿海的活动（1513－1552）

张伟保

（澳门大学）

摘要 葡人于 1513 年抵达广东的贸易岛——屯门岛（即大屿山东涌海口）从事贸易活动，并于 1517 年派遣大使皮莱资来华，寻求建立正式的外交关系，然因文化与行事的差异，导致了严重军事冲突。由于广东贸易全面停顿，葡人唯有辗转前往漳州和宁波进行走私贸易，并成功开展对日本的贸易。此外，广东巡抚林富为了改善该省的财政状况，在 1529 年向中央申请局部重开朝贡贸易，终于获得批准。葡人虽被禁止参与其中，但仍能通过伪装暹罗商人而活跃于广东沿海海澳，如上川岛、浪白澳和蚝镜澳等港湾。1548 年，宁波双屿和漳州月港两个重要贸易点被朱纨攻陷，驱使葡人在广东沿海寻求更为合适的贸易据点，结果由海道副使汪柏与葡国船队舰长索萨达成租居澳门的协议。本文重点探究葡人在 1513 年来华至十六世纪五十年代初期在中国东南沿海活动概况，以说明当时东亚海洋贸易的情状。全文约分为三个部分：葡人初抵屯门岛（1513－1522）；葡人在漳州、宁波等地的活动（1524－1549）；重启广东贸易至澳门开埠前夕（1529－1552）。

关键词 屯门岛　皮莱资　漳州月港　宁波双屿　汪柏

一、引言

葡人在 1513－1522 年曾在屯门海域从事短暂的贸易活动，因文化与行事的差异，造成了中葡的严重军事冲突，广东海面贸易全面停顿，葡商唯有北上闽浙沿海从事非法的商贸活动。同时，日本西部大名为寻求外贸机会以对抗明政府因宁波争贡问题而禁止正常的通贡活动，亦徘徊于中国浙江沿海岛屿进行走私活动。从此，葡中日三角贸易在中国东南沿海不断发展，成为这一时期中外贸易关系的最大特点。本文欲初步探究葡人在 1513 年来华至十六世纪四十年代在中国东南海岸的活动概况，以了解澳门开埠前夕[①]和其时东亚海洋贸易的情状。

---

① 关于澳门开埠时间有不同的说法，如汤开建《澳门开埠初期史研究》指出有 1535 年、1553 年、1557 年诸说，有汤氏主张 1554 说。中华书局，1999 年，第 82－103 页。笔者以葡人索萨与汪柏的谈判，标志澳门正式进入一个全新的发展阶段，而该谈判始于 1552 年，故暂以此为开埠前夕的年份。

二、葡人初抵屯门岛,1513－1522

贸易原是极为自然的人类经济行为,早在石器时代已经出现。初期主要是以物易物,后来续渐发展到以货币为媒介。由于不同地域的生产条件的差异,贸易有助人类物质生活的改善,然而中国自汉代以来出现较为浓厚的重农抑商思想。元末明初,中国沿海出现严重的倭寇问题,引致朱元璋以"片板不准下海"来惩罚对海寇放纵的日本国,并在沿海广设卫所以防御日本。到了永乐年间,情况有所改善,包括日本在内的东南亚国家不断通过朝贡—贸易方式来到中国。[①]

鉴于明初社会经济尚欠强大,而朝贡贸易[②]和下西洋等活动均涉及庞大支出,到宣德八年(1433),明政府便停止了下西洋,中外贸易的总量遂迅速收缩,中国海洋力量倒退。16世纪初,葡人分别在1510及1511年占领果亚(GOA)和马六甲(MALACCA)后,便积极寻求与大明帝国进行贸易。1513年,葡人欧维士(JORGE ÁLVARES)是第一位到达珠江口的葡人。

据施白蒂《澳门编年史》记载,1514年1月6日,马六甲兵头帕达林(RUI DE BRITO PATALIM)向葡王禀报,"已派一艘载有胡椒的帆船随其他中国帆船前往中国";次日,在马六甲收集亚洲情报的宫廷药剂师皮莱资(TOME PIRES,或译作皮雷士、皮雷斯),他也致函葡王,"禀报说由若热·欧华利(按:即欧维士)指挥的一艘陛下的帆船同另一艘船并往中国寻求购买商品,此行的开支将由国王和沙图(UMA CHATU)分担"。[③] 最早将此重要商业情报传播的是一名意大利人科萨里(ANDREA CORSALI),他在1515年1月6日从印度致函意大利的美第奇(MEDICI,或译作梅迪奇)公爵,称"去年间,我们有几位葡萄牙人成功地航海至中国,虽然未被允许登岸,但他们以极高价售尽了货物,获得很大的利润。并且他们说,带香料到中国与带香料到葡萄牙有相同的重利,因为中国是个寒冷的国家,他们需要用大量的香料"。[④]

---

① 关于朝贡贸易体制,可参看费正清编、杜继东译:《中国的世界秩序》,北京:中国社会科学出版社,2010年;JOHN K. FAIRBANK, TRADE AND DIPLOMACY ON THE CHINA COAST, STANFORD UNIVERSITY, 1969, CHAPTER 2, TRIBUTE AND THE GROWTH OF TRADE, PP. 23－38.

② 据廖大珂:《福建海外交通史》(福州:福建人民出版社,2002年)第171－173页称,"吴元年,秉承宋元旧制,在太仓黄渡设立市舶市……至洪武二年……改设于浙江、福建、广东。不久,又罢市船司,实行严厉海禁。"到了永乐元年八月,明成祖重新恢复三市舶,并"增设驿馆,接待外国贡使……(并下令)凡外国朝贡使臣,往来皆宴劳之",并取消贡期的限制,允许各国自由入贡。又放宽对贡使所货物的限制。因此,当持有勘合文书的朝贡使团抵达港口时,接待的官员需负担所有使者及其附带的商队成员的食宿、交通开支。使团的人数往往多达数百,逗留时间经常超逾半年,明政府的负担其实十分巨大。而且,当使者在京进献方物后,必由明廷回赐丰厚的礼品。因此,朝贡行为故然提升明朝的政治地位,但却也带来沉重经济负担。当朝贡国以此为利源,多寻求增加朝贡次数,扩大商团人数,令明政府在这方面不胜负荷。加上商团带来的货物均属免税品,除抽分外,多以高于市价来购买。因此,明朝亦没法在用税收来抵偿庞大支出。相对于宋朝利用外贸增加国家财政收入的办法,明代的贡贸易明显产生相反的效果。

③ 施白蒂:《澳门编年史》(第一卷,16－18世纪),澳门基金会,1995年,第3页;金国平编译:《西方澳门史料选萃(15－16世纪)》,广州:广东人民出版社,2005年,第33－34页;参看邓开颂等主编:《粤澳关系史》,北京:中国书店,1999年,第23页。

④ 邓开颂等主编:《粤澳关系史》,第23－24页;路易斯·凯尤:《欧维士:第一个到中国的葡萄牙人(1513)》,第31页。又参看张天泽著、姚楠、钱江译:《中葡早期通商史》,香港:中华书局香港分局,1988年,第38－39页。

另一封在 1515 年 1 月 8 日由马六甲第二位领袖若热·阿布格里格写给葡王的信中曾写道:"……一名书记官叫贝罗·沙多加,另一名叫弗朗西斯科·佩雷拉,还有一名叫乔治·□□□。后者是我指定的,因为他有充分的能力担当此任。他是第一个把陛下的纪念碑竖立在中国的人。他受到中国人的热情接待,同他们一起生活得很愉快。"① 另一则由葡国编年史家巴洛斯记录的史料则证明这人是乔治·欧维士。他"提及欧维士和他建立的那块纪念碑"。② 结合以上两条材料的结论是,第一个到达中国的葡人便是乔治·欧维士,他到达屯门岛的时间约为 1513 年 6 月,并逗留至 1514 年春季,利用季风返回马六甲。③ 欧维士按照当时葡人"发现"亚洲的习惯,曾在屯门岛前的一个小岛(按:即赤腊角岛)上竖立这个纪念碑。④ 据记载,他年幼的孩儿死在那里,所以欧维士便把他埋葬在纪念碑下。⑤

初期中葡双方的关系尚属和洽,故葡人在 1515 年再派遣拉斐尔·佩雷斯特雷洛(RA-FAEL PERESTRELLO)到达屯门岛,并在次年离开。在 1516 年 8 月或 9 月,他平安无事地回到了马六甲,赚取了二十倍的利润。同时,他还带回了好消息:"中国人希望与葡萄牙人和平友好,他们是一个非常善良的民族。"⑥

就在佩雷斯特雷洛前往中国时,有一支载着印度新任总督阿尔贝加里亚的舰队由里斯本启航,他们的任务之一是由舰队司令安德拉德(FERNAO PERES D'ANDRADE)带领一艘私掠船前赴中国。1516 年 4 月,安德拉德离开印度科钦,并在 8 月 12 日乘坐圣·巴巴拉号(SANTA BARBARA)启程前往中国,但由于已过信风季节,风势极弱,直到 9 月中旬才见到交趾支那的海岸,更遇上暴风雨。舰队决定回到马六甲,其间曾派船到暹罗过冬。回程时也

① 路易斯·凯尤:《欧维士:第一个到中国的葡萄牙人(1513)》,澳门文化学会,1990 年,第 28 - 29 页。按:作者附上这封信件。在信件的第二段第三行末,除有乔治(JORGE)外,还隐约看见一大写 A 字,估计是 ALVARES 的第一个字母。

② 路易斯·凯尤:《欧维士:第一个到中国的葡萄牙人(1513)》,第 28 页。作者引用了葡国编年史家巴洛斯(JOAO DE BARROS)的材料。

③ 张天泽:《中葡早期通商史》,第 38 页误认为欧维士在 1514 年抵达中国。按:据路易斯·凯尤:《欧维士:第一个到中国的葡萄牙人(1513)》,第 28、31 页说,欧维士是在 1513 年 6 月抵达中国,并"是 1514 年 3 月至 4 月的正常航海季节回到马六甲的。"

④ 西文屯门 TAMAO(或作 TAMON、TAMOU)曾被认为是上川岛或浪白滘,然据林天蔚《十六世纪葡萄牙人在香港事迹考》的分析,葡人称 TAMAO 实即屯门,它是一个"贸易之岛"。根据中外文献数据的记载,他认为 TAMAO 应作屯门,但因文献均作岛屿,故它并非指今天的屯门青山湾,而是指其对岸的"大奚山"(按:即今天的大屿山)。这个贸易岛的泊口在赤腊角岛附近的东涌,亦即今天的香港国际机场和东涌新市镇一带。其论据利用了不少当时的地图为证,所见较为确实。有关论证参见林天蔚、萧国健《香港前代史论集》(台湾商务印书馆,1985)第 135 - 152 页。按:这个说法较甚为可靠,因当年曾将葡人驱逐的汪鋐,为了纪述他的功绩,乡人为他建造了生祠,并由评事陈文辅撰写了《都宪汪公遗爱祠记》(张一兵校点:《深圳旧志三种》,深圳:海天出版社,2006 年,第 470 - 472 页)。文中说:"夫皇天眷德,随以玺书,专管海道。海多倭寇,且通诸番。濒海之患,莫东莞为最。海之关隘,安在屯门澳口,而南头则切近之。……正德改元,忽有不隶项数恶彝,号为佛朗机者,与诸狡猾,凑集屯门、葵涌等处海澳,设立营寨,大造火铳,为攻战具;占据海岛,杀人抢船,势甚猖獗。……事闻于公,赫然震怒,命将出师,亲临敌所,冒犯矢石,勍劳万状。……诸番舶大而难动,欲举必赖风帆。时南风急甚,公命刷贼舰舟,多载枯柴燥荻,灌以脂膏,因风纵火,舶及火舟,通被焚溺;命众鼓噪而登,遂大胜之,无孑遗。"文中言"佛朗机者,与诸狡猾,凑集屯门、葵涌等处海澳",表明葡人驻扎地不可能远在上川岛或浪白滘,而只能是葵涌到屯门一带海域。又,汪鋐攻击葡人又见下引王希文疏。

⑤ 路易斯·凯尤:《欧维士:第一个到中国的葡萄牙人(1513)》第 32 页说:"欧维士于 1521 年 7 月 8 日下午躺在好成杜瓦特.科埃略(DUARTE COELHO)的怀里与世长辞了。他被葬于刻有葡萄牙王国国徽的石碑旁……(它)曾在那掩埋了自己的儿子。"参看张天泽:《中葡早期通商史》,第 38 页。

⑥ 张天泽:《中葡早期通商史》,第 41 页。

曾驶抵北大年（PATANI），与当局达成一些协议。① 1517 年 6 月 17 日，他率领 8 艘船出发，这些船的装备都很好，都有中国导航员。②

然而，好景不常，由于文化差异，安德拉德弟弟西蒙（SIMON）来华后引起了严重冲突。西蒙桀傲不驯，"擅违则例，不服抽分，烹食婴儿、掳掠男妇，设棚自固，火铳横行"③，引起轩然大波。"前海道副使汪鋐并力驱逐……凡俘获敌酋，悉正极典，民间稽首称庆，以为番舶之害可以永绝"。④

在屯门之战后，随即发生了西草湾⑤之战，汪鋐再次取得胜利的果实。早在屯门之战爆发时，马六甲方面获悉有关消息后，便派葡萄牙人哥丁霍（MELLO COUTINHO）前往屯门岛增援。他们抵达时，屯门之战早已结束。为了重新打开中葡通商的大门，他劝部下力避冲突行为，于入港投锚后，急上岸见广东地方长官，请求许其和平贸易。广东地方长官置之不理，不得已，由屯门岛退出。然而，哥丁霍的船队仍遭受汪鋐派出的中国舰队所追击。⑥ 为了加强火炮威力，汪鋐曾仿造葡式火铳（按：后来称为佛朗机铳）。明严从简曾记载有关经过：

> 有东莞县白沙巡检何儒前因委抽分曾到佛朗机船，见有中国人杨三、戴明等年久住在彼国，备知造船及铸制火药之法。鋐令何儒密遣人到彼，以卖酒米为由，潜与杨三等通话，谕令向化，重加赏赉。彼遂乐从，约定其夜何儒密驾小船接引到岸，研审是实，遂令如式制造。⑦

汪鋐利用这种新式军备，终于在此战役中成功打败哥丁霍的船队，并"夺获伊铳大小三

---

① 张天泽：《中葡早期通商史》，第 42 - 43 页。

② 这八艘船的名称见张天泽：《中葡早期通商史》，第 43 - 44 页。

③ 王希文疏见张维华：《明史欧洲四国传注释》（上海：上海古籍出版社，1982 年），第 25 页。又参看梁嘉彬《明史稿佛朗机传考议》（收于包遵彭主编：《明史论丛》7 之《明代国际关系》，台北：学生书局，1968 年）第 20 - 21 页。按：其兄先在城外鸣炮致意，引起了广州百姓的震惊，但事件在其耐心解释和表示歉意后得以平息。

④ 同上。

⑤ 传统以西草湾在新会，据林天蔚先生的研究，西草湾应作茜草湾，是大屿山东涌与大澳之间的一个海湾。按：上文说屯门岛即大屿山（第 135 - 152 页；按：大屿山是"岛"，屯门澳是指今日的香港青山湾，林氏文中的附图一至三均是珠江口东边海域的地图。细看此图，应可明了当时的海域形势。必须指出，所有西文史料均指出这里是一个"贸易岛"，距离"屯门澳"约三里格，这个岛对开有一小岛，欧维士曾在那里竖起发现碑，而西蒙也在那里建了一个行刑架，并曾处死一人）。而葡萄牙人哥丁霍（MELLO COUTINHO）前往屯门岛增援，并曾进入屯门岛谋求重开贸易（第 155 页）。后虽恐船队受到包围，乃驶离泊口以观其变，故其位置必仍在大屿山一带海域。林天蔚先生指出大澳旁的一个海湾名茜草湾，正是当日作战的地点（参看附图四 C：茜草湾战役图，第 160 页）。汪鋐主动对哥丁霍的船队攻击（第 157 页）。因此，战事从西草湾一直打到筲洲，然后又到了九径山（按：下临屯门澳，今天称为九径山，即屯门三圣墟至黄金海岸一带的山岭）。最后葡人大败于汪鋐，只有少数船只突围，辗转返回马六甲。文中的"筲洲"历来不能确指，林氏认为"王崇熙之《新安县志》卷 2《舆图》，在大屿山与南头间有'哨洲'，阮元《广东通志》卷 124〈海防图〉有筲洲（它在龙鼓洲附近）……而 1840 年所绘的《陈刺史广东通省水道图》亦有'筲洲'，位置相同。"（第 162 - 163 页）今天这个小岛叫"沙洲"。按：这一考证可信。其中，中方文献指葡人"寇新会西草湾"，事实上，整个战事考发生在屯门岛海域一带，根本不可能在新会海域爆发战争。同时，是次战役是由汪鋐主动出击，故有关记载只是汪鋐等向上级呈报是虚报军情。这种情况，在 1549 年所谓"走马溪之役"有类似的事件发生。

⑥ J. M. BRAGA, THE WESTERN PIONEERS AND THEIR DISCOVERY OF MACAO, MACAU, IMPRENSA NACIONAL, 1949, P. 64.

⑦ ［明］严从简：《殊域周咨录》，北京：中华书局，1993 年，第 321 - 322 页。

十余管"。① 由于朝廷随即下诏"佛朗机不得进贡,并禁各国海商亦不许通市。由是番船皆不至,竞趋福建漳州,两广公私匮乏"。②

三、葡人在漳州、宁波等地的活动,1524－1549

郑若曾《筹海图编》曾总论这段时期的东南沿海情况。他说:

> 凡外裔入贡者,我朝皆设市舶司以领之。在广东者,专为占城、暹罗诸番而设;在福建者,专为琉球而设;在浙江者,专为日本有设。其来也,许带方物,官设牙行,与民贸易,谓之互市……西番、琉球,从未尝寇边,其通贡有不待言者。日本狡诈,叛服不常,故独限其期十年,人为二百,舟为二只。……日本原无商舶,商舶乃西洋原贡诸番载货泊于广东之私澳,官税而贸易之。既而欲避抽税,省陆运,福人导之,改泊海仓、月港。浙人又导之,改泊双屿港。每岁夏季而来,望冬而去。……海商常恐遇寇,海寇惟恐其不遇商……为商者,曷尝有为寇之念哉! 自甲申(嘉靖三年,1524)岁凶,双屿货壅,而日本贡使适至,海商遂贩货以随售,倩倭以自防,官司禁之弗得。西洋船原归私澳,东洋船遍布海洋,而向之商舶,悉变而为寇舶矣。③

郑氏认为葡人在二十多年间尝试以漳州和双屿为新的贸易点。此时,适值宁波争贡④事件,中日关系出现严重危机,中国东南沿海违禁的贸易便增添不少变数。由于明政府随即严禁中日间的朝贡贸易,因此,日本西部大名勾结中国海商在中国沿岸岛屿进行走私活动便形成一个难以遏止的风潮,席卷闽、浙等地。与此同时,由于葡人在广东受到汪鋐的袭击,便北上福建漳州开展贸易。不久,他们便随福建海商到达日商云集的双屿港,以寻求更佳的商业机会。⑤

葡人究竟何时出现在漳州和双屿呢? 史籍记载不一,顾炎武曾说:"十九年(1540),福建囚徒李七、许一等百余人越狱下海,同徽歙奸民王直、徐海、叶宗满、谢和、方廷助等勾引番倭,结巢于霜衢之双屿,出没为患。"⑥所指应是较后时间的情况。事实上,葡人在广东屯门海域受挫后,不久便随在东南亚的福建海商转往漳州活动。漳州在福建的南部,据葡国编年史家巴洛斯(BARROS)的记载,早在 1517 年,葡人马斯卡雷尼亚斯(JORGE MAS-CARENHAS)曾"率领几艘中国式帆船取道漳州前往琉球……(当他们)抵漳时,已错过了季风。然而他发现漳州是另一个值得葡人贸易的地方。其利润为广东的两倍,因为……本地

① [明]严从简:《殊域周咨录》,北京:中华书局,1993 年,第 322 页。西草湾之战的西文记载,可参看 J. M. BRA-GA, THE WESTERN PIONEERS AND THEIR DISCOVERY OF MACAO, PP. 64－65。
② [明]严从简:《殊域周咨录》,北京:中华书局,1993 年,第 322 页。
③ [明]郑若曾:《筹海图编》卷一二下《开互市》,北京:中华书局,2007 年,第 852－853 页。
④ 争贡事件的详细经过,可参看张声振、郭洪茂:《中日关系史》(第一卷),北京:社会科学文献出版社,2006 年,第 324－327 页。
⑤ 朱亚非:《明代中外关系史》,济南:济南出版社,1993 年,第 252 页。
⑥ 参看朱亚非:《明代中外关系史》,第 253 页。

货美价廉,外来货十分稀罕"。①

葡人在广东冲突后北上闽浙贸易,与惯常违禁出海的漳州商人有密切的关系。早在明"宣德年间,漳州月港海商已无视政府的禁令,泛海通番。景泰年间,月港、海沧的走私商越来越多;到成化、弘治年间,月港已有"小苏杭"的盛称。"②其间,汤开建在郭棐《粤大记》卷三发现以下案例,时间是英宗天顺二年七月:

> 海贼严启盛寇香山、东莞等处。先是,启盛坐死囚漳州府,越狱,聚徒下海为患,……至是招引番舶至香山沙尾外洋。③

汤氏认为"'沙尾'即今日珠海湾仔一带,沙尾外洋即在蚝镜近海处。严启盛是漳州人、我招引番舶很可能就是琉球番舶。在天顺二年(1458)时,各种外商船只已在蚝镜走私和贸易。"④这是一则反映漳州人泛海通番的例证,而其活动的地点竟在澳门近海。

到了明正德间,"(漳州)豪民私造巨舶,扬帆外国,交易射利,因而诱寇内讧,法绳不能止。"⑤据以上各项数据,可以肯定漳州人民对于海外贸易极为倚赖。这个地区的居民经常私自下海,形成许多庞大而分散的走私集团。《漳州简史》称:明代中期倭寇肆虐,部分原因是海商的接济,"漳州一带的海商,最初为了反抗明政府的海禁政策,运载违禁物资,只是结倭互市;官方追捕紧迫时才武力拒捕,甚至转而劫掠。"⑥这在后来发展为晚明最重要的外贸港口。⑦

此外,中葡发生西(茜)草湾之战后,"余党闻风慑遁,有司自是将安南、满剌加诸悉番舶尽行阻绝,皆往漳州府海面地方,私自驻扎,于是利归于闽,有广之市井萧然矣"。⑧ 据葡国史学家白乐嘉(J. M. BARGA)分析,"由于葡人认为与中国的贸易太有价值了,以致于不能放弃。于是避免了广东港,贸易船从马六甲直接驶往浙江和福建"。⑨

其中,以宁波为中心的中日贸易便以舟山群岛作为基地,展开大规模的走私活动。他们为逃避中国官员的制裁,也需贿赂当地缉私的官员及其上级。因此,约在1526 – 1544年间,舟山的双屿港成为中日走私贸易的大本营。根据嘉靖年间的地方志记载,参与私人海上贸易的共有三类人物:

> 一曰窝主:谓滨海势要之家,为其渊薮,事觉辄多蔽护,以为脱免;一曰接济:谓

---

① 参看吴志良、汤开建、金国平主编:《澳门编年史》(第一卷),广州:广东人民出版社,2009 年,第29 页。参看 J. M. BRAGA, THE WESTERN PIONEERS AND THEIR DISCOVERY OF MACAO, P. 62.

② 陈再成主编:《漳州简史》(初稿),漳州建州一千三百周年纪念活动筹备委员会办公室,1986 年,第45 页。

③ 汤开建:《澳门开埠初期史研究》,第134 页。

④ 汤开建:《澳门开埠初期史研究》,第134 页。按:所指地点其实即澳门内港和十字门一带水域。

⑤ 转引自 HTTP://WWW. DOUBAN. COM/NOTE/41872756/(14 – 10 – 2012 摘录)

⑥ 陈再成主编:《漳州简史》(初稿),第48 页;关于嘉靖、隆庆年间漳州的情况,可参看罗青霄修纂:《漳州府志》,福建省地方志编纂委员会据万历元年刊本整理,厦门:厦门大学出版社,2010 年。

⑦ 月港的情况可参看中共龙溪地委宣传部/福建省历史学会厦门分会编《月港研究论文集》,编委会编印,1983 年;谢方《明代漳州月港的兴衰与西方殖民者的东来》,中外关系史学会编:《中外关系史论丛》第1 辑,北京:世界知识出版社,1985 年,第154 – 166 页。

⑧ 黄佐:《代巡抚通市舶疏》,见张海鹏主编:《中葡关系史数据集》上册,第211 页。

⑨ J. M. BRAGA, THE WESTERN PIONEERS AND THEIR DISCOVERY OF MACAO, P. 65;又参看万明:《中葡早期关系史》,北京:社会科学文献出版社,2001 年,第44 页。

黠民窥其乡道,载鱼米互相贸易,以瞻彼日用;一曰通蕃:谓闽粤滨海诸郡人,驾双桅,挟私货,百十成群,往来东西洋,携诸番奇货,一不靖,肆抢掠。①

一般从事走私贸易的人员包括窝主、私贩和水手等。走私者通过窝主获得生丝和绸缎等货物,再租用合适的大船,进而与逸居岛屿的海寇首领结合,通过武装护航到达日本西部和中部海岸,与寻求输入中国货物的大名交易。西部大名利用日本商人代将此类珍贵货物出卖,以换取经济利益。由于中国对日货的需求较少,便以日本盛产的白银作为支付手段。当时日本利用由朝鲜半岛传入的炼银新方法——吹灰法,②为日银生产提供了技术革新,白银的产量遂节节上升。③

在中国沿海流窜的葡人,亦闻风而到达双屿港。除由马六甲转运至中国的胡椒、沉香、苏木等货物外,葡人缺乏更合适的货物作销售用途。然而,他们的"佛朗机炮"是世界最先进的火器,因此,无论是护航、掠夺船货或供日本战国大名使用,均足以让葡人在中日走私贸易上占一席位。经历了一段时间后,葡人在双屿港集结聚居,发展出一片欣荣的局面。④ 到了1535年,葡人在包括澳门的广东沿海不断建立临时贸易据点,收购合适的丝货以转售给日本。⑤ 从此,葡人舰艇常出现于闽浙的港口与岛屿,成为中日走私贸易的要角。⑥ 这种走私因秘密进行,难以确估其利润。然而,由于中国对日本的禁运政策,必将使中国走私的丝货⑦成为高价货,获取高昂的利润。

到了1540年,在双屿港被朱纨攻陷之前,葡人与当时的海寇领袖王直(五峰)合作,在宁波沿海收购丝货,以转贩日本。⑧ 王直为何与葡人能够合作?估计其中除利用葡人较巨大牢固的船只外,一个更重要的理由是将葡人持有的火炮技术在自己的支配下,以为自身的本钱。王直走私活动以日本大名为对象,因此,在加强自身走私装备的过程中,自然体会葡人火炮的价值。葡人也需利用王直在双屿及日本的关系,以开拓其对日的丝货贸易。我们

① 郭春震:《嘉靖潮州府志》卷一《地理志》,日本藏中国罕见地方志丛刊,北京:书目文献出版社,1991年;参看黄启臣、庞新平:《明清广东商人》,广州:广东经济出版社,2001年,第157页。

② 以吹灰法(THE HAIFUKI/CUPELLATION PROCESS)所炼制的白银便称为"吹灰银",参看 ROBERT LEROY INNER, THE DOOR AJAR: JAPANESE FOREIGN TRADE IN THE SEVENTEENTH CENTURY, PH. D. THESIS, THE UNIVERSITY OF MICHIGAN, 1980, PP. 23 – 25.

③ 日本白银产量在16世纪中叶急剧增加,吸引了以白银为主要流通货币、产量有限、银价高企的中国商人的垂涎。参看全汉升《明代的银课与银产额》,收于全汉升著《中国经济史研究》(香港新亚研究所,1976年),中册,第209 – 231页。

④ 龙思泰著、吴义雄等译,章文钦校注:《早期澳门史》,北京:东方出版社,1997年,第5页载:"在其繁荣兴旺的日子里,双屿成为中国人、暹罗人、婆罗洲人、琉球人等等的安全地带,使他们免遭为数众多、横行于整个海域的海盗之害。这个地方向来繁华,但自1542年起,由于对日本贸易而变得特别富庶。"在第141页,作者回顾16世纪早期对日贸易时又说:"不像在双屿那样,可以赚取200%到300%的利润。"这些材料均反映当时葡人在双屿的贸易盈利的异常丰厚。

⑤ 由于欧洲在15世纪末到16世纪初的白银生产有可观的增长,故当时葡人已带了一定数量的银币来到亚洲。参看崔瑞德、牟复礼编、杨品泉等译:《剑桥中国明代史》(下卷),北京:中国社会科学出版社,2006年,第375页。

⑥ 参看郑永常《来自海洋的挑战——明代海贸政策的演变研究》,台北:稻乡出版社,2004年,第127 – 231页。

⑦ 直至17世纪初,进口日本的货物以生丝和丝织品为主,占全部货价的八成以上。参看全汉升《明中叶后中日间的丝银贸易》,氏著《中国近代经济史论丛》,台北:稻禾出版社,1996年,第161 – 162页。

⑧ 关于王直的走私活动,可参看[日]佐久间重男:《日明關係史の研究》第二編《明代後期——中国海商の密貿易と倭寇》,吉川弘文館,平成四年(1992),第221 – 345页;陈文石:《明嘉靖年间浙福沿海海寇乱与私贩贸易的关系》,收于陈文石著《明清政治社会史论》,台北:台湾学生书局,1991年,第117 – 175页。

引用现存一篇关于 1543 – 1544 年间葡式火炮(称为〈铁炮记〉)传入日本的珍贵资料,正好说明两者的密切关系:

> 隅州之南有一岛,去州一十八里,名曰种子……
>
> 先是天文癸卯(1543)秋八月二十五丁酉,我西村小浦有一船,不知自何国来,船客百余人,其形不类其语不通,见者以为奇怪矣,其中有大明儒生一人名五峰者,今不详其姓字,时西村主宰有织部丞者,颇解文字,偶遇五峰,以杖书于沙上云:"船中之客不知何国人也,何其形之异哉。"五峰即书云:"此是西南蛮种之贾胡也。"
>
> 贾胡之长有二人,一曰年良叔舍,一曰喜利志多佗孟太,手携一物,长二三尺,其为体也中通外直,而以重为质,其中虽常通其底要密塞,其傍有一穴通火之路也,形象无物之可比伦也,其为用也入妙药于其中,添以小团铅,先置一小白于岸畔,亲手一物修其身,眇其目而自其一穴于火,则莫不立中矣,其发也如挚电光,其鸣也如惊雷之轰,闻者莫不掩其耳矣……一日时尧重译谓二人蛮种曰,非日能之,愿学焉,蛮种亦重译答曰,君若欲学之,我亦罄其蕴奥以告焉。[1]

这位种子岛藩主(时尧)因王直的中介而获得葡式火枪,反映了大名热切获得这种利害火器,以求在战争中获得优势。后来葡人与天主教传教士到达日本后,大名争相为天主教传播尽力,目的也只为获得葡人从中国带来的丝货和犀利的火炮(包括鸟铳和大炮)。

到了 1547 年,由于双屿港和浯屿的走私活动日益猖獗,最后因窝主欠商款而导致对宁波沿岸村落的杀掠,引起了朝廷的注意。[2] 嘉靖帝决定派遣朱纨执行清剿沿海走私活动的总指挥。朱纨被任命后,显示出十分积极的态度,在 1548 年和 1549 年分别将宁波双屿岛和漳州浯屿的走私巢穴攻陷,并以便宜行事的方式将捕获的葡人以海盗的罪名加以杀戮。由于朱纨的执法手段强硬和急迫,引致闽浙沿海大姓的不满,终于导致受到闽籍官员的弹劾,案件最后以朱纨自杀了结。[3] 自此以后,史称倭寇问题日益严重,对中国沿海老百姓造成极大的祸害。[4]

四、重启广东贸易至澳门开埠前夕,1529 – 1552

龙思泰曾经指出:"在葡萄牙人到达之际,中国沿海的无数岛屿、礁石和海湾,涌现出无

---

① [日]外山卯三郎:《南蛮船贸易史》,东光出版株式会社,昭和 18 年(1943),第 127 – 130 页。

② 关于触发明政府派大员整理闽浙沿海的私商,是由一名葡商名佩雷拉(PEREIRA)。他借了一些钱给中国商人,却无法收回。他便"纠集十八个或二十个葡葡最坏的暴徒,乘黑夜突然袭击宁波附近的村庄,洗劫了十家或十二家农民的住宅,掠夺他们的妻子,并杀死了约十人。"参看戴裔煊:《明史.佛朗机传笺正》,北京:中国社会科学出版社,1984 年,第 40 页。戴氏引用了平托《远游记》第 221 章的资料,他也引用了《明世宗实录》卷 350"嘉靖二十八年七月壬申"条的材料,以说明中方也有相类的数据,可一并参考。

③ 由他经办的缉私工件,大多载于其文集《甓余杂集》之中。《甓余杂集》是其子孙为他编辑的文集,共 12 卷,有很高的史料价值。此书原属孤本,现收于《四库全书存目丛书》,台南:庄严文化事业有限公司,1997 年,集部,第 78 册。

④ 郑梁生:《明代倭寇史料》(全五册,台北:文史哲出版社,1987 – 1997 年)收集了最详细的倭寇史料,可看。又,近人的研究可参看范中义、仝晰纲著:《明代倭寇史略》,北京:中华书局,2004 年。

数的冒险家，他们不从事合法的行业，而热衷于劫掠和平、勤劳的居民。"①事实上，屯门和西草湾之战后，葡人虽北上浙闽沿海一带活动，但并未放弃尝试返回广东的机会。先是，在1521－1522年的中葡冲突②后，广东原有的市舶司也同被废止③，引致这个传统的对外港口的经济实时受到影响。中葡冲突后，广东形势趋于紧张，导致"番舶不至"，广州市面立即受到冲击。而以商税收入以补贴日益庞大的政府开支，使广东的财政顿形拮据。眼见洋船转而到福建、浙江沿海一带经营，广东官员便不能坐视了。因此到1529年，广东巡抚林富上奏，期望打破此困局。林富首先指出：

> 正德十二年(1517)，有佛朗机夷人，突入东莞县界，时布政使吴廷举许其朝贡，为之奏闻……朝廷准御史邱道隆等奏，而行按视，令海道官军驱逐出境，诛其首恶火者亚三等，余党闻风慑遁，有司自是将安南、满剌加诸番舶尽行阻绝，皆往漳州城海面地方，私自驻扎，于是利归于闽，而广之市井萧然矣。④

林富又多次针对佛朗机说：

> 夫佛朗机素不通中国，驱而绝之，宜也……议者或病外夷阑境之为虞，则臣又筹之：……南方蛮夷，大抵宽柔，乃其常性，百余年来，未有敢为寇盗者。近时佛朗机，来自西海，其小为肆侮，夫有以召之也。见今番舶之在漳闽者，亦未闻有惊动，则是决不敢为害，亦彰彰明矣。……凡舶之来，出于《祖训》、《会典》之所载者，密伺得真，许其照旧驻扎；其《祖训》、《会典》之所不载者，如佛朗机国，即驱逐出境。如敢抗拒不服，即督发官兵擒捕。⑤

又说：

> 粤中公私诸费，多资商税，番舶不至，则公私皆困……祖宗时，诸番常贡外，原有抽分之法，稍取其余，足以御用，利一。两粤比岁用兵，库藏耗竭，籍以充军饷，备不虞，利二。粤西素仰给粤东，小有征发，即措办不前，若番舶流通，则上下交济，利三。小民以懋迁为生，持一钱之货，即得辗转贩易，衣食其中，利四。助国裕民，两有所赖，此因民之利而利之，非开利孔为民梯祸也。⑥

正如林富所言，广东官员基本是赞成海上贸易活动。上文所言四个恢复通贡的理由，将"足供御用"列为首项，反映了传统中国政治的特质——以帝王的需要为借口，往往最具效用。其次，是广东官员十分重视商税对地方财政收入的帮助，也认为这是保持市面经济繁荣的一个基石。

---

① 龙思泰：《早期澳门史》，第14页。龙氏认为葡人"为了保证贸易不致中断……决心在可能的情况下，袭击并根除此种败类。"其实，由于不同的原因，葡人也偶尔有参与这类海盗行为，只是没有日后荷兰人那种专以劫夺中国帆船和葡国商船作为正常收入的状况。

② 参看周景濂：《中葡外交史》，北京：商务印书馆，1991年，第27－28页。

③ ［明］严从简：《殊域周咨录》，第332－334页。

④ 张维华：《明史欧洲四国传注释》，上海：上海古籍出版社，1982年，第26页。

⑤ 张维华：《明史欧洲四国传注释》，上海：上海古籍出版社，1982年，第26页。

⑥ 张维华：《明史欧洲四国传注释》，上海：上海古籍出版社，1982年，第25页。

然而，《明史》却把事情的先后颠倒了。《明史·佛朗机传》载，"初，广东文武官月俸，多以番货代，至是货至者寡，有议复许佛朗机通市，给事王希文力争乃定，令诸番贡不以时及勘合差失者，悉行禁止，由是番贡几绝。"①张维华教授指出王希文的奏章应是针对林富的，而《明史》将二者次序倒转，造成错误。笔者赞同此说，但由于王希文的奏章只部分转见于《澳门纪略》卷上，与巡抚林富的奏疏有不对应之处，可以进一步分析。

王希文说："正德间，佛朗机匿名混进，突至省城，擅违则例，不服抽分，烹食婴儿、掳掠男妇，设棚自固，火铳横行……前海道副使汪鋐并力驱逐……凡俘获敌酋，悉正极典，民间稽首称庆，以为番舶之害可以永绝……何不踰十年，而折俸有缺货之叹矣！……设有如佛朗机者，冒进为患，则将何以处之乎？"而林富在奏疏中建言："佛朗机素不通中国，驱而绝之宜也。《祖训》、《会典》所载诸国，素恭顺与中国通者也，朝贡贸易，尽阻绝之，则曰因噎而废食也。况市舶官吏，公设于广东者，所不如漳州私通之无禁，则国家成宪安在哉？"最后，他建议："凡舶之来……其《祖训》、《会典》之所不载者，如佛朗机（夷），即驱逐出境。"由此而言，王希文指称之佛朗机，在巡抚林富的奏疏中明显是主张禁绝的。② 为了重新开通市舶，林富更就"议者或病外夷闯境之为虞"的忧虑预作设想，一方面以历史为证，"南方蛮夷，大抵宽柔……未有敢为寇盗者……见今番舶之在漳闽者，亦未闻小有惊动"，表明"外夷闯境"属于过虑，且广东当局亦必加强海防力量，"于海澳要害去处，及东莞县南投等地面，递年令海道副使及备倭都指挥，督率官军，严加巡察"，以确保安全。因林富的奏疏考虑周详，亦符合大明祖制，故获得兵部的支持，表示："安南、满剌加自昔内属，例得通市，载在《祖训》、《会典》。佛朗机正德中始入，与亚三等以不法诛，故驱绝之，岂得以此尽绝番舶。且广东设市舶司，而漳州则无之，是广东不当阻而阻，漳州当禁而不禁。请令广东番舶例许通市者，毋得禁绝，漳州则驱之，毋得停舶。"结果，嘉靖皇帝亦"从之"。③《明实录》载林富之奏在嘉靖八年（1529）十月；而王希文之疏则在九年（1530）十月，清楚说明了两疏之先后，而《明史》将之倒转，是不太恰当的。④

表面上，王希文的上疏似为广东当局造成困难。但事实上，巡抚林富的请求其实仍被保留。《明史·佛朗机传》言："有议复佛朗机通市者，给事中王希文力争乃定，令诸番不以时及勘合差失者，悉行禁止。由是番舶几绝。"⑤这一表述极易引起误解，因《明世宗实录》卷118记载了《都察院复王希文上言》一文。它首先概括了王希文的主张，并由都察院回复说："（王希文疏）深切时弊，自今诸国进贡，宜令依期而至，比对勘合验放，其番货抽分交易如旧。"⑥因此，无论是兵部或都察院，事实上均支持重开贡舶，并清楚表明"番货抽分交易如

① 张维华：《明史欧洲四国传注释》，上海：上海古籍出版社，1982 年，第 23 - 24 页。
② 林富的奏疏是由黄佐代为草议，见张海鹏主编：《中葡关系史数据集》，成都：四川人民出版社，1999 年，上册，第 210 - 211 页。
③ 张维华：《明史欧洲四国传注释》，第 26 页。
④ 张维华：《明史欧洲四国传注释》引王希文疏有"何不踰十年，而折俸有缺课之叹矣，抚按上开复之章矣"。文中所言"抚按"，便是指巡抚林富此奏。因此，林富奏疏先于王希文疏，实无可疑。
⑤ 张维华：《明史欧洲四国传注释》，第 23 - 24 页。
⑥ 转引自张海鹏主编：《中葡关系史数据集》，上册，第 212 页。

旧"的安排。①

自林富请求解除禁令、重开市舶后，林希文之反对又因朝议而搁置，朝贡贸易便从新展开，而各国商船便络绎不绝的到达广东。开禁原则上是排除葡商的，但他们会扮作暹罗商人，混迹其中。严从简说："奏下，从其言。于是番舶复至广州，今市舶革去中官，舶至澳，遣各府佐县正之有廉干者往抽分货物，提举司官吏亦无所预。然虽禁通佛朗机往来，其党类更附番舶杂至为交易。"②

此外，最早记录葡人涉及澳门的材料可能是皮莱资的《东方概要》，它写于1515年前后。皮莱资在1511年来到东方，1512年派到马六甲，1515年回到印度。③ 在他的手稿中，提及以下一段文字，可能是指澳门这个地方：

> 除广州港外，还有一个叫 OQUEM［蚝镜］的港口。［从广州］去那里陆路走三天，海路一昼夜。这是琉球人和其他国家［使用］的港口。④

另一条关于葡人早期在澳门活动的数据出于《明实录》这部重要的官方纪录。根据《明熹宗实录》卷11，天启示年六月丙子条云：

> 广东巡按王尊德以拆毁香山澳夷新筑青洲具状上闻……部覆从之。按：澳夷所据地，名濠镜，在广东香山县之南、虎跳门外海漘一隅也。先是，暹罗、东西洋、佛朗机诸国入贡者附省会而进，与土著贸迁，设市舶提举司以收其货。正德间，移泊高州电白县。⑤ 至嘉靖十四年(1535)，指挥黄琼纳贿，请于上官，许夷人侨寓蚝镜澳，岁输二万金，从此雕楹飞甍，栉比相望。⑥

---

① 李庆新：《明代海外贸易制度》，北京：社会科学文献出版社，2007年，第218－219页载嘉靖八年"广东巡抚都御史林富疏请裁撤广东市船、珠池内官……十一年，保定巡抚林有孚疏力镇守内臣之害，兵部尚书李承勋复议，大学士张孚敬(璁)力持之，'遂革镇守，并市舶、守珠池内官，皆革之。'"说明当年市舶司的持续整理。事实上，这也是广东官员对抗镇守太监的一次重要行动。

② ［明］严从简：《殊域周咨录》，第324页；参看《澳门开埠初期史研究》，第84页。

③ 澳门《文化杂志》编：《十六和十七世纪伊比利亚文学视野的中国境观》，郑州：大象出版社，2003年，第1页。皮雷斯也有译作皮莱资。按：全书(《东方概要》)已由何高济先生译出，并称为《东方志》。又，皮莱资曾提及琉球人也出现于此海域，论者疑玻的泊口在福建，认为不可能广东。但是，如涉猎当时记录，肯定琉球商人已频繁地往北大年、马六甲等地贸易，故在往返途中湾泊广东，实属正常，不足为异。

④ 澳门《文化杂志》编：《十六和十七世纪伊比利亚文学视野的中国境观》，第10页。何济高计的《东方志——从红海至中国》，南京：江苏教育出版社，2005年，第101页则将 OQUEM 译为福建。按：从广东广州到福建漳州两地的距离颇远，绝非十六世纪的帆船可以"一天又一夜"的时间可到达。陆行也非三天可达。因此，译者以音近闽语来推算是 OQUEM 为福建，是不可靠的。汤开建先生也指出"OQUEM，穆尔(A. C. MOULE)教授认为即是 FOQUEM，应译为福建或福州……从广州到福州，在当时的交通条件下，陆行三天，水行一日一夜根本不可能的。因此，穆尔教授的解释应该是不能成立的。"见氏着《澳门开埠初期史研究》，第133页。事实上，到了1834年7月，马礼逊牧师(ROBERT MORRISON)从澳门乘船到广州也需要三天的时间，因此，以三百多年前的帆船能有如此的航速，应属子虚乌有。至于皮莱资所指"这是琉球人和其他国家［使用］的港口"，曾引起争论。然而，琉球人不但来到广东，也远抵东南亚从事贸易活动。在《东方志》中，皮莱资也写了不少关于琉球的情况，这正是他在马六甲时收集的讯息。

⑤ 关于市舶司"移泊高州电白县"一事，戴裔煊认为绝无其事，参看氏着《明史·佛朗机传笺正》，第59－61页。

⑥ 陈文源辑录：《〈明实录〉葡澳史料辑存》，载《文化杂志》，1996年，第174页，"天启元年(1621)六月丙子"条。又见于中国第一历史档案馆、澳门基金会、暨南大学古籍研究所合编：《明清时期澳门问题档案文献汇编》(全六册)，北京：人民出版社，1999年，第五册，第36页。

106

上文表明在嘉靖十四年（1535），葡人已通过贿赂，获广东海道官员允予在澳门暂居。由于《实录》所记属按语，且下文言"岁输二万金"及"从此雕楹飞甍，栉比相望"，两者似与后来的发展相混，记述上让人产生疑问。因此，不少学者对此多持保留态度。① 然而，除本条数据外，仍有其他辅助数据可证，足以补充。《明史·佛朗机传》在林富上疏后，即言"自是佛朗机得入香山澳为市，而其徒又越境商于福建，往来不绝"，②说明两者时间上相距不远，所言亦近当日葡人的情状。③

嘉靖四十四年（1565）两广总督吴桂芳说：自林富"题准复开市舶之禁，其后又立抽盘之制，海外诸国，出于《（皇明）祖训》、《（大明）会典》所载，旧奉臣贡者，固已市舶阜通，舶舻相望。内如佛朗机国，节奉明旨拒绝不许通贡者，亦颇潜藏混迹射利于其间。"④由此而言，葡人在1530年后已混在重新启动的朝贡贸易中。虽然是易名改姓，总算是找得一个参与对华贸易的落脚点。由于是隐藏在其他东南亚贡使中，故戴璟在1535年编写的《广东通志初稿》卷35《外夷》说："比年边备稍疏……异国殊类，往来货通。议者谓资军饷之利是也。然今重译之设，利其奇货，为贪饕之地，固不可为训……吾恐佛朗机之变生肘腋矣。虽然，通之固非美政，而禁之亦非长策。吾读林巡抚〈番舶疏〉，亦近似有理也。化而裁之谓之变，推而行之谓之通。噫！……盍慎诸！盍慎诸！"⑤又说："佛朗机国，前此朝贡莫之与，正德十二年，自西海突入东莞县界，守臣通其朝贡。厥后猖狡为恶，乃逐出之，今不复来云。"⑥由此可见，一般的中国高级官员往往未能正视沿海贸易的实况。他所说的"通之固非美政，而禁之亦非长策"的含混不清，正是这类颟顸官员的最佳写照。

最后，据黄佐《嘉靖广东通志》所记，林富开复东市舶奏的末段，曾强调以恢复贡市为目的，故主张将"私自驻札者尽行逐去，其有朝贡表文者许往广州洋澳去处，俟候官司处置"。⑦从此，广东洋面有很多可以驻泊的海澳，如"新宁广海、望峒，或新会奇潭、香山浪白、濠镜、十字门；或东莞鸡栖（栖）、屯门、虎头门等处海澳湾泊不一"。⑧ 至于这段时间内葡人常到的上川岛，似乎不在其中，可能只是葡人的私澳，并非当时粤省的正式泊口。但无论如何，这些泊口原则上都是临时贸易点，葡人和其他国家的贡舶都只能在贸易季节在这些地点搭建简

① 关于这个课题的最新成果，可参看金国平、吴志良：《1535 说的宏观考察》，收于金国平、吴志良著《早期澳门史论》，广州：广东人民出版社，2007 年，第 96 – 124 页。

② 张维华：《明史欧洲四国传注释》，第 27、29 页。

③ 此外，龙思泰在概述澳门的起源时，也提及"中国编年史家记载，在嘉靖三十年（1535），一艘外国船在此出现。1537 年，又有一艘外国船出现在中国沿海。船上的商人要求登岸，得到准许。他们盖起一些棚屋作为临时住处，并在岸上翻晒船上受损的货物……在 18 年或 20 年的时间内（1537－1557），似乎是为了贸易的缘故，中国人与葡萄牙人在屯门或浪白澳一再相遇。"（引者按：龙思泰所称的"屯门"，是指上川岛）；以上引文据吴义雄等译《早期澳门史》，北京：东方出版社，1997 年，第 15 页。按：译者指出"嘉靖三十年"乃 1551 年。然据此段引文所述，如略去"嘉靖三十年"这个年号，其余所涉及的公历年份均具一致性。因此，可能只是龙思泰是瑞典人，他将"嘉靖十四年"误作"嘉靖三十年"。

④ 吴桂芳：《议阻澳夷进贡疏》，收于陈子龙等选辑《明经世文编》，北京：中华书局，1987 年，第 5 册，卷 342，第 3668－3669 页；参看晁中辰：《明嘉靖间广东与闽浙海外贸易的对比研究》，收于田澍，王玉祥，杜常顺主编《第十一届明史国际学术讨论会论文集》，天津：天津古籍出版社，2007 年，第 608 页。

⑤ 戴璟：《广东通志初稿》，广州：广东省地方志办公室誊印，2003 年，第 572 页。

⑥ 戴璟：《广东通志初稿》，广州：广东省地方志办公室誊印，2003 年，第 573 页。

⑦ ［明］黄佐：《嘉靖广东通志》，香港大东图书公司，1977 年，第 4 册，卷 66，第 1783 页。

⑧ ［明］黄佐：《嘉靖广东通志》，香港大东图书公司，1977 年，第 4 册，卷 66，第 1784 页。

陋的茅舍,并在交易结束后将之拆毁。这种安排,直到澳门开埠后才在守澳官的纵容下改变。庞尚鹏曾指出变化的经过,很有参考价值。他说:

> 每年夏秋间,夷舶乘风而至,往止二三艘而止……往年俱泊浪白等澳,限隔海洋,水土甚恶,难于久驻,守澳官权令搭蓬栖息,殆舶出洋即撤之。……近数年(按:即澳门开埠后数年),始入蚝镜澳筑室,以便交易。不逾年,多至数百区,今殆千区以上……今筑室又不知几许,夷众殆万人矣![①]

以上分析,相信已足以说明澳门开埠前葡人在中国东南沿海的活动概况了。

① 庞尚鹏:《题为陈末议以保海隅万世治安策(制御番船)》,收于陈子龙等选辑:《明经世文编》卷357,第5册,第3835页。参看汤开建:《澳门开埠初期史研究》,第136、140页。

万历二十四年沈惟敬赴日行实考

郑洁西

（浙江工商大学）

摘要 万历二十四年(1596)九月,明朝封日本副使沈惟敬一行进入大坂城册封日本统治者丰臣秀吉为"日本国王"。沈惟敬等人的外交活动并未收到预期的效果。拙稿通过考察沈惟敬等人的赴日行实,特别是当时的册封情形,认为丰臣秀吉接受了明朝的册封,以甘居明朝下位的方式试图保持与明朝的交好关系,在某种程度上重新进入明朝的封贡体系。但是,丰臣秀吉借口朝鲜未派王子前来祝贺,拒不接见通信使一行,他不但不肯撤回驻留釜山的侵略军,甚至还打算继续侵略朝鲜。沈惟敬等人屡次调停,但是没有取得成功,东亚和平构建活动最终失败。

关键词 沈惟敬 丰臣秀吉 册封 东亚和平构建

一、前言

万历二十四年(1596)九月初二日(日本历九月初一日),明朝万历皇帝所派遣的封日本副使沈惟敬一行进入大坂城(今大阪城)与日本统治者丰臣秀吉相见,册封其为明朝封贡体系下的"日本国王"。

这一事件有着复杂的历史背景:万历二十年(1592),丰臣秀吉出兵侵略朝鲜,朝鲜节节溃退,濒临亡国;与朝鲜有着封贡关系的明朝应朝鲜的请求,以军事、政治介入半岛冲突。明、日两国在经过短暂的交火之后,很快将这场军事冲突转换为以实现东亚和平为目的的讲和活动。这一讲和活动迁延甚久,自万历二十一年(1593)三月起屡经曲折,最终在三年后实现了大坂城的册封典礼。然而,沈惟敬等人所主导的讲和活动似乎并未收到预期的效果。次年(1597)七月,日本再次出兵侵略朝鲜,宣告了这一东亚和平构建活动的彻底失败。

关于这次和平活动的失败,学界的传统观点是:双方谈判者为了促成和谈成功,采取了蒙蔽各自统治者的手段,但在册封典礼举行之际欺瞒行为暴露,于是和谈破裂、战事再起。但随着时间的推移,这种观点的局限性日见凸显,部分学者对该观点及其支撑材料提出了疑问,他们试图在澄清历史细节的基础上重新叙述和评价当时的和平活动。① 他们的研究虽然在资料和语言上受到颇多限制,纰漏在所难免,但无疑为今后的研究提供了极为有益的启

---

① 山室恭子:《黄金太閣》,中央公论社,1992 年;中野等:《秀吉の軍令と大陸侵攻》,吉川弘文馆,2006 年。

示。本文拟对沈惟敬的赴日行实情况做一系统考察,试图借此对当时的东亚和平构建问题做史实上的恰当解释。

二、沈惟敬赴日行实

提及明日两国的和平活动,浙人沈惟敬(1526？—1599)是一个无法回避的人物。明朝对日交涉,背后有诸多政治推动,其前面有众多奔走者,但以沈惟敬所占据的地位与起到的作用至为关键。万历二十四年(1596)的册封活动,虽然先后以李宗城和杨方亨为正使,但仍以沈惟敬为主角。

沈惟敬之赴日,当在万历二十四年正月十五日,当时其以宣谕使身份驻留釜山,但此后因封为封日本正使的李宗城逃亡事件,而于同年五月被改任为封日本副使①。沈惟敬之所以在明朝册封使(封日本册封正使为李宗城,副使为杨方亨)之前赴日,是因日方谈判负责人小西行长的苦苦相邀。据小西行长的书信等,请沈惟敬赴日,是因为日本国内出现了不利于和平谈判的种种议论。小西行长希望通过沈惟敬的提早赴日宣示两国和谈的信用,同时也考虑到册封时的接待礼仪问题,兼请沈惟敬前去预作指导。沈惟敬此次赴日的目的地为名护屋,原计划三月份即回釜山,并无提前与丰臣秀吉会面的计划。与沈惟敬一起渡航日本的还有日方谈判人员小西行长、寺泽正成以及僧人景辙玄苏等。②

关于沈惟敬接下来的行程,其标下官员汤忠四月份的报告书所述颇详。其称沈惟敬一行正月十五下船,十六日渡海,十七日抵达对马岛,因风向不便,直到二月初一日方抵名护屋。其后沈惟敬留驻名护屋,派随从人员四出打探消息。小西行长等人则赴京都向丰臣秀吉汇报和谈进展情况。③

但是,此后发生的一个突发事件却打乱了沈惟敬等人的原定计划——封日本正使李宗城因误信谣言,突然从釜山倭营擅自逃回。小西行长当时正在返回釜山的途中,因这起事件,他不得不折返名护屋与沈惟敬商讨对策,最终商定沈惟敬暂不回釜山,而是在寺泽正成等人的陪同下赴山城州(今京都一带)向丰臣秀吉解释事情原委,小西行长则按原计划返回釜山。④

沈惟敬此后一直留滞日本,并与丰臣秀吉有过多次会面。他在日本逗留到完成册封典礼方始启程返回朝鲜。沈惟敬面见丰臣秀吉的情形可分为伏见城会面和大坂城册封两个阶段。

---

① 《明神宗实录》,万历二十四年六月庚申(二十四日)条。

② 《宣祖实录》卷七一,宣祖二十九年(1596)正月己丑(二十二日)条、正月庚寅(二十三日)条、二月乙丑(二十八日)条。

③ 《宣祖实录》卷七四,宣祖二十九年(1596)四月丙辰(二十日)条。

④ 行长曰:我入国中,见关白,言两老爷盛意。关白闻之甚喜,即令烧营撤兵事,已停当。至浪古耶,因为出来之际,闻李老爷出去。初不以为然,仍到一岐岛,始闻其真,还入浪古耶。我亦罔知所为,与沈游击相议,游击曰:"此亦不打紧。正天使年幼好酒,信邪言,乃至轻动尔。然扬爷尚在,必能善处。"云。我仍请于沈曰:"关白不信我言,必须老爷带正成等入见关白,细言此间曲折,可以解惑矣。"沈爷答曰:"我见关白,备言厥由,必当使彼欢喜。尔但到釜山,禀老爷善处。"云。故我即出来矣。见《宣祖实录》卷七五,宣祖二十九年(1596)五月朔丁卯条。

（一）第一阶段：伏见城会面

此次沈惟敬面见丰臣秀吉的原定目的是向其解释李宗城出逃事件原委。关于他们会面的具体情况，多种史籍均有记载。

《明神宗实录》万历二十四年六月庚申（二十四日）条中有如下一段记录：

> 庚申，兵部题沈游击与杨正使禀帖云：
>
> 五月初四日至和泉州界津地方，次日正成从山城州来见，言三城长盛来接，后关白亲至相迎。正成复往山城。惟敬在王莲寺驻歇。
>
> 十三日正成又至，禀称大阁之子年方四岁，本日在彼立做关白，因有许多事体，未及来迎，只在三五日后，俱即至矣；其撤釜山各营倭众，俱照旧行；言李天使既去，再不必说，只请杨天使过海完事等语。
>
> 惟敬计此时清正等众必已渡海，行长决行叩请副使东渡，但此时不知副使已未奉旨及符节等有无捧到，只恐行长撤兵一尽，即请副使渡海，不知中间有此情节，乞速行催取，以便速结封局。
>
> 部议约至六月末旬赍去敕谕冠服，可到釜山，七月内应有封事的报。
>
> 上报闻。（文中"副使"指杨方亨）

可见，在名护屋与小西行长商议之后，沈惟敬迅疾赶赴山城，并于五月初四日到达和泉州界津（即堺港）地方。次日，寺泽正成从山城赶来会见沈惟敬，告知三奉行中的石田三成和增田长盛两人将先来堺港接引，之后丰臣秀吉将亲自出面前来迎接。但是，十天之后，寺泽正成带来的最新消息却是，丰臣秀吉因要立丰臣秀赖为关白之故，推迟了迎接沈惟敬的原定计划。

寺泽正成所述丰臣秀吉将于三五日后亲自前来迎接沈惟敬之事究竟实现与否？这可在当年六月十二日朝鲜朝廷收到沈惟敬接伴使黄慎（时在釜山倭营）的书状中找到一些相关的记录：

> 行护军黄慎书状：
>
> 正成差人自日本来，沈游击亦寄书于沈千总云云。臣使译官李彦瑞问于要时罗，则曰"正成陪沈游击已到五沙加日本地名。十八、九日间与关白相见"云。正成等书亦言"关白曰：'天使到营已久，而不为撤兵，则必以我为不识事体。须急陪杨天使及朝鲜通信使，同过海'云，而行长必欲更请新使，故秘不肯说"云云。林通事亦言"关白已于十三日封其子为新关白"云云。……①

黄慎书状中称"关白已于十三日封其子为新关白"与上一段沈惟敬禀帖的内容完全一致，而要时罗称沈惟敬当时已经到达大坂，据此可以断定这段信息从日本传出的时间比沈惟敬禀帖的发出时间要稍稍延后。要时罗所提到的"十八、九日间与关白相见云"，是一种传闻语境，或许可以据此推断沈惟敬于五月十八、九日间已经在大坂城与丰臣秀吉相见。

---

① 《宣祖实录》卷七六，宣祖二十九年（1596）六月戊申（十二日）条。

关于其后沈惟敬与丰臣秀吉相见的情况，王京(今首尔)的朝鲜朝廷在七月二十四日收到了另一份黄慎书状，其中所引的玄苏(景辙玄苏，1537－1611)手札中提到了丰臣秀吉邀请沈惟敬登临伏见城天守阁时两人极尽其欢的情形：

> 敦宁都正黄慎书状：
>
> 平调信招李彦瑞，出示玄苏手札，亲自读过，彦瑞就见其札，则关白与沈惟敬副使相见欢喜，延登七层楼上，清爽透肌。关白亲提锦衣，覆副使背，副使曰："此衣短甚，不堪着。"关白笑答曰："若嫌其短，请付孩儿着之。"且令其子出拜。副使赠唐画一幅及香扇等物，关白之子即入，持宝画，回礼亲呈。副使曰："这样小儿，能晓礼貌云云。"厥后关白又请游海上，满座皆以金盘、金器排设。①

伏见城天守阁上，丰臣秀吉向沈惟敬赠送锦衣并亲覆其背，还令其四岁幼子丰臣秀赖拜见沈惟敬；沈惟敬则向丰臣秀吉赠送唐画一幅、香扇若干。玄苏手札另外还提到其后丰臣秀吉请沈惟敬游玩海上，其座席摆设铺陈极尽奢华。

玄苏手札内容传到王京在七月二十四日，两人此次会面的具体时间不得其详。所幸关于沈惟敬与丰臣秀吉相见情况，当时的京都醍醐寺僧义演(1558－1626)将其所见所闻写入其日记《义演准后日记》的六月诸条之中：

> 十九日，阴晴不定，大唐官人近日将被召至伏见云云。
>
> 廿一日，……唐人今日从大坂赴伏见城云云。
>
> 廿二日，晴，唐人从堺过小阪云云。
>
> 廿三日，夕立，唐人到达伏见。
>
> 廿五日，霁，……今日唐人到伏见云云。仍从大佛直赴伏见，见物已了。
>
> 廿七日，霁，自午半刻，如土器粉末之物自天而降，相积于草木叶上，曾以不消，大地只如降霜之晨，不可思议之怪异事，非只如此，四方阴霾，如将降雨。唐人今日往伏见致礼云云。
>
> 廿九日，阴，……唐人今日往归小坂云云。②

据义演日记中的内容可知，沈惟敬当时被丰臣秀吉召至伏见城，其一行于六月二十三日(明日同历)到达伏见城，一直逗留到二十九日方始返回大坂。其中二十五日当天，义演特意赶赴伏见，目睹沈惟敬等人行进时的热闹场面。义演日记的记录，可印证玄苏手札所记伏见城会面情形应该发生在六月下旬。

另外，当时在日本传教的耶稣会士弗洛伊斯(1532－1597)所编写的《16－17世纪耶稣会日本报告书》第一期第二卷10《1596年12月18日长崎发信，路易斯·弗洛伊斯师之年报补遗》"太阁谒见明朝使节一行始终"中也出现了当时沈惟敬与丰臣秀吉在伏见城相见的一些相关情节。如下一段内容提到了当时丰臣秀吉宴请沈惟敬当天日本发生的异常天况：

> 下面是关于意想不到的各种兆候的报告。第一件不可思议的事情是这样的。

---

① 《宣祖实录》卷七七，宣祖二十九年(1596)七月己丑(二十四日)条。

② 弥永贞三、铃木茂男校订：《義演准后日記》(平文社，1976)文禄五年(1596)六月以下诸条。

1596年7月22日（此日是圣女玛利亚的庆典日），太阁宴请了游击。当天一整天，京都及其近郊，甚至伏见，自天而降下很多细灰，屋檐以及群山、树木宛如覆盖上了一层雪。这一整天，天空变得异常昏暗，有很多人因之头痛，人们的心灵被一阵阵悲怆和担忧感所笼罩。①

公历1596年7月22日，即日本历的六月二十七日（当月明日同历），关于这一异常天况，无论是时间还是内容，报告书与义演日记所描述的情景完全一致。义演所听闻见的"唐人今日往伏见致礼"之事，在报告书中则更具体为丰臣秀吉宴请沈惟敬之事。

义演在日记中并未明言丰臣秀吉接见了沈惟敬。但丰臣秀吉接见沈惟敬之事确凿无疑。据报告书内容，单是招待沈惟敬的宴会，丰臣秀吉就举行过两次。② 根据以上诸种材料的记载，可大致推断丰臣秀吉宴请沈惟敬的时间在六月二十五日和六月二十七日。

另外，关于沈惟敬等人返回堺（途中经过大坂）的日期，义演所听到的消息是当月二十九日，但报告书中却有如下一段不同的记载：

> 第三件不可思议的事情是，8月中旬，都城北西方向出现放出长长的光芒、样态极为恐怖的彗星，这颗彗星吐出非常浓密的喷烟，其色彩难以分辨。当此之际，与游击将军一道逗留伏见的他的随从官员们看到这颗彗星，用其自己的语言大声喊叫道："凶兆！凶兆！"……彗星出现在天际低处，自12到15日一直徘徊不去。③

据这段记载似可推定，沈惟敬等人逗留于伏见，或者往返于"堺－大坂－伏见"之间当至该年的公历8月中旬（即阴历的七月十九至二十二日，当月明日同历）。

（二）第二阶段：大坂城册封

沈惟敬在第一阶段见过丰臣秀吉之后回到堺。其后一直到大坂城册封典礼举行前的相关事情发展脉络大致如下：

八月四日（日本历闰七月四日），明朝封日本正使杨方亨到达堺。④

八月十二日（日本历闰七月十二日）发生大地震，一定程度上影响了此后的交涉进程。在这次地震中，丰臣秀吉居城伏见城全毁，明朝使节团中亦有多人遇难。⑤

闰八月十八日（日本历八月十八日），朝鲜跟随陪臣（又称通信使，以下通称"通信使"）黄慎一行也到达堺，带来了万历皇帝重新颁发的册封诰书、敕书（此前的诰书、敕书因为李宗城逃亡事件而遭到损毁）。因为在此前的大地震中，伏见城全毁，丰臣秀吉将原先预定在伏见城举行的册封典礼场所改到大坂城。

---

① 松田毅一监译：《十六・七世紀イエズス会日本報告書》第Ⅰ期第2卷，同朋社，1997年，第291页。
② 松田毅一监译：《十六・七世紀イエズス会日本報告書》第Ⅰ期第2卷，第286－287页；志摩守（寺泽正成广高）回到名护屋，陪游击沈惟敬往赴京都。游击将军在伏见城受到了太阁热烈的欢迎。……游击将军的献给太阁的礼品是中国的锦织品四百七十卷，柔滑的绢二十箱，中国的黄金色布二十卷，黄金七十金，深红色的绢织品一百磅，骆驼两头，骏马两匹，骡马两匹。作为回敬，太阁连摆两次盛宴请沈惟敬。
③ 《十六・七世紀イエズス会日本報告書》第Ⅰ期第2卷，第292页。
④ 《宣祖实录》卷83，宣祖二十九年（1596）十二月己巳（初七日）条。
⑤ 一说死20余名，见《十六・七世紀イエズス会日本報告書》第Ⅰ期第2卷，第295页。一说死6名，见申炅：《再造藩邦志》卷四。一说死5名，见《宣祖实录》卷82，宣祖二十九年（1596）十一月戊戌（初六日）条。

闰八月二十九日（日本历八月二十九日），丰臣秀吉到达大坂。因听闻朝鲜未遣王子前来祝贺，丰臣秀吉决定对朝鲜使者不予接见。日方谈判人员和朝鲜使者希望沈惟敬出面帮忙从中转圜。

九月初一日（日本历八月三十日），沈惟敬等人提前赶到大坂城。册封使节团扛着"封尔为日本国王"圆字大匾浩浩荡荡自堺开赴大坂城，当时的行进场面极为壮观。① 沈惟敬当天就接见朝鲜使者事宜去劝说丰臣秀吉，但是遭到冷遇。② 当晚，沈惟敬和杨方亨分别下榻于备中中纳言（宇喜多秀家）和阿波守（蜂须贺政家）在大坂城的府邸。③

册封典礼在九月初二日（日本历九月初一日）如期举行。

关于当时的册封情形，各种记载出入较大，迄今未有定论。以往的传统观点认为，沈惟敬和小西行长两人为了促成和谈的成功，采取了分别欺骗万历皇帝和丰臣秀吉的手段，向两名统治者报告对方答应了其所提出的所有条件，结果，在册封典礼举行之际，两人的欺瞒行为暴露，丰臣秀吉发现自己只得到一个日本国王的空衔，其他什么也没有得到，于是勃然大怒，撕毁诏书、衣冠，拒绝接受册封，命令日军再次出兵侵略朝鲜。④

以往传统观点中所见的册封情形多见于江户时代日本儒学家、国学家的记述，其中最为著名的是成书于文政十年（1827）的赖山阳（1780－1832）《日本外史》。为论述方便起见，兹移录其相关的内容如下：

> 八月，明、韩使者同至届浦，二十九日造伏见。……九月二日，使毛利氏列兵仗，延明使者入城。诸将帅皆坐。顷之，秀吉开幄而出。侍卫呼叱。二使惧伏，莫敢仰视。捧金印冕服，膝行而进。行长助之毕礼。三日，飨使者。既罢，秀吉戴冕被绯衣，使德川公以下七人各被其章服，召僧承兑读册书。行长私嘱之曰："册文与惟敬所说或有龃龉者，子且讳之。"承兑不敢听，乃入读册于秀吉之傍，至曰"封尔为日本国王"，秀吉变色，立脱冕服抛之地，取册书撕裂之，骂曰："吾掌握日本，欲王则王。何待髯虏之封哉！且吾而为王，如天朝何？"乃召行长，诮让曰："汝敢欺罔我，以为我邦之辱，吾将并汝与明使皆诛之。"……逐明韩使者，赐资粮遣归，使谓之曰："若亟去，告尔君，我将再遣兵屠而国也。"⑤

《日本外史》栩栩如生地描绘了明朝使者在册封仪式上的无能和懦弱，而将丰臣秀吉则描绘成一位不可一世的狂徒形象。作者赖山阳认为，沈惟敬和小西行长在外交上欺瞒丰臣秀吉，导致和平事业未能成功，并刺激日本对朝鲜发动再次侵略。

而在成书更早的林罗山（1583－1657）《豊臣秀吉譜》（1642）中，也有如下一段相关的记载：

---

① 耶稣会士的以为祭司观摩了当时明朝使节团的行进场面，对之做了详细的描述。见松田毅一监译《十六·七世纪イエズス会日本報告書》第 I 期第 2 卷，同朋社，1997 年，第 316－318 页。

② 以上见黄慎：《日本往还日记》，《海行摠载》所收，民族文化推进会，1986 年（再版）。

③ 松田毅一监译：《十六·七世紀イエズス会日本報告書》第 I 期第 2 卷，同朋社，1997 年，第 319 页。

④ 这类研究实在太多，恕不一一列举。最新看到持此种意见的为美国学者 Kenneth M. Swope 所著的 A Dragon's Head and a Serpent's Tail: Ming China and the First Great East Asian War, 1592－1598 (University of Oklahoma Press, November 30, 2009)一书的第五章 "Caught Between the Dragon and the Rising Sun: Peace Talks and Occupation, 1593－96"。

⑤ 赖山阳：《日本外史》卷一六，文政十年（1827）刻本。

九月二日,方亨、惟敬登伏见城,方亨在前,惟敬捧金印立阶下。少焉,殿上黄帷开矣,秀吉使侍臣二人持太刀、腰刀而出,群臣望见,而皆稽颡。惟敬深惧,持金印而葡匐,方亨唯随惟敬之所为而战栗。秀吉劳之,两使以为责己,故其足趋趄,其口嗫嚅。时行长进曰:"大明聘使谨可行其礼。"于是惟敬捧金印及封王之冠服,且授日本诸臣之冠服五十余具,……望日,……秀吉于花畠山庄召承兑、灵三、永哲,使读大明之玺书。时行长密语承兑曰:"秀吉若闻诰命之义,则其大怒不可疑,请变其文辞而读之。"承兑不肯,于秀吉前遂读之。秀吉闻而果怒,瞋目愤激,大声曰:"明主封我为日本国王,固是可憎之殊甚者也,我以武略,既主于日本,何籍彼之力乎?前行长曰,大明封我为大明国王,故我信之,而既班师矣,行长诱我,……"①

其所描述与《日本外史》大致相仿。

但是,这两种记录,都存着明显的造作痕迹。关于册封史实,学界在几个细节上已有定论。其一,册封场所不在伏见城而在大坂城。秀吉此前为准备册封典礼,征用了10万民工大规模营造、装饰伏见城②,但伏见城不幸在闰七月的伏见大地震中震毁,③此外,大坂城到伏见城需要大约两天日程,《豊臣秀吉譜》所述在九月初三于伏见城花畠山庄④命承兑等人宣读诏书之事,显然很难取信。其二,册封典礼举行的时间在日本历九月初一而非九月初二,不过当天的明历则恰好为九月初二。据三木晴男考证,日本江户时代的学者在记录册封史实上的错误,一个重要的原因是参考了当时在日本流传颇广的诸葛元声《两朝平攘录》(万历三十四年刻本,至迟在1625年前传到日本)一书⑤,而《两朝平攘录》在明朝的册封史事上,存在着很多颠倒是非的记载。

那么,关于当时的册封史事,是否还有其他一些更为可靠的资料呢?答案是肯定的。这些更为可靠的原始资料,大而言之,可以分为以下四种类型。第一,明朝的册封使者杨方亨和沈惟敬的报告书。第二,通信使黄慎一行的相关记录。第三,日方册封活动参加者的相关记录。第四,时刻关注册封事件动向的在日耶稣会传教士的记录。

接下来按照时间脉络次序,着重对九月初二日册封当天至九月初十日使者正式踏上归程这段期间的相关情形做些具体的考述。

九月初二日(日本历九月初一日)的册封相关情形

杨方亨九月初五日的上兵部揭帖:

领受钦赐圭印、官服,旋即佩执顶被,望阙行五拜三叩头礼,承奉诰命。受封讫,嗣至职等寓所,再申感激天恩,及慰劳职等,涉历劳顿等语。⑥

① 林罗山:《豊臣秀吉譜》下,宽永十九年(1642)刻本。
② 松田毅一监译:《十六·七世纪イエズス会日本报告书》第Ⅰ期第2卷,同朋社,1997年,第278页。
③ 三木晴男:《小西行长と沈惟敬～文禄の役、伏见地震、そして慶长の役～》,日本图书刊行会,1997年,第107-148页。
④ 现在的花畠山庄系1964年在旧伏见城花畠山庄旧址上重建。
⑤ 三木晴男:《小西行长と沈惟敬～文禄の役、伏见地震、そして慶长の役～》,日本图书刊行会,1997年,第183-201页。
⑥ 《宣祖实录》卷八三,宣祖二十九年(1596)十二月己巳(初七日)条。

沈惟敬十月上兵部的禀帖：

> 秀吉择以九月初二日，迎于大坂。受封，卑职先往教礼，奉行惟谨。至期，迎请册使，直至中堂，颁以诰印、冠带服等项，率众行五拜三叩头礼，件件头项，习华音，呼万岁，望阙谢恩，一一如仪，礼毕，开宴使臣及随行各官。是晚，秀吉亲诣卑职寓所，称谢。①

朝鲜跟随陪臣黄慎一行《日本往还日记》九月初三日条：

> 闻关白已为受封。诸倭将四十人具冠带受官云。②

景辙玄苏（在册封丰臣秀吉的当天，被明朝加封为"日本本光禅师"）《仙巢稿》：

> 大阁喜气溢眉，领金印，着衣冠，唱万岁者三次。"③

《十六·七世纪イエズス会日本报告书》"太阁谒见明朝使节一行始终"对当天的册封情形记载尤为详细，其大致内容为：

> 首先由小西行长和寺泽正成先入大坂城，向太阁报告册封使的即将到来并整备册封大典的场所。场所整备完毕之后，册封使者杨方亨和沈惟敬进入大坂城，向太阁赠送来自明朝的丰厚礼物。其中册书置于黄金函中，同函中还放着服饰和王冠，另一黄金函中则放着其夫人北政所被封为王妃的冠服。此外还带来了赏赐给其他日本重臣的服饰两叠各20套。会面仪式在日式的榻榻米房间内举行，正使杨方亨与太阁对等而坐。日本方面的其他出席者有德川家康、前田利家、上杉景胜、宇喜多秀家、小早川秀秋、毛利辉元。稍巡杯盏之后，太阁接受了册书和金印，将之举到头上致谢。因为接受了大明皇帝赐予他的日本国王的冠冕，秀吉退到其他房间将之换上。此后举行了盛大的宴会。宴会之后各人归宅。日没时分，太阁往访沈惟敬，正使杨方亨也欣然而来。抓住这次机会，两位明朝使者将话题转到朝鲜使者上，希望太阁允许朝鲜人谒见他，并宽恕他们的过错。太阁辩解道："朝鲜对我非常无礼，我对朝鲜怨恨甚深。因此，我不想对此再多做解释。"但是，沈惟敬在充分通达太阁心情的情况上做了如下的应对："殿下所指的诸种理由甚为恰当。为什么这样说呢？因为朝鲜人不但对殿下您，而且对我们大明皇帝也多有冒犯。故而，即使吞灭其全国，也没有什么不可以。但是，将这个国家灭亡了，又能得到什么利益呢？所以，大明皇帝以单纯的怜悯之心宽恕了它。希望您也像大明皇帝一样宽恕朝鲜的过错。"说到这个份上，太阁应答不上，只能对之聊赋一笑。与两位使者一起用餐后，太阁归邸。……在拜访完游击的当天晚上，太阁在阿波守（蜂须贺政家）府邸对其说道："大明皇帝给了我很大的面子，所以我也对他深感敬意。在

---

① 同上。

② 黄慎：《日本往还日记》，《海行摠载》所收，民族文化推进会，1986年（再版）。

③ 玄苏景辙撰，规伯玄方集《仙巢稿》卷之下"流芳院殿杰岑宗英居士肖像赞并序"，庆安三年（1650）刻本，关西大学图书馆藏。

回信以及其他方面,必须尊重他的意见和判断。"①

据以上史料,可大致理清当天的册封情形:小西行长和寺泽正成延引册封使者进入大坂城,丰臣秀吉亲往中堂迎接。册封典礼在城内一和室房间中举行。册封使向丰臣秀吉赠送服饰、王冠、金印、诰命等,册封其为"日本国王",同时加封日本重臣四十名。丰臣秀吉带领日本群臣穿戴明朝服饰向北京方向行叩跪礼谢恩。丰臣秀吉当天在城内宴请明朝使者,并于当晚拜访沈惟敬寓所,与其共进晚餐。沈惟敬劝说丰臣秀吉撤回驻扎在釜山的侵略军,但未得到其认可。

九月初三日(日本历九月初二日)情形,杨方亨回京后的奏文曰:

> 次日(九月初三日),(丰臣秀吉)至臣寓,称说感戴天恩,及言谢恩礼物俱被地震损伤。②

沈惟敬十月上兵部的禀帖:

> 次早(九月初三日早晨),(丰臣秀吉)谒谢杨正使,馈以衣、刀、甲、马,各马官亦馈刀、币,极言感戴天恩不尽,再三慰劳。卑职特谕速撤釜兵,彼言:"今受皇帝赐封王爵,兵当即撤,以修邻好。但恐朝鲜前怨不释。仍听皇帝处分,再候命下。"卑职正色开谕,面虽首肯,尚未见行。

黄慎《日本往还日记》九月初四日条:

> 夕,沈天使使王千总来曰:
> 昨(九月初三日)关白对我言:"我四五年受苦,当初我托朝鲜转奏求封,而朝鲜不肯。又欲借道通贡,而朝鲜不许。是朝鲜慢我甚矣!故至于动兵。然此则已往之事,不须提起。厥后老爷往来讲好,而朝鲜极力坏之;小西飞入奏之日,朝鲜上本请兵只管厮杀;天使已到,而朝鲜不肯通信;即不跟老爷来,又不跟杨老爷来,今始来到;且我曾放还两王子,大王子虽不得来,小王子可以来谢,而朝鲜终不肯遣。我甚老朝鲜,今不须见来使,任其去留云云。"我再三言:"你即受封,是天朝属国,与朝鲜为兄弟之国,今后当共敦邻好,小事不须挂意也。"杨老爷亦再三分付矣。我当更诶关白息怒,再议此事,必令无事。须放心放心。我之来此,专为朝鲜事,若事不完,我当与陪臣留此调停,陪臣须知此意也。杨天使亦谓朴义俭曰:"昨关白言你国事,多有说话。然沈爷当有以处之,终必无事,不须忧也。"

《十六·七世纪イエズス会日本報告書》"太阁谒见明朝使节一行始终":

> 翌日(九月初三日),太阁赠送给正使小袖一百件,这种小袖极为美丽豪奢,纳放于镀金莳绘的衣裳函中。另外还赠送了四十杆枪以及涂以黄金的鞘,还有同样造型的反镰形剑二十把。赠送游击小袖五十件,……

据以上史料,可知当天的情形为:丰臣秀吉拜访杨方亨,向其赠送礼物,向沈惟敬赠送礼

---

① 松田毅一监译:《十六·七世纪イエズス会日本報告書》第Ⅰ期第2卷,同朋社,1997年,第319-321页。
② 《明神宗实录》卷三〇八,万历二十五年(1596)三月己酉(十九日)条。

物。沈惟敬再次劝说丰臣秀吉从釜山撤兵并与朝鲜修好,秀吉埋怨朝鲜不肯通信,不肯派遣王子,拒绝接见朝鲜使者。

九月初四日(日本历九月初三日)情形,杨方亨九月初五日的上兵部的揭帖:

> 以初四日捧节回至和泉州,见今唯待调集铅只,即趱程西还,复命阙下。

杨方亨回京后的奏文:

> 臣于初四日拜秀吉,秀吉云:"冬月西北风多,渡海不便,不敢久留天使。"

沈惟敬十月上兵部的禀帖:

> 卑职至初四日,回至和泉,一面调集船只,一面屡行催谕。

黄慎《日本往还日记》九月初四日条:

> 是日晴。俩天使回自五沙盖。

《十六·七世紀イエズス会日本報告書》"太阁谒见明朝使节一行始终":

> 秀吉让使者一行十月二十四日(明历九月初四日)回堺。

据以上史料,可知明朝使者当天从大坂返回堺。

九月初五日(日本历九月初四日)情形,黄慎《日本往还日记》九月初五日条:

> 是日晓雨晚晴。朝往沈天使衙门,有倭僧三人,是关白所亲近掌书记者,来议回谢表文云。其一名玄以最居中用事者。三僧皆坐轿而行。其去也,行长、正成辈露脚至膝,褰裳疾趋导轿前而走。其致敬如此。三僧即出,通信使遂求见沈天使。天使辞不见,谓译官李愉曰:"陪臣虽不来见我,我已知陪臣欲言之事。不须相见。我之此来,专为朝鲜事。况陪臣随我一年同处者,不比它人,我岂已轻去不顾乎?然此则小事也。一国大事,专在我身上,敢不尽心乎?陪臣姑回去,我当商量善处,终必无事,放心放心。"因令歇王千总下处,吃饭而去。昏,调信使人来言沈老爷贻书关白,且使正成、行长等往议撤兵、通信等事,明日午后当回话矣。

《十六·七世紀イエズス会日本報告書》"太阁谒见明朝使节一行始终":

> 使者一行回到堺后,太阁又赶紧派遣四名最有权威的高贵长老,命令其有如自己的前日招待一样款待他们。这样一来,明朝使者就变得非常安心了。太阁让这四名高僧传言,使者如果对自己有什么要求,请不必介意尽管提出来。对此,使者给太阁写了一封信,提了如下的希望:"请将朝鲜的倭营全部毁弃,撤回全部在朝鲜的驻军。大明皇帝前年以慈悲原谅了朝鲜人,请您也同样地宽恕朝鲜人的过错。他们或许应该受到惩罚,但是,即使惩罚了他们,您也不能从中得到好处啊!"

据以上史料,可知当天的情形为:丰臣秀吉派以五奉行(丰臣秀吉之下负责政权运作的最高领导集团,当时的奉行共有五位,即前田玄以、石田三成、增田长盛、浅野长政、长束正家五人)前田玄以为首的三名(或四名)代表来堺,就给万历皇帝的回谢表文事宜与沈惟敬等人进行磋商。沈惟敬当天给丰臣秀吉写信,并请小西行长和寺泽正成帮忙从中斡旋,继续劝说丰臣秀吉从釜山撤兵并与朝鲜修好。

九月初六日（日本历九月初五日）情形，黄慎《日本往还日记》九月初六日条：

> 夕，行长、正成及三成、长盛等来自五沙盖。夜半，平调信来到下处，谓曰："今日行长等持沈天使书往见关白，关白大怒曰："天朝则既已遣使册封，我姑忍耐，而朝鲜则无礼至此，今不可许和，我方再要厮杀，况可议撤兵之事乎？"……今则关白即已盛怒，清正又从而构之，大事已不可成矣。今夕行长亦对盛长等言："我四五年力主此事，竟无结局，我宁刺腹而死也。"

《十六·七世紀イエズス会日本報告書》"太阁谒见明朝使节一行始终"：

> ……太阁读到尽毁倭营这段要求（指前引"请将朝鲜的倭营全部毁弃，撤回全部在朝鲜的驻军"等要求）时，非常愤怒，内心好似被一个恶魔的军团给占据了，他大声叱骂，汗出如涌，头上好似冒起一股蒸汽。……太阁甚怒小西行长，……也斥责了小西行长的同事寺泽正成，……他虽然试图维系业已恢复对明朝的友好关系，但是对于朝鲜人绝不如此。……太阁派小西行长和明朝使者一道返回朝鲜。
>
> 之后，秀吉召见了加藤清正，……命加藤清正和壹岐守速赴朝鲜，名他们于严冬之内赴朝鲜将以往城塞再行构筑。太阁召见了黑田长政等人，……命其明年二月赴朝鲜。

据以上史料，可知当天小西行长将沈惟敬书信交给了丰臣秀吉，秀吉开读之后赫然震怒，不仅不肯撤回釜山留兵，而且还打算再次侵略朝鲜。沈惟敬的调停努力宣告失败。

九月初七日（日本历九月初六日）情形，黄慎《日本往还日记》：

> ……自关白发怒之后，倭中多言关白欲拘囚通信使，或云尽杀通信一行员役，以此军官辈惶骇疑惑，渐有向隅啼泣者。……

据此可知，自前一日丰臣秀吉大发雷霆之后，社会上开始出现丰臣秀吉将要拘囚甚至残杀朝鲜通行使的流言，通信使一行内部极度恐慌。

九月初八日（日本历九月初七日）情形，黄慎《日本往还日记》九月初八日条：

> ……通信使等仍往见沈天使，曰："陪臣等受命此来，全靠两老爷。今事体不得停当，未知何以处之？"沈天使曰："该去该去。假如人客到门，主人不纳，则安得强留乎？关白所为极可恶，难以好意相待也。"又曰："人在井上，方救得井中人。今自家方在井里，安能救得人耶？我辈只须快去，更议此事，陪臣亦宜收拾起程也。"

《十六·七世紀イエズス会日本報告書》"太阁谒见明朝使节一行始终"：

> （发怒）两天后，太阁向堺奉行和立佐之子如清下达如下命令："中国人和朝鲜人必须一两天内全部离开堺，否则处斩。"……游击落泪言道："我回国后恐怕难免一死。……"

丰臣秀吉在当天（日本历九月初七日）给岛津义弘下了一道命令，提到其准备再次向朝鲜用兵之事：

忽来消息,说此次朝鲜不遣王子渡海,此前未闻此讯。如此,则务必令各城营建之在番将士知晓。你处之一半人马,当确保派往朝鲜,粮草等亦请预为准备。①

据以上史料,可知丰臣秀吉因为朝鲜不派王子参加册封典礼,通知岛津义弘准备再次侵略朝鲜。当天,丰臣秀吉并向明、朝使者下达了逐客令。

九月初九日(日本历九月初八日)情形

黄慎《日本往还日记》九月初九日条:

天使上船,通信使一行随天使上船。……不为发船,仍宿船上。

明朝和朝鲜使者当天登船,但是未发,当晚宿于船上。

九月初十日(日本历九月初九日)情形

黄慎《日本往还日记》九月初十日条:

……是日晴。晓发船。午后到兵库关泊船。

两国使者当天早上扬帆出海,登上返程。

根据以上考述可知,丰臣秀吉比较愉快地接受了万历皇帝赐予他的"日本国王"封号,但是借口朝鲜未派王子前来祝贺,拒不接见通信使一行。丰臣秀吉不但不肯撤回驻留釜山的侵略军,甚至还打算继续侵略朝鲜。沈惟敬等人的屡次调停不但没有收到预期效果,相反却激怒了丰臣秀吉,导致其作出驱逐两国使者的恶劣行径。

三、结语

赖山阳等江户时代的日本国学家在册封情形上的描述,对后世的认识有着较大影响。在这些材料的基础上,后世学者一直强调日本在国际秩序构想上的独立性,认为明日谈判以及最终的册封均未得要领,日本从来未曾向明朝妥协,得知册封实情的丰臣秀吉也坚决拒绝明朝的册封,日本通过侵略大陆挑战明朝的封贡体系,其在国际秩序上的构想一直以自身为中心,并一直试图将其权威凌驾于明朝之上。

但是,通过考察沈惟敬等人的赴日行实,特别是当时的册封情形,笔者认为实情并非如此。丰臣秀吉虽然最初试图通过侵略战争将整个东亚乃至全部已知世界纳入其设想的体系,但是因其在朝鲜战场上遭遇到重大挫折,转而谋求与明朝讲和。经过屡次折冲,②明朝和日本达成了册封丰臣秀吉为"日本国王"这一和平构建方案。根据上文考述,可知丰臣秀吉确实比较愉快地接受了明朝的册封,在某种程度上重新进入了明朝的封贡体系。相对而言,明朝也在一定程度上完成了对东亚和平的重新构建。但是,在这一封贡体系的内部,尤其朝鲜与日本之间,存在着较为严重的矛盾。虽然丰臣秀吉接受了明朝的册封,以甘居明朝下位的方式试图保持与明朝的交好关系,但是,他以高高在上的姿态对待朝鲜,其态度仍然

---

① 《鹿児島県史料　旧記雑録後編三》,鹿儿岛县维新史料编纂所,1982 年,第 41 页。

② 李光涛:《万历二十三年封日本国王丰臣秀吉考》,台北:中央研究院历史研究所,1967 年。三木晴男:《小西行长と沈惟敬～文禄の役、伏見地震、そして慶長の役～》,日本图书刊行会,1997 年。陈尚胜《壬辰战争之际明朝与朝鲜对日外交的比较——以明朝沈惟敬与朝鲜僧侣四溟为中心》,《韩国研究论丛》第 18 辑,北京:世界知识出版社,2008 年。

极为恶劣。丰臣秀吉借口朝鲜未派王子前来祝贺,拒不接见通信使一行,他不但不肯撤回驻留釜山的侵略军,甚至还打算继续侵略朝鲜。沈惟敬等人屡次调停,但以失败告终。

　　沈惟敬册封丰臣秀吉前后,朝鲜与日本之间的矛盾凸显,但并未马上诉诸武力。丰臣秀吉接受了明朝的册封,并试图继续保持明、日两国间的非敌对关系。他一方面拒绝撤回釜山驻军,一方面向明朝提出处分甚至征伐朝鲜的要求。① 在接下来的半年多时间里,明、朝、日三方围绕新的矛盾(主要集中在日本要求朝鲜向其派遣王子问题上)仍然在继续交涉,但明朝和朝鲜坚决拒绝了日本方面的无理要求。因为各国内部的政治斗争问题,此后三国交涉的情况愈加复杂,最终没能以和平方式达成新的妥协。第二年七月,日本再次出兵侵略朝鲜,宣告了沈惟敬等人所主导的东亚和平事业的彻底失败。

---

　　① 丰臣秀吉册封后写给万历皇帝的别幅称:"前年自朝鲜使节来享之时,虽委悉下情,终不达皇朝,尔来无礼多多,其罪一也。朝鲜依违约盟,征讨之军中,二王子并妇妻以下,虽生擒之,沈都指挥依传勒命宽宥之。即先可致谢礼者,分之宜也,天使过海之后,历数月,其罪二也。大明、日本之和交,依朝鲜之反间,经历数年,其罪三也。为使本邦之军士,生劳苦,久送光阴者,初知为皇都计略也,朝鲜后于天使来,以是观之,悉知朝鲜谋诈。件件罪过不一,自大明可有征伐耶?自本邦可征讨耶?"提出要求处分甚至征讨朝鲜。见《宣祖实录》卷82,宣祖二十九年(明万历二十四年,1596)十一月壬寅(初十日)条。

晚明东南沿海的海洋开放思想

——以何乔远为中心的考察

钱茂伟

（宁波大学）

摘要 何乔远《海上小议》、《开洋海议》、《请开海禁疏》比较完整地勾勒了晚明东南沿海的海上贸易全貌,反映了何乔远超前的海洋开放思想。"海洋三议"成于1329－1631年之间。主要针对万历40年以后东南沿海海禁政策而作,主张趁郑芝龙招抚、海洋相对平静之机开禁通商,一劳永逸地解决海外贸易问题。作者有较强的商业意识,排除了复杂的军事因素,对荷兰商人来中国经商的商业性看得比较清晰。何乔远的海洋思想不具有惟一性,但有代表性,反映了当时福建人要求开洋通商的愿望。

关键词 何乔远 海洋思想 晚明

何乔远(1558－1632),福建泉州府晋江县人,晚明东南沿海地区著名学人,官至南京工部左侍郎,著作有《闽书》、《名山藏》、《明文征》、《镜山全集》等。[①]《镜山全集》,全称《何镜山先生全集》,崇祯十四年(1641)刊刻,72卷。这是由何乔远子孙们编纂而成的一个全集本,是研究何乔远及晚明社会的第一手资料(此书大陆无存本,海外只有日本内阁文库、美国普林斯顿大学图书馆各收藏一部,台湾汉学研究中心有内阁文库本的胶卷及复印本)。其中的《海上小议》、《开洋海议》、《请开海禁疏》,概称为"海洋三议",比较完整地勾勒了晚明东南沿海的海上贸易全貌,反映了何乔远超前的海洋开放思想。

一、"海洋三议"的写作时间及背景

何乔远《海上小议》、《开洋海议》、《请开海禁疏》三文的写作时间,在崇祯二年至四年(1329－1631)之间。

1.《海上小议》的写作时间与背景

《海上小议》,自注"崇祯二年"。末有"山中之人,不知事体,惟是乡邦之争,不揣有言,

---

① 何乔远相关研究,详参钱茂伟:《晚明史家何乔远及其〈名山藏〉初探》,《福建论坛》,1992年2期;钱茂伟:《晚明史家何乔远著述考》,《文史》,2008年2期。台湾学人高春缎写过何乔远生平及史学的系列论文,详见其《何乔远生平及其史学研究》,高雄文化出版社,2001年7月。

伏惟当道大人君子采择行之,幸甚幸甚",可见其时尚在福建乡居时期。考虑到文中有"闻近李魁奇来求抚"一语,而李魁奇反叛是崇祯二年(1629)十二月的事,则可以肯定写信时间在崇祯二年十二月底。

此议写作的直接背景是要郑芝龙去镇压李魁奇。天启六年、七年(1626－1627)间,因福建沿海自然灾荒,穷人纷纷投奔郑芝龙(1604－1661),战船一下扩充到上千条,由是崛起海上,称雄台湾,占据厦门。崇祯元年(1628),郑芝龙、李魁奇等陷泉州。郑芝龙素闻何乔远大名,乃戒所部环镜山前后十里勿动。三月,熊文灿(1574－1640)出任福建巡抚。明政府既无力剿灭郑芝龙,又为了利用这支海上势力与荷兰人抗衡,镇压其他海盗,只好对郑芝龙施行绥抚政策。七月,朝廷下令招抚郑芝龙。九月,福建巡抚熊文灿委托何乔远担任招抚郑芝龙的任务。由于何乔远在地方上有较高威望,当然更为重要的是符合郑芝龙"拉大旗作虎皮"的考虑,郑芝龙欣然就抚,朝廷下令授他为海防游击,为五虎游击将军。从此,他离开台湾,坐镇闽海。此时,郑芝龙有部众三万余人,船只千余艘。由于郑芝龙的归降,其家乡安平镇人口速增到"十余万"。① 何乔远有《答郑芝龙游击书》称"从此潮、漳路通,是大利益。令弟真是胆气过人,但从今亦须相机而动"。② 这年的腊月二十四日,何乔远特地致信郑芝龙,希望他减少部属,散些钱银,让他们回家,"量留千余人,立功候命,则人口甚寡,所费不多,海边之人亦得宁静"。③ 由此可见俩人间互相尊重,可以直接对上话。

何乔远《海上小议》重点谈了三个问题,其中之二是要求善待郑芝龙部队,发给军饷。"今海上郑芝龙之功,不待言矣。……夫芝龙归心于我,为所守护,万耳万目所共睹,而海上之民倚为捍御。若令其自出饷军,则是我意,彼旧日作贼,财帛尚多。既赏其罪,当出为我用,则我尚以盗心处之矣。令彼自出财帛,为公家干事,世上亦无此差使。"接着,何乔远指出,郑芝龙财帛虽多但有耗尽之时,再想一下,假如他别居海岛,自立为王;假如郑芝龙被李魁奇所杀,"海事无人料理"。想到这些状况,你就会发现,给郑芝龙的那点饷是小儿科。何乔远要求地方军政大员改变处贼心态,善待郑芝龙及其所部,这是一个相当正确的观点。之三是要求做好善后事宜,赦免为盗之人,不应死守杀人偿命之律。"闻近李魁奇来求抚,当因而收之,使其在我掌握。后日欲杀欲留,权则在我。……若怒其人而禁之,则彼掉头不顾,即芝龙力能擒之,亦费许多事。"④ 由此可知,这篇文章重点要解决的是郑芝龙与李魁奇问题,李魁奇叛变以后,福建地方军事大员要郑芝龙部队自备军饷,出海镇压李魁奇。何乔远觉得这样的处置不当,应该由政府提供军饷。对于李魁奇,他也不主张围剿,而用安抚之法。从以后的实践来看,前议没有被理睬,后议倒被采纳了。地方政府决定再次招抚李魁奇,李魁奇听说后扬言:"招我非何侍郎不可!"于是守臣再次起用何乔远,负责谈判事务。何乔远与兵部主事曾化龙、举人李焜往同安,慷慨谕以祸福,晓以大义,慑以国家威灵,动以良心天理。崇祯三年(1630)二月,李魁奇被抓,余党八千人被解散,收回巨舰利器无数。⑤ 何乔远在招抚郑芝龙、李魁奇过程中,发挥了不小的作用,这是其他史籍不载的。

① ［明］何乔远:《镜山全集》卷五二《杨郡丞安平镇海汛碑》,崇祯十四年(1641),日本内阁文库复印本。
② 《镜山全集》卷二四《答郑芝龙游击书》。
③ 《镜山全集》卷三四《与郑芝龙书》。
④ 《镜山全集》卷二四《海上小议》。
⑤ 林欲楫:《先师何镜山先生行略》,《镜山全集》附录。

2.《开洋海议》的写作时间与背景

《开洋海议》自注曰"崇祯三年,在南都作"。末作"海滨鄙野,悉索见闻。惟有位君子,实重图之"。从语气来判断,未脱在野士人习气。考何乔远崇祯二年九月起用南京工部右侍郎,但直到崇祯三年四月才到任,则这篇《开洋海议》应在崇祯三年四月上任初期所作。这与福建沿海海寇的复炽有关。郑芝龙、李魁奇虽然安抚了,然而地方军政长官的善后工作没有做好,海盗也一时不适应正规部队的生活,更不适应贪官们的勒索。"新抚之寇,苦于文法之督过与贪弁势豪之索勒,愤懑已极。"心态不平的李魁奇再次叛变,郑芝龙"乃自里粮粮备器用,之闽之粤,日与寻杀,然而兵寡力卑,悉被挫创"。为了对付李魁奇,郑芝龙拉笼锺六,两人各打自己的算盘,"在锺六只欲自郑图李,剪其所忌,而无意于抚;在芝龙只欲藉锺收李,先孤其援,以待后举"。在这场内讧中,"在地方当事,只束手旁观,幸渔人之收耳"。到了崇祯三年二月,李魁奇总算消灭了,结果又养大了锺六,"锺遂有其人众舡器,其势益张,而防芝龙且益密,拥众海上,藉名要赏,实不欲抚"。地方政府处理又不当,"坐视掠杀而去",从而出现了"蔓延而不可扑灭"之势。①

崇祯三年四月,刚在家乡经历了这场海寇争夺战后来到南京的何乔远,马上想到的是写《开洋海议》,替政府出谋画策,寻求解决之道。"自乡邦中海寇之后,即上《开洋议》于当道。以奸民无所得衣食,势必驱盗贼"。② 他希望开放海禁,让福建沿海百姓有生存之路。

这年的十二月乙巳,兵部尚书梁廷栋也上奏疏,分析了闽寇兴起的两大原因,猖獗的四大因素,其蔓延而不可扑灭的两大原因,且提出了四条对策。梁廷栋的平贼策略是:"携其党,散其众,树其敌,与其生。"就是说,擒贼先擒王,捕获锺六;给政策,让盗贼下属有出路,"盖其人欲散而归农,则不胜邻里之侧目;欲聚而为兵,则不胜文法之征,求兵之饷不得领,而贼之名不可易,惟有终其身归贼而已。"鼓励人们自守,尤其要从根本上解决问题,让沿海百姓有生路。"不如乘此红夷警息,稍宽海禁,给引出洋,使十余万之众,皆得有所衣食。如神庙末年,海舶千计,漳、泉颇称富饶。其时即令之为贼,亦所不屑,何至有今日之乱乎?况海舶既出,又得藉其税以造船养兵,裨益地方不浅矣。"③由此可知,梁廷栋与何乔远有着相似的想法。结果,崇祯谓"戡御各款,具见筹划,命依议饬行。至海禁之开,利害孰胜,仍令抚按酌妥以闻"。④ 十二月壬戌,兵科给事中、漳州龙溪人魏呈润再次上陈闽海剿灭机宜六款,其中第五条是"酌洋禁以通商"。崇祯答曰:"所奏多有可采,但严保甲与开洋禁似难并行。所司从长酌覆。"⑤未见下文,显然也没有采纳。

3.《请开海禁疏》的写作时间与背景

何乔远过于讲求自律,与当时官场习气不协。有人弹劾他庸老,以清名自居的何乔远哪里受得了这等批评,崇祯三年十月,就提出了辞职报告。十二月,皇帝回旨,不准辞职。⑥ 崇

---

① 兵部尚书梁廷栋奏疏,见《崇祯长编》卷四一,崇祯三年十二月乙巳。
② 林欲楫:《先师何镜山先生行略》,《镜山全集》附录。
③ 《崇祯长编》卷四一,崇祯三年十二月乙巳。
④ 《崇祯长编》卷四一,崇祯三年十二月乙巳。
⑤ 《崇祯长编》卷四一,崇祯三年十二月壬戌。
⑥ 《镜山全集》卷二三《乞休致疏》。

祯四年（1631）元旦、千秋节以后，何乔远"复力乞休致"。这次总算成功，"上欲成师恬尚，遂得温旨赐归。……至是将归，虽知部议称其不便，严旨禁饬，复上请开海禁一疏"。① 由此可知，《请开海禁疏》成于崇祯四年三月临走前。这一记录，与何乔远本人的说法是吻合的。"臣备员南署，节阅邸报，见有闽中开洋之议。只诵明旨，未见详奏。……具疏临遣，旋接邸报，户部复奉圣旨：这开洋通商事宜，该部既称不便，著照常禁饬，钦此。臣知朝廷无反汗之理，欲止不言。既伏念天下事，知之明乃处之当。此事臣知之最真。非臣一人之言，合臣泉、漳二府士民之言也。未论裕国，盖弭盗安民，莫先此举。仍再乞勑下臣本省抚、按，广徇泉、漳士民之言，著为一定之论，布而行之，以为永利。臣本求去之人，何若为此烦渎，实以欲靖地方，必开小民衣食之路，闭之者乃所以酿祸，而开之正所以杜萌也。臣不胜仰望待命之至。"②邸报所谓"闽中开洋之议"，可能指前面梁廷栋、魏呈润两人的奏疏。崇祯是一个观念相当保守的皇帝，自然不会轻易接受开洋通商建议，"奉圣旨，海禁已有旨了，该部知道"。③

这年七月，福建巡抚熊文灿以海寇李魁奇、钟斌相继殄灭，海上肃清，于是上书，兼述诸臣条议，备陈通洋利害，请开漳、泉府洋禁，以甦民困而足国用。章下所司，④未见下文，可见开洋禁的阻力相当大。因东北与后金战事，三饷加派，成为百姓的沉重负担，"今军需孔亟，徒求之田亩，加派编户，此亦计之无如何也"。⑤崇祯十二年（1639）三月，给事中傅元初代表福建公论上《请开海禁疏》，请求朝廷下令福建地方讨论是否应该重行开海征税。自然，朝廷是不会同意的。值得注意的是，此疏基本内容节录自何乔远"海洋三议"。

4. 何乔远是一位对海洋问题有着较多思考的人

何乔远的海洋知识来自何地？这是让人好奇的。从有关情况来看，他的海洋知识，主要来自他的实际观察与思考。何乔远生活在晚明时期，亲身经历了东南沿海时禁时开所带来的悲喜局面。何乔远生活的泉、漳地区，正是福建商人居地。福建商人号称海洋第一商帮。他又是一个典型的经世型士大夫，与张燮（1574－1640）等人关注地方、关注海洋。张燮《东西洋考》刊刻于万历四十五年（1617）。此书较为详细地记录了当时东、西洋海上贸易情况。他与把总沈有容（1557－1627）、福建巡抚南居益（？－1644）等人均有交往。沈有容辑有《闽海赠言》，何乔远写有多篇文章。何乔远的侄儿也参与了海上贸易活动，能为其提供第一手的海上见闻。由此，他"敢言海事"。⑥"鄙见以敝泉人家，多者二三百丁而已，而漳中人户多者以千丁，自非贩番一路，难以糊口，似乎海禁当稍宽之。而漳、泉仰赖广东、三吴之粟，粟船尤当大开。舍下有一舍侄从海上为贾客，言海贼纵横，多是漳州、福清之人，光然出露头面，有登岸见之者，而哨兵多与相通。"⑦这透露出一个信息，万历末年，是漳、泉贸易最为繁荣之时，地方守兵也多与之相通。

① 林欲楫：《先师何镜山先生行略》，《镜山全集》附录。
② 《镜山全集》卷二三《请开海禁疏》。
③ 《镜山全集》卷二三《请开海禁疏》。
④ 《崇祯长编》卷四八，崇祯四年七月丙申。
⑤ 傅元初：《请开洋禁疏》，见顾炎武《天下郡国利病书》原编第 16 册《福建》，《四部丛刊》本。
⑥ 《镜山全集》卷二三《请开海禁疏》。
⑦ 《镜山全集》卷三三《与洪参知书》。

二、对晚明东南海上贸易的看法

1. 禁开相争的晚明东南沿海

围绕着要否开放海洋,明朝的中央与地方一直存在分歧。朝廷以国防利益为重,主张海禁;而民间看重经济利益,主张开放海洋。在强国家时代,自然是朝廷说了算,于是海禁成为基本国策。然而,地方、民间却不时要冲撞朝廷的海禁政策。"高皇初定天下,彼时寸板不许下海。是时,乱离新辑,人民鲜少,皆窳易活。其后,渐有私贩。虽败露之后坐以大辟,然走死地如骛者,不能绝也。至嘉靖初年,柯副使乔入贩夷人。朱巡抚纨大严海禁,申明大辟,然二公之身,皆以不免。海之不能禁明矣。"①这里从历史的角度分析了海上不能禁的理由。在人口少、经济落后的明代前期,海禁的影响并不突出。到了嘉靖以后,人口大增,经济有了一定的积累,这个时候,海禁就挡不住。正德以后,海上民间贸易兴起。嘉靖初年的柯乔(1497-1550),中期的朱纨(1494-1550),执行严厉的海禁政策,杀戮了不少外国商人,然而俩人却没有好的下场。由此说明,海禁是禁不住的。

隆庆初年(1567),福建巡抚涂泽民根据海澄县令罗青霄诸人要求,上书朝廷,请开海禁,准贩东、西二洋。一般说法,这是晚明弛禁的开端。其实这是一个有折扣的弛禁令,不包括日本。隆庆开海后,改征洋税,三方有利,民间海外贸易特别是中国到"西洋"各国的贸易出现了前所未有的兴旺景象。"万历间,开洋市于漳州府海澄县之月港,一年可得税二万余两。以充闽中兵饷,无所不足"。② 更重要的是,也促进了治安状况。用巡按福建陈子贞的话说:"向年未通番,而地方多事;迩来既通番,而内外乂安,明效彰彰耳目。"③

然而,明朝的开禁是建立在海外军事威吓较弱的情况下的,一旦军事吃紧,贸易开放的大门就会关起来。万历二十年(1592),日本丰臣秀吉出兵侵略朝鲜,中国海防吃紧,次年,明廷即下令禁海。海禁对福建人来说,就是死路一条。所以,这年七月,巡按福建陈子贞就上疏,要求"于东、西二洋照旧通市,而日本仍禁如初"。④ 显然,朝廷没有采纳。直到日本退出朝鲜的次年,即万历二十七年(1599)二月,东、西两洋贸易才重新开放,当然,对日贸易仍行禁止。万历后期至崇祯时期,因东北告急,再次加强禁海。这个时间点,大约在万历四十年(1612)。这年六月,明朝增通倭海禁六条,加重了通倭处罚力度。⑤ 十月,吏部员外董应举上《严海禁疏》,要求堵塞福建与日本的走私贸易。万历四十一年(1613)十月,南直隶巡按御史薛贞要求"尽数查出,不许违禁出海,则通倭无具"。⑥ 薛贞为了防止南直隶与浙江商民进行赴日走私贸易,更把禁令扩大到浙江、南直隶之间的海上往来,"使浙江之船不得越定海而抵直隶,江北之船不得越江南而走浙江,则通倭无路,而邻国不至为壑矣"。⑦ 如此,

---

① 《镜山全集》卷二四《开洋海议》。
② 《镜山全集》卷二三《请开海禁疏》。
③ 《明神宗实录》卷二六二,万历二十一年七月乙亥。
④ 《明神宗实录》卷二六二,万历二十一年七月乙亥。
⑤ 《明神宗实录》卷四九六,万历四十年六月戊辰。
⑥ 《明神宗实录》卷五一三,万历四十一年十月乙酉。
⑦ 《明神宗实录》卷五一三,万历四十一年十月乙酉。

将浙江的南路与北路航运都封锁了。

2. 荷兰商人的出现导致东南沿海的海禁

除了传统东洋的日本要防备外，晚明东南沿海又增加了对西洋西班牙、荷兰人的防备。西方商人开拓中国贸易市场，始于葡萄牙。其后，有西班牙。他们都被中国人称为"佛郎机"①。西班牙较早在吕宋岛即今天的菲律宾建立了殖民地。"吕宋，不过海岛之一浮沤耳，其民皆耕种为业，佛郎机夺其地，开市于此，人遂名吕宋，而亦名东洋。"②吕宋，就是今天的菲律宾。吕宋岛地处东西交集之处，是一个理想的栖息贸易地。隆庆六年（1571）的事，战败的土著被迫将马尼拉的掌控权让给西班牙。从此，吕宋成为西班牙的一个殖民地，设有总督来管理。③"吕宋夷人朴质，一柑中口，售一银钱。他物类如此，不可枚数。侵寻晚末，我人奸诡，夷亦自开慧识，无此狼籍。顾其地有机翼山，金银自出，充溢流露，不似中国须烧凿炼冶，故彼亦不甚惜。今民间所用番钱者是也。"④这里反映出，在没有商业贸易的情况下，吕宋国货物的经济价值显示不出来，物价比较便宜。后来，由于受中国贸易的影响，有了一定的商业观念，于是，物价也不便宜了。番钱，就是银元。吕宋机翼山盛产金银，故而人民对金银看得比较淡。这是由晚明福建人张燮制造出的一个天方夜谭。其实，白银都是墨西哥生产的，然后通过"马尼拉大同帆船"到达吕宋，最后转手来到中国，用于收购中国商品。由于当时中国人不知道西班牙人的白银从何而来，见西班牙人的白银源源不断，就猜测吕宋有银山可采。

荷兰商人的兴起，改变了东南沿海的贸易格局。"红夷与吕宋，皆西洋之夷也。红夷本国名加留巴，吕宋本国则佛郎机也，两国地形相直海中。红夷旧不知与中国为市，及见吕宋与中国交易得利，亦欲强我载货其国。我人生怕，不敢与通，而红夷强牵船至其国中。于是吕宋不得贸易，互相雠怨，谓我'此是歹夷，此是穷夷'，教我绝之。红夷无所得利，又劫夺我货于海中矣。……盖自万历甲辰岁求通，彼时税监高宷欲许之，而其时臣子方与税使为难。漳南道沈公一中首使把总沈有容好却之。及于近岁，屡欲求市。我以为贼，痛绝之。抚台南公至于大创献俘。"⑤此所谓"红夷"，是指荷兰。这里叙述了荷兰商人开拓中国贸易市场的过程。由于荷兰人是后起的贸易国家，此前与中国间没有贸易关系。后来，从吕宋的西班牙了解到中国经商的好处后，也引诱强迫中国商人与荷兰商人贸易。荷兰商人的插足，挡了西班牙商人的财路，引起了西班牙商人的不满。老牌的西班牙从中挑拨，说荷兰商人是坏人穷人，使中国人对荷兰人产生误解，从而断绝了与荷兰的贸易活动。

中国商人不去荷兰经商，荷兰商人就亲自到中国要求通商。万历三十二年（1604）冬，荷兰人韦麻郎艘聚千余人次澎湖求市。税监高宷想同意，但被地方军政长官否定，将通事（翻译）林玉投进监狱。沈有容坚持认为荷兰人只为通商，不是侵略，主张安抚，放出了翻译，并亲自乘舟直抵韦麻郎，晓以事理，荷兰人被迫退出。荷兰商人既不能从事合法的贸易

---

① 陈高华、陈尚胜：《中国海外交通史》，台北：文津出版社，1997年，第246页。
② 《镜山全集》卷二四《开洋海议》。
③ 关于西班牙欺占吕宋国之事，何乔远《名山藏·王享记·吕宋》有较为详细记录。
④ 《镜山全集》卷二四《开洋海议》。
⑤ 《镜山全集》卷二四《开洋海议》。

活动,就做起了公开抢夺中国商人货物的勾当。如此,荷兰商人就以负面的海盗形象出现,加剧了中国官员对荷兰人的不信任感。"至乎末年,海上久安,武备废弛,遂致盗贼纵横,劫掠船货。兼以红毛一番,时来逼夺,当事者遂有寸板不许下海之令,至以入告而海禁严矣"。① 这是说,荷兰人的时时逼夺,引起福建地方官的恐惧,导致第三次海禁,寸板不许下海。

这种坚壁清野行为保证了国家的相对安全,却带来了另一个更为严重的问题,"海滨民众多生理无路"。在年成好的时候,百姓尚可勉强维持,一旦遇上天灾人祸,政府又没有能力解决百姓的民生问题,禁海的后果就显得非常突出。"兼以天时旱涝不常,饥馑洊臻。有司不能安抚存恤,致其穷苦益甚,入海为盗。其始尚依一二亡命,为之酋长。既而啸聚渐繁,羽翼日盛。海禁一严,无所得食,则转掠海滨。海滨男妇束手受刃,子女银物,尽为所有,而萧条惨伤之状,有不可胜言者矣"。② 沿海百姓走投无路之余,只好下海为盗。海禁以后,海盗在海上没有东西可抢,便转而向沿海进攻,这样的后果是政府没有想到的。

海禁也促使荷兰人到中国沿海建立贸易点。海禁以后,中国商船出不了海,荷兰商人就开始在中国国门口寻找贸易据点。东周沿海岛屿多是荒岛,离福建最近的群岛是澎湖列岛,便成了荷兰人的首选目标。天启二年(1622)六月,荷兰商人占领澎湖列岛。荷兰商人开始派专人求市,"辞尚恭顺"。但中国地方政府没有同意,于是武装进攻,"突驾五舟,犯我六敖"。漳州地方政府坚决反击,荷兰人被迫"放舟外洋,抛泊旧浯屿"。经过几个来回的折腾,最后荷兰人放弃武装开市,"遣人请罪,仍复求市"。天启三年(1623)正月,福建巡抚商周祚上奏疏,"谕令速离彭湖,扬帆归国。如彼必以候信为解,亦须退出海外别港以候,但不系我汛守之地,听其择便抛泊"。③ 不久,朝廷同意商周祚之计。由海盗首领李旦从中斡旋,商周祚同意以台湾作为交换条件,让荷兰人退出。于是,荷兰人退出澎湖,转移台湾大员(今台南市安平),开始了荷兰人占据台湾南部的历史④。不过,荷兰人名义上同意退出澎湖,一段时间仍赖着不走。天启四年正月始,经过几个月的斗争,福建巡抚南居益终于将荷兰人赶出了澎湖。荷兰人占据台湾以后,"彼尚憨不畏死,一心通市。据在台湾,时时闯入中左,与郑芝龙为唇齿之交矣"。中左所即今厦门,是海澄、同安的门户。"至于红夷作梗,劫夺干货,以致盗贼旁梃,官府以闻朝廷,遂绝开洋之税,欲使奸民无所得为盗。于是盗不得于海上,而转炽于海滨矣"。⑤

海上贸易点的建立,使荷兰商人控制了闽海贸易大权。海上交通阻塞的后果,导致"海运不通,米粟翔贵,百货腾踊,人民艰窘死亡,无可输纳钱粮",⑥也进一步导致中国海盗集团的出现。"自红彝据彭湖,而商贩不行,米日益贵。无赖之徒,始有下海从彝者,如杨六、杨七、郑芝龙、李魁奇、锺六诸贼皆是"。⑦海禁也逼着福建海船技术人员投奔荷兰商人,"闽之

---

① 《镜山全集》卷二三《请开海禁疏》。
② 《镜山全集》卷二三《请开海禁疏》。
③ 《明熹宗实录》卷三十,天启三年正月乙卯。
④ 陈水源:《台湾历史的轨迹》上,台中:晨星出版有限公司,2000 年,第 132 – 133 页。
⑤ 《镜山全集》卷二四《开洋海议》。
⑥ 《镜山全集》卷二四《海上小议》。
⑦ 《崇祯长编》卷四一,崇祯三年十二月乙巳。

土既不足养民,民之富者怀资贩洋,如吕宋、占城、大小西洋等处,岁取数分之息,贫者为其篙师、长年,岁可得二三十金。春、夏东南风作,民之入海求衣食者,以十余万计。自红彝内据,海船不行,奸徒阑出,海禁益严,向十余万待哺之众,遂不能忍饥就毙,篙师、长年,今尽移其技为贼用"。① 福建人纷纷与荷兰人结合,这样的局面,显然不是利好消息。可以说,万历末年的海禁导致了严重的后果,陷入一个恶性循环的圈子。

3. 较早地认识到荷兰人的经商性质

来自内地的福建地方军政大员习惯用军事有色眼镜看待荷兰商人,然而,福建地方士民却喜欢用商业眼光看待荷兰商人,何乔远无疑是一个敢发出声音的福建地方士大夫代表。何乔远坚持认为,荷兰人不是海盗,他们是海商,讲究商业诚信。"其实,红夷专悍重信,不怕死而已,而其意只图贸易,别无他念。"②荷兰人"恭谨信顺,与北虏狡猾不同","要其人狞顽,惟利是嗜,不畏死而已。而其信义专一之性,初未尝负我钱物。且至其国者,大率一倍获数十倍之利"。③ 在士大夫普遍用传统眼光打量荷兰商人的时代,何乔远能有这种认识,确实不简单。

何乔远肯定了荷兰人带动台湾南部开发的贡献。"台湾者,其地在彭湖岛外,于夷人无所属,而我亦为海外区脱,不问也。今则红夷入据其处。其地广衍高腴,可比中国一大县。我中国穷民,俱就其处结茅,刈菅苫,盖家室,而奸民将中国货物接济之,于是洋税之利不归官府而悉私之于奸民矣。"④由此可见,荷兰人的到来,促进了台湾南部商业贸易的繁荣,成为大陆穷人的一个求生之地。荷兰占据台湾,也导致西班牙占据基隆、淡水。"吕宋见我不开洋税,亦来海外鸡笼(今基隆)、淡水之地,私与我贸易。奸民又接济之如红夷,而洋税之利,又不归官府,而悉私之于奸民矣。夫以中国税额大利,悉闭绝以与奸民,此舜之大者也"。⑤ 天启六年(1626)五月,西班牙占据鸡笼。崇祯元年(1628),又沿西北岸,占领淡水。⑥ 何乔远最为忧心的是走私贸易导致国家财税的外流,台湾南北成为西方人的贸易据点,政府得不到什么好处。一般的说法,郑芝龙归降以后,出洋必须经过郑氏集团的同意,于是海利皆入亦官亦商的郑氏之手。⑦ 但据何乔远的说法,大利落入外商与私商之手。

荷兰、西班牙占据台湾南北部,建立贸易点,也使福建工商者有了用武之地。"佛郎机之地,本在西洋。……其开市于此,犹中国都北京,而设荆州、芜湖之镇以抽分。然其夷能与中国贸迁,其国货贿大集,则佛郎机王有赏,不则有罚,此如中国黜陟幽明矣。若此,则贩海之兴,夷人所觊幸而不可得者也。鸡笼、淡水之地,一日夜可至台湾之地,两日两夜可至漳、泉港。而吕宋夷百物百工,悉籍于我。其来鸡笼、淡水,我等百工如做鞋、箍桶之类,凡可以备物用者,皆至其处,又可无往返之劳,此又小民餬口一生路,亦我小民所视幸而不可得者

① 《崇祯长编》卷四一,崇祯三年十二月乙巳。
② 《镜山全集》卷二四《开洋海议》。
③ 《镜山全集》卷二三《请开海禁疏》。
④ 《镜山全集》卷二四《开洋海议》。
⑤ 《镜山全集》卷二四《开洋海议》。
⑥ 陈水源:《台湾历史的轨迹》上,台中:晨星出版有限公司,2000年,第136－140页。
⑦ 陈高华、陈尚胜:《中国海外交通史》,台北:文津出版社,1997年,第219页。

也。"①鸡笼、淡水港与台湾南部港口及大陆泉、漳港,实际上构成三角海上贸易关系,由于与大陆比较近,很快成为福建工商者的天堂。福建的手工业者有比较大的市场,百姓凭一技之长,就可以得到一个赚钱机会。

与西洋商人贸易,可以养活中国工商者。"是两夷人者,皆好服用中国绫段杂缯。其土不蚕,惟藉中国之丝为用。湖丝到彼,亦自能织精好段匹,錾凿如花如鳞,服之以为华好。中国湖丝,百斤值银百两者。至彼悉得价,可二三百两。而江西之瓷器,臣福建之糖品果品诸物,皆所嗜好。佛郎机之夷,虽慧巧,顾其百工技艺,皆不如我中国人。我人有挟其一技以往者,虽徒手,无所不得食。是佛郎机之夷,代为中国养百姓者也。"②这段记录表明,当时中国工商业水平居世界领先水平。中国先进的商品如浙江的湖丝、江西的瓷器、福建的糖品果品,是西方富人最想得到的商品。中国商品出口到这些国家,可以获得二三倍的利润。中国手工艺者到海外做工,空手可赚大钱。用今天的话说,人才输出可以为中国人提供无数的就业机会,商品输出可以为中国赚回大量的资金,商业利益无限。

除了西班牙、荷兰,何乔远也注意到了其他西洋商人。"此外,尚有暹逻、柬埔寨、广南、顺化以及日本倭,所谓西洋也。暹逻出犀角、象牙、苏木、胡椒,如加留巴,又出西国米、燕窝,他番所无。柬埔寨、广南、顺化亦出苏木、胡椒。"③这些国家各有特产,它们是中国人喜欢的商品。

4. 注意到了与日本间接贸易的存在

日本一直被中国人排斥在直接贸易国家之外,然而上有政策下有对策。"日本,国法所禁,无人敢通。然悉奸阑出物,私往交趾诸处,日本转手贩鬻,实则与中国贸易矣。"④由此可知,当时中日之间存在间接贸易。如此说来,日本与中国的贸易并未间断。日本商人与西洋商人的贸易方式不同,"我中国人若往贩大西洋,则以其所产货物相抵;若贩吕宋,则单是得其银钱而已"。⑤ 其他相关资料也有类似记载:"倭人但有银置货,不似西洋载货而来,换货而去也。"⑥也就是说,日本商人只用银元进口商品,本身没有商品可供出口,而西洋商人则既出口又进口。日本对中国商品的内在需求不变,海禁只会导致中国出口商品价格的拉高,利润更为可观,更加吸引中国商人去冒风险,拼命往日本市场跑。万历三十八年(1610)十月,福建巡抚陈子贞就说:"近奸民以贩日本之利倍于吕宋,夤缘所在官司,擅给票引,任意开洋,高桅巨舶,络绎倭国。"⑦据日本人说,"中国岁有四、五十船往"。⑧ "而其国有银,名长錡,别无他物。我人得其长錡银以归,将至中国,则凿沉其舟,负银而趋。而我给引,被其混冒,我则不能周知。要之,总有利存焉。"⑨长錡,即长崎,是日本最为发达的港口贸易城市。

---

① 《镜山全集》卷二四《开洋海议》。
② 《镜山全集》卷二三《请开海禁疏》。
③ 《镜山全集》卷二四《开洋海议》。
④ 《镜山全集》卷二四《开洋海议》。
⑤ 《镜山全集》卷二三《请开海禁疏》。
⑥ 胡宗宪:《筹海图编》卷二《倭国事略》。
⑦ 《明神宗实录》卷四七六。
⑧ 董应举:《崇相集·书三·答曾明克》,《四库禁毁书丛刊》本。
⑨ [明]胡宗宪:《筹海图编》卷二《倭国事略》。

中国商人借着去西洋的名义,往往出海后,就掉头到日本从事间接贸易。回来时的应付策略,就是快到中国时,商人往往自我沉船,只带银元回家。向官府交待时,诡称船被风浪所破,自然也不用交税了。

值得注意的是,日本人也有到台湾经商者。"比者,日本之人亦杂住台湾之中,以私贸易,我亦不能禁。"①这应是天启末崇祯初的事。据记载,天启六年(1626),日本商船驶抵台湾,希望通过在台湾的荷兰商人取得福建丝等物品。双方因利益之争,产生矛盾。② 这似乎是说,日本商人没有居住台湾。而何乔远则明确说日本商人杂处台湾,这个记载提供了新的信息。

崇祯元年(1628)三月,福建巡按御史赵荫昌"请禁洋舡下海,下所司议"。③ 范金民称:"如此算来,明廷自隆庆年间的开海禁,实际上前后不到五十年。东南沿海民间海上贸易的兴盛局面只是昙花一现,就在明廷海禁政策的控制下和欧人东来的干扰下,再次步入海外贸易的萧条境地。"④

三、对海洋开放重要性有着高度的认识

郑芝龙招抚以后,在何乔远看来,这正是开放的好时机:"自郑芝龙招抚以来,颇留心我保护地方。近者海氛稍靖,此政开洋之一会也。失今不行,海滨之民无所得食,势必复为盗。"⑤认为如果错过这一机会,会导致百姓重新为海盗的局面。

(1)主张开洋通商,增加国家税收。他说:"《礼经》所云'四方来集,远乡皆至,上无乏用,百事乃遂',此古帝王生财之大道也。"⑥"夫与其利归奸民而官府不得一钱之用,则孰若明之,使上下均益,而奸民亦有所容乎!"⑦公开收税,政府与良民各得其利。可以看出,何乔远作为一个士大夫,考虑立场是在国家与地方利益之间取得某种平衡。

(2)主张将收税点由海澄迁移中左所即厦门。"凡洋税,于海澄县给引发船,此故事也。自海寇为梗,人多不往吕宋兴贩。顾兴贩在也,缘吕宋酋长,因我货不往,彼来就鸡笼、淡水筑城贸易,而红夷亦住台湾,与我私互市。顾皆奸民奸阑接济,是我不得收税者,不得收海澄县之税耳。而鸡笼、淡水、台湾诸处税,独不可严奸阑之禁,必令给引乃发乎。夫利归奸民而上不得一分之用,此所谓舛也。愚见以当请于朝,将海澄之税移在中左所,而我以海防官管之,外则使芝龙发兵巡逻。私贩之人治以重罪,彼素知其窟穴而习夫风涛,必不至漏网,则昔日海澄之饷,今在中左,此仍旧之道也。"⑧要求将海关迁移到厦门,说明因西方商人殖民台湾以后,厦门的位置突显起来。

(3)就近提供给引,方便商人申领。"今日开洋之议,愚见以为旧在吕宋者,大贩则给引

① 《镜山全集》卷二四《开洋海议》。
② 陈水源:《台湾历史的轨迹》(上),台中:晨星出版有限公司,2000年,第146页。
③ 《崇祯长编》卷七,崇祯三年丙寅。
④ 范金民:《贩番贩到死方休—— 明代后期(1567－1644年)的通番案》,《东吴历史学报》第18期,2007年12月。
⑤ 《镜山全集》卷二三《请开海禁疏》。
⑥ 《镜山全集》卷二三《请开海禁疏》。
⑦ 《镜山全集》卷二四《开洋海议》。
⑧ 《镜山全集》卷二四《海上小议》。

于吕宋，小贩则令给引鸡笼、淡水。在红夷者，则给引于台湾。省得奸民接济，使利归于我，则使泉州一海防同知主之。其东洋诸夷及大贩吕宋，仍给引于漳州，使漳州一海防同知主之。"①看得出来，何乔远主张继续实行给引政策，就近提供给引。在吕宋、台湾及鸡笼、淡水三个商业贸易地，由泉州同知负责；其他的东洋商人，仍在漳州，由漳州同知负责。

（4）主张利用郑芝龙保护东南沿海。"郑芝龙既有保护地方之意，责其逐捕海上，如三年内盗贼不生，人船无害，即行大加升赏"。②

何乔远认为，开洋通商，有几大好处：

（1）贸易可以给福建人以生路，海盗减少。"兴贩大通，生活有路，贼盗鲜少，此中国之大利也。"③"今海上洋禁，百凡犹可，而漳、泉之郡，地狭人稠，不仰粟于东广则不得。彼无所掠，则将买粟之船，尽数取去，而吾民之饔飧困矣。又如泉州需纸于延平，须酒于建州之类。诸物不敢下船，一从陆地驼挑，而百物之杂用困矣。夫此犹其小者也。行贾者，天下之大利也。今天下人无所贾，贾于吴越为盛。吴越之人利莫大于湖丝，而夷人所欲者，亦莫大于此。夷人所工者，织纴作绒，而不得湖丝，则无所得下手。其湖丝已成之货，若绫罗紬（绸）缎之类，则彼又鏨以花为鳞，服之为观美。又如江西瓷器，亦彼所好。是洋税一开，其为商贾之利广且远，所以生天下之民人也。"④这里明确提出，海上生活品运输贸易直接影响福建漳、泉的生计。盗贼如无东西可劫，则劫掠连日粮运船，问题就大了。由于陆路运输成本较高，商人利润不高，贸易很难发展。洋税闭，对福建人影响甚大；洋税开，则对大家都有利。

（2）开洋可以减少海盗到沿海骚扰的机会。"且夫盗贼而横行海上，不过劫取一二船货，杀伤数人之命而已。而开洋概绝，盗贼狠子野心无所得劫掠，仍来登岸，焚略劫杀，子妇银悉为所有，则其祸转烈，而为患转大矣。"⑤海上损失小，登陆损失更大，这就是嘉靖大倭寇给我们的教训。为什么说海上损失小？"度商船之遇贼也，十不二耳，且其船俱带火药器械，连而行，贼来殊死斗也，其不济者常少。"⑥由此可知，商船本身有无防卫能力，是决定海商损失大小的因素所在。

（3）东南海外贸易税收可平衡西北军事支出。据何乔远的说法，当时中国存在最大的出孔与入孔，"出孔莫大于西北边，而入孔莫大于西南夷。出孔者，以之求款虏守边，一出而不可复返；入孔西南夷，宝货所聚"。开放海禁，"往者既多，积渐加税，度且不止二万余但可充闽中兵饷而已"，可以平衡西北军事的财政支出。"天生大利在海外之国，而一切闭绝之。但见有出孔无入孔，使奸民窃窃自肥，而良民坐受其困，殊为可惜。"靠从民众身上增加财政收入，只能加重百姓负担，最后逼良为盗，走上造反之路："而一切闭绝之，而徒求之加派重敛之间，其后民不堪命，转而为盗，则征剿之费，又继其后，破财更大。瓦解土崩，皆兆于此。"⑦为了镇压百姓，政府又得多出军费，破费更大，从而陷入恶性循环，最后导致国家灭

①　《镜山全集》卷二四《开洋海议》。
②　《镜山全集》卷二三《请开海禁疏》。
③　《镜山全集》卷二四《开洋海议》。
④　《镜山全集》卷二四《开洋海议》。
⑤　《镜山全集》卷二四《开洋海议》。
⑥　《镜山全集》卷二三《请开海禁疏》。
⑦　《镜山全集》卷二四《开洋海议》。

亡。这是崇祯三年说的话,明朝最后的结局,印证了何乔远的见识之远。

（4）可带动其他各地相关行业。"今天下人民日众,图生日多。若洋禁一开,不但闽人得所衣食,即浙直之丝客,江西之陶人,与诸他方各以其土物往者,当莫可算。汉司马迁所谓走地如鹜者也。如是,则四方之民,并获生计。"①要求以中外贸易带动中国各地的手工业生产,让四方百姓获得生计,这个观念是相当进步的。

四、结语:防卫与贸易冲突下的东南沿海

贸易是福建人的生存之本。由于长期生活于福建沿海,故而对福建商人利益有深刻的理解。"闽人生息益众,非仰通夷,无所给衣食。又闽地狭山多,渠渎高陡,雨水不久蓄。岁开口而望吴越、东广之粟船,海乌能禁哉?"②"海者,闽人之田也。闽地狭窄,又无河道可通舟楫,以贸江浙、两京间,惟有贩海一路是其生业。"③这就是说,福建的地理环境,决定了福建只能发展海上贸易,而不可能走陆路贸易。这里同时也反映出,当时的江浙、南京与北京,是商业贸易主要地区。巡按福建陈子贞称:"闽省土窄人稠,五谷稀少,故边海之民,皆以船为家,以海为田,以贩番为命。"④兵部尚书梁廷栋也有类似说法:"闽地瘠民贫,生计半资于海,漳、泉尤甚,故扬航蔽海,上及浙、直,下及两粤,贸迁化居,惟海是藉。"⑤

求生存是福建商人纷纷从事海上贸易风险活动的内在动力。"窃因而论之,开洋之家,十人九败,其得成家者,十之一二耳,而人争趋之者何也?此譬如吾辈读书,能得科第者有几,其不遇者,至于穷老以为活,皆云书之误人。然而人人皆喜读书者,以其有科第在前也。今兴贩之人,亦有遇盗,丧其资斧;亦有丧身波涛,以饱鱼鳖。然而甘之者何?有以成家十之一二者可几幸也,而又可以苟且度日。其在国家爵禄糜天下之士,使其童乌以至白首,钻研于功名之途,一生不暇休废,至其不遇,则亦己老矣。而小民被其设财役贫,亦可苟且度日,此亦所以销海上奸民之一议也。"⑥海上贸易是一项风险事业,这与科举考试有相似性。这样的理解,应该是比较到位的。

福建一直是中国的海外贸易大省,也是古代国际走私贸易的大本营。传统中国主要是一个大陆国家,大陆是中心,海洋是边缘,这注定了海洋位置长期被人忽视。传统中国是一个大一统的中央集权国家,地方各省没有自治权,各省份之间讲究平衡,政府向来实行统一政策,不可能为了福建而采取特殊的政策。传统中国是一个强国家社会,政府利益远高于民间利益。对政府来说,国防军事利益是他们的最高利益,民间那点经济利益只是蝇头小利。所以,当福建人苦苦要求朝廷开放海洋、实行国际贸易的时候,政府总是以军事眼光打量海商,不予采纳,从而使中国一次次地失去了开拓海洋、发展贸易的机会。

---

① 《镜山全集》卷二四《请开海禁疏》。
② 《镜山全集》卷二六《闽书·扞圉志》。
③ 《镜山全集》卷二四《开洋海议》。
④ 《明神宗实录》卷二六二,万历二十一年七月乙亥。
⑤ 《崇祯长编》卷四一,崇祯三年十二月乙巳。
⑥ 《镜山全集》卷二四《开洋海议》。

东亚海域文明对话中的冲突与磨合

——以朱之瑜与安东守约及其他明遗民诸关系为例

钱 明

（浙江省社会科学院）

摘要 基于中日友好之大局，以往的研究都集中于朱之瑜对安东守约的教诲和守约对之瑜的资助一面，而几乎不涉及两人关系中不协调甚至冲突的一面。本文较为详尽地讨论了两人之间的紧张关系，目的不是想弱化两人的真挚友谊，相反，揭示这些过去不太为人提及的紧张关系，正是为了更真实地反映两人的平等交往过程。

关键词 朱舜水 安东守约 东亚海域文明 明遗民

朱之瑜与安东守约之间的特殊关系，是中日文化交流史上为人津津乐道的话题。朱氏满怀热情地向日本输出中国文化，守约真心诚意地向流寓日本的明遗民学习中国道统，两人共同谱写了明末清初中日文化交流的和谐乐章。基于中日友好之大局，以往的研究都集中于朱之瑜对安东守约的教诲和守约对之瑜的资助一面，而几乎不涉及两人关系中不协调甚至冲突的一面。应当承认，朱之瑜与安东守约的关系，友好合作是主要的，矛盾冲突是次要的；而造成双方摩擦的根本原因，既有人物性格方面的，又有文化习俗方面的。全面解读东亚海域文明对话中的这段史实，还历史于原貌，对中日两国乃至东亚合作的今天与明天，不无裨益。

一

朱之瑜（1600 - 1682），字鲁玙或楚玙，号舜水，余姚人，1645 年至 1658 年间 6 次抵长崎；1659 年至 1682 年，流寓日本 23 年，死后葬于常陆久慈郡大田乡（今常陆太田市瑞龙町）的瑞龙山水户德川家墓地。安东守约（1622 - 1701）比朱舜水小 22 岁，筑后柳河藩（今福冈县柳川市）人，字鲁默，号省庵、耻斋。1649 年，省庵拜京都的松永遐年为师，学成后回柳川，成为藩主立花宗茂的侍讲。松永遐年（1592 - 1657），字昌三，号尺五，江户时期著名朱子学者藤原惺窝①的高足,1621 年与陈元赟②相识。省庵不仅从松永遐年那里学到了朱子学,而且还可能通过遐年结识了陈元赟,并介绍舜水与元赟认识。后来省庵开创了日本关西朱子学的先河,与筑前的贝原益轩一起被硕儒伊藤仁斋并称为"海西二巨儒"③。

1653 年秋,省庵去江户前为治病来到长崎,与精通医术的陈明德(详见后述)和寄宿陈氏医邸的僧人戴笠④相识,而舜水也刚好于此时第五次来到长崎,并下榻陈氏医邸,省庵这才从陈、戴二人那里第一次了解到舜水的情况⑤。不过省庵真正与舜水"相识"或"相知",则是在读了他的《坚确赋》之后才做到的⑥。而且省庵与舜水无论"相识"还是"相知",大都是在书信交往过程中实现的,在 1660 年以前,两人从未有过会晤面谈的机会,之后见面机会也很少,最多只是省庵去长崎看望过舜水几次(原计划每年两次,后因来回费用问题而未能兑现,有事一般由陈明德传递),而舜水却从未去柳川回访过省庵,尽管他与省庵都有过这样的心愿,但终因幕府实行海禁,外人不得离开长崎进入日本内地而作罢⑦。后来舜水应聘前往江户,而江户与柳川相距遥远,于是去柳川的愿望也就更加难以实现了。有人曾以舜水写给省庵的下面这封信为据,证明舜水去过柳川。其实这是个误解。这封信应该是舜水刚到长崎时的友人陈明德回答省庵提问时说的话,而舜水只是转引完我之言罢了⑧。

再说舜水,刚到长崎时,他孤身一人,语言不通,有许多事都得依靠唐通事帮忙,而陈明德就在此时走进了他的生活。但或许是口音问题,舜水对陈的口译水平甚为不满,故而与省庵相识后,舜水曾明确向其提出过"来时须携一通事来"的要求⑨。而明德接纳舜水,则是因为从华商口中备闻其忠义学行而为之感动之故。当时省庵也正好在到处打听来自明朝的优

① 藤原惺窝(1561 – 1619)曾向朝鲜朱子学者姜沆学习朱子学,其门下有那波活所(1595 – 1648)、林罗山(1583—1659)等大儒。松永遐年的母亲是藤原惺窝的侄女。松永向藤原学习朱子学后,又在京都受到后阳成天皇、后水尾天皇的庇护,而与江户的林罗山等人相抗拒(参见吉田公平:《十七世纪的安东省庵》,《柳川资料集成月报》2004 年第 9 辑,第 4 – 5 页)。这与朱舜水受聘于德川幕府,而常与江户朱子学者相往来,有较大不同。

② 陈元赟(1587 – 1671),名珦,字义都,号芝山、芝山道人等,生于余杭陈家桥,明万历四十七年(1619)为生计而随商客去日本,自此一直未归,在日流寓 52 年。元赟一生著作皆撰于日本,除《虎林诗文集》、《既白山人集》亡佚外,现存于日本的还有《老子经通考》、《元元唱和集》、《升庵诗话》、《长门国志》、《朱子家训抄》、《陈元赟书牍》等。原念斋说元赟"能娴此邦语",这是他的一大优势,故自渡来日本后,即开始传播中国学术和各种技艺。

③ 参见松野一郎:《安东省庵》,福见:西日本新闻社,1995 年,第 207 页。

④ 戴笠(1596—1672),字曼公,道号独立,法讳性易,杭州人,进士出身,博学能诗,巧篆、隶书。明亡后不仕清朝,于 1653 年 3 月抵长崎,寄寓陈明德邸。隐元来日,戴笠皈依佛门,遂成僧独立。1658 年,隐元谒见幕府将军德川家纲,独立作为书记而随行。1665 年 8 月,受岩国藩(今山口县)主吉川广嘉之聘前往医。省庵《悼独立师》诗云:"追忆昔时春雨行,今为泪雨感交情。避难变姓却空寂,陈奠供诗叙盟盟。"(《省庵先生遗集》卷一〇,《安东省庵集影印编》第 1 集,柳川市史编集委员会 1993 年编,第 526 页)对与独立的交往感怀至深。

⑤ 按:舜水第四次来长崎是在 1653 年 7 月,而戴笠寄宿陈明德医邸则是在 1653 年 3 月,比舜水早 4 个月(参见金子正道:《朱舜水与安东省庵的相识》,《朱舜水与日本文化》,北京:人民出版社 2003 年,第 163 页)。而据稻叶君山说,省庵与戴笠共寄足于明德医邸是在 1653 年秋(同上,第 167 页)。故可推知,省庵与朱、陈、戴三人相识都是在 1653 年秋。

⑥ 参见徐兴庆编注:《朱舜水集补遗》,台北:学生书局,1992 年,第 16 页。按:《坚确赋》是 1657 年舜水为安南国王写的一篇赋,为《安南供役纪事》中的一节。舜水在赋中表现出"志意坚确"的品格(参见《朱舜水集》,第 24 页)。

⑦ 省庵曾邀请舜水来柳川住居,舜水也认为"其便有四:日夕相亲,一也;省无益之杂扰,二也;惜精神省费,三也;可免人尤,四也";是故"深冀之"。但舜水又担心长崎奉行黑川正直不予放行,所以要省庵"先烦清田翁于黑川公前,探知口气如何,然后恳贵国(指筑后)君致书为妥"(《朱舜水集》,第 158 页)。后来估计黑川没有同意,此事遂不了了之。

⑧ 参见《朱舜水集补遗》,第 43 页。按:金子正道认为:舜水去江户时,尝经过柳川,与省庵依依惜别(金子正道:《朱舜水与安东省庵的相识》,《朱舜水与日本文化》,第 160 – 162 页)。此说似证据不足。

⑨ 朱谦之整理点校:《朱舜水集》,北京:中华书局,1982 年,第 155 页。

秀儒士,于是明德便于1658年把曾下榻于自己医邸的舜水的情况告诉了省庵。省庵乐道志行,遂以书向舜水问学,并执弟子之礼。当时舜水正在为抗清复明的新战役做准备,行期在即(即将应郑成功之约赴厦门),事务繁忙,是故无暇复书,只得托陈转告,相约翌年面晤时再作商定。然陈氏却致书省庵,谓"朱(舜水)事务多端,(省庵)诗文不及详阅,并简慢来使"①;似有诋毁舜水,离间两人关系之企图。这也为后来朱、陈关系不和埋下了伏笔。倒是省庵以诗为舜水送行,以激励其斗志②。

因此,尽管舜水接纳门人的条件十分苛刻,然因其早就抱有"大明斯道"之志向,又见省庵执礼甚谦,故答应省庵之要求,实乃预料中事。于是他致书省庵说:"不佞虽籍庇粗安,朝夕之需,复厪远念。惟是秉烛之光,疑无几时。倘得与贤契及诸英俊大明斯道,则亦不虚此生。"③只不过1660年以前,两人惟书信往来而并未面晤,因而也就谈不上真正的"相知"。

1659年,省庵在柳川教授藩士子弟期间从陈明德那里得到舜水写给他的书信,随即回信致谢。同年春,舜水奉鲁王监国之召附舟返厦门,从郑成功、张煌言北伐,省庵特寄书作诗饯别,并资以黄金,舜水因返国仓率,仅贻一名贴致意,而未能作答。七月,郑氏兵败南京,舜水见事难再有为,于是年冬第七次抵长崎,欲求一保明室衣冠之所,拟终老异域,遂答书省庵,请其襄助。省庵知其意与处境,遂与明德及多位同志联名上书,说服长崎奉行黑川正直④,再以黑川正直请得肥前小城侯锅岛直能⑤同意,特为舜水破四十年来锁国之禁令,许留长崎。1660年秋冬,省庵再赴长崎时,才终于见到了自己心目中大儒朱舜水。两人初次见面,由省庵弟子柳如瑗担任翻译。而柳氏则"在其(舜水)左右,为我(省庵)调停者多矣"⑥。说明两人首次见面时,就因种种原因(主要来自舜水)而发生过误解。

此时的舜水,虽身居长崎,但心系故土,于寓日之次年,为省庵问明室致乱之由而著《中原阳九述略》,并亲授省庵藏之,以图"他日采逸事于外邦,庶备史官野乘"⑦。此文使省庵对舜水的忠义人格有了更深的了解,从而也更增添了他全力帮助舜水的决心。起初舜水在长崎的居住条件非常恶劣,省庵见状,便为他奔走寻房,希望能尽快改善舜水的居住条件⑧。然舜水原先的住房也许是其他朋友为他找的,因担心他人议论,故舜水对换房一事并不积极,搞得省庵不知所措。同样是住房问题,1663年春,即舜水寓居长崎的第四年,长崎发生火灾,舜水寓所亦为之焚尽,只得暂居皓台寺轩下,露天而居,不蔽风雨,加以盗贼充斥,命不旦夕。省庵闻讯,坦言道:"我养老师,四方所俱知也,使老师饿死,则我何面目立乎世哉?"⑨于是置病重、拮据于不顾,立刻赴长崎为之绸缪解难。他先是建议舜水移居自己的家乡筑

---

① 《朱舜水集补遗》,第106页。

② 参见《省庵先生遗集》卷一〇《奉送朱鲁玙先生归中原》,《安东省庵集影印编》第1集,第524页。

③ 《朱舜水集》,第154页。

④ 黑川正直(1602－1680),1650年就任长崎奉行,俗称镇公。长崎奉行定员二名,当时另一位奉行是1652年任职的甲斐庄正述(？－1660)(参见能仁见道:《隐元禅师年谱》,京都禅文化研究所1999年版,第261页)。

⑤ 锅岛直能(1612－1679),肥前小城藩主,1651年就任加贺守,1654年承袭藩主位,与隐元禅师关系密切(参见能仁见道:《隐元禅师年谱》,第291页)。

⑥ 《省庵先生遗集》卷九《悼柳如瑗》,《安东省庵集影印编》第1集,第517页。

⑦ 《朱舜水集》,第13页。

⑧ 《朱舜水集补遗》,第45页。

⑨ 《朱舜水集》,第618页。

后,后见其比较为难,便为其在长崎筹建住所,直到安排好舜水的生活后,才依依别返柳川。事后,舜水曾深情地写道:

> 贤契笃于骨肉之情,此自贤契天性之独厚,学问之独充。乃又于兄弟病危之际,舍之而远忧不佞,且欲同来饿(今井弘济按:是时长崎火灾,省庵妹病将死,省庵舍之而赴之,谓欲与老师同饿死)。贤契之于不佞,恩恫真笃,遂至于此!①

除了住房问题,舜水寓居长崎期间所面临的最大困难,就是经济上入不敷出,导致生活拮据、穷困潦倒、为人嗤笑。省庵知道后,便从1660年开始,节衣缩食,分半俸供给舜水。舜水辞以过多,省庵曰:

> 老师高风峻节,必不受不义之禄。岂以守约之所奉,为不义之虑乎?守约百事不如人,惟于取与,欲尽心以合理。若拒之则为匪人也,岂相爱之道哉!……守约为生,丰于老师,则岂于心安乎?纵使倾家奉之,志则在矣,难以致久,故酌其宜以中分之。有余则不在此限,不足则亦不必如此,愿不过为虑也。守约尊信老师,本非为名;老师爱守约,亦岂有私?惟斯道之明而已。②

舜水知其志不可移,于是许其所请。自此省庵或以书信相往来,或把长崎当校舍,穷微探赜,学术顿进。这段感人的故事,舜水后来尝反复向人念及,其中尤以《与孙男毓仁书》为详。而舜水真情讲述这段史实的用意,则是要毓仁"铭心刻骨,世世不忘"③省庵的大恩大德。尽管他对省庵过于"矫激"、清高绝俗的性格略显不满(详见后述),但这并不影响他对省庵的感激之情。他甚至希望"倘中原有复然之势,不佞得返故国,自不泯泯贤契之德,书之国史,自足辉煌,简册与金石同铭,而日月同贯"④,使省庵的事迹在中国亦能垂名清史。

二

省庵帮助舜水,从今天的眼光看,自然是反映中日两国人民深厚友谊的极好素材,然而在当时,却曾引起过世人的种种非议:

> 或曰省庵半俸,本是虚名,特师徒伪为此说以饵人耳。或曰先前亦尝供给,因见其(指舜水)人品学行不足重,故近时不理论致此穷困耳。或曰省庵先时勉力亦是诱之之法,今省庵学问颇高,自然推开了。或曰此人(指舜水)没落了,吃酒养老婆叱顽童,省庵半俸米贱止百余金,如何够得他用?所以近来穷极。或曰(舜水)省吃省穿,积谷在身边,欲作富家翁,积得千百金归家受用耳。省庵那知其意,种种议论,总不堪闻,即此五说大有损于吾两人,故勉以酌其中,而庸人本不能量君子之短长深浅,又不能自安于愚下,好为纷纷浮议,而浅衷薄植者,遂为所簧惑,竟为传

① 《朱舜水集》,第165页。
② 《朱舜水集》,第617页。
③ 《朱舜水集》,第48页。
④ 《朱舜水集补遗》,第17页。

说,甚可怪也。①

这种非议虽然是冲着他俩而来的,但相比之下,省庵受到的压力也许更大,连其亲戚朋友都对此很不理解:"当其时,亲戚故旧,岂无阻扰之者? 岂无嘲笑之者? 而贤契奋焉不顾。"②

其实,省庵的亲戚朋友反对他这样做也是有情可原的,因为省庵当时自己也是"敝衣粝饭"③,"家素清贫",所住房子,又刚被台风吹倒④,两人遭遇到的困难可谓半斤八两,要想资助他人,确非易事。然而就是在这样的情况下,省庵仍坚持分半俸供给舜水,而他自己却是生活"益困,世之知先生(指省庵)者,为之忧之,不知者为之怪之。先生恬然不顾,待朱子弥笃焉。于是先生好德之名显于海内"⑤。而在省庵遭到世俗"解嘲",要其放弃资助的同时,舜水也受到了来自各方的冷嘲热讽,内心痛苦可想而知。当他听说省庵因"苦于手中不足",而对是否来长崎看望自己犹豫不决时,便袒露其心扉说:

> 昨健翁(陈明德)至,云贤契(省庵)意欲至崎,苦于手中不足,欲不来则又恐不佞见怪,以此踌躇不能委决耳,其实欲来之意甚切。健翁闻之独详如此。是贤契之于不佞犹有未能尽知之处也。不佞之心,光明如皎日霁月,自信无纤毫云翳,而与贤契相信如金石,乃犹迟疑勉强,复作此虑耶? 以不佞欲见之心,诚思旦夕旬日别去,反增怅惘,以贤契力有不能,迟迟不妨也。万万俟其便而为之,不可勉强也。⑥

这段道白,反映了舜水希望与省庵建立休戚与共、彼此相契、互存互信之朋友关系的真诚愿望。而省庵亦终因"俸廪甚廉,而所惠如此",致使"两国人大为感颂",非惟舜水铭佩而已矣⑦。于是,一方面是省庵"切切以不佞之贫困为忧",另一方面是舜水"遍以示人,使知贤契之盛美耳"。没多久,省庵半俸供给舜水的事就几乎传遍了长崎的大街小巷⑧,并很快传到了江户。在此之前,省庵在江户儒学界的知名度很低,许多儒者都是通过舜水才了解省庵的。比如儒臣小宅生顺,就是在得知省庵是舜水高足并听说其半俸供给之事后,才对省庵肃然起敬的:"贵门人省庵,虽未知其为人,而闻人人说天性启明,且亲炙先生有日,其极致不

---

① 《朱舜水集补遗》,第 7 页。
② 《朱舜水集补遗》,第 17 页。
③ 《朱舜水集》,第 6 页。
④ 《朱舜水集》,第 157 页。
⑤ 南部景衡:《省庵先生遗集序》,《安东省庵集影印编》第 1 集,第 376 页。
⑥ 《朱舜水集》,第 157 页。
⑦ 《朱舜水集》,第 167 页。
⑧ 按:首先大力宣传省庵半俸供给之事的,正是舜水本人,他曾说:"(省庵)切切以不佞之贫困为忧。不佞故遍以示人,使知贤契之盛美耳。"(《朱舜水集》,第 184 页)

可易言。仆何敢望省庵！"①至于省庵在中国的出名，则是在张斐②赴日考察舜水史迹返回故土后才开始的③。

然而对于这些好评，省庵本人闻后却不屑一顾，认为区区小事，不足挂齿："予德业其凡，下知名中国大儒，非谓博学，非谓文章，非谓有他善，只以事师分禄之一事，得不虞之誉，可耻可惧之甚也。"④这就是省庵的虚怀若谷、高迈清节的为人之道，也是舜水最敬重他的地方。

据说导致省庵生活窘困、狼狈不堪的主要原因是他不会理财，加之用人不当和自然灾害，致使家庭收支每况愈下。后来当舜水听说省庵"家计渐足，今令宠大能理家，而贤契又切切来望悦我，甚喜"；又略带指责地说："若贤契早为之，两年不受如此周折。不佞非追于既往，但欲贤契惜之于将来耳。"⑤舜水显然是出于对弟子的爱护才说此"重话"的。

反观舜水，他当时的所作所为，恐怕也会令今人匪夷所思。比如他虽然生活窘迫，但仍"雇"来"年四十五岁"的"婢子"一人，又向筑后屋长兵卫"借"来"仆人"，向江口氏"借"得"小僮"，还要有人洗衣，尝叹苦道：

> 不佞在此，衣服污垢无人洗濯，前者烦明德家婢，不肯。与之钱，不肯。无奈不佞自澣领袖，余者使小童以双足踏之，甚耻甚苦。后完翁家有一婢，请之，慨然应允，近来衣服皆此妇所洗。⑥

尽管这已是舜水移居长崎六年后的事，但仍透露出舜水略显"奢侈"和"娇贵"的生活方式。也许有人会说：以省庵微薄的俸禄，来满足这样的"高消费"，显得很不地道。不过笔者以为，舜水这样做还是有情可原的。第一，舜水当时年岁已高，言语不通，生活不便，雇佣个把"婢子"乃人之常情，而且肯定也是省庵及其他日本友人的心愿之一。第二，雇佣"婢子"、"仆人"或"小僮"，乃是中国古代读书人的普遍现象，对舜水这样的"功名之士"⑦来说亦显正常。而这种生活方式也一定会带到长崎，以至成为当时来日中国士人、商人们的生活必须消费。从这一意义上说，舜水生活贫困是不能拿真正的劳动者来作参照系的。因为对每个人来说，生活层次和需要是不一样的。要求不同，"贫困"的标准也就不同，感受也会不一

---

① 《朱舜水集》，第411页。舜水闻后答曰："省庵之为人如其文，其立志更有人不可及者。"（同上）

② 张斐，字非文，初名宗升，号霞池，余姚人，约生于1635，卒于1687之后。明亡之后，张斐舍弃举业，绝意仕进，浪迹江湖，自号客星山人，四处交结遗民志士，图谋反清复明。据其诗文记载，曾与屈大均、李清、魏禧、费密、顾祖禹颇多交往。1686年，张斐经舜水孙毓仁引荐，搭乘商贾船舶至长崎，有效结乡舜水乞师德川幕府之意。因恰值日本海禁严厉，不令招聘外人，张斐蹇延数月，未得赴江户面见幕府将军，怏怏回国。次年正月，张斐再次搭商船远赴长崎，然滞留数月，仍未能获准赴江户，遂决意回国，其后不知所终。张斐两次登陆长崎，与日人大串元善、今井弘济（舜水门人）、安东省庵、安东守直（省庵之子）、武冈素轩（唐通事之后，省庵门人）或晤谈，或诗文唱和，结下深厚的友谊。其间省庵父子对张斐才学甚为仰慕，虽然限于国禁始终未能谋面，但颇有文字交往，并结集为《霞池省庵手简》（参见刘玉才、稻畑耕一郎：《明遗民张斐的文献调查与研究》，收入钱明、叶树望主编《舜水学探微》，杭州：浙江古籍出版社，2009年）。

③ 参见《朱舜水集补遗》，第135页。按：不过省庵当时最多只是在余姚一带有点名气罢了。省庵真正在中国出名，应是进入近代以后。

④ 《霞池省庵手简自叙》，《安东省庵集影印编》第1集，第340页。

⑤ 《朱舜水集补遗》，第43页。

⑥ 《朱舜水集补遗》，第156页。

⑦ 《朱舜水集补遗》，第160页。

样。我们很难说舜水的生活有多么"奢侈"，要求有多么"离谱"，而只能说舜水这样的"功名之士"，在生活观念是根本不同于普通百姓的。第三，舜水只是刚来长崎时生活拮据，后来也许是得到了大陆来的商人们的帮助或者是自己有了谋生的手段，生活条件遂大有好转："不佞近日颇有起色，即使借债多，不过百金，亦为易了。"①在这种情况下提高点生活质量，实无可厚非。

当然，舜水也很想回报省庵，而回报的方式，大致有四种：一是经过自己的努力使省庵尽快在学问上得到提高、取得成就，进而使日本人能够接受自己、理解省庵②。比如省庵从事儒学的启蒙普及工作，就是在舜水的鼓励下起步的。后省庵撰《训蒙集》，有人诋毁之，舜水却支持说："诚有益于学者，何谓无益之事！当留意速成之。"③说明在学问上舜水对省庵的帮助是相当有力的。二是得数亩耕地自给自足，以减其省庵的负担：

> 但中分其禄以赡不佞，不佞当之，内愧于心。故欲图十亩之园，抱翁灌之。在长崎辐辏之地，足以自给……传之后世及吾与尔子若孙，均足以为美谈，故相斟酌如此耳。④

不过据笔者分析，舜水"欲图十亩之园"的目的，除了希望自给自足，以减轻省庵的负担这一直接原因外，还有不问政治、逃避现实这一更深层次的因素。经过十余年的海上奔波，舜水几乎与各种各样的人都打过交道，对政治，对人性，都产生了厌倦情绪，所以很想脱离现实的人际关系，去过陶渊明式的世外桃源生活，所谓"但欲觅数亩之地，住此灌园，颇足自给；不交王侯，不涉世趣，亦自高尚。贤契来则与尚论古人，考究疑义，酌酒谈心，更无余事"⑤这段写给省庵的话，不仅反映了舜水欲与省庵谈学论道、尽其所能的学问冲动，而且也流露出已年近古稀的舜水希望去过那种与世无争的隐居生活的晚年心志。三是尽量满足省庵等人的文化需要和学术诉求。比如省庵提出撰写楠公父子像赞的请求，舜水二话没有，立即照办。故此笔者认为，省庵想在学问上得到舜水的指导和帮助，虽然不能说是他帮助舜水的主要动机，但也不能否认确实有这种目的隐含其中。正是抱着对中国文化的极端崇拜⑥，省庵才会常常向舜水提出各种要求，如撰写赞、记、跋等各类文字，而舜水亦是有求必应，即使身体状况不好，也要亲自操刀，而绝不让人代劳。他曾为省庵写过《孔子赞》，"大字草书屏十二幅"；又曾为省庵写过"吕、张、诸葛画"的"题赞"；还曾为省庵父亲题过字。舜水不仅教省庵学问，而且还亲自为他"改定序稿"，甚至帮他提高文字修饰能力；⑦对省庵的帮助，完全抵得上省庵在经济上对他的襄助。四是计划用金钱反馈省庵。以下这则记载，颇能反映舜水当时的态度：

> 贤契谓："弟子之事师，犹子事父□，宁有子事父而望父之报者？老师他日幸
> 勿以金钱赐门生。"不佞此时不然其说……贤契云"子不望父报"，宁有父赐子而子

① 《朱舜水集》，第 183 页。
② 舜水说："但愿贤契（省庵）学术大进，德业增修，为吾解嘲耳。"《朱舜水集补遗》，第 6 页。
③ 《朱舜水集》，第 155 页。
④ 《朱舜水集》，第 176 页。
⑤ 《朱舜水集》，第 159 页。
⑥ 省庵自称："守约谫劣无能，只读书知圣贤可尊、中华可慕也。"又曰："贤契生于日本，乃慕中国之制，此极美事。比之笑中国衣冠者，相去天壤。"（《朱舜水集补遗》，第 135、239 页）
⑦ 参见《朱舜水集》，第 157、167、166、193、192 页。

却之之理？……贤契以不望报为贤，以疏远不佞为高，竟不思事体不同，量此特匹夫小谅，有识之士岂有不非而笑之者？不佞清不绝俗……贤契学圣贤之大道，不图日进于高明，今乃孑孑焉。执清节以自名于世，非所望于贤契也……幸勿再为此绝俗之事也。①

这说明，省庵坚决不要舜水回报的原因，是欲学圣贤之大道，自执清节，疏远绝俗，而舜水则坚持其一贯的"清不绝俗"的为人之道，故而与省庵也产生了一些误会和隔阂。金钱不行，舜水就送家乡土产，如宜兴时方壶、新茶等作为回报。这些东西估计都是舜水住居长崎时，其"敝乡亲及家下人"带来给他的。② 总之，舜水对省庵的帮助是铭记在心的，也是时刻想着回报的，这也反映了舜水的为人之道。

三

说到舜水与省庵之间的误会和隔阂，过去因多谈中日友好，很少有人涉及，在此略举一二，以图明示两人全面而真实的关系。

如前所述，舜水与省庵相识，陈明德是关键性人物，所以要想揭示两人的真实关系，就不能不先说说陈明德。据省庵《颖川入德碑铭》载：陈明德(1596—1674)，"字完我，明杭州人也。③ 昔在明朝，再试不第，退而叹曰：士君子不得为宰相，愿为良医，虽显晦不同，而其济人一也。卒改业为医，尤精于小儿科④。庆安年中(1648－1651)，航海来长崎。⑤ 每投药饵，起死回生。崎人留而不归，居年余。有国法，华人来者不许留，已留经年不许归。厥后强胡猾夏，翁绝念于归国，遂改姓名，号颖川入德，⑥盍从其国俗云……宽文三年(1662)，家妹产后病热，淹为蓐劳，遍访良医，了无寸效，身体膨胀，裁延残喘。专人复迎翁。翁察色脉，审标本，治疗随宜，数十剂之后，霍然而已矣。非洞彻玄窭而融奥妙，何以至此？翁尝著《心医录》若干卷……翁之为人，唯从天性，外如坦率，内无邪慝，见人之穷，怀金救之……故终之日，家无余财。其志常不忘本，翘首西顾，未尝不致恢复之念也"。⑦

舜水刚到长崎时，明德对他帮助极大，他与明德的关系也还不错，自称"皆受完翁之

① 《朱舜水集补遗》，第25页。

② 参见《朱舜水集补遗》，第45页。

③ 按：长崎市春德寺所保存的《颖川入德碑铭》，不仅省略了全文三分之二的内容，而且有多处差错，如称明德为"浙之金华人"、"崇德年中，航海抵崎"等(金子正道：《朱舜水与安东省庵的相识》，《朱舜水与日本文化》，第160页)。

④ 在《长崎县人物传(医学)》颖川入德条下有这样一段注文："入德医术传入长崎，荷兰医术尚未引进，四方皆仿之，小儿科之类自不待言，汉医术因入德而一新。"据说在当时众多以医为业的归化人中，颖川入德是特别杰出的，长崎人中入入德门者甚众。他不仅为舜水定居长崎出过不少力，而且在聘请逸然、隐元等人的过程中也发挥过关键作用(金子正道：《朱舜水与安东省庵的相识》，《朱舜水与日本文化》，第160－162页)。

⑤ 一说"1627年(宽永4年)渡来日本"(长崎县教育委员会编：《中国文化与长崎县》，长崎县文化团体协议会1989年刊，第119页)。有误。

⑥ 关于改姓颖川入德一事，稻叶君山认为是受了长崎翻译颖川官兵卫的影响，而菰口治认为是受了流经故国陈氏的母亲河颖河的启示(金子正道：《朱舜水与安东省庵德相识》，《朱舜水与日本文化》，第163页)。显然后者更具说服力。

⑦ 《省庵先生遗集》卷七，《安东省庵集影印编》第1集，第494－495页。

惠","隆情感刻无尽,非寸楮所能罄竹"。① 在与其交往过程中,也比较注意自己的言行举止:"昨早完翁来饮,不佞即刻扶病答拜。见其束装,不佞反咎其不索书,渠亦不能,此不佞之过也。"②但后来两人的关系逐渐恶化,省庵在其中亦似有脱不了的干系。也许是出于对陈明德高超医术的崇拜心理,省庵对陈氏的评价之高令人吃惊,他不仅让自己的两位弟子柳如瑗、柳如琢父子去跟明德学医,而且明德死后还特地为他写了《颖川入德医翁碑》。省庵是这样评论明德的医术和人品的:

> 予友完翁质性醇懿,有士君子之志。居其乡也,屡试不售,寓志于医。及航海留长崎者三十余年。阖境邻国,服其剂者,沈痼痼疾,脱然如洗,是岂有他道哉?③

> 颖川氏没,其术大行,延及邻国。其为人质朴不饰,虽坦率,人知其诚心,而信爱者众矣。④

舜水虽亦与明德关系密切,并亦受过其资助,但对省庵过于相信明德的做法,却颇有微辞。因为舜水从明德身上看到了某些唐通事的通病,即以中日间商贸、外交、文化、民事等"中间人"自居,⑤仗势欺人,自作主张。而这些毛病,对不懂汉语的日本人来说,是很难知根知底的。比如明德常为省庵找舜水办事,但又不尊重舜水的意见,致使舜水大为恼火。一次,明德拿来省庵所藏的"吕、张、诸葛画三幅,求题赞",而舜水对其所提的"三幅俱要一样高低上下"的要求相当反感,认为"甚为可笑","必不敢如命";并批评说:"且此画既要欲留之千古,会须作一两句千古语,如何又欲草草涂塞,自相矛盾,可笑。"⑥舜水针对的可能是明德对省庵当面必恭必敬,办起事来却敷衍了事、阳奉阴违的做派。尽管这都是些小事,但也反映了明德做事的随意性。尤其是作为医生的陈明德,倾心道教,心通于术,这与崇尚实学实用的舜水精神格格不入。两人除了政治立场上比较接近,在如何做人做学问上都有相当大的分歧。而在舜水眼里,省庵是个性格相当与众不同的人,且正是这种与众不同的性格,才使省庵听不进不同意见而过于轻信陈明德的所作所为。当然,舜水身上的一些毛病,如倚老卖老、过于挑剔、心胸狭窄等,也会在一定程度上加重与省庵之间的误会和隔阂。

至于舜水与明德之间的关系恶化到什么程度,以及与省庵之间究竟产生了多大误解的问题,我们可以从舜水写给省庵的部分私人信函中窥知一斑。这些信函不知何故后来都未被收入《朱舜水集》,⑦现经人整理披露出来,能使我们对舜水的人格及其与省庵的微妙关系有一更全面的了解。

---

① 《朱舜水集补遗》,第42页;《朱舜水集》,第60页。

② 《朱舜水集补遗》,第39页。

③ 《省庵先生遗集》卷三《松完翁之东武序》,《安东省庵集影印编》第1集,第433页。

④ 《省庵先生遗集》卷九《悼柳如瑗》,《安东省庵集影印编》第1集,第518页。

⑤ 按:颖川家是当时长崎最有势力的唐通事之一,而通事的职权实际上也远远超出了其翻译业务的范围,有关中国的商贸、外交、民事等,都由唐通事来掌管处理。中国来长崎的人,首先就得听命于这些通事。因为大都不懂日语,只好随通事摆布。

⑥ 《朱舜水集》,第167页。

⑦ 按:这些信函都写在舜水被聘江户后不久,照理两人没有直接来往,不会产生如此大的误会,个中原委,不能不联想到明德对省庵的影响与挑拨。至于这些信函为什么未被收入《朱舜水全集》,是不是因为这些材料对两人的友好形象不利,值得深究。

彼人(指明德)初时,意欲收我为渠护法 弥。彼见唐人,尽不齿之,不得已而然。虽不能量不佞深浅,犹信口称扬(按:指向世人宣传舜水风骨),今见我事事高迈,又见我不肯住其家,又见上台礼貌隆重,大拂其意,深怀忌嫉,又千方百计必欲毁之而后已。昔年索我履历,旧年逼我作文(指颂长崎镇公文),皆其意也。但谋虑深远,人不能见耳。年来处处道吾之短,不一而足。特不佞无可道,有识者更鄙之叹之。贤契故须直一书,明明白白,抉破其奸……贤契万勿踌躇缩朒为幸,若不戒谕,必致于此,亦非所以爱之也。①

明德是归化人,又精通日语,故常以日本人的思维习惯对待自己的同胞,这自然会引起舜水的严重不满。不惟如此,明德还对舜水本人进行了种种诽谤和诬陷:

每览前代之事,是非倒置,功罪杂揉,眦裂发竖,岂肯自身为之哉?至于无根之议,彼俱自知其必无,特为后日虑耳,吾岂为此辈所惑哉?特做此以恐吓不佞,吾岂为此辈所恐哉?无端小事辄复纷然杂扰,步步不出所料,彼亦何苦用心至此?贤契爱我特甚,故以是告之……贤契于不佞本无纤毫疑问,诚不必屑屑以明之,然今玄黄朱紫过甚,惟不佞能以定力播之,贤契能不为之掀翻否?②

由此看来,舜水似乎是在完全被动的情况下进行反击的。至于明德到底是怎样颠倒黑白的,舜水未明言,作为知情人的省庵亦未透露,现已难窥其真情。我们所要探知的,是在两人关系恶化过程中,省庵究竟是什么态度,或者说扮演了怎样的角色?从引文中可以看出,省庵至少是同情和听信明德的,要不然舜水不会说“贤契于不佞本无纤毫疑问……然今玄黄朱紫过甚,惟不佞能以定力播之,贤契能不为之掀翻否”这种对省庵甚为怀疑的话。他甚至要求省庵能明辨是非,站在自己一边,而“万勿踌躇缩朒”。这其实已不是知己之间所用的语气,而是带有明显的不满和责怪的语气。由此使笔者联想到,隐藏在省庵后来不太理睬舜水背后的真正原因(详见后述)。当然,在舜水与明德、舜水与省庵以及舜水与其他人的种种矛盾关系中,我们不能不从舜水的孤傲性格而怀疑其自身所应承担的一定责任。

至于明德为什么会从帮助舜水变成诋毁舜水,则可以从舜水写给省庵的笔语中窥知一斑:

不佞向承完翁过爱,间有推许指辞。去年冬授法于我,而不能为之护法沙门,遂多拂意。且不佞又不能柔媚以取悦,遂生谤词。无可谤讪,但谓不佞过费而已。其所以言之者有二端……③

也就是说,首先是因为舜水不愿“护法沙门”、遁入禅门,违背了明德的意愿;然后是因为舜水“不能柔媚以取悦”长崎镇公,使明德难堪。其实,明德也是个崇儒反佛的儒医④,但他为了与在长崎颇有势力的诸多佛教寺庙、僧侣搞好关系,以迎合当时蔓延于日本各地的崇佛潮流,居然“授法”舜水,要他也去“护法沙门”,这显然超出了舜水的道德底线。舜水做人

---

① 《朱舜水集补遗》,第31页。
② 《朱舜水集补遗》,第33页。
③ 《朱舜水集补遗》,第157页。
④ 《朱舜水集补遗》,第109-110页。

的原则就是绝不放弃自己的信念而人云亦云、随波逐流。在笔者看来,这可能是舜水与明德之间的最大区别,也是他俩后来矛盾激化的根本原因。

然而,明德却为此加恨于舜水,并到处找茬指责舜水,而他的主要证据,便是认为舜水拿着别人的资助却过着奢侈的生活。这么说的论据有二:一是舜水礼遇来自嵩江(疑即松江)的一位"同乡"。此人是个商人,舜水对他比较客气,礼尚往来,引起明德不满。二是舜水还礼于一位从杭州来长崎做生意然后再去柬埔寨的商人,明德"亦谓为非"。而之所以明德会把"奢侈"作为指责的目标,则可能与当时长崎因受明朝江南习俗的影响而弥漫着一股奢侈之风有关。据黄宗羲说:"长崎多官妓,皆居大宅,无壁落,以绫幔分为私室。每月夜,每室悬琉璃灯,诸妓各赛琵琶,中国之所未有。"①也就是说,当时长崎的奢侈糜烂之风已超过了中国,这也是黄宗羲对长崎"恶其侈忕"②的重要原因。

问题的实质不在于舜水身上是否染上了这种奢侈之习,而是明德所例举的那几条证据,几乎说明不了任何问题。于是,针对这种吹毛求疵式的指责,舜水生气地回答说:

> 拂其意,遂倡言不佞大费。不佞之饮食宜完翁之所知也。如此而谓之费,必如何而后为不费乎?且完翁以为费,而其家则叹之郤之,不佞求理于完翁之口亦甚难矣。岂不佞不量其入而遽为其出乎?……不佞自贤契(指省庵)所惠之外,绝无分文。③

其实舜水也承认省庵送给自己的"每年饷米豆壹佰俵,已为人情之至难",另外还送其他一些物品和钱财,"一岁所余无几矣,不佞岂不自忖自算"。但"不佞无他处于求,又不为居积规利",而过去借给别人的银两即使要回来,也"如望梅止渴"。所以他进一步解释道:

> 不佞即有狂疾而过费,后来将何所从?望之他人必不得之数也。即使徼幸得之,不佞肯为之乎?若望之于贤契佰俵④之外,世有是理乎?宁有如此人心乎?不佞即不得为圣贤,然亦颇知自好,岂肯自污至此?完翁信口胡柴,一时取快其口,绝不顾当之者不能堪,诚不知其何心也!……非得不佞亲笔,不可亲听,若得语即行,如饮酬爵,误事多矣……若不佞住柳川,彼则无所尽其奸矣。⑤

可见,舜水在对明德提出严厉责问和谴责的同时,⑥还明确告诫省庵切不可听信小人的胡言乱语,不然的话,则"误事多矣"。这其实是把自己与省庵之间的隔阂也公开化了。尽管舜水也承认:"明德翁家住,极承其厚情,但下人放肆……故欲别处寻房住……其家无主母家伯,止完翁一人,眼目又不见,所以下人敢于放肆耳。"⑦从表面上看,舜水坚持要"别处寻房住",好像是冲着明德家几个相当"放肆"的奴仆去的,其实针对的是明德本人,是对明

---

① 《黄宗羲全集》第 2 册,杭州:浙江古籍出版社,1986 年,第 182 页。
② 《黄宗羲全集》第 10 册,杭州:浙江古籍出版社,1993 年,第 612 页。
③ 《朱舜水集补遗》,第 158 页。按:当时有人怀疑舜水从多渠道获得资助(详见上述)。
④ "俵"在日语里是指装米和木炭等的稻草包。一俵等于四斗,"百俵"即一百包盛满米的稻草包。
⑤ 《朱舜水集补遗》,第 158 页。
⑥ 比如舜水又说:"明德翁多冗不知礼,而工为蹈媚,且多阴阳之术亦不可致。此事惟得贤契(指省庵)来,则情礼可伸 往来无误。"(《朱舜水集补遗》,第 230 页)
⑦ 《朱舜水集补遗》,第 159 页。

德放纵至少是缺乏管教的不满和抗议,同时也是对省庵听信谗言的警惕和担忧。

由于陈明德是舜水与省庵、长崎与柳川之间的重要联系人,所以他与舜水之间不融洽甚至恶化的关系,也自然会影响到个别柳川人对舜水的看法,这就是为什么当时朝舜水身上泼污泥、散布流言蜚语的有不少是柳川人的重要原因,从而也导致了舜水不太瞧得起柳川人:"老弟(指省庵)性醇美,见解卓越,固是名手,而得之于贵国未知学问之乡(指柳川),真开创大英雄。"①从某种意义上说,舜水对省庵的极高评价,亦是为了反衬当时柳川人的水平低下。同时,舜水坚信身正不怕影子斜,认为真正信明德之言者,在柳川毕竟是极少数,所以他说:

> 诚然,舜水与省庵之间的某些误解,是前者不了解日本国情所致。比如日本多如不佞与颖川龃龉,繁言沸腾,如琢与江口撷拾莫须有之疑,遂为萋斐贝锦。如琢大肆蜚言至今,不佞必当落于污泥之中矣。何以水落石出,终不能加我?缘我念头不差,非彼所能污。惑其言者,或者贵州数人而已。前江口到柳川见贤契,亦有愧悔之心否?或欺天遂非,犹尚自文其过也。②

山,河川行船不便,加之特有的幕藩体制,人员交流、两地通信都非常困难;"一纸之书,贵于万金"③。而舜水则可能拿中国来比较,时常抱怨省庵不通书信:

> 守约又谓:"书札可以常通,请勿过虑。"善矣。于今十有三年,书札之通者有几?……两年不得贤契书……贤契近况,举家安和,寂然无闻,与初言大相违戾矣。④

说实话,笔者宁愿给出另一答案,即省庵不给舜水写信,是因为他为人"高洁",见舜水地位节节攀升,不想去借光揩油,于是敬而远之,甚至对舜水送来的礼物也一概不收。这并非是把舜水给忘了,更不是对舜水有意见。对此,舜水恐怕也是心知肚明的,因此曾明确表示:"贤契而忘之(指半俸供给之事)者可也,不佞而忘之,尚得谓之人乎?"⑤这样的解读,尽管缺乏充分的史料根据,但从性格特征出发解剖两人的关系,显然要比强调某些客观原因来得更为人性化,也更易于为世人所接受。

四

话题还得再回到舜水生活窘迫、省庵半俸供给的事情上。耐人寻味的是,舜水有不少从事中日贸易的商界朋友,那么他为何会弄得如此寒酸呢?这也是舜水学研究中的一个"谜"。据笔者分析,舜水可能是把所有值钱的东西都用于抗清斗争了,这从他写给省庵的

---

① 《朱舜水集》,第186页。

② 《朱舜水集》,第162页。按:如琢,即柳如琢;江口,生平不详。两人常来往于柳川、长崎之间。二人也许是担心舜水获得省庵等藩儒的厚爱,会夺了自己的饭碗,所以才极尽诋毁之能事。说明舜水寓居长崎的若干年,除了受到海禁的影响以及地方官员的刁难外,还有来自同行间的嫉妒和排斥。

③ 《朱舜水集补遗》,第12页。

④ 《朱舜水集补遗》,第16页。

⑤ 《朱舜水集补遗》,第17页。

信中能多少看出些痕迹（括号内为笔者注解）：

> 不佞之为此者（指接受省庵资助），亦料必不至于冻饿而为之；若料其或至于冻饿，而复须贤契补益通借，则不佞从前之所为（似指抗清斗争），亦不如此矣。不佞之所为，岂必皆是，亦有过差之处，即不跨大步，然亦跨一着远步矣。然不佞之意，惟贤契能明之（不知何故，舜水要如此隐讳自己的用意，也许是不愿把自己赴日乞师、为抗清募集钱款之事挑明）。今年虽借银柒捌拾金，亦自易处，现有应允者矣（说明当时舜水要借到钱并非难事）。不佞总查家中现在之物，其可以斥买者，可得陆百钱（此钱字及下钱字，梁启超撰《朱舜水先生年谱》引作金字），贱售亦可得五百钱。明秋王民则、林德庵（一名德卿，见《朱舜水集补遗》第244页）二兄若至，通移一二百金，亦自无难（舜水为何要弄那么多钱？一个人生活难道要如此花费）若不佞明年光景，止于如此，俟新镇公行后，则杜门不交一人（交往的是什么人？是否与抗清斗争有关）。所有僮仆尽行遣去（难道仅仅是因为雇人太多才导致了生活拮据？果真如此，舜水接受朋友节衣缩食而来的金钱资助，不免太过分了）。若有弟子可教者，令渠为我服劳（也许是因年龄、身体等原因，舜水自理能力较差，需要别人"服劳"），亦如以粟易器之理。无则躬自炊汲（不行的话，只好自己动手），乃道不行之常理，岂足辱贤契？贤契自奉极其俭节，而以供不佞奢华之用，不佞尚有人心乎（舜水之"奢华"与省庵之"俭节"，形成鲜明对比）！……此语岂宜闻之于他人，万万不可也（舜水也知道这样做有点过分，所以竭力不要省庵资助）。①

根据以上引文及笔者所作按语，我们似可得出三种结论：一是舜水把募集来的大量资金都用于抗清斗争了，但他又不敢明说，担心引起不必要的麻烦，只好向省庵隐瞒自己的用处。二是舜水把自己变卖家产及朋友那里得到的钱财统统用于"奢华之用"了。省庵见其窘迫，便慷慨解囊，而舜水见省庵自己也是艰难度日，于是内心愧疚，决意放弃。三是起初舜水确实是为抗清斗争募集资金，后来募集多了，加上年老体弱，于是把接受来的钱财部分用于个人的"高消费"，致使不了解实情的人，误认他用于"奢华之用"，甚至到处散布，弄得舜水无地自容，万般自责。而从种种迹象看，笔者认为，第三种可能性最大。

也有学者指出，省庵把俸禄的一半给老师舜水，是一种舍生取义的武士道精神。② 此非虚言。比如省庵又号"耻斋"，舜水曾为其斋名题字，并且还为其著作《耻心录》作过序。③而武士文化非常强调"耻"与"义"，属于"耻感文化"的范畴，与中国的"乐感文化"和西方的"罪感文化"有较大不同。④ 舜水赞美省庵身上所体现出来的"耻心"精神，可视为对日本武士文化的某种认同与理解。这是我们今天研究舜水学需要留心的地方，也是中日两国朱舜水观的区别之所在。换言之，朱舜水在中国人眼里的儒士形象，在日本眼里可能就变成了武

---

① 《朱舜水集》，第184页。
② 杨际开：《鉴真、朱舜水与东亚文明》，2005年，浙学网。
③ 参见《朱舜水集补遗》，第202、43页。
④ "耻感文化"、"乐感文化"、"罪感文化"之概念，最早由李泽厚提出。

146

士形象,①而他与省庵以及德川光国之间的朋友情义,则可以说是日本武士文化的完美体现。因此故,当时及以后的一些著名学者,都对省庵的侠义心肠给予了高度赞誉。如被称为"一世儒宗"的安积觉说:

> 省庵百行修饬,其留住先生于崎港一事,尤彰灼在人耳目。其间多少窒碍,多少调停,悉心经营,遂成搢绅美谭。而悠悠之徒,或以省庵为好名,以先生为悦其赈穷,则岂不与契合之分相庆哉?②

古学派大师伊藤仁斋说:

> 承闻明国大儒越中朱先生,躬怀不帝秦之义,来止长崎。台下(指省庵)忽执弟子礼,师事之;且不蓄妻,不恤衣食,奉廪禄之半,以作留师之计。其志道之高,行义之洁,非不待文王而兴者,岂能然乎……倘若先生之道,得大行于兹土,则虽后来之化,万万于今,实台下之力也,岂不伟哉! 岂不伟哉!③

如前所述,省庵知名度的提高,舜水起了很大作用;反过来说,舜水逐渐为日人所知,省庵的作用亦不可低估。且不说由于省庵的帮助,舜水才得以留居日本、正常生活,更主要的还在于省庵的表率作用和竭力宣传,还使得前来帮助舜水的人越来越多。这其中既有中国商人、僧侣、归化日本的通事,又有日本的藩儒、武士和地方官吏。比如舜水在给省庵信中提到的久留米的陆田又右卫门父子、四宫勘右卫门以及筑后书生贝原玄旦等人,都曾帮助过舜水。后来舜水的生活有明显改善,除了省庵的帮助,上述这些人的作用也不可否认。但生活问题解决了,随之而来的烦恼却并未减少,主要是纷至沓来的各种人情债。舜水在长崎时,就已被"无益之事所纷扰,一刻不得宁居",④连"自做功夫"的时间都没有,以至把省庵的事也"束之高阁"了:

> 尝忆初夏时语贤契云:"此后谢绝人事,可作自己工夫。"今半年矣。两月病后,闲务较多,匆匆酬应,犹尚获戾于人。可见受人牵掣,不独不许高尚,即使患病亦复不许……不佞于他人之事,攒眉以应;于贤契之务,来则束之高阁。谓之情则非情,谓之理之非理;非情非理,谓不佞胸中有泾渭乎!⑤

他怕"招尤积怨",于是打算"别觅乡居",去过清闲日子。⑥ 但事与愿违。名声在外的舜水,已再无可能过他想往的隐居生活。也就在舜水的知名度节节攀升之际,远在江户的水户侯德川光国以及一批儒臣也闻知了舜水大名,而当时的幕府政权,正好急需舜水这样有德有才、文武双全的儒者,于是一个改变舜水命运的机会降临了。1664 年,也就是舜水寓居

① 按:茨城县立历史馆珍藏的由担任过水户第八代藩主德川治纪时代彰考馆之总裁的立原杏所所画的朱舜水肖像,身背宝剑,横须怒发,俨然像个武士(参见《水户黄门邸を探る》,东京:文京故乡历史馆 2006 年编)。这固然与朱舜水曾在少林寺习过武,本身会武功,又参加过军事斗争有一定关系,但也的确反映了日本人想把舜水塑造成一名武士的真实意图。

② 《朱舜水集》,第 762 页。

③ 《朱舜水集》,第 781 页。

④ 《朱舜水集补遗》,第 47 - 48 页。

⑤ 《朱舜水集》,第 180 页。

⑥ 《朱舜水集补遗》,第 50 页。

长崎的第五年,光国派使者小宅生顺来长崎,邀请舜水东上,去为水户藩学乃至幕府政权效力。也就在这一年,省庵听从舜水劝告而娶妻,翌年得子,皆大欢喜。

舜水抵江户后才知道,日本诸藩国的藩主一般是不肯放自己得意的儒臣出国来江户的,这与日本历史上的中央集权相对松散,各藩国具有较大的独立性有关。1669年,舜水抵江户后四年,尝致书省庵说:

> 今以年满七十,告老西归而上公不允。前者有人过此,语及凭在先生怎样说,如何得肯放先生去。此友乃上公亲信者,言不妄发,果如其言,自非贤契一来探访,终生无再见之期矣。①

说明不仅舜水回不了长崎与省庵见面,就是省庵也来不了江户与舜水见面,两人相隔千里,已是"终生无再见之期矣"。舜水也想到过写信让省庵私自来江户一晤,但又一想,"贤契一来,又恐江户无信息,擅自来此,后日为人所谗,故不敢下笔耳……如有谗言,贤契便涉抗违君命,不可不可"。② 结果只好要求省庵能经常来信:"有便希作书慰我,不必多,亦不必求其文,惟取达意而已。"③其实,舜水此时在江户,贵为宾师,门前车水马龙,根本不缺问学论道者。他的目的,无非是想化解自己与省庵之间因陈明德而产生的种种误解并报答省庵的襄助之恩。所以除了写信,他还经常送去黄金等多种贵重物品,以期改善省庵的生活条件。但省庵每每只领其轻而还其重。舜水见其固执如此,乃以绢帛代金,并贻书谕之曰:

> 昔及相见,分微禄以其半赡不佞,贤契敝衣粝饭,乐在其中。盖以我为能贤,以为道在是也;岂有道之人而忘人之人乎? 贤契而忘之则可也,不佞而忘之,尚得谓之人乎? 大凡贤者处世,既当量己,又当量人。贤契自居高洁,则不佞处于不肖矣? 不几与初心相纰缪乎? 况非所谓高洁乎!④

这与其说是教谕,倒不如说是批评。省庵自是遂不敢拒。但对舜水"作书慰我"之请求,不仅未照办,而且竟然"有两年无书",使舜水"心固疑之"。后来才从明德次子久松那里得知,省庵不写信,是因为其父病故,忙于处理后事所致。但据笔者推测,这只是省庵的一个托词。因为省庵很少给舜水写信,并非仅其父逝世后两年,而是舜水抵江户后的若干年间一直如此。⑤ 说到底,恐怕还是两人因陈明德而产生了误解和隔阂。直到舜水逝世前的最后几年,随着长崎诸位师友的相继过世,省庵才重恋昔日之友情,而恢复了与舜水的亲密关系。他在1679年写给舜水的信中曾深情地回忆说:

> 昔在崎每相思,一苇航之犹如三秋,况今参商万里,真隔十三秋,并无拜面之期哉! 崎之故旧零落略尽,独立、独健两师、完翁、畏三已为鬼录,追思曾游宛如昨日,犬马之龄方将六秩,往事悠悠,临风浩叹耳。⑥

---

① 《朱舜水集补遗》,第14页。
② 《朱舜水集补遗》,第24页。
③ 《朱舜水集》,第168页。
④ 《朱舜水集》,第756页。
⑤ 参见《朱舜水集》,第163页。
⑥ 《朱舜水集补遗》,第71页。

然此书只是对舜水致书哀悼其父病故等三封书信的回复而已。要不是舜水在近耄耋之年,病躯煎迫之际,以近乎祈求的口吻写道:"不佞今年七十九,稍复苟延,来年则八十矣。百病咸集,突如其来,不知何病。或一两月,或三四月,不能脱体。欲得贤契一来见我,瞑目地下。翘首西望,若岁大旱魃望霖雨,何时得从容把臂也?阁笔授泪,将以语谁?"①省庵可能还是不会理睬舜水。而且省庵也不会想到,舜水的这封唁函,竟成为写给自己的绝笔之作。

笔者这么喋喋不休地讨论舜水与省庵间的紧张关系,并不是想弱化两人的真挚友谊,相反,揭示这些过去不太为人提及的紧张关系②,正是为了更真实地反映两人的平等交往过程。其实,中日两国的交往史,也如同舜水与省庵间的关系,在总体友好的历史进程中,不时地也会出现各种矛盾和冲突。人与人之间尚且如此,何况国与国之间呢?因为毕竟两人、两国所属的历史文化传统、自然人文环境有很大不同,要做到彼此理解,相互尊重,理性交往,谈何容易!

更何况上面所说的这些矛盾,是不可能对二人在特殊环境中结成的深厚情谊造成什么伤害的。两人自始至终都彼此敬重,以"知己"相称,即为明证之一。如舜水就把绝不轻易许人的"知己"二字送给了省庵:

> 不佞年逾六十,平生不敢傲妄。至于知己两字,他人以为寻常赠遗语,不佞绝不肯许人。两老师如少间朱闻老,大宗伯吴霞,骨肉之爱,最真最切,不佞亦未尝用此。惟少司马全节完勋王先生足以当之,今得贤契而再矣。如武林张书绅,庶几近之,而未可必。敝友陈遵之者,有无相共,患难相恤,胤息相子,未尝有形骸尔我之隔。不佞待时面谓之云:"若足下可称相厚矣,不可言相知也。"他若威房黄虎老,知之而未尽。其余比比,皆知敬爱,或者称许过当,总未能相知。不佞于二字严如此。③

并称省庵是"相知"、"老友"、"贵友"、"贵国白眉"、"大英雄"、"真豪杰之士",④是日本学界"锐意学古"、"深有意乎圣贤豪杰"、"有超世卓识"、"见解超卓,非凡辈所得比拟"的"第一流人";⑤认为只要省庵"益加勉励,修身读书",就必能成为"贵国开辟第一人";甚至将其视为连中国"亦未能或之先"的"振古英豪":"励志圣学,笃信而好之……今令子未见孔、孟之道之可悦,即能目注孔、孟之庭而竭蹶趋赴之。他时直入其室,足为贵国振古英豪。非独贵国也,中原之士,好古力学亦未能或之先已。"⑥而省庵则不仅以舜水"为宗",视其"犹父",称其"大恩师",更"以圣人视"舜水,还照舜水之意娶妻改名,⑦以示对舜水的崇拜与敬重。舜水殁后,省庵痛惜万分,尝曰:"十八年之久,一不得相见,徒为终身之惨矣。追

---

① 《朱舜水集》,第164页。

② 比如舜水学生安积觉在《省庵文集序》中曾对省庵与舜水之关系作了较全面的阐述,但丝毫未涉及二人间的矛盾和冲突(《安东省庵集影印编》第1集,第372–374页)。

③ 《朱舜水集》,第186页。

④ 《朱舜水集》,第60、61、201、186、579页。

⑤ 《朱舜水集》,第60–61页。

⑥ 《朱舜水集》,第156、185、476页。

⑦ 参见《朱舜水集》,第169、28、189页。

慕之余,集其笔语及悼文、祭文等为两卷,名曰《心丧集语》。"①直到死后五年,省庵还在梦中每每念到舜水,情义之深,令人感动。②

省庵还是最早为保存舜水史料作出贡献的日本人。虽然舜水本人乐与人言,生前就已注意保存自己的文稿,从而为后人整理其著作打下了一定基础。然而若没有省庵的收集整理,舜水留下的这些文稿,恐怕早就散失殆尽了。现查阅已刊舜水文集,舜水与省庵的来往书信有八十余封,其中舜水给省庵的有 55 封。这些信函在收录时皆被去掉了日期,所以在顺序上是否出现差错和颠倒亦未可知。1986 年,柳川市古文书馆(又称九州历史资料馆分馆)利用开馆的机会,首次将十年前从安东守敬那里获得的从省庵到第九代鲁庵的安东家族所保存的书信、古籍等资料公之于世,并整理成《安东家史料目录》。目录中载有舜水给省庵的书信 63 封,笔语 72 条。在 63 封书信中,有 8 封是用楷书撰写,保存也完好无缺,另外 56 封是用草书撰写,且破损严重,大部分难以解读;其中与已刊的书信重复或部分重复的有 11 封。③ 从目前所知的总共一百四十余封来往书信中可以看出,舜水与省庵之间所建立的友谊,在几千年的中日文化交流史上是绝无仅有的。两人在学术上彼此倾慕,在生活上相互关心;既有政治观点的对话,又有娶妻生子的祝贺;有学术思想的探索,亦有冷热病丧的关怀;有慈父兄长般的呵护,更有师生学友间的爱慕。正因为有省庵的帮助和宣传,才使舜水在日本的生活得以安定,思想得到传播,并最终成为"给日本精神文化以最大影响"④的"中国大儒";也正因为有舜水的关爱和指导,才使省庵成为文武双全、名德悠重的"老成醇儒","不唯九州之地,至于东海之滨亦闻名而钦慕"。⑤ 可以说,是两人亲密无间的友谊与合作,为中日文化交流的悠久历史树立了一座不朽的丰碑。

---

① 《朱舜水集补遗》,第 120 页。按:据省庵《丧心集语序》云:"今在心丧之中,不能显其文章行谊以报于知我望我之高德,惟集其笔语,附以所赐之书,名为《心丧集语》。"(《省庵先生遗集》卷三,《安东省庵集影印编》第 1 集,第 425 页)《心丧集语》是舜水 1682 年 4 月 17 日逝世后,省庵为追悼他,把自己所藏的舜水笔语、语录编为上下两卷,并把舜水写给他的书简附于后,原打算刊刻出版,结果未能实现,故至今仍以抄本存世(参见《安东省庵集影印编》第 2 集《解题》,第 19 页)。

② 参见《省庵先生遗集》卷九《梦朱先生》,《安东省庵集影印编》第 1 集,第 518 页。按:省庵梦忆舜水,是在舜水弟子佐佐宗纯于 1685 年从江户来柳川,下榻省庵家之后。这不是巧合,舜水最后若干年的情况尤其是对省庵的深切思念,很可能是佐佐宗纯告诉省庵的。

③ 参见菰口治:《安东家旧藏の朱舜水书简について》,九州大学《中国哲学论集》1988 年 3 月刊。

④ 木宫泰彦:《日中文化交流史》,北京:商务印书馆,1980 年,第 703 页。

⑤ 《朱舜水集》,第 760、762 页。

150

从封禁之岛到设官设汛

——雍正年间政府对浙江玉环的管理

王　潞

（广东省社会科学院）

摘要　康熙平定台湾后，浙江玉环并未实现展界，在雍正鼓励垦荒的背景下，地方官员将玉环以垦荒的名义纳入到合法开发的范畴内，并最终在玉环建立起独立的行政机构和军事管辖。玉环设治加强了王朝在海隅的控制力，也深深影响着地方社会。

关键词　玉环　封禁　开复　设官设汛

一、前言

位于今乐清湾东侧、台州境内的玉环岛周七百余里，是浙江省的第二大岛，自 1977 年漩门填海后，自此与大陆相连。自新石器至先秦时期，这里即有先民定居。明"（洪武）二十年为防御事徙海岛居民于腹里"，①此后便一直禁止民人赴岛。明中叶玉环一度丈量开垦以输军粮，但因倭乱侵扰遂旋开旋罢。明清鼎革之际，玉环诸岛不仅成为地方趋利之所，更成为战乱避难之地。清初，为切断沿海民众同郑氏的联系，清廷最终决定封锁沿海水路联系以断绝海岛叛逆的供给，海岛民众、戍兵迁入界内。康熙二十二年（1683）台湾初定，兵部议请展界，对迁界和展界中清廷的政策变化和具体落实多有论述，此不赘述。② 要强调的是，海禁

---

① ［明］佚名《永乐乐清县志》卷四《天一阁明代方志选刊》，上海古籍出版社，1981 年，无页码。

② ［日］浦廉一著、赖永祥译：《清初迁界令考》，《台湾文献》第六卷，1955 年第 4 期；谢国桢：《清初东南沿海迁界考》、《清初东南沿海迁界补考》，载《明清之际党社运动考》，上海书店，1982 年；汪敬虞：《论清代前期的禁海闭关》，《中国社会经济史研究》，1983 年第 2 期；郑德华：《清初广东沿海迁徙及其对社会的影响》，《九州学刊》第 2 卷，1988 年第 4 期；郑德华：《清初迁海时期澳门考略（1611－1683）》，《学术研究》，1988 年第 4 期；顾诚：《清初的迁海》，《北京师范大学学报》，1983 年第 3 期；李德超：《清初迁界及其时之港澳社会蠡测》，黄璋编：《明清史研究论文集》，香港：珠海书院，1984；麦应荣：《广州五县迁海事略》，《广东文物》卷 6，上海：上海书店，1990 年；马楚坚：《有关清初迁海的问题》，《明清边政与治乱》，天津：天津人民出版社，1994 年；李东珠：《清初广东迁界的经过及其对社会经济的影响——清初广东"迁海"考实》，《中国社会经济史研究》，1995 年第 1 期；韦庆远：《论康熙时期从禁海到开海的政策演变》，《中国人民大学学报》，1989 年第 3 期；韦庆元：《有关清初的禁海和迁界的若干问题》，《明清论丛》第三辑，2002 年 5 月；刘正刚：《清初广东海洋经济》，《暨南学报（哲学社会科学版）》，1999 年第 5 期；陈春声：《从倭乱到迁海——明末清初潮州地方动乱与乡村社会变迁》，《明清论丛》第二辑，2001 年 5 月；鲍炜：《迁界与明清之际广东地方社会》，中山大学博士学位论文，2005 年。

之后,岛屿如何进入王朝行政控制尚未得到学界太多关注。本文依据原始档案和地方史料,将浙江玉环放置在清初沿海社会变革大背景下,考察它是在怎样的背景下走入王朝视野,又是在哪些人的推动下实现展复,王朝机构是如何建立起来的。

二、玉环的开垦设汛

自康熙二十二年对民众下海采捕的禁令逐渐放宽,岛屿陆续招徕回迁和垦辟之民的同时,玉环诸岛并未在开复之列。浙江督抚曾针对民人在玉环等山搭厂多次咨会温州镇和温处道官员永禁勿开,"前准温镇咨会焚其居,驱其人,已得肃清之法"。① 然水师营弁虽例行禁逐,又多循隐包庇以谋私利,致使玉环禁令徒具虚文。浙江巡抚张泰交(康熙四十二年至四十五年在任)曾就玉环私自搭盖茅厂,营弁私收岁纳一事奏请查禁,但他的驱逐之策实际上承认了有照之人在玉环山采捕,"嗣后无论本省及外省之来海山采捕者,必取本籍地方照身,注明在某处采捕,并有识认保状方许居住,如无照身保状,可否一概驱逐,不许容留",② 即使地方已将对违禁赴岛之民的驱逐令缩小到仅对无照流民的驱逐之令,但仍受到了温州镇总兵的质疑,在他看来,这些海岛流民已是因循日久,一旦骤加驱逐,仍为地方隐忧。故浙江督抚部院令温镇遣人"亲往看视,可行则行,如人居稠密,不可骤去,当另议编查稽察之法,以别奸良,不可止以驱逐焚毁为肃清之道"。③

从材料看,浙江官员似乎对这些无籍之民进行了编查,但从雍正年间李卫描述可知,无籍之民私垦现象并未得到遏制,"玉环各澳向年虽名为封禁不开,而利之所在,群趋如鹜,多有潜至彼地搭盖棚厂、挂网采捕、刮土煎盐、私相买卖、偷漏课税者,每遇巡船往查或行贿买脱通同容隐或一时驱逐,渐复聚集"。④ 此外,绅衿吏役霸居海岛,更为难治,据永嘉县七都民陈兰玉等称:"玉环附近之灵昆涂坐砥江流,中分两段,系永清两邑海涂,曾经开垦遭废。康熙三十八年复经垦种,现在熟田约有三千余亩,俱系绅衿吏役所踞。"⑤

雍正四年(1726),巡抚李卫听闻玉环山有田万亩,意欲在此设治,遂派温州知府芮复传到玉环山查勘。芮查勘后说:"玉环山虽四面,中可垦田无多,况海盗所出没,良民孰肯前往? 以粮齐盗,脱肯往者亦盗丑也,即垦不过数万亩,计费无底,伤财增盗无益,不若罢之便。"这样的回复让李卫甚为恼火,"卫怒,檄他吏往,授意指必垦之"。⑥ 之后派出温处道金事王敉福、镇海营参将吕瑞麟再行查勘,雍正四年十一月二十二日,李卫会同闽浙总督高其倬、定海总兵张溥上奏"查勘浙江洋面玉环山情形并陈募民开垦设汛管见折",在此折中李卫等人提及的开复理由颇有说服力,"此山周围约计七百余里,其中有杨岙、正岙、姚岙、三峡潭、渔岙塘、洋墩等处皆宽平如砥,约田三万余亩,乃现在成田即可耕种者,若聚族开垦尚

① 〔清〕张泰交:《受祜堂集》卷四《抚浙上·永禁海岛搭厂》,康熙四十五年刻本。
② 〔清〕张泰交:《受祜堂集》卷八《抚浙中·查玉环搭厂》。
③ 〔清〕张泰交:《受祜堂集》卷八《抚浙中·查逐海岛流民》。
④ 〔清〕张坦熊纂修:《特开玉环志》卷一《题奏》,清雍正十年(1732)刻本,第16-17页。
⑤ 〔清〕张坦熊纂修:《特开玉环志》卷三《议开灵昆》,清雍正十年(1732)刻本,第27页。
⑥ 〔清〕朱筠:《笥河文集》卷一二《浙江提刑按察使司副使分巡温处道芮君墓碣铭》,王云五主编:《丛书集成初编》,上海:商务印书馆,1936年,第226页。

可扩充五六万亩,总计垦田约可得十万余亩,而土性肥饶……有山可以瞭远,海盗不能掩其形有口可以防查,洋匪难以潜其迹"。^① 在李卫之前,并非无人注意到玉环诸岛的地形地利,却未有人破除封禁之令,前总督满保因地隔海汉,禁民开垦"。^② 李卫将其原因归结为三:"一则恐外来认垦之徒奸良莫辨;一则恐垦熟之日私米下海;一则恐添设官员所费不赀,故也。"^③李卫对此三条顾虑一一作了回应,具体如下:

对于奸良莫辨:就本省近地之民或有室家而愿往者,或虽无室家而有亲族的保甲者,皆由该本处地方官召募取结给照方准往垦,到彼仍严行保甲连环编排稽查窝引,其他闽广无籍之人概不收录,则奸良不难分晰矣。

对于私米下海:赋税不征条银,止令输纳租米,所余留为食用之需,然田非民间价买又无业主,粮数较内地不妨稍加,即所有余米亦令由口岸汛地禀明给照,止许往温郡、乐清、太平地方运卖并将黄、坎二门隘口设汛严防,颗粒不许入海,则私卖之弊可除矣。

对于添设文武经费之处:设官兵则内地亦可资藩篱,其次不甚冲要处所原额官兵不妨通融稍减,就近酌量抽拨,即有不足添亦无须过多,文职须拨同知一员管理词讼、征比粮租、给散兵米,省出内地米价亦可添饷,再设巡检一员以听巡查,遣武职则酌调游击一员、守备水陆各一员、千总四员、把总八员、兵丁八百名,内将一半分防玉环山陆路隘口,其余一年分汛水师巡哨洋面,除出汛大船于温、黄二镇量为移拨外,其哨船惟择灵便式样,毋徒阔达费奢,所需俸饷无甚增设,再于山口开浚船陆,便于出入,置其官署营房查取临近深山树木可以备用,惟工匠人夫贩食哨船等项俟果定添设之议,确佑所需若干或于关税盈余银两内动支应用,谅不致有糜费之处。^④

浙江地方官员从军事角度陈述了玉环设兵防守对温台的屏障作用,而定海开垦设汛的成功范例,也成为地方官消除皇帝顾虑的重要依据。地方官的推动使得开复一事进展顺利。雍正帝虽将此事交由户部议复,但不无赞赏的批示:"兴自然之利,美事也,安无藉之民,善政也,能如是方不愧封疆之寄。"并在奏章中询问李卫病情时道:"诸臣中朕所最关切者鄂尔泰、田文镜、李卫三人耳。"雍正帝的表态实际上是在加大对开垦土地的鼓励。^⑤ 李卫于雍正三年任浙江巡抚,雍正五年授浙江总督兼任巡抚,在任期间治理盐政、修筑城海塘、垦辟旷土,宦绩卓著,^⑥尤其与田文镜等人在地方力行垦荒颇得雍正之心,尽管这些土地拓垦在乾隆朝多被指为虚报,但在垦荒数字成为地方官员政治升迁重要考量指标的雍正朝,玉环因巡抚李卫的大力推动得以开复。

① 中国第一历史档案馆:《雍正朝汉文朱批奏折汇编》第8册第352条,雍正四年十一月二十二日,南京:江苏古籍出版社,1989年,第477页。

② 赵尔巽等撰:《清史稿》卷二九四《李卫传》,北京:中华书局,1976年,第10334页。

③ 中国第一历史档案馆:《雍正朝汉文朱批奏折汇编》第8册第352条,雍正四年十一月二十二日,南京:江苏古籍出版社,1989年,第477页。

④ 中国第一历史档案馆:《雍正朝汉文朱批奏折汇编》第8册第352条,第476-477页。

⑤ 中国第一历史档案馆:《雍正朝汉文朱批奏折汇编》第8册第352条,第478页。

⑥ 闽浙总督兼辖福建、浙江两省,雍正五年特授李卫总督浙江,整饬军政吏治,并兼巡抚事,闽浙总督专辖福建,雍正十二年撤销浙江总督,仍合为一,后又有变更。见[清]昆冈等修、刘启端等纂:《钦定大清会典事例》卷23"吏部·官制",《续修四库全书》(第807册),上海:上海古籍出版社,2002年。有关李卫与盐政治理可参见张小也:《李卫与清代前期的盐政》,《历史档案》,1999年第3期。

采取开垦即升科的办法避免了经费上的困难，开复一事连同这些具体的方案得到户部同意。此后，李卫成为推行玉环及附近岛屿开复事宜的最主要决策者。雍正五年二月十一日，由浙江督抚发宪牌示谕民人：

> 仰太平、乐清二县军民人等知悉，凡原系土著人民，现在住居内地编入保甲册籍者，如果无田可耕，愿往玉环山开垦，即赴本县及委查之桐庐县呈报，查明有家室并无为贼作匪过犯，或虽无家室而向住内地有亲族甲邻及无前项过犯者，取具邻里亲族保结，家口人数各册存案，准至该地方入籍居住，仍照两县原界编入本县保甲册内一体查点，有认垦田亩若干者，开明地之段落呈报桐庐县，照例覆丈，明白编列字号移知本县给与印贴，听其完粮官业。入籍之后，不许私自搬回顶与他人承种，其闽广外来之人一概不准容留入籍居住开垦……。①

由上可见，赴玉环开垦之民获准入玉环当地籍居住，需要具备的条件有二：太平、乐清二县编入保甲册籍者；无贼匪过犯。清代以玉环山分属温州府之乐清、台州府之太平二县，②故招民开垦亦是针对此二县民众，赴岛民人按原界编入两县保甲册内，有家室需携家室前往，这与明人的看法截然相反。明中叶讨论浙江岛屿召垦以输军饷时，《筹海图编》认为赴岛开垦的民众禁止携带家眷，可以免去倭寇筑巢之患，"耕者搭棚厂而居，不挈妻孥，不得卖买，逐岁更始，如大家放租之法，则官民两利而争夺之患免矣。官差石工伐山造堡，海洋有警，小民避入。贼知堡中无子女财帛，自无结巢之念矣"。③ 与此相比，清代玉环的招徕之策显然非一时之计，而是力图将岛屿视为长远拓垦之地，这与对台湾的治理也不相同。清廷一方面担心携眷入台人口繁衍，另一方面也是出于家室在大陆便于牵制渡台民人，尤其是康熙末年朱一贵之乱后对携眷渡台一直予以禁止。雍正年间，因担心单身民人在台聚集引发骚乱，经过高其倬和鄂弥达相继奏请，于雍正十年准在台民人搬眷领照渡台。到乾隆五年，因担心"将来无土可耕，渐成莠民"，又被停止。④ 玉环开复携眷前往的规定表明，地方政府希望加强垦民的定居，以免民众涉海奔走引起骚乱。

玉环开复获准后，张坦熊以严州府桐庐知县署太平县事兼理玉环垦荒事宜，⑤垦民须将

---

① ［清］张坦熊纂修：《特开玉环志》卷一《宪牌》，第50-51页。

② ［清］清高宗敕撰：《皇朝文献通考》卷二七九《舆地考》，上海：商务印书馆，1936年，第7317页。明以前，玉环乡以漩江而划分南北两地，南属乐清县地，北属太平县地。洪武二十年，信国公汤和于"漩江之北玉环乡楚门、老岸筑城设所以备守御，而徙江南玉环山之民于腹里"（［清］杜冠英修、吕鸿焘纂：《玉环厅志》卷一《舆地志上·沿革》，光绪十四年（1888）增刻本，第6页），此后玉环乡只剩下乐清里三十二、三十三、三十四都，包括东澳、横山、芳杜、钱澳等三十里图（永乐《乐清县志》卷三"坊都乡镇"，《天一阁藏明代方志选刊》，无页码）。成化十二年玉环乡划归太平县，为太平县二十四、二十五、二十六都。［明］叶良佩：《太平县志》卷一《地舆志》、卷三《食货志》，嘉靖十九年修，《天一阁藏明代方志选刊》，无页码）。康熙初年迁界，玉环乡附近之属太平、乐清县境之楚门、南塘、北塘、以及芳杜、东澳、密溪、洞林、盘石、浦岐等处迁界时与玉环一同迁空，自此至雍正五年一直为封禁之地，直到雍正五年李卫奏请展复玉环山。可见［清］张坦熊纂修：《特开玉环志》卷一《部议》，第28页。

③ ［明］郑若曾：《筹海图编》卷五《浙江事宜》，中华书局，2007年，第367页。

④ 对台搬眷一事，清廷时开时禁，可参见庄吉发：《清初人口流动与乾隆年间（1736-1795）禁止偷渡台湾政策的探讨》，《清史论集》（六），台北：文史哲出版社，2000年；李祖基：《论清代移民台湾之政策——兼评〈中国移民史〉之"台湾移民垦殖"》，《历史研究》，2001年第3期。

⑤ ［清］张坦熊纂修：《特开玉环志》卷三《职官》，第84页。桐庐县位于严州府东北九十五里，并不临近太平县和玉环诸岛，不知为何令桐庐知县兼理开垦之事。

开垦田地段落一同呈报给督办玉环垦辟事宜的桐庐县知县。张垣熊，湖广汉阳县人，康熙五十年举人，初任严州府桐庐县知县，雍正五年三月初一署任太平县事兼理玉环垦务，雍正六年六月初九日升任玉环同知，①在任六年，是玉环开复事宜的最重要推行者。后升温州知府，累迁至云南按察司。

玉环山开复之初仍按太平县及乐清县界址，令两县各辖其半，后为免两县遥制难以划分，故设温台玉环清军饷捕同知一员以专其责，以彰其地，又割太平玉环乡之楚门、老岸等地和乐清县大荆、盘石、蒲岐等地归玉环。而实际上，玉环辖境并不仅仅在原太平、乐清两县境内，而涉及瑞安、永嘉、平阳等县"霓岙系永嘉县所管，大瞿、白脑门二岙系乐清县所管，铜盘、南龙二岙系瑞安县所管，北关、官山、琵琶三岙系平阳县所管"。② 这些岛屿虽各有行政归属，但也在康熙迁界时迁出，此时划归在玉环之下，归玉环同知管辖。故雍正五年所开复的玉环，是诸岛屿总称，并非专指玉环一山。这些土地"随垦随报，当年升科……统济玉环经费之需"。③

玉环同知一职为正五品文官，其办事衙署称为"厅"，负责垦田、钱粮、词讼等民政事务。作为封禁之岛，同前文中提到的军事驻地相比，玉环招民开垦之前并无军事戍守。雍正五年设玉环营，最高长官为玉环营参将1名，正三品武职。下设守备2，千总2，把总4，分左、右二营，以左营为陆路，右营为水师，兵官总数956。这900余名兵官大多从周边协营抽调而来：

参将1　右营守备1　左营守备1　千总2(盘石营1，太平营1)　把总4(俱盘石营改调)　功加5　外委千总1　外委把总3　百总8　管队20　什长11

有马战兵35：太平营12　乐清营10　大荆营10　温协营3

无马战兵89：太平营23　乐清营20　大荆营20　温协营6　盘石营20

水战兵145：俱盘石营水兵抽调

守兵376：太平营84　乐清营70　大荆营70　温协22　盘石营130

水守兵254：俱盘石营水兵抽调④

参将1员，守备2员，把总1员及马步战守兵98名驻扎玉环杨岙寨城，千把总作为汛的长官需带领陆汛与水汛营兵防守或巡视所在汛，后汛、楚门、大城(陈)三陆汛由千把总带领步兵轮班防守，一年一换；内洋坎门汛由专汛官千把总配备战船领水兵专防、外委千把总配备战船或哨船领水兵轮巡，内洋长屿汛由外委千把总领水兵贴防、轮巡，二月一换，此为分巡。此五个水、陆汛地皆为大汛，负责在其辖境范围的小汛。⑤ 另玉环营参将与右营守备配

① ［清］张垣熊纂修：《特开玉环志》卷三《职官》，第84页。此处张垣熊雍正五年三月初一委办玉环垦务似有误，前文记载其二月已赴玉环查勘荒地。另可参见浙江温州乐清营副将王琔：《奏为遵旨保举新复玉环山办理垦务题补同知张垣熊事》，朱批奏折，档号：04－01－30－0028－005，缩微号：04－01－30－003－0319，雍正六年三月初二日；新授湖北布政使：《奏为遵旨保举浙江玉环山同知张垣熊事》，朱批奏折，档号：04－01－30－0029－009，缩微号：04－01－30－003－0511，雍正六年五月初三日。

② ［清］张垣熊纂修：《特开玉环志》卷三《详开霓岙、铜盘等八处》，第58页。

③ ［清］张垣熊纂修：《特开玉环志》卷三《楚门、三盘定则》，第14－17页。

④ ［清］张垣熊纂修：《特开玉环志》卷四《军制》，第1－4页。

⑤ 清代的"汛"有一定的统属关系，一般来说，营管辖大汛，大汛管辖小汛。对此，可参见［日］太田初：《清代绿营的管辖区域与区域社会——以江南三角洲为中心》，《清史研究》，1997年第2期，第36－44页。

水战守兵数十名,督率师船巡视内外洋,二月轮换,此为总巡。表1所列是玉环左右两营兵弁所负责的水陆海汛和巡防兵力:

表1　玉环左右两营水陆海汛①

玉环营	大汛	巡防及驻兵	小汛	巡防
右营陆汛	后　汛	千把总轮防,一年一换,驻兵170,辖口址9	车首头(离城三十五里)、里澳、水孔口、塘洋口、塘洋山(离城十五里)、东青山、西青山、西滩、坎门	
	楚门汛	千把总轮防,一年一换,驻兵90名,辖口址8	桐林、梅岙、楚门口、楚门山台、琛浦(离城二十五里)、下湾、芦岙、沙岙	
	大城(陈)汛	千把总轮防,一年一换,驻兵90,辖口址8	南大岙、普竹、连屿、白磴渡、大麦屿、大古顺、小碟、鹭鸶湾	
右营水汛	内洋坎门汛	千把总专防,二月一换,领战船1,兵65,辖台7	坎门②、大岩头、梁湾、乌洋港、大鸟山、小鸟山、方家屿	此外别有外委千把1,领战船1,兵34轮巡。其中,乌洋、梁湾、黄门三汛有外委千把轮巡,二月一换,领哨船1,兵15
	内洋长屿汛	外委千把贴防,二月一换,兵34,战船1,辖洋面9	车首头、分水山、女儿洞、乾江、冲担、沙头、洋屿、大鹿、披山、	
			外洋沙头汛	外委千把轮巡,二月一换,领哨船1,兵15

资料来源:[清]嵇曾筠、李卫等修,沈翼机等纂:《浙江通志》卷九八"海防四",雍正九年编纂,雍正十年告成,乾隆元年刻本。并参见了[清]张坦熊修:《特开玉环志》卷四"军制",雍正十年修。

三、玉环的经费来源

玉环初辟时,粮谷、盐灶、渔货所产仅供岛内设官分汛开支,国家尚未征课。雍正五年至乾隆十九年,此二十七年之间开垦田、山、塘十五万五千亩有奇,可征近二万石谷。③ 但在玉环初辟之时,官员仍在玉环经费紧张中设法多开税源,这是因为玉环及附近岛屿虽号称十万余亩土地,但或在海碛或在海涂,常遭受咸潮冲击,迁界后原有堤塘早已荒废,在防潮及水利设施尚未修建的阶段,田土的收益并不稳定。因海岛飓风、海啸靡定,仅仅衙署城垣之设就耗费巨大,"玉环四面高山,山石粗脆,外洋石又不能运来,当事者忧心如焚,忽起飓风,白日

---

① 此表之所以采用《浙江通志》的记载,是因为《特开玉环志》仅列出陆汛(大)、水汛(大)、陆汛(小)、水汛(小),而驻兵、巡防情况、内外洋之分均未见记载,而《浙江通志》中关于海陆各汛的情况更为详细。两志中也有差别,如右营陆汛坎门汛、西滩汛,在《特开玉环志》中为大汛,应下辖小汛,而《浙江通志》中将其划分在后-汛下。再如,左营海汛坎门汛、长屿汛,《特开玉环志》记载为"此二汛由千把总轮防,两月一换"。《浙江通志》记载坎门汛为千把总专防,长屿汛为外委千把贴防,均为二月一换。

② 此处似应为黄门,参见[清]张坦熊纂修:《特开玉环志》卷四《军制》,第4页。

③ [清]杜冠英修、吕鸿焘纂:《玉环厅志》卷三《版籍志·田赋》,光绪十四年(1888)增刻本,第5页。

天黑,大雨如注;但闻风声、水声、树声并龙吼声,如洪钟鸣,屋瓦皆飞,官民相见啼泣"。① 城垣还未建好的玉环即面临赈济灾民的支出,"(张坦熊)公即开仓赈济,往勘各岙灾场",②这些费用皆源自地方财政。

在玉环开复获准不久尚未设治之时,地方官员即已开始清查私垦、隐漏。署任太平知县的张坦熊与太平县戴世禄查出各都图隐漏自首田地山塘"七千三百四十二亩二分五厘"③。雍正六年正月,李卫令驱逐石塘私垦之民,依玉环之例许无过穷民有妻子者,丈明田地若干取具族邻保结编入保甲。清查隐漏的同时将田地划分优劣,按土性肥硗、垦工之难易分为上、中、下三则征税,"上则田每亩征条丁米一斗六升,中则田每亩征条丁米一斗二升,下则田每亩征条丁米七升"。附近开垦之地除三盘、黄大岙等处与玉环地土不远,照玉环例分上、中、下三则征收外,"其楚门、老岸及盘石、蒲岐等地方土皆瘠薄,且修坝疏河岁岁皆需人力,稍有愆期则咸潮往来便难耕蒔","照依玉环所议之下则输纳"。

尽管开垦的范围已大大扩展,据张坦熊所称仍无法满足原报"十万余亩"之数,"雍正七八年间,前玉环厅张丞以垦复粮升不足原奏十万亩之数,始以太平之石塘山等处亦密迩玉环,请归玉环升粮,详内止言石塘等山,而升粮时又将附近石塘之横门山、狗洞门山、里港山、南北沙镶山、杨柳坑山、蛤蟆礁、掇肚门、龙王堂及白岩嘴、乌岩嘴、石板殿、小蛤蜊共十三山亦归于玉环完粮",实际上,这十三处海岛本属太平县洋面,"因升垦不足,指为密迩"。④ 起初垦耕之民,有家室者需偕家室前往,不许搬回内地,后来因粮额不足只好想方设法扩大玉环赋税征收范围,就连太平县民季节性的垦复也被获准,"石塘、上马、石打、鹿坑垦民皆系太邑松门、淋头之民,伊虽在地开垦而家室仍在淋头、松门等处,东作则聚集耕种搭厂而居,秋获则米谷运回内地折厂而归"。⑤

玉环之所以获准展复,关键在于地方所报十万余亩土地,然"温台洋面自北及南千有余里,岛岙遮繁,渔艇丛集",⑥商渔之税显然是更为丰盈的收入。开复前的玉环洋面因禁止采捕,商船和内港渔船只需缴纳关税"展复之前,洋面禁止采捕,是以各船止输樑头关税",商船"一丈以内每尺收税二钱,一丈之外每尺加税一钱",玉环设治以船只大小定税之上、中、下,樑头关税经由玉环厅上缴布政使司。⑦

伏查玉环同知所管之洋面与玉环参将所管之洋面不同,武员职司巡哨故参将

① [清]袁枚:《书张郎湖皋使逸事》,《小仓山房文集》卷三五,《袁枚全集》第二册,江苏古籍出版社,1993,第640页。

② [清]袁枚:《书张郎湖皋使逸事》,《小仓山房文集》卷三五,《袁枚全集》第二册,第640页。

③ [清]张坦熊纂修:《特开玉环志》卷三《查出隐漏》,第18页。

④ [清]庆霖等修、戚学标等纂:《太平县志》,嘉庆十五年修,台北:成文出版社,1984,第90-91页。因玉环垦复之初粮额不足、经费未敷以太平县石塘等山划归玉环管辖,而石塘、狗洞门、石板殿等山距太平县城六十里,离玉邑所辖之松门汛仅止十余里,中隔小港,潮前时旱路可通,而相距玉环洋面实有二百余里,嘉庆元年以鞭长莫及仍划归太平县辖。参见署理闽浙总督魁伦、浙江巡抚吉庆:《奏请将石塘、狗洞门、石板殿等山岙仍为太平县管辖并添建守备署等官舍营房及酌改海疆营制事》,录附,档号:03-1684-007,缩微号:117-1579,嘉庆元年二月初三;大学士阿桂大学士和珅:《奏为遵旨会议酌改浙省岙岛及海疆营制事》,朱批奏折,档号:04-01-01-0470-014,缩微号:04-01-01-060-1633,嘉庆元年二月二十一日。

⑤ [清]张坦熊纂修:《特开玉环志》卷三《沿海事宜》,第27页。此处"东作"似为"冬作"之误。

⑥ [清]张坦熊纂修:《特开玉环志》卷三《稽查网龙》,第53页。

⑦ [清]张坦熊纂修:《特开玉环志》卷三《征收渔税》,第44-45页。

所管之洋面东分乐清县洋面三分之一，西分太平县洋面三分之一，文员职司税务，故同知所管之洋面东以温之永、清、瑞、平为界，西以台之林、黄、宁、太为界，若以台温二府属八县之洋面为内港，必以玉环参将所管之洋面为玉环，则所分乐太二县三分之一洋面原无船只，税从何出？

上文乃玉环同知张坦熊上给李卫的呈请，由于船只多在内港停泊，玉环与永、清、黄、太等八县公同海面，船只相通，并无塘坝为界，如果划分为八县内港则玉环无渔税可征。外省之商渔船只前来采捕者，玉环文武得以稽查征收，而本地网龙等船恣游八县洋面者都无需征税。故李卫批："玉环同知之衔冠以温台，凡两府八县洋面渔税皆其统辖，较该营之仅与邻汛分界不同。"①这样一来，从玉环诸岛西边的洋面看，玉环同知征收税课所负责的洋面要远远大于玉环参将巡视稽查的洋面范围，浙江省温台两府八县的渔船都划入其管辖。体积轻便、成本低的网龙船及各种小船占了沿海渔船的很大部分，船户多是穷苦无依的下层民众，因被禁止赴外洋打捞，且樯头不得超过五尺，止许单桅，水手不得过十人，按例无需缴纳樯头关税。虽难以在波涛巨浪的外洋航行，出于生计需要，网龙船户往往私出外洋、赴岛搭厂，三、四、五等月采捕冰鲜，七、八、九等月打鳅。此前虽无须缴纳樯头关税，但也未曾摆脱胥役兵弁规例需索，因以前海山禁止采捕，"此项船只本县给照，则胥吏征其规例，私出外洋则汛口索其羹鱼，渔民非无所出，究之无补正供"②。雍正五年后，将原八县内港洋面划入玉环境内，网龙船进入玉环洋面就必须缴纳关税。如此一来，陋规未除反而又多一项征敛，"温之永、清、瑞、平，台之临、宁、黄、太八县无杉板之网龙采捕各船盈千累万，……以玉环文武亦同一例稽查征收，单行者输税四钱，成对者输税八钱"③。故逃税抗税现象严重"本属网龙小艇每对止输税八钱者，抗违成法，纷纷渎详，致烦案牍"④。

涂税是海岛开复新增加的税种，征收对象除了渔船还有商船，因商船并不经常在海岛搭厂，故而主要是针对在岛上搭厂采捕的渔民，正如芮复传言："入山渔者有涂税，出关渔者有渔税。"⑤此前海岛封禁，虽无涂税一说，但已有"黄土蕃、梁廷贤、金素先、朱遗叶、叶环如、郑汉文者占据海洋各吞，横充私伢，需索商渔"，⑥这些地方势力霸居海岛对赴岛搭厂之人私收规例。雍正五年，玉环诸岛开复之后，李卫令驱逐私伢，"将渔户逐厂挨查、取具保结，许其采捕，循照定海计厂征收涂税之例，酌分上、中、下三则，每处设立官牙、厂头以司稽察，所收税银查明数目造册申报以备玉环各项公费之需"，涂税由"温、黄二镇遴选弁目委员协办稽查，汛至则收牌存官，汛毕收缴涂税，各船领牌回籍"⑦。对不同船只，涂税的征收标准不一，如钓艚船照杉板多寡定则，打春船、商船照樯头大小定则，单桅船五尺以上者征收涂税，此外还有扈艚船、鲊鱼船、筏捕船、雷秋船、打秋船、健艚船、蛛网船等数十种，征收涂税银数额各

---

① ［清］张坦熊纂修：《特开玉环志》卷三《稽查网龙》，第56－57页。

② ［清］张坦熊纂修：《特开玉环志》卷三《稽查网龙》，第52页。网龙船指漂浮于内港的小型船只，各省名称不一。

③ ［清］张坦熊纂修：《特开玉环志》卷三《稽查网龙》，第55页。

④ ［清］张坦熊纂修：《特开玉环志》卷三《稽查网龙》，第56－58页。

⑤ ［清］朱筠：《笥河文集》卷一二《浙江提刑按察使司副使分巡温处道芮君墓碣铭》，清光绪五年（1879）刻本，第226页。

⑥ ［清］张坦熊纂修：《特开玉环志》卷三《涂税》，第35页。

⑦ ［清］张坦熊纂修：《特开玉环志》卷三《涂税》，第35页。

有不同,①表2所列即为玉环的涂税银。

表2　雍正五年冬季至雍正八年玉环的涂税银

时间	共征涂税银	温台两汛征收数额
雍正五年冬季	一千一十八两五钱四分五厘	温汛:六百一十九两五钱四分五厘
		台汛:三百九十九两
雍正六年	五千六百五十二两四钱九分七厘	温汛:二千六百三两七钱九分五厘
		台汛:三千四十八两七钱二厘
雍正七年	六千二百五十三两一钱一分七厘	温汛:三千五百六十六两起钱五分
		台汛:二千六百八十六两三千六分四厘
雍正八年	四千五百三十六两九分七厘	温汛:九百一十五两九钱
		台汛:三千六百一十四两一钱九分七厘

上文中虽说是照定海之例征收涂税,但定海涂税于康熙三十四年(1695)缪燧任浙江定海县知县时,将其免掉。② 而此时玉环海域的渔民需缴纳樑头关税(渔船税)、渔货进口税(即渔课)、涂税三项税种,③如果遭遇鱼汛不旺或吏役厂头的陋规索需,对穷民来说可谓重赋,常有不能交税领牌而滞留海岛的渔民。故其在设立之初就受到了指责,"弛山禁,渔者往来并税,曰涂税。既而渔者不入山者度关纳税,亦征其涂税"。④当初反对开复玉环的芮复传就曾说此"是重税也","具牍凡七上"。芮复传在温州任知府多年,受到同僚推戴,他对玉环涂税一事的不满颇能反映地方的声音。⑤ 后来,渔涂被占,渔民赔累,乾隆元年温州镇总兵施世泽奏请禁革涂税,谕旨减免一半。乾隆三年,免掉滞留海岛渔民的涂税银,乾隆四年浙江巡抚卢焯再次奏请全免玉环涂税。⑥ 乾隆八年,谕令永远革除涂税。⑦ 因此,涂税更

①　[清]张坦熊纂修:《特开玉环志》卷三《涂税》,第34－42页。除因船只种类差异,所处海岛和船户籍贯的不同都会造成涂税征收则例的差异,此问题待日后专文详述。

②　赵尔巽等撰:《清史稿》卷四七六《循吏一》,第12977页。

③　这应是玉环海域的渔民最主要的赋税,清代还有鱼苗税、渔盐税等名目,但未见《特开玉环志》有记载。

④　赵尔巽等撰:《清史稿》卷四七七《芮复传》,第13006页。

⑤　赵尔巽等撰:《清史稿》卷四七七《芮复传》,第13005－13006页。芮复传,顺天宝坻人,原籍江苏溧阳。康熙四十八年进士,授钱塘知县,因政绩突出被雍正特招接见擢为温州知府,于雍正元年底至雍正七年在任,雍正七年二月补受温处道,期间因玉环岛开复一事与督抚李卫分歧极大,之后极力反对玉环繁杂的税种。芮复传虽"恃才自大",但因操守好、办事勤,受到同僚保荐升任温处道,参见浙江学政王兰生:《奏为据实保荐温州府知府芮复传事》,朱批奏折,档号:04－01－30－0026－022,缩微号:04－01－30－002－279,雍正六年二月二十二日;镇浙江处州等处总兵王安国:《奏为遵旨保举温州府知府芮复传事》,朱批奏折,档号:04－01－30－0028－040,缩微号:04－01－30－003－0456,雍正六年五月十二日;浙江分巡温处道王敉福:《奏为遵旨保举温州府知府芮复传事》,朱批奏折,档号:04－01－30－0029－021,缩微号:04－01－30－003－0559,雍正六年五月十八日;浙江定海镇总兵林君升:《奏为遵旨保举温州府知府芮复传事》,朱批奏折,档号:04－01－30－0157－001缩微号:04－01－30－011－0850,雍正六年二月二十日;朱筠:《笥河文集》卷12《浙江提刑按察使司副使分巡温处道芮君墓碣铭》,第224－228页。

⑥　大学士管理浙江总督事务稽曾筠:《奏报免除渔船涂税玉环经费不缺乏事》,朱批奏折,档号:04－01－35－0543－028,04－01－35－030－2895,乾隆三年正月二十六日;浙江巡抚卢焯:《奏请全免玉环涂税事》,朱批奏折,档号:04－01－35－0543－034,缩微号:04－01－35－030－2912,乾隆四年四月初八日。

⑦　[清]昆冈等修、刘启端等纂:《钦定大清会典事例》卷二六八《户部·蠲恤》,第52页。

大程度上是玉环初辟,为建筑城闸、仓署诸项费用的暂行税种,迨玉环规模已定也随之取消。

另有一项重要赋税来源即为盐灶,玉环有塘洋、后垵两盐场,原本为枭徒私煎之地,展复后改为官收官卖,共计十八灶,所煎之盐只在本山卖于渔户、居民,不许贩卖出境,"非比内地场灶可以设厂添盘招商配引","比照崇明、定海计丁派引充课征收,以为永远之例","每盐一百斤价银五钱,二钱五分归灶户以为人工贩食之资,二钱五分作经费以官役奉工之需"。① 盐场由政府统一管理征收盐课,除盐本外所余造册充公。渔盐之利是玉环行政草创时极为重要的经费来源,"现在玉环建设城垣,费用浩繁,赖有沙水渔盐出息帮工","此数年中凡有前项所指玉环应用公务,悉以玉环所收额粮及渔盐等项出息尽数抵用",此外还有牙税、契税甚至捐浙江官员俸银以作玉环经费之用。

根据笔者目前发掘的史料尚不足以得出玉环设治之初的经费开销,总体看来,通过放宽赴垦之民的条件、扩大土地开垦及洋面管辖范围等方式试图扩大税源,这里不排除有地方官员借玉环设治扩张势力的可能性。但税源的广泛增加也的确说明了玉环设治之初时的经费筹措异常艰难,"大索山中田仅二万亩,不足则取山麓潮退之地充之,又取近天台县田丈量,亩有所余并以属之又不足,更取乐清县民田岁输粮者,距城四十里外尽隶玉环经费,不敢辄支帑金,则令捐浙江省官俸半及关津一切杂税增税其半,用给经费"②。玉环建置完备、规模初具后,赋税才上缴浙江布政使司"照内地之例,粮米鱼税编造全数归入藩司项下充为本省兵饷,题销盐课亦归盐政项下充饷"。③ 经费的困难使得地方官在谈及海岛设治时惟恐成为地方财政负担,玉环开垦获准并成功设官分汛,总督李卫对垦荒一事的乾刚独断似乎成为更重要的原因。

四、岛民的户籍与身份

玉环获准开复之前,有绅衿在玉环诸岛有田可耕有庐可居,招雇工人代为力作,为防势要之家假借垦复之名雇人赴岛或无籍流民混入岛中,政府限制赴岛之人户籍,起初仅准许太平、乐清两邑且无过之人取具本县族邻保结移送该令,给与印照计口授田。自雍正六年起,迫于经费压力,将召垦范围扩大至温、台二府相近属县,赴垦民人呈明地方官出具印甘各结,向玉环同知衙门投验听候拨给田亩编入保甲,造报藩司。④ 但其实此规定后来也发生了变化,因赋税不足对非玉环籍的垦民也大开招徕之门,如石塘、上马石、打鹿坑等处垦民为太平县松门、淋头之民,这些人家室均在太平县,"东作则聚集耕种搭厂而居,秋获则米谷运回内地折厂而归"(见图1)。⑤

据《特开玉环志》载刚刚展复的玉环厅"户口共2782户,男14226丁,女5390口,男女共19616丁口",这些人口包括计口授田的垦种之人还有灶户,将闽广无籍之徒及渔户、非玉环

① [清]张坦熊纂修:《特开玉环志》卷三《详禁私煎该设官灶》,第61页。
② [清]朱筠:《笥河文集》卷一二《浙江提刑按察使司副使分巡温处道芮君墓碣铭》,第226页。
③ [清]张坦熊纂修:《特开玉环志》卷一《司道会议》,第63页。
④ [清]张坦熊纂修:《特开玉环志》卷一《司道会议》,第59页。
⑤ [清]张坦熊纂修:《特开玉环志》卷三《沿海事宜》,第27页。

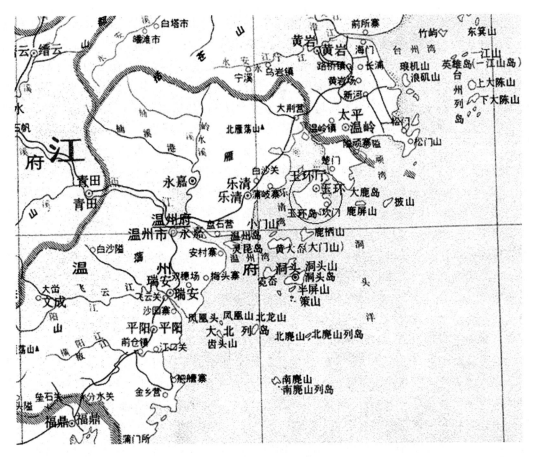

图 1　清代玉环厅位置

（此图来自谭其骧主编:《中国历史地图集》第 8 册,31－32。笔者将玉环本岛用黑圈标出,但后来开复的岛
屿包括了临近的灵昆、霓岙等岛以及大陆沿岸的蒲岐、楚门、盘石等地）

籍的垦民等排除在外,"本省淳谨农民,素无过犯者,始得计口授田,而闽广无籍之徒不与
焉",①故此数字并不能反映玉环开复以后的真实人口数目。闽广无籍之人不能入籍的规
定,意味着大批流民要遭到驱逐,但海岛之民旋遣旋回的迁移性决定了驱逐一事成效有限。
大概仍是出于经费的考虑,在玉环垦复不久,政府对闽广之人的禁令也做了调整,对玉环诸
岛居住年限超过十年的民人则准其入籍"现在闽省人户六十余口,除搬有家室住居十年以
外者,准其入籍,一体编入保甲"。当然,闽广无籍之人寄顿海岛,人数应不止六十余口,很
多通过冒称温台附近县籍居住下来。据罗欧亚对玉环多部族谱的研究,她认为玉环的移民
故事具有相似的结构,"即始祖皆为福建人,后来族中兄弟几人一同迁至平阳,在平阳经过
几代的繁衍生息以后至雍正年间趁玉环展复之机再迁玉环,而迁到玉环的常常是康熙后期

---

① ［清］张坦熊纂修:《特开玉环志》卷三《户口》,第 8 页。

出生的那一代人中的大部分"。① 作者进而认为这些号称自己是平阳籍的福建人为得到岛上合法居住权,在族谱中都称自己是雍正设厅时由平阳迁来。这些私垦者也许未满十年居住年限,也许是不愿承认设厅以前的私垦之事,他们一致成为了政府展复中的响应者。

除垦种者、灶户外,大量流动的渔民、商人构成了海岛上的暂住人口,"石塘岙内,闽人搭盖棚厂一十四所,每年自八、九月起至二月止鱼汛方毕,各船始散,各厂亦回其中停泊。船只查有三项,内有湘船系挟资商船俱有身家,颇能守法。又有舭艚借名换鱼,其实偷运酒米煮盐,以致近海产谷之区岁登丰稔,市价反行腾贵,且令玉环官盐堆积二十余万斤,壅阻不行,又有舭艚系属闽民船系租用水手亦系顶替,人照面貌俱不相符,倏泊坎门、倏泊石塘,往来无定"。② 由此段材料可见,玉环诸岛上流动人群的复杂多样,这些湘船、闽船只能临时停泊,并不具有在岛居住的合法权力。禁止渔民在海岛搭厂并未能奏效"黄坎、梁湾等地搭有棚厂百余,采捕鱼虾,杉板船只市买贸易其间",地方政府遂开始放宽渔户在岛搭棚,向其征收涂税即是承认其合法地位的体现,但同时规定"俟鱼汛一毕,即合帮同返,毋许逗留",③ 这说明赴岛采捕之渔户仍未获得在海岛的长久居住权。于是,渔户借开垦之名携家眷赴各岛搭盖寮厂,他们虽定期向玉环缴纳赋税,但籍贯仍属各县,致使农渔不分、归属难定,难怪温镇总兵倪鸿范说:"玉环同知惟以征粮归之玉环,而人民户口诿之各县,向来疆界不清,全无专责。"粮在玉环而户口编查仍在本籍,这说明玉环的保甲并未得到认真稽查。

周边各县渔民向玉环岛的迁徙导致的骚乱和争端引起了玉环和各县的相互推诿,已获得玉环合法居住权的岛民对不断增加的草寮棚厂怨声载道。乾隆十二年,由垦民提出对农渔住眷进行稽查意在驱逐渔户,温州总兵倪鸿范将此民间呈请上奏提出对玉环编排保甲,以规范玉环同知和玉环营的稽查职责。④ 乾隆十二年题准:"浙江玉环一山管辖岛岙,饬令该管文武官弁会同清厘界址,分立都图,编排保甲,在岙民人分别是农是渔,果是耕种农民准其居住。如系渔户不准混杂占住。"⑤ 虽然并未承认渔户在岛居住权,但由于迁徙赴岛的新垦民是可以获得海岛居住权的,而实际上这些垦民大多是半渔半农的,所以真正驱逐的只是那些没能占得土地而漂泊无定的渔民。

这也许能解释,玉环各家族首次修谱多为乾隆年间。族谱的纂修者不断表明其是雍正朝垦辟之诏响应者的同时,也不忘宣称他们是这片土地第一批拓垦者,"(文廷公)住居平邑,以雍正年间一身奉旨开筑玉环,斯时也,问谁徹我疆土乎,惟公先之;问谁入执宫功乎?惟公先之;问谁筑场圃纳禾嫁乎? 亦惟公先之。蒙业而安者,第知耕桑,有土画疆而处

① 罗欧亚:《从迁界到展界——从浙江乐清湾为中心》,中山大学硕士学位论文,2011 年。平阳县属温州府,作者列举了从福建迁来的有楚门黄氏、吴氏、三合潭谢氏、周氏等家族。在笔者翻阅的《三合潭西山周氏宗谱》、《武功郡苏氏族谱》中也发现了这样的记载。

② 〔清〕张坦熊纂修:《特开玉环志》卷三《请禁搭厂》,第 23 页。

③ 〔清〕张坦熊纂修:《特开玉环志》卷一《司道会议》,第 62 页。

④ 浙江温州总兵倪鸿范:《奏为玉环诸岛农渔混杂奸良莫辨会商清厘界址查编保甲事》,朱批奏折,档号:04 - 01 - 01 - 0128 - 029,缩微号:04 - 01 - 01 - 020 - 0380,乾隆十一年十月初十;闽浙总督马尔泰《奏为温郡玉环一带垦民请核勘疆界应确勘查办事》,朱批奏折,档号:04 - 01 - 01 - 0128 - 011,缩微号:04 - 01 - 01 - 020 - 0266,乾隆十一年七月二十二日。

⑤ 〔清〕昆冈等修、刘启端等纂:《钦定大清会典事例》卷一五八《户部·户口》,第 993 页。

者"。① 这些族谱的共同点在于所描绘的玉环始迁祖皆为勤耕勉织之人，渔户、灶户以及偷垦私煎之徒皆消失于家族记忆，更有玉环高桥李氏如此要求后世子孙："务宜以耕读为本，商贾为事，毋许罔为卑贱以污先辈。"②需明白的是，其实大多数岛民是来自周边各县及闽粤两省的下层贫苦渔民，这也是为什么海岛初辟之时，玉环厅同知一切规制与州县相同，所有仓署城垣坛庙都已次第修建，惟缺学宫。在鼓励耕读的官方主导下，采取定居垦种的生产和生活方式显然更加能够进入政府所标榜的正统，而设立文官管理民事除了职掌赋税和词讼外，每月朔望宣讲圣谕广训，并派人下乡到偏僻海隅宣讲是另一层面体现王朝权力的方式，其对民众的教化可谓深远。随着人口和土地垦辟增加，岛民对于中央所构建的正统就越加向往，最初在海岛占得土地资源的这批人逐渐抛弃渔猎的生产方式，并开始以正统自居而排斥那些新迁来的渔疍，这就是高桥李氏要求子孙以耕读为本的原因所在。③

正是在这些士绅和宗族逐渐形成时，乾隆二十年，玉环岛民终于取得科第的名额，"巡道朱椿以玉环田地日辟，生齿倍繁，士渐知慕义，率同知详请附入温州府学。岁科额定入学数目，文生员四名，武生员二名"。入温州府学的玉环生员需涉海往返，仍有诸多不便。到嘉庆年间，应试人数已与浙东云和、景宁、松阳、宣平等县相埒，但一直没有自己的学宫。嘉庆六年，绅士戴全斌等呈请捐建。嘉庆八年，巡抚阮元奏准在玉环建学，改温州府学训导为玉环学训导，设文生八名，武生四名，廪生八名，增生三年一贡，十二年一拔贡。④ 此时，玉环才真正地走入到王朝国家的体系当中了。

五、结语

无论是主张从海洋看陆地，以海洋为本位的整体史研究，⑤还是强调兼顾海洋和陆地来探讨海陆互动下的中国社会，⑥对近海岛屿诸多问题的考察便于在这两种研究旨趣中寻找平衡点。在传统中国，政府对沿海岛屿管理有强化趋势，特别在明代以后，沿海社会经济形势的变化使得沿海岛屿对于王朝国家有着空前的战略意义。⑦ 康熙展界后，抑制民众向远洋开拓的同时在准许开复的岛屿，因岛而异采取了不同的管理模式。尤其在雍正朝，海岛管理被纳入到全国政治区划改革范畴下，海岛民事管理的重要性大大凸显。

① 《武功郡苏氏宗谱（玉环）》，"文廷公赞"，1948 年重修，无页码。

② 《高桥李氏宗谱（玉环）》，"遗训八条"，2004 年重修，第 46 页。

③ 通过族谱的记载和笔者在阳江海陵岛、广州龙穴岛、防城港等地田野考察，这种情况在沿海非常普遍，后代在追溯祖辈从事的生计时，往往说自己家族一直都是种田的，并不打渔，他们会说靠海的那群人才是打渔的。

④ 浙江巡抚阮元、浙江学政文宁：《奏为拟建玉环厅并请准照例添设廪增事》，朱批奏折，档号：04－01－38－0110－028，缩微号：04－01－38－005－1930，嘉庆八年正月二十一日；另见［清］杜冠英修、吕鸿焘纂：《玉环厅志》卷七《学校志》，光绪十四年（1888）增刻本，第 1 页。

⑤ 杨国桢：《海洋迷失：中国史的一个误区》，《东南学术》，1994 年第 4 期；《从涉海历史到海洋整体史的思考》，《南方文物》，2005 年第 3 期。

⑥ ［英］华德英：《从人类学看香港社会——华德英教授论文集》，香港：大学出版印务公司，1985 年；［美］穆黛安：《华南海盗（1790－1810）》，北京：中国社会科学出版社，1997 年；杨培娜：《濒海生计与王朝秩序——明清闽粤沿海地方社会变迁研究》，中山大学博士学位论文，2009 年。

⑦ 有关明代以后海洋社会经济发展趋势可参见，杨国桢：《明清海洋社会经济发展的基本趋势》，《瀛海方程——中国海洋发展理论和历史文化》，北京：海洋出版社，2008 年，第 129－141 页。

本文以浙江玉环为例试图说明,从封禁之岛到设官设汛,海岛走入王朝行政管辖同政治环境、地方官的积极推动大有关系,而民间的违禁私垦也是促成玉环设治的重要原因。雍正《浙江通志》的编纂者如此评价玉环山的开复与设治,"犹是山也,置之荒秽则潜匪伏莽,隶诸疆索则作镇为藩"。尽管,自然条件、地理位置、历史沿革等因素都不同程度的影响着国家对海岛的管理方式和成效,然而这种化贼为民之策成为清代统治者治理盗乱的重要模式。要说明的是,虽然笔者试图多层面揭示玉环诸岛走入王朝的实态过程,然对于多元化考察沿海岛屿发展变迁特别是自下而上考察政策的出台和地方社会的反映,仍有待资料的进一步挖掘和探讨。

江洋大盗：乾嘉年间几份海盗的供单

周育民

（上海师范大学）

摘要 本文根据第一历史档案馆现存乾嘉年间的一些海盗供单,说明乾嘉之交的广东、福建的小股海盗,其形成大致有三种情况,一是陆地贫民入海为盗,二是被掳人员转而为匪,三是渔民因渔汛不旺、投资亏折、生计困难等原因乘机打劫。这些小股海盗作案次数有限,往往随聚随散,不完全靠打劫为生;当然,随着从事海盗活动次数的增加,其中会产生一些完全靠海上打劫为生的海盗。小股海盗的分赃,除了盗首"老板",赃物基本上是在直接参与打劫的海盗中采取按股均分的方式。其销赃的分式,除银钱外,或由海盗委托熟人代卖、或直接变卖。对于沿海贫民、渔民"出则为盗,归则为民"的小股海盗,清政府虽然严刑峻法予以惩治,但基本上只能靠官兵的海上常规巡防进行防范。到 19 世纪八九十年代以后,随着海上运输交通工具的变革,海盗的作案主体和作案方式也在发生变化,可能持续了上千年的单帆小渔船由打鱼而打劫的小股海盗于是逐渐退出了历史舞台。

关键词 乾嘉年间 海盗 渔民 江洋行劫大盗例 清代档案

美国学者穆黛安教授的《华南海盗(1790－1810)》[①]对于乾嘉年间的华南海盗作了十分精彩而细腻的研究,而同一时期蔡牵、朱濆等江洋大盗仍不得不再在这部著作的视野之外,大概也是穆黛安教授的一个缺憾。海盗在乾隆末年和嘉庆初崛起为海上世界的强大势力,与越南西山政权的支持有着密切关系,其规模和嚣张远过于当今的索马里海盗。回顾乾嘉海盗发展的历史,提醒我们,海盗的猖獗与内陆的社会生态有着密切关系。本文仅就乾嘉年间若干海盗的供单,略述小股海盗的形成、内部组织和分赃销赃情况,供有兴趣的学者研究参考。

一、供单举例

第一历史档案馆所藏的有关乾隆、嘉庆年间的海盗供单数量较多,其标准形式是随附奏折的清单,以犯人供词的形式上报朝廷,但实际上是经过精心剪裁整理过的东西。另一种形式是在案件审结之后的奏报中叙述主从各犯的罪行,内容与供单相比,虽有详略,但大致相

---

① ［美］穆黛安著、刘平译：《华南海盗(1790－1810)》,北京：中国社会科学出版社,1997 年。

同,但只不过改用具奏人的口吻而已。下面,我简单地介绍两种供单的内容。

1. 李朝才案

乾隆五十九年十一月二十日,署廉州府城守营游击都司李林贵在冠头岭洋面发现一艘海盗船,便率兵追赶。盗船一面放炮拒捕,一面顺风逃逸。当时合浦县典史邓廷相雇佣的八艘勇船出海,正巧赶上,便一字排开,挡住了盗船的退路。这艘海盗船在兵勇前后夹击之下,四名击毙落海,两名受伤身亡,十名被俘。盗首李朝才等供出了他入海为盗直至被俘的整个过程。①

李朝才是香山县的蛋民,29岁时父亲死了,母亲还在世,自己也没有妻子。乾隆五十七年二月,他独自驾了一只小船出海,在冠头岭外洋打鱼。这种在汪洋之上孤苦伶仃打鱼为生的日子没有持续多久,当年的十一月便遭遇了海盗"大辫贵"。大辫贵轻而易举地将李朝才抓上了海盗船,先押在舱底几天,然后让他在船上打杂。半年之后,大辫贵便逼李朝才一起参与打劫,李朝才便成了海盗中的正式成员。

乾隆五十八年五月,他们在尖波罗洋面打劫了一艘福建红头船,缴获了胡椒四百多包,荳蔻七八十包,砂仁一百包,在短棉地方把货卖了,李朝才分得80银元。大辫贵匪帮则增加了艘红头船。

九月,李朝才他们又在儋州外洋打劫了一艘商船,得白布二十捆。十月,又打劫了一般白艚船,得布一百捆,棉花七百包,货在短棉地方卖了之后,他分得60千文。

有了80块银元,60千铜钱,李朝才做了一次棉花生意。看来生意做得不成功,第二年,又去江坪找大辫贵。这次大辫贵派给他"先后掳来的"十五个帮手,给了他船一只并炮位火药,由他当头出洋打劫。

第一次当上海盗小头目的李朝才背运透了。十一月十六日出发,两天后到达自己熟悉的冠头岭洋面。第一次打劫,只是一艘渔船上的鱼。接下来的一天打劫,受害的竟然是自己的表弟黄秀金,连声赔不是地将赃物和船一起还给了表弟。第三天,便遇上了兵勇捉拿。

其余被俘的九人,都是合浦县二三十岁的青年,均未成家,有的是水手,有的是卖缸瓦的小贩,都是被大辫贵掳来的,几乎都没有海盗的经历。

2. 郭蔼等案

乾隆六十年四月二十三日,福建海坛镇总兵特克什布督同参革留缉参将许廷桂在崇武洋面击获海盗船一艘,除打死、跳海逃走外,擒获郭蔼等十九名海盗。之后,郭蔼供出了他的海盗生涯。②

郭蔼是马巷人,一向靠渔船打鱼为生。乾隆六十年四月,他突然起意出洋行劫,纠结了包括他本人在内共26人,置备刀铔竹篙,出海打劫。十五日,他们在塔头洋面打劫到客船上的一些米包、竹筏。十七日,又在峻顶洋面打劫到了一艘商船。控制了商船之后,他们把船主许勇兴和水手十人钉押在舱底,把前天抢来的赃物也搬到了商船上,丢弃了原来的渔船。其中有一名水手被强迫为他们煮饭,另一名水手还被名为林叫的海盗鸡奸了。第二天,又在

---

① 李朝才等供单,见录副奏折,两广总督长麟、广东巡抚朱圭为拿获海洋盗犯审明办理折(乾隆六十年三月初八日奉朱批),档号03-0469-006。

② 录副奏折:闽浙总枝伍拉纳乾隆六十年五月初九日奏,档号03-0471-002。

圳上外洋打劫了一艘客船。将抢来的米麦豆谷等分卖给了海上打鱼的渔船，得了585元。十九日，他们又在这个海面打劫了一艘商船，看到装的都是红木，无处变卖，便把船照抢了。船主许典过船央求还照，郭等将许典押在舱底。四天以后，郭蔼等被官兵抓获。

福建官兵还抓获了李天目等海盗的同党。盗首都已逃逸，因此只有其部分被俘手下的供词。其李天目一支被俘五人，在乾隆六十年闰二月二十一日、二十三日、三月初九日、十四日随李天目在小岞、平海、岐尾等洋面连续行劫四次，劫得糖、碗、油渣饼、薯丝、米石等，最后一次连商船也夺了，水手八人被押禁舱底，李天目带了一部分海盗载着赃物去变卖，留下看守商船的一些海盗在十六日在湄州海面被俘。在福建官兵散俘的其他海盗中，有一名是参与吕班一伙在海上四次打劫，分得八块番银之后在湄州上岸回家时被抓获的，有两名是参与陈班一伙打劫两次，分得十块番银、八百文钱回家时被抓获的。

李朝才案的叙述根据的是李朝才本人的供单，郭蔼案的叙述是根据具奏人的叙述，分别涉及广东洋面和福建洋面的海盗。

二、小股海盗的形成

李朝才所加入的大辫贵海盗集团在嘉庆二年被清军歼灭。从大辫贵邱亚三的供词中，我们可以清晰地看到这支海盗形成、发展到失败的全过程。[①]

大辫贵邱亚三是广东合浦县人，被俘时年39岁，父母俱故，并无兄弟妻子，是个"光棍"。他在安南边境的江坪挑担度活。乾隆五十七年，因贫苦难度，纠伙出洋行劫，李朝才就是在他这次出洋打劫时被抓入伙的。之后，邱亚三又与黄乙酉联合，加上派李朝才为首的盗船，这股海盗实际上拥有三只海盗船，53名海盗。根据被俘海盗的供词，我们可以看出这支海盗人员的大体情况（见表）。

表　邱亚三、黄乙酉、李朝才海盗人员表

姓　名	籍贯	年龄	婚姻状况	原职业	入伙原因、分工
邱亚三	合浦	39	单身	挑担	贫困起意，盗首老板
刘就胜	吴川	25	单身	挑担	
课益得	吴川	37	单身	挑担	
姚有得	吴川	22	单身	挑担	理财（做财富）
陈益得	吴川	20	单身	挑担	
陈亚见	遂溪	22	单身	挑担	
陈　桂		死			
老力亚花		死			头目
陈　东		死			舵工
海老梢		死			舵工
许亚九		死			头桩

---

① 录副奏折:洋盗邱亚三等人供单,嘉庆二年,档号03-2426-038。

姓　名	籍贯	年龄	婚姻状况	原职业	入伙原因、分工
林宇昌		死			
许丙桔		死			
林　胜		死			
林　一		死			
老　黄		死			
郑亚四		死			
亚　花		死			
三　亚		死			
董　奇		死			
黄乙西		死			盗首老板
唐亚兴	海康	23	单身	挑担	
阮文吐	安南	24	单身	挑担	
阮文兰	安南	24	单身	挑担	
阮庭显	安南	18	单身	挑担	
王庭妹		死			
亚　五		死			头桩
老　苏		死			舵工
亚　养		死			头目
黄亚兴		死			
亚　法		死			
亚　谅		死			
程阳江		死			
阮亚振		死			
阮亚妹		死			
阮亚三		死			
阮亚庭		死			
李朝才	香山	29	单身	渔民	被掳入伙,盗首
广西老五		死			
李财富		死			
李　贵		死			
吴川老		死			
秦国英	合浦	38	单身	水手	被掳入伙
何日高	合浦	28	单身	渔民	被掳入伙
苏老三	合浦	26	单身	水手	被掳入伙
林蒂鸿	合浦	29	单身	渔民	被掳入伙
李万英	合浦	33	长子	缸贩	被掳入伙
李明奉	合浦	27	单身	鱼贩	被掳入伙
林廷元	合浦	30	单身	鱼贩	被掳入伙
观生老晚		死			
钟　英		死			
罗　二		死			
詹成才		死			

资料来源:据邱亚三、李朝才等供单

在这股海盗中,我们可以看到海盗人员实际上是由两部分人组成,一是主动和自愿进行海盗活动的,二是被掳入伙的。在被俘的 18 名海盗中,年龄最大的 39 岁,最小的 18 岁,平均年龄为 27 岁半,都是未婚单身。53 名海盗中,安南人大约为 7 人,发起成立海盗组织的主要是江坪地方的中国挑担苦力,渔民、水手乃至商贩均为被掳入伙。

每条海盗船上,盗首称为老板,下设头目、"做财富"、舵工、头桩等职务,其余海盗做些"扯篷扳桨"的杂活,船上的主要武器为炮。李朝才虽派为盗首,但他的船只、人手、炮位都由老板邱亚三提供,除了李朝才参与过海上打劫活动外,其余都是新被掳入伙的海盗,内部既无头目,也无头目、舵工、头桩的分工,组织性差、战斗力弱,第一次出海打劫,即遭官兵民团歼灭,打伤落水而死的四人,另四人在押解途中被折磨而死,实际战斗死亡人员为四分之一。黄乙西从事海盗的经历,可能比邱亚三更早,包括他在内的 17 名海盗,战死的高达 13 人,占到四分之三以上。邱亚三的 20 名海盗中,战死的也有十分之七。

这股海盗的活动,并不频繁。从乾隆五十七年十一月出海打劫,到嘉庆元年十二月被歼灭,整整四年内,前后打劫共十次。时间分别为乾隆五十七年十一月一次,五十八年五月一次,九月、十月各一次,五十九年十一月一次,嘉庆元年十月至十二月五次。从时间分布来看,在海盗组织初创的三年多时间里,总共打劫才五次,只有五十八年的三次有较大收获,根本无法完全靠海上打劫维持生计。直至嘉庆元年与黄乙西联合,才有了专业性海盗的特点,但很快即被官兵歼灭。由贫困起意,间隙性地出海打劫,逐渐向专业性海盗转变,大体上是这支海盗的发展过程。

小股海盗的成员,在自愿加入的前提下,也可以自由退出。比如,李朝才被掳入伙之后,参与了几次抢劫,分得银钱后就去做买卖了。之后又再次投入当海盗。同样的情况在福建海盗中也存在。吴弗四即阿班,被俘时年纪 29 岁,福建晋江人,父母健在,家有妻室,捕鱼为生。乾隆六十年四月被海盗许高纠入伙,从五月到九月参与了几次抢劫之后,便自己纠人做起了海盗首领,驾有两艘海盗船。从当年十月到次年元月初官兵捕获,竟在海上和陆地疯狂抢劫了八次,掳人 14 个。①

除了内陆贫民入海为盗、渔民被掳入伙之外,海上渔民见机打劫,也是海盗的一个重要来源。福建漳浦渔民蔡乞拥有渔船一条,雇了九名水手在船上作业。乾隆六十年四月,因鱼汛不旺,船内缺乏食米,面对这次注定要亏本的出海,蔡乞要求受雇水手进行打劫,有三名水手拒绝,蔡乞便将他们关押到舱底。在二十八日打劫了一艘贩运薯丝的商船之后,第二天,遇到了熟识的渔户郑一、杨虔、潘脔、陈白、吴房五艘渔船,蔡乞邀约他们一起进行海盗活动,八个拒绝的水手照例被押在舱底或为海盗煮饭,六艘渔船一下子成了一支强大的海盗船队,在海面进行了一次围劫商船的行动。但三天之后,便撞遇官兵,被悉数歼灭。②

从这支被俘海盗人员中,我们可以看到沿海渔民性生活方面的一些细节。在蔡乞当海盗之前,他手下的一名水手就在岸上将一名 14 岁男孩掳掠到船上,成为他们性发泄的工具。在后来加入进来的五艘渔船上,有两艘船上分别有一名 14 岁和 15 岁的男童,审讯表明,这些男童都遭到了鸡奸。在捕获的海盗中我们可以经常看到与此类似的情况,由此我们可以

---

① 录副奏折,署闽浙总督魁伦等呈为拿获闽浙海洋盗犯吕锡等供单,嘉庆元年正月初十日,档号 03 - 2340 - 002。
② 录副奏折,署闽浙总督觉罗长麟乾隆六十年六月初八日奏,档号 03 - 0471 - 021。

推断,这种扭曲的性生活方式实际上是海上渔民性生活的常态。这种渔户、水手在出海前就习惯于在岸上伺机掳掠幼童,那么到海上遇到渔汛不旺、投资亏折时,临时起意打劫商船的情况当不在少数。在与凶险的海上风浪作斗争的同时,不少渔民也养成了好勇斗狠、为非作歹的劣性。

嘉庆元年三月,嘉庆皇帝根据福州将军、署闽浙总督魁伦的奏报,认为"闽省洋盗充斥,兼漳泉被水后,失业贫民,不无出洋为匪。此等匪徒,随聚随散,而粤省匪船,遂有假装服饰,称为安南夷人,乘风入闽"。①这个判断,至少从乾隆末年福建的一些海盗案件看,并不完全准确。

综上所述,乾嘉之交的广东、福建的小股海盗,其形成大致有三种情况,一是陆地贫民入海为盗,二是被掳人员转而为匪,三是渔民因渔汛不旺、投资亏折、生计困难等原因乘机打劫。这些小股海盗的打劫,作案次数有限,往往随聚随散,不完全靠打劫为生;当然,随着从事海盗活动次数的增加,其中会产生一些完全靠海上打劫为生的海盗。

三、海盗的分赃销赃

海上打劫,遭到打劫的对象包括三类,一是海上人员,二是船只,三是船上的渔货或商货以及现金。我们这里也着重考察小股海盗对于打劫对象的不同处理方式。

对于海上人员,小股海盗最常见的做法是逼胁入伙,以扩大海盗队伍。这在我们前面的介绍中已经叙及,不再赘述。海盗杀人的情况不常见,28 岁的盗首遂溪人谢亚二在江坪地方挑担为生,嘉庆元年六月纠集 21 人入海为盗,九月间抢劫一艘客船,因水手"叫喊拒敌",把这名水手杀了,弃尸海中,为匪三月即开杀戒,这种情况在海盗中并不多。② 对于不愿入伙的人员,海盗们通常采用两种办法,一是强迫服役,二是扣押舱底。在海盗船上服役,主要的活计是煮饭、烹茶和戽水扫舱。在船上服役时间稍长,与海盗们混熟了,也有服役者改从入伙为盗的。如果服役人数已够,再俘获的人员如果拒绝入伙为盗,往往被扣押舱底,作为人票,或作为逼迫入伙的手段。扣押舱底的生活状态,海盗供单均未提供,可以想见,除了供应饭食外,身体和精神状态都极为痛苦。有些人票忍受不了,被迫同意入伙为盗。③

海盗们打劫的财物,除了渔船上的鱼和渔民自备的粮食外,主要是来往南海的商船客船装载的商货、旅客的行李银钱。抓获的水手、商旅,如果不愿入伙为盗,除服役外,余均押在舱底,设人通知家属支付赎金。劫获的船只,有的改用为海盗船,有的也可以勒索赎金。

有关海盗销赃分赃的情况,供单提供的情况很少,唯有刘财发这股海盗的供单相关内容较多,④我们就以这份供单为基础,参酌其他海盗供单对小股海盗的销赃分赃情况作一大概介绍。

海盗们根据打劫所得财物、人票赎金的具体情况,根据贡献大小,按股分配。

① 《清仁宗实录》卷三,嘉庆元年丙辰三月癸酉,北京:中华书局,1986 年,第 98 页。
② 录副奏折,洋盗谢亚二等人供单(嘉庆二年),档号 03 - 2426 - 039。
③ 录副奏折,粤省洋盗供单(乾隆五十九年),档号 03 - 1289 - 038。
④ 录副奏折,署两广总督朱珪呈为拿获洋盗刘财发供单,嘉庆元年七月二十九日,档号 03 - 2341 - 011。

刘财发是饶平县的渔民,乾隆六十年秋天开始参与一些间歇性的海盗活动。他后来买了一只农艇,雇了几名水手。刘阿听、陈阿斋等租了一艘农艇也在海边捕鱼。两船相会时,大家过船攀谈,共道贫苦,便动起了当海盗的念头。每次打劫,人数不固定,打劫之后便各自散去。

第一次抢劫,抢得咸鱼三十篓,卖给了一个渔民,得了二十块银元。参与的共五人,遂分为五股,每人各得四元。这一次,刘财发并没有因为出船并且领头而要求多分。

第二次抢劫,这股海盗的人数增加到十七人,驾着刘财发的农艇出海,打劫到两只小船,勒赎到130块银元。刘财发以"起意、出艇"为由,要分两股,于是分为十八股,每股七元,余下四元,买了酒肉吃了。从此,起意、出船也算一股,就成了这股海盗的规矩。

第三次抢劫的是一艘青头船,托两名熟人林阿堂、林阿牵把打劫的船货卖了15元,其余的货物卖了25元,共得银40元。这次参与作案的共有9人,刘财发出的船,但"起意"的是彭阿聚,于是两人各得一股半,另七人每人一股,分得四元。两名代为销赃的熟人并抓获后,其供单称也分得了四元,显然不是实情。

这些临时结伙的海盗往往相互间并不认识,因此,打劫之后往往马上分赃。即使新入伙的海盗,如果直接参与打劫,也有"公平"分赃的机会。广西宁化人刘亚四从事海盗多年,但并没有固定的团伙。乾隆五十八年入了"矮李"的盗伙,打劫了一次,分得铜钱六千文,便在销赃的江坪做起了小买卖。亏了本钱后,第二年又加入到了周七的海盗团伙参与海上打劫。这次打劫,他竟残忍地杀死了两个人,在江坪销赃后分得七千文。之后,他又加入到另一个海盗团伙,直到被官兵抓获。①

但被掳入伙的,如果未参加直接打劫,而只是"帮忙"的,则未必有"公平"参与分赃的资格。如广东东莞水手谢五被海盗劫持后,扣押舱底数日,无奈入伙为盗。他一共参与了四次打劫,除了一次毫无财物外,其余三次所获甚丰,但他每次只分得五百文,因为他的工作只是在海盗们抓了事主之后用竹篙"吓抵事主"。② 相反,我们前面提到的李朝才,被扣押舱底多日之后,改为在船上服役,最后听从盗首入伙参与打劫,前后竟分得80块银元、60千文。

由此我们可以推断,小股海盗的分赃,除了盗首"老板",赃物基本上是在直接参与打劫的海盗中采取按股均分的方式。其销赃的分式,除银钱外,或由海盗委托熟人代卖、或直接变卖。

四、清政府对小股海盗的对策

海上打劫,不论海盗团伙规模大小,在清代,一律按"江洋行劫大盗例"进行最严厉的惩治。康熙五十年四月,安徽巡抚叶九思在审题续获行劫繁邑吴文耀等客船案内首盗罗七一案,附请定按响马强盗例治罪。雍正三年,专订江洋行劫大盗例,至乾隆五年与响马强盗例合并:

凡响马强盗执有弓矢军器,白日邀劫道路,赃证明白者,俱不分人数多寡,曾否伤人,依

---

① 录副奏折,粤省洋盗供单(乾隆五十九年),档号03-1289-038。

② 同上。

律处决,于行劫处枭首示众(如伤人不得财,依白昼抢夺伤人,斩)。其江洋行劫大盗,俱照此例立斩枭示。[①]

因此,自康熙五十年以后,所有被俘海盗,都是根据这个条例处于斩首枭示的。

对于为海盗强迫而服役的受害人,清政府也是作为为海盗提供服务的人犯,照"为盗服役例"发往回疆为奴。被胁鸡奸者也要判杖一百、徒三年的徒刑。[②] 这种对于受害人也进行惩治的做法,有失法律的公平,但也从一个侧面反映了清政府惩治海盗的严厉程度。

根据清代律法,上盗与分赃,是依强盗律量刑的重要依据。对于销买盗赃三次以上的,照例发近边充军,在海口枷示一年,再行发遣。[③]

强盗同居父、兄、伯叔与弟,其有知情而又分赃者,如强盗问拟斩决,减一等,杖一百,流三千里;如问拟发遣,亦减一等,杖一百,徒三年。其虽经得财,而实系不知情者,照本犯之罪减二等发落。父兄不能禁约子弟为盗者,杖一百。[④]

强盗案内,有知而不首,或强逼为盗,临时逃避行劫,后众盗分与赃物,其塞其口者,照知强窃盗之后分赃律科断,不得概拟窝主分赃不行之罪。[⑤]

清代地方官呈送的海盗的供单,案情基本上是根据上述律例的条文整理呈报的,因此,其中的详略大有文章。一般海盗供单中,注重上盗、分赃的罪行,而不记录上盗的过程、分赃的数额等具体情况。刘财发一案之所以将按股分赃记录得十分详细,其落脚点之一就是林阿堂、林阿牵也参与了分赃。因为在此案中,两人并未上盗,只参与销买盗赃一次,难以依例入罪,如果参与分赃,则可照知强窃盗之后分赃律科断,刀笔吏的故意入罪昭然。但供单提供的细节过于详细,40元赃款分为十股分配,九人上盗,起意的彭阿聚和供船的刘财发各得一股半,其余七人各得一股,正好十股,林阿堂、林阿牵怎么还能分得一股? 当然,由于刀笔吏的精明,一般情况下,供单作假的情况很难发现。这种自露破绽的供单在档案文献可以说是凤毛麟角。

尽管从康熙、雍正和乾隆年间,通过严刑峻法对海盗进行惩治,但是,乾隆末年到嘉庆年间沿海贫民和渔民聚散无常的海盗活动并没有停止,在安南黎氏政权出钱封官支持海盗活动的背景下,闽广海疆不仅出现了规模庞大的海盗船队,而且小股海盗的活动也十分猖獗。

嘉庆四年,御史郭仪长谈到了广东海盗销赃和息泊的地方:"羌平[即江坪]与安南东京对峙,商獠错处,洋匪携赃时来交易,商人贪其利,讳盗不言,且有赍盗粮而收其利者。此洋盗贸易之地也。广东雷廉,海外孤悬一山,突兀辽绕,名曰白龙尾,洋匪结党泊船于斯。商船来往,多被劫掠,此洋盗聚集之区也。当夏之时,西南风起,客商载货而来,盗船挈党而出,或打劫货船,或扰夺附海村市,此洋盗出没之候也。"[⑥]江坪地处安南,清政府固无可如何,郭认为,"守汛兵丁,往往明知盗船湾泊,畏缩不前",是海盗剿而不灭的重要原因。同时,他认为,对于被抓获的因胁逼当海盗的人,依法"同时授首,殊觉可悯",应该区别对待,如查明确

① 吴坛撰,马建石、杨育棠校注:《大清律例通考校注》,北京:中国政法大学出版社,1992年,第685页。
② 录副奏折,署闽浙总督觉罗长麟等乾隆六十年七月二十六日奏,档号03-0471-046。
③ 录副奏折,闽浙总督魁伦等嘉庆二年九月初二日奏,档号03-1685-056。
④ 田涛、郑奉点校:《大清律例》,北京:法律出版社,1999年,第384页。
⑤ 田涛、郑奉点校:《大清律例》,北京:法律出版社,1999年,第384页。
⑥ 录副奏折,江西道监察御史郭仪长嘉庆四年八月十二日奏,档号03-1686-013。

系被掳逼盗，可令亲属乡邻保回释放，"其被胁之年壮力强者，分配哨船，给与钱粮，令将弁管束，随同出洋缉盗。彼必熟悉盗中情形，及船泊何处、贸易何地，出入何时，应用何法缉捕，此亦弭盗之一法也。"清政府对于"江洋行劫大盗"的条例并未因此修订，但实际操作比这走得更远，那就是采取大规模地招降纳叛的措施，来解决大股海盗的问题。

嘉庆元年有份佚名奏折谈到了关于福建海盗的情况：一是聚集在岛屿之中，船数达几百条，多在海中截劫商船，掳人入伙；二是安南"番贼"，器械极利，官兵见之则避，商船如一呼即至，则稍劫而已，如抵抗逃逸，则掳货杀人烧船；三是沿海贫民伺机为盗："沿海贫民，朝出暮归，或假作渔船，或假[作]商船，遇有货船，则劫之。出则为盗，归则为民也。"他认为，对于这种零星的小股海盗，"欲除甚易。水师官兵诚严巡哨，有不能胜、不能捕，则尾其上岸，至村中则会陆而擒之，无不获矣。最要在严汛防、乡保。此种贼未有不与讯防、乡保通者，或贪其利，或畏其威，或因畏而生贪，而遂与结好者。盖洋贼必择可上岸之处，而后上，必择可下海之处而后下船，非可以随便泊也。"因此，惩治这类海盗，只要杜绝官兵受贿、严格保甲制度就可以解决问题。①

但从这些小股海盗实际抓捕的情况看，都是在海上猝遇官兵、逃避不及时被抓获的，乡保组织并没有起到任何作用。随着安南西山政权的覆灭和闽粤大股海盗如蔡牵、朱濆、郭婆带、张保等被歼、招安，闽粤海疆的治安形势明显好转，但是，对于沿海贫民、渔民"出则为盗，归则为民"的小股海盗，清政府仍然无从措手，只能靠官兵的海上常规巡防进行防范。

19世纪八九十年代，由于轮船在海上货运、客运使用日广，沿海贫民、渔民使用的木质帆船在体积和航速上无法与之匹敌，这种零星小股海盗的活动遂趋于式微。光绪十一年，一伙由粤、澳、越三地海盗、贫民和渔民组成的五船连的178名海盗团伙置备炮械，仅打劫两次即被官兵歼灭。② 这一方面说明小股海盗只有多船连才能成功打劫商船，但在清军水师武器装备和船只已经明显改善的情况下，这种海盗组织形式和船只装备已经很难持久。军机处录副奏折显示的最后一份海盗案件是在光绪十五年广州零丁洋面打劫渡轮的两名海盗江亚秋、叶亚宽，连是否驾船打劫的细节都未提供，便把两人枭首示众了。③ 而在广东同年上报的光绪十三至十五年枭示的五十名海盗清单中，绝大部分海盗都只打劫了一次，作案的团伙人数绝大多数只有二三人，并且都未提供具体作案细节。④我推测，这种团伙的规模只能主要是冒充水手或乘客在船上直接打劫，这种打劫的性质与一般海盗显然不同，但为引用"江洋行劫大盗例"，只能隐去驾船打劫这一细节。

"江洋大盗"随着海上运输交通工具的变革，作案的主体和作案方式也在发生变化，可能持续了上千年的单帆小渔船由打鱼而打劫的小股海盗于是逐渐退出了历史舞台。这个历史过程，还有待于史学界的深入探讨。

① 录副奏折，嘉庆元年佚名奏折，档号03-1684-080-084。

② 录副奏折，两广总督张之洞等光绪十一年七月初一日奏，档号03-7351-039。

③ 录副奏折，两广总督李翰章光绪十六年闰二月初十日奏，档号03-7357-019。

④ 录副奏折，两广总督张之洞呈广东省就地正法洋盗名数犯名案由清单，光绪十五年七月初三日，档号03-7356-041。

清嘉庆年间海盗投首的分析

王日根

（厦门大学）

摘要 清嘉庆年间，海盗投首是一个显著的现象。由海盗投首档案，可辨识出海盗的组成状况、海盗的活动方式、海盗之所以投首的原因等。嘉庆时期过去被称为"中国海盗的黄金时代"，但事实上这一时期也是清政府花大力气进行海盗清剿和肃清的时期，军事征剿是一种手段，接受投首则是另一种手段。嘉庆时投首呈现出先后相继的局面，后来的投首往往是仿效先前投首的结果。

关键词 嘉庆时期 海盗 投首

一

在查阅嘉庆朝宫中档时我看到不少海盗投首的事例，便稍加整理排列，思索这一时期政府对海盗投首有较宽松优待的政策，目的是缩小打击面，细细品读这些事例，可了解到海盗的构成，即他们主要来自于哪些阶层，海盗的活动方式怎样以及海盗之所以投首的原因。

嘉庆元年五月初八日，福州将军兼署闽浙总督魁伦上奏：海洋盗首獭窟舵即张表率同本帮盗首盗伙，并会集另起首伙各犯共四百七十三名，随带船只炮械等物，先后自行投首。魁伦认为：闽浙各洋盗匪虽经官兵擒拿多案，缘匪党众多，洋面辽阔，一时骤难肃清。前有盗犯庄麟投首，经臣与护抚臣姚芬恭折具奏，臣又恐专事招徕，转致在洋各盗毫无畏惧，非所以示惩创，是以于庄麟投到之后，仍行厚集舟师，亲赴沿海一带督饬将弁兵丁出洋奋剿，两次擒拿吴中等七十余犯，俱经分别办理，随时奏闻。臣仍督令各营将弁，再行分赴各洋面严拿未获要犯。兹据泉州府知府景文骥：四月二十六日有盗首獭窟舵即张表因闻投首可以免罪，率同本帮小盗张寮薛却邱坪林梗黄蒋骆眼蔡脱张娇曾栋丁成的等十名，并会集另起盗首石朱山张由林桃吴戎等四名，率领盗伙二百十六名赴府自行投首，并将随带船十二只，大小炮铳一百十四门，枪刀藤牌竹串等各项器械一千零六十五件，火药一百四十斛，铅子铁钉三十八斛，一并呈缴，理合据情转报等情前来，臣正在查办间，又据具报盗首杨淡柯菊林雪郭曾陈钱陈琴曾勇娘等七名，闻獭窟舵已经投到，亦即率领盗伙二百三十五名前来投首，并将随带船七只，藤牌竹串枪刀等各项器械八百零五件，大小炮铳五十六门，火药八十一斛，铅子铁钉三十二斛，一并呈缴前来，查数日之中，先后投到盗首二十二名，盗伙四百五十一名。臣当即督率随同办事之粮道庆保等将各起人犯分别查讯。据獭窟舵供本名张表，系惠安县獭窟乡人，年三十七岁,父母已故,并无兄弟,连妻子也没了,向在沿海捕鱼为生。乾隆五十九年被邱通拿赴盗船逼胁入伙,自知身犯重罪,不敢回家,后来邱通被获,众人推小的为首,并因同伙众多,将劫得船只分派领驾。上年林发枝抢劫浙江官米,小的同在那里,至东冲定海抢炮,并没小的在内。小的因闻投首免罪,是以率领伙众来投,并将船只炮械尽数呈缴,情愿随同官兵赴洋缉捕,只求免罪,就沾恩了,并询各小盗首,或称因贫出洋,流入盗匪,或称被诱入伙,不能回家。今闻投首免罪,是以携带船只器械一同投到,情愿跟随兵船出洋缉捕,求施恩免罪等供。臣查验船只器械等物,尚未缮折,具奏于五月初五日丑刻。臣前奏庄麟投首一折,钦奉批回,并奉到廷寄谕旨一道,跪读之下,仰荷圣主训诲周详,实深钦服。现在钦遵查照办理,臣查海洋盗首王流,盖被炮击毙,已据众供确凿,林发枝一犯最为紧要,至今未曾弋获,其余另起盗匪实在尚有若干,虽未能得其确切,而自庄麟投首之后,现在接踵来归者已有四百余人,若在洋各犯再闻庄麟蒙恩拔用千总,并赏给大缎一匹,余犯均邀宽宥,自必革面革心,全行改悔。本地匪徒所存似已无多,惟近日报有粤省艇匪潜入闽境,并准署两广督臣朱珪移咨会捕前来,臣已酌派官兵出洋擒捕,再令熟谙沙线之庄麟等跟随侦缉,必更得力,至此次投首各犯,率领全伙多人将船只炮械等物尽行呈缴,似已实心改悔向化自新,较之始终怙恶者有间,且人数过多,既未便全行释放,亦不宜聚集一处。臣思该匪等告请出洋缉捕,尚有图效诚心,现在酌将老弱年轻各犯释回本籍取保,择其强壮勇往者仍令各小盗首分起带领跟随官兵出洋缉捕粤匪,诚如圣谕,以盗攻盗,实为有益,并于肃清洋面机宜,更可迅速。惟獭窟舵即张表一犯现留在臣驻扎地方,派委标弁照管,可否仰邀圣主天恩,再此次投到各犯共四百七十三名,臣各赏给银牌一面,小盗首加赏衣帽等物,盗首獭窟舵即张表仍照庄麟初到时一样,赏给外委顶带,以安率众来归之心,除将船只器械等物交出洋官兵分别配用外,所有海洋盗首率众投首缘由,臣谨会同护抚臣姚芬恭折由驿具奏伏乞皇上睿鉴训示,遵行谨奏①。

此折显示,盗匪投首实际上是沿海沦为盗匪者弃暗投明的经常选择,在魁伦所受理的投首中,一下子就有数支大小不等的盗匪团体、人数达437人这样巨大的规模表达了投首的愿望,他们或表示过去是因为走投无路而入盗,或受到要挟而沦为盗匪,能够通过投首,免除自己的罪过,并为官府所使用,是他们梦寐以求的结局。于是他们多向官兵呈送自己的全部物资,包括枪炮器械等。从海盗来源看,张表本属渔民,父母已故,兄弟亦无,且连妻子都没有,属于"赤条条来去无牵挂"的类型,这类人往往最容易走入盗匪的行列。当清政府接受投首的政策确定之后,盗匪们先后相继地前来投首。从清政府的立场看,盗匪投首本身就是消除海上敌对势力的一种途径,而且将盗匪改造成官方可以利用的力量,进而对付另外的盗匪,这种"以盗制盗"的办法也是迅速消除政府对立面的好办法。所以魁伦向嘉庆皇帝陈明这样的利害,嘉庆皇帝表示同意。当然,魁伦的奏折中对于接受投首多少也有些态度的保留,特别是某些罪恶昭彰的盗匪也能因为投首而免罪,得到官府的赏赐,乃至摇身变为官方的军人,这是否会一定程度上激励人们下海为盗,再投首归附,使其成为谋求社会地位升格的一种捷径。

---

① "清代宫中档奏折及军机处档折件",编号40400584。

二

明人王文禄《策枢》卷四:"今寇渠魁不过某某等数人,又每船有船主,如某某等数十人而止耳。构引倭夷,招集亡命。……其他胁从,大约多闽、广、宁、绍、温、台、龙游之人,或乏生理,或因凶荒,或迫豪右,或避重罪,或素泛海,或偶被掳,心各不同,迹固可恶,然非有心于造乱者也。"①这就将沦为海盗的各种原因都排列出来了,即有的是因为穷困,有的是因为灾荒,有的是因为遭家乡豪强欺凌,有的则是躲避重罪惩治,还有的是一向漂浮海上,另外有些则是被掳掠而来,成分是较为复杂的。我们看清代海盗的构成也大体如此,他们的一个重要的共同点在于"非有心于造乱",就是他们基本是出于经济目的或无目的而成为海盗的,基本不存政治目的。像郑成功那样矢志要与清朝对抗的现象并不普遍。顺治十六年十月,顺治帝敕谕江南浙江福建广东督抚镇等官:逆贼郑成功遁迹海隅,梗阻王化,凶残狡诈,罪大恶极,其父郑芝龙投诚之后,朕厚加豢养,成功悍焉罔顾,后欲就招抚,朕体上天好生之心,恕其往愆,不吝爵赏,开以自新之路,乃成功反复辜恩,自甘化外,此诚性生枭脯,行等豺狼,无父无君,灭伦背德,为盖载所不容者也,向犯漳泉温台等郡,屡遭犯衅,近犹不自揣量,入犯江南,大兵奋击,贼众披靡,斩获无算,凡此数十万生灵死于锋镝,皆成功名怙恶不悛之所致也。虽俱以寇党伏诛,然普天之下,皆朕赤子念之,能无恻然至于叛将马信李必王戎高谦,皆身沐厚恩,甘心附逆,狂呈犯顺,罪不容诛。今成功等又自崇明大败奔逃,力穷势蹙,大兵进剿,且夕扑灭,即其左右羽翼,知其必亡,定有悔祸之心。惟因从逆日久,恐罪在不赦,中怀疑畏,不敢遽图输诚。朕念伊等当日从贼不过情迫偷生,原非得已。今若能翻然悔悟,将郑成功马信李必王戎高谦等或生擒以献,或斩首来降,朕不但准与免罪,仍从优论功,锡以高爵厚赏,其有率伪官兵来归者,亦与免罪,量加叙赍。朕奉天子民方示大信于天下,决无食言之理。凡在贼营者毋复犹豫,坐失事机,负朕赦罪开恩至意。倘仍执迷不悟,大兵到日,玉石俱焚,虽悔无及矣。尔等即广行布告,咸使闻知故事。②从顺治时起,清王朝便开始试图通过布告广为宣传,说明清政权是充分考虑到民生的。

嘉庆元年七月二十一日,闽浙总督魁伦、护福建巡抚姚棻再行上奏:陈述了他们对"盗首畏罪悔过带领伙盗船只器械自行投出,并另伙陆续自首各犯现在分别妥为安置"的情况。经过多次拿获,闽洋盗匪多有肃清,张麟、张表、杨淡、骆任等先后率伙投出,蒙恩宽免治罪,庄麟一名奉旨即以千总拔补,赏给大缎一匹,张表一名赏给守备职衔并赏戴蓝翎,仍加赏大缎二疋以示奖励,其余未获各匪,臣等仍督饬镇将严密兜擒,不敢稍有懈怠。兹据泉州府禀报盗首纪培即鸟烟带领小盗首纪敦林顺李月谢超四名伙盗苏道等一百五十六名呈缴五只大小炮位十九门,内有大炮二门,一重三千八十斛,一重二千九百斛,镌凿台湾大鸡笼汛一号二号字样,鸟枪四杆,长短刀串一百四十五件,藤牌二十三面,火药三十七斛,铅子三小斗,并缴出抢获艇匪船上番弓五张,番箭一捆,计六十枝,番镖四枝,番衣六件,番带二条,番笠一顶,

① [明]王文禄:《策枢》卷四,北京:中华书局,1985 年。
② 台湾中央研究院历史语言研究所:《明清史料》巳05《擒斩郑成功等来献敕谕》,北京:中华书局,1987 年,第 497 页。

番数珠二串,番圈一个,诚心改悔,率伙赴府投到。又据惠安县禀报,另伙盗匪侯纳即七宝同黄清等二十四名呈缴船一只,大小炮位四门,鸟枪三杆,刀械十六件,竹盔四顶,藤牌四面,火药二十余斛,铅子二斛,红布旗一面,闽安协都司禀报,另伙盗匪邱素即番仔素同曾材等二十七名呈缴船一只,大小炮位五门,长短器械四十六件,竹盔五顶,藤牌五面,火药半箱,铅子一包,红旗一面,长福营参将禀报:另伙盗匪陈华华等四十四名所带船只遇礁冲破,现缴铁炮一门,鸟枪一杆,刀械三十七件,藤牌二面,竹盔三顶,红旗一面,红头布三条,均自行投首各等情。臣等分别委员提解去,后于本月二十日据各委员将投首之纪培等各起首伙共二百五十六名,解至臣魁现驻之福宁府城,当即率同随行办事之督粮道庆保署福宁府知府任澍南等亲加查讯,据盗首纪培即鸟烟供:系泉州府晋江县人,年三十四岁,平日捕鱼为业,乾隆六十年三月间被已获盗首邱通拿过,盗船逼胁入伙,因在盗船日久,不敢回家。追邱通被获枭示后,同伙五船即推小的为首,与獭窟舵各自分帮行劫,在闽浙两省洋面劫夺商船,次数不能记忆。上年林发枝等行劫浙江石浦洋面官米船只,小的同在那里,后来林发枝怎样与艇匪抢劫东冲定海二处炮位,小的并不知道。本年三月间遇见已获之白银等船只,他说现有运往漳泉米船,邀同伙劫,小的应允,一同驶至白犬洋面,见有米船一只在那里搁汕补漏,当即向前驶拢,各自搬抢,小的们一帮约共抢得四五十石,后闻官兵围捕紧急,白银等船已经拿获,小的害怕驾逃外洋,随风驶至台湾鸡笼汛海口,就乘潮收进内港,该处汛兵见小的们船上人多,各自散去,小的就把那里摆的大炮扛回两尊,恐怕官兵追拿,即刻驶出海口,仍逃回内地,各外洋游奕听见獭窟舵等都已投首,蒙大人准免治罪,奏明皇上加恩赏给顶带,小的就与同伙商量要来投首。在乌龟外洋遇有广东艇船数只,邀小的合帮,替他带引港路,小的不肯,就有一只船赶来要拿小的,被小的用大炮将艇船打坏,连人一齐落海,小的同伙们于海面上捞获艇匪所穿番衣并弓箭等件,其余艇船都已驾逃,小的就带领同伙船只器械,赴蚶江投到的,只求开恩免死,情愿跟随官兵出洋缉匪赎罪,并据小盗首暨各伙盗及另伙之侯纳邱素陈华华等供称,或因贫无生业,流入为匪,或被盗诱骗入伙,并追胁服役,今闻自首可以免罪,是以相率投出各等供,臣等查盗首纪培一犯,在洋叠劫,又敢随同伙劫官米,又抢台湾汛地炮位,实属罪大恶极。今该犯呈缴船只器械,率伙一百六十名全行投出,并知不肯为粤省艇匪引导港路,将艇匪用炮轰坏一船,捞有番衣番箭等物呈验,尚能畏罪悔过。臣等是以仰体皇上如天之仁,仍照庄麟张表初到之时赏给培银牌一面,并暂给外委顶带,以安其率众投出之心。其小盗首并各伙盗及另伙投到之侯纳邱素陈华华等已酌量赏给衣帽并各赏银牌一面,仍择年力精壮者饬令水师镇将分配各兵船出洋缉捕,以盗攻盗,其老弱服役各犯递回各原籍取保管束,纪培一犯仍留臣魁伦处委员照管听候圣旨,所有缴到船只炮械等项分别于就近府县贮库,或交营配用,事竣一并造册咨部。惟该犯纪培供称在台湾鸡笼汛劫取大炮二尊,查系五月间之事,迄今未接。据台湾镇道禀报是否在洋遇风稽延,抑系该管将弁讳匿。现在飞札饬查俟复到再行核办具奏。臣等谨将洋匪陆续投出,分别妥为安置。①

魁伦了解到,两广总督吉庆已被要求督查粤省艇匪乘风窜入浙洋之事,魁伦亦起身驰赴温台宁波一带督办,并饬闽省舟师追过浙洋会剿,计彼时玉德已经到浙,臣当将一应缉捕事宜与玉德苍保等面商妥办,务将艇匪全数歼除,以靖洋面。

① "清代宫中档奏折及军机处档折件",编号40400948。

魁伦的这一奏折再次呈明闽省洋面盗匪投首的现象。盗匪有时袭击班兵营寨，甚至有抢夺营寨大炮之事，此类事件是从投首盗匪口中获知，班兵本身往往隐匿而不报。从相关奏折中我们还了解到，官兵遭遇盗匪的事例其实不少，台湾道刘大懿呈送会同哈当阿具奏守备林国陛并换回班满弁兵在洋遇盗，在厦门一带四月内有艇匪肆劫，林国陛换回班兵时在清水滧外洋遇盗被害，这类案子实属不少，只是有些没有上报罢了。盗匪在肆行抢劫之后，积累资本谋求投首赎罪，进入官兵行列。

三

嘉庆二年七月，闽浙总督魁伦上奏：陈述海洋著名盗首李发枝即林发枝经官兵围拿紧急，带领盗伙船只炮械穷塞投出的情况。遵照圣旨，李发枝一犯最为首恶，所犯各案较之张表、纪培等情罪尤为重大，此盗不除，实为内地各洋之害。

因为官兵指名查拿，李发枝逃往安南藏匿，后又窜回内地，并愿意投首。官方对之做了两手准备。一面飞饬海坛镇总兵许廷进、闽安协副将庄锡舍等各带兵船跟踪追捕，一面飞饬署烽火门参将何定带领兵船在闽浙交界洋面堵缉，并饬知该参将：如果李发枝闻拿畏罪实心来投，即准其自首。如有欲窜入浙之势，即在彼截擒，毋致免脱去。后据参将何定江禀报：该犯李发枝率领盗船三只盗伙一百五十三名亲赴该参将处投首，察看李发枝畏罪来首，实出真诚，当将盗船三只押进烽火门内港，枪炮器械先行收缴，督率弁兵妥为看守等语。并据福宁镇总兵刘景昌知府元克中驰赴烽火门会同查验，除被掳之舵水徐成发等二十三名，均系浙江瑞安平阳等县人民，恳即就近释回原籍外，将李发枝并各船盗伙共一百三十一名分起解送至省，并将船只炮械押运前来。臣即委令署臬司庆保点验盗船三只，大炮二门，九节炮八门，火药三箱，铅子四桶，刀枪器械共一百七十七件，又大刀一把，手镖一盒，藤牌十九面，火硾火号三十九件，大小旗帜二十三面分别交营配用贮库候拨。俟缉捕事竣，汇册咨部，外复率同在省司道亲提李发枝等首伙一百三十一名，逐一查讯。据李发枝供称：年三十三岁，原籍浙江平阳县人，本生父母早故，并无兄弟，自幼过继与福建福鼎民人李世彩为子，平日捕鱼为业。自乾隆五十八年间出洋为匪，在闽浙各洋面行劫，不记次数。并据供认行劫琉球国货船、浙省官米，并随同安南盗匪在闽省东冲定海二汛抢劫炮位不讳，后因官兵查拿严紧，于六十年十二月逃往安南县躲避，并缴出得受安南盗首大头目所给执照一张，木戳一个，又执照五张呈验，本年五月间带同来首之李喜五林阿六并被官兵拿获之陈阿包张仁板等甫自安南窜回内地沿途掳掠伙伴劫占船只，同帮共有十二船在白犬洋面，被官兵击沉一只，拿获七只，仅存三只，乘风逃窜至烽火门洋面，见有官兵在彼截拿，小的自思原是良民，实因一时糊涂，听从为盗，以致身犯重罪，在洋苟延时日，终难漏网。今蒙皇上恩典，凡有投首人等均获免罪。是以带领同伙船只赴官投首，小的实是真心悔过畏罪，只求免死，情愿跟随官兵出力以图报效等供。并据小盗首林阿六曾姜机李喜五及各盗伙供称：或因贫无生业流入为匪，或被诱骗入伙逼胁服役，或原随李发枝同往安南，或甫经掳掠上盗，因闻自首，可邀免罪，皆起实心改悔，随同来投各等情。

臣查上年钦奉谕旨：林发枝系海洋有名盗首，必当严饬巡洋镇将等实力缉捕速获，即使该犯自行投出，虽应免其一死，但究系为首狡黠之徒，当妥行安抚，酌赏顶戴，派员送京，量加

178

安插等因。钦此。①

今该犯经官兵四面围捕，穷蹙无归，始行率伙来投，虽较之始终怙恶不悛者尚有一线可原，但究系罪恶贯盈之犯，又不及早投出，应否仍遵前旨派员送京，抑或作何办理之处，臣实未敢擅便。现在仍照庄麟张表等初到之时，不露声色，当堂赏给李发枝银牌衣帽并赏给外委顶戴以示不疑，并安众心，暂时留于闽省，伏候谕旨遵行。

其余盗伙一百三十名亦照旧各赏银牌内小盗首三名加赏衣帽等件，一面挑出老弱及讯系服役等犯七十七名开明年貌清册分别递回广东浙江福建各原籍交地方官取保管束，如再犯法滋事，即行加倍治罪，尚有小盗首暨伙盗共五十三名，臣现安顿数处，派员看管，查该犯等均各年力强壮，并非安分之徒，恐递回沿海各原籍，日久复萌故智，臣酌拨发往不近海洋省份，或拨入营伍约束，或酌量安插，似为妥善。②

这是嘉庆二年七月初七日的奏折，魁伦通过军事威力逼迫李发枝投首，魁伦认为：盗首李发枝业经率伙投出，是内地各洋已除一巨恶，不特往来商贩船只可免观望裹足，且安南盗匪已无勾引，即窜至闽浙洋面，海道沙线未能熟悉，经官兵会合围捕，定难漏网。惟查土盗内尚有蔡牵一帮不甚著名，现在窜匿浙洋，踪迹无定。臣已严饬浙省镇将设法侦擒，并派闽省副将庄锡舍带领兵船过浙协捕，务获解究名，以尽根株，再刻下南风仍属盛发，诚恐粤洋未获盗犯并安南匪船乘风窜入境内，防范应宜严密，除檄饬在洋各镇将仍一体实力巡缉，不可稍存疏懈外，合并附片奏闻，伏乞圣鉴。

此折显示：在闽浙沿海，有若干支盗匪力量，在嘉庆初，蔡牵力量尚属弱小，堪称大的就是李发枝，其次是张表等。海域内的盗匪时常因风而移动，广东海域的盗匪可能随风移至福建，因此，相互间的配合是非常重要的。

嘉庆七年九月十九日，浙江巡抚阮元陈述了洋盗投首的情况：闽浙洋盗凤尾帮本有六七十船水澳帮，亦有六七十船，其凤尾帮于五年遇飓飘没，水澳帮被黄岩镇兵船击散，卖油等尚聚数船为一小帮，往来玉环一带伺劫，恐日久渐多，复为商渔之害。玉环同知姚鸣庭于上年洋匪张阿恺投诚案内收抚妥协，海盗皆有风闻，是以该匪卖油近当穷蹙，欲向该处乞命投首，该同知一面移报温州镇臣胡振声带领兵船加紧追拿，一面雇备乡勇船只妥为办理。兹据该同知禀称：八月二十八日该闽匪卖油即杨课因被剿紧急，匪伙逃散，带同伙犯一百十五名送出关禁，难民二十七名缴出铁炮六十二门，抢刀等械一百六十余件，自赴该同知衙门投到恳求转报等情，该同知当将难民省释，将该匪等具禀押解来省，臣率同在省司道亲加讯问，据供实因被剿情急悔罪求生，匍匐碰头，自称万死，察其情词剀切，出于诚伏，查上年七月间有洋盗张阿恺等九十名剿急投到，经臣奏奉谕旨，此等盗匪既知悔罪投诚，自应法外施仁，予以自新之路，其有情愿入伍效力及自行谋生者，该抚分别妥为办理，钦此钦遵在案，所有此次投到之杨课等一百十五名可否仰恳圣主如天之仁，一体予以自新，容臣分别交营入伍递籍谋生之处，伏候命下遵行。谨会同总督臣玉德提督臣李长庚合词恭折具奏，伏乞皇上睿鉴，谨奏。③

同一日，阮元上奏说：洋匪抢炮肆劫拘捕及接赃服役各犯分别正法，定拟恭折具奏。定

①　"清代宫中档奏折及军机处档折件"，编号404002851。
②　"清代宫中档奏折及军机处档折件"，编号404002851。
③　"清代宫中档奏折及军机处档折件"，编号404002851。

海镇兵船于八月初十日在普陀洋面追剿蔡牵帮盗船,打沉一只,在船在岸共生擒盗犯獭窟舵等八十五名斩获首级十颗,搜获大小铁炮四十五门,火药三百四十余斛,枪刀等械多件,并究出獭窟舵随同蔡牵抢劫闽省厦门炮位情由,经臣恭折具奏,一面饬提各犯解省申办去后,旋据会稽县禀报丁马居一犯在途病故,余俱押解到省,经臬司阿礼布会同藩司刘式督同委员王彝象黄秉哲等申明定拟招解前来。臣率同在省司道提犯到案,亲加研鞫,缘獭窟舵即林壮系闽人,嘉庆四年八月投入候齐添,盗船嗣候齐添,被蔡牵杀死,该犯即入蔡牵帮为伙,蔡牵拨给船……福建湄洲洋面行劫,海澄商船拉掠舵工水手九人,又于五七等月在桅头等洋行劫糖鱼等船,并拉人勒赎,蔡牵于五月初一日抢劫厦门炮位,该犯随同抢劫,八月初十日,在普陀洋被兵船追及,该犯喝令伙盗放炮抵拒,弁兵奋勇剿杀,该犯凫水逃脱上岸,经定海县知县宋如林饬派役勇拿获,又黄房系獭窟舵船上伙盗,过船行劫三次,亦在厦门,随同枪炮并听从拒敌官兵,又陈牙即拐司,系蔡牵帮另船小盗首,蔡牵拨令随同獭窟舵并船行驶,又林益系蔡牵帮另船伙盗,因船损附入獭窟舵船上,均在洋行劫二三次不等,并拉人勒赎。又林定高陈扶庄开化洪奠林发升吴兴监林宣叶任陈常香吴添赐俞超曾建俱系獭窟舵船上伙盗,又林全程珠林富刘治杨积亦系蔡牵帮另船伙盗,或自投入伙,或被劫上船,均在洋行劫,……役为盗任作拉蓬起锭炊爨洗衣等事内,彭士豪被盗掳劫,乘间逃岸,自行投首,又王罗等十四犯均被盗逼胁鸡奸,其余李梓等十六名俱系被劫关禁,难民并无接赃服役情事,均经臣讯据供认不讳,至斩获之首级十颗,据獭窟舵指认系伙盗阿才亚板曝切矮八白面,台湾臭新来臭阿添许观黄冈之首级,又诘以厦门抢炮之时,何人伤毙官员,据供那时上岸人多,守炮官员不知何人砍死,加以刑讯,矢供不移,似无遁饰,查律载江洋大盗立斩枭示,又钦奉上谕:盗犯林诰胆敢拒捕,核其情罪,竟当问拟凌迟等因。又例载洋盗案内接赃瞭望,仅止一次者,发伊犁为奴。又洋盗案内如有被胁在船上为盗匪服役及被胁鸡奸,并未随行上盗,自行投首,照律免罪,如被拿获者杖一百,徒三年,年未及岁者照律收赎各等语,此案獭窟舵在洋肆劫多次,复敢随同抢炮,今又主使拒敌官兵,以致伤毙兵丁五人,黄房过船行劫三次,复又随同抢炮,听从拒捕,均属罪大恶极,獭窟舵黄房二犯应照林语之例凌迟处死,陈牙即拐司林益林定高陈扶庄开化洪奠林发升吴兴监林宣叶任陈常香吴添赐俞超曾建林全程珠林富刘治杨积等过船行劫一二三次不等,均合依江洋大盗例斩决枭示,以上二十一犯情罪重大,未便稽诛,臣于审明后即恭请王命饬委按察使阿礼布抚标中军参将蔡廷梁将该犯等绑赴市曹分别凌迟处斩,同斩获伙盗阿才等首级分发海口,悬杆示众,曾海李张林沙黄洗涂山倪排陈溯林迁苏溪林恩陈所谢均黄狮曾朗摇张钟欧竹曾贵蔡逄吕滚等十九犯,均在本船接赃一次,应发伊犁为奴,照例刺字,陈銮张曾林瑙蔡文照余廷三褚兆法傅应魁黄近李思行彭士豪王派翁奎王寅许欧等十四犯被胁服役,王罗王尾尾钟司林良张兆远林名秀阮性聪陈亚二江合王行王添张成吴姜蔡协等十四犯被胁鸡奸,均照例杖一百,徒三年,王尾尾钟司林良张兆远林名秀阮性聪陈亚二张成吴姜年未及岁,照律收赎,彭士豪系自行投回,照例免罪,李梓等十六名均系被劫难民,饬交道府就近讯明省释,起获船械火药交营配用,其盗船讯系劫占,并无成造济匪之人,各犯父兄牌甲饬拘发落,仍查有无盗产变价充公,攻盗伤毙兵丁已于前奏请恤出力弁兵。臣已分别奖赏拿获,獭窟舵之定海县知县宋如林及首先过船获盗之把总许廷元外委李增阶相应声明,听候部议疏防职名查取另咨,丁马居中途病故,解役讯无凌虐情弊,应毋庸议。蔡牵盗船于初十日穷蹙逃窜,追探无踪,嗣经查知逸入江苏地界,经臣飞咨定海镇赴北追捕,该匪旋于八月底驶

180

回浙洋,由普陀石塘玉环一带超越南窜,九月初四日至南几山,将盗船轮番单洗,适温镇兵船由三盘咨温镇,紧蹑追捕,如该匪窜入闽洋,亦即穷追入闽会合,闽师力剿,务期歼获,除全案供招咨送刑部外,所有审明分别正法定拟缘由,臣谨会同总督臣玉德提督臣李长庚合词恭折,由驿具奏伏乞皇上睿鉴饬部核复施行谨奏。①

此奏折中列举了一长串的名字,表明有数支海盗力量活动于海上,也有数支海盗力量表示了投首的愿望,针对这些投首者,清政府均有相应的处置办法,倾向是给予主动投首者免罪的处置,给予罪重者本应处流放、枭首的亦给予从轻发落,这在一定程度上有利于缩小敌对面,最大限度地孤立敌人。

四

直到光绪十七年二月十八日,浙江巡抚崧骏奏折说:咸丰三年三月间上谕:"如有土匪啸聚成群,肆行抢劫,地方官于捕获讯明后,即行就地正法,以昭炯戒。""伏查浙省濒海临江盗匪本易储出没,且温台土匪时虞蠢动,防捕不容稍懈。奴才随时严饬所属文武及水陆防军会同,实力搜捕,凡遇获到抢劫情重匪犯,即照章批饬该管道府讯明,立予就地严惩,以昭炯戒。兹据臬司龚照瑗将光绪十六年份正法匪犯董小二等三十一名摘录案由,详请奏报前来。奴才复查无异,除仍分饬严加巡缉,务期遇匪必获,不任稍涉疏懈外,谨汇开清单,恭呈御览。"②显示这时清朝官方海防力量有所加强,对待海盗势力有了更强的驾驭能力。

---

① "清代宫中档奏折及军机处档折件",编号404009265。
② "清代宫中档奏折及军机处档折件",编号408013420。

从龙王到妈祖

——中国海洋社会的信仰观察

应南凤

（宁波大学）

摘要 自唐代始,民间信仰习俗中就确立了以龙王为主导的海神信仰。宋代,又出现了湄州林氏女飞天的故事,并持续受到历代统治者赐封,成为沿海民众普遍崇奉的妈祖,并取代龙王成为中国海洋信仰的主神。民俗信仰是民众生活的抽象反映,从龙王到妈祖海神信仰的变化彰显了中国海洋社会的嬗变过程。

关键词 龙王 妈祖 海洋 信仰

中国是多神信仰的国家,海神信仰亦是如此,如妈祖信仰、观音信仰、鱼师信仰、龙王信仰等等,在众多海神信仰中,龙王信仰和妈祖信仰占据主要地位。但是这两种海神信仰也有一个发展演进的过程,即东南沿海民众的海神信仰由最早的龙王信仰居于主导地位而变为由妈祖取而代之。对这一演进过程,学界尚缺乏深入研究。基于此,本文拟就该问题做一论述。

一、龙王信仰

龙是人们想象中的一种神物,由蛇身、兽脚、马鬃、狮尾、鹿角、鹰爪、牛耳、鱼鳞和鱼须构成。龙的形象在中国古代很早就已存在。《史记·黄帝本纪》言曰黄帝"生日角龙颜,有景云之瑞",又说舜有"龙颜,大口,黑色,身长六尺一寸"。这些虽然不能证明龙在上古时期被人们所崇拜,但足以看出人们对龙的形象已经有了一定的概念,认识到龙之相必定与众不同,并且有祥瑞之相、帝王之相。《史记·周本纪》中应劭有注曰:越人"常在水中,故断其发,文其身,以象龙子,故不见伤害。"《帝王世纪》亦云:"文王龙颜虎眉,身长十尺,有四乳。"而且,在此后的历史文献中,凡是王朝建立者或者一朝中有所作为的皇帝,总有龙或者似龙之物作为其化身,可见在远古时候,龙是象征着祥瑞和征服。

随着大一统王朝的建立,龙因拥有上天入海、腾云驾雾的超自然能力,逐渐成为天子的专属,[1]甚至皇帝的身体被称为龙体,其子亦被称为龙种,可见后来在君主专制王朝中,最高

---

① 《仪礼·觐礼》云"天子乘龙";《礼记·月令》有载"乘鸾路,驾仓龙";《礼记·礼器》中说"礼有以文为贵者,天子龙衮"。

统治者已被视作龙的化身。龙作为祥瑞之物也好,作为图腾崇拜也罢,甚至后来成为海神为沿海居民所信仰,都离不开国家统治。

值得注意的是,龙王信仰却并不像龙一样自古就存在,而是受到外来文化的影响,主要是源于佛教的传入。佛教传入中国具体时间难以稽考,大概是两汉之际。自东汉至隋六百多年时间里,中国古代文献中关于龙王的记载都与佛教有关,而能够显示龙王为中国本土信仰的产物在文献记载却没有发现,反而在域外其他地区被人们信仰。如《洛阳伽蓝记》卷五中讲到波斯国"境土甚狭,七日行过。人民山居,资业穷煎。风俗凶慢,见王无礼。国王出入,从者数人。其国有水,昔日甚浅,后山崩截流,变为二池毒龙居之,多有灾异。夏喜暴雨,冬则积雪,行人由之多致难艰。雪有白光,照耀人眼,令人闭目,茫然无见。祭祀龙王,然后平复。"①从成书于北朝时期的《洛阳伽蓝记》所载可以看出,直至该时期,龙王还不是华夏本土的信仰神灵。再如同书所载魏使宋云访乌场国的故事:

宋云于是与惠生出城外,寻如来教迹。水东有佛晒衣处。初,如来在乌场国行化,龙王瞋怒,兴大风雨,佛僧迦梨表里通湿。雨止,佛在石下,东面而坐,晒袈裟。年岁虽久,彪炳若新,非直条缝明见,至于细缕亦新(彰)乍往观之,如似未彻;假令刮削,其文转明。佛坐处及晒衣所,并有塔记。水西有池,龙王居之。池边有一寺,五十余僧。龙王每作神变,国王祈请,以金玉珍宝投之池中;在后涌出,令僧取之。此寺衣食,待龙而济,世人名曰龙王寺。②

在关于佛影的校注中,范祥雍据《大唐西域记》注:

昔如来在世之时,此龙为牧牛之士,供王乳酪,进奉失宜,既获谴责,心怀志恨,以金钱买花供养,受记窣堵波,愿为恶龙,破国害王。即趣石壁,投身而死。遂居此窟,为大龙王,便欲出穴,成本恶愿。适起此心,如来已鉴,愍此国人,为龙所害,运神通力,自中印度至龙所。龙见如来,毒心遂止,受不杀戒,愿护正法,因请如来,常居此窟,诸圣弟子,恒受我供。如来告曰:吾将寂灭,为汝留影。遣五罗汉,常受汝供。正法隐没,其事无替。汝若毒心奋怒,当观吾留影,以慈善故,毒心当止。此贤劫中,当来世尊,亦悲愍汝,皆留影像。③

由此看出,在南北朝时期,因佛教广泛传播,华夏本土已有龙王这一说法,然而唐以前的龙王还没有成为真正的海神,而是一种有神力但有毒心的神,因佛祖之故,从原来的"破国害王"的恶龙转变为"毒心止"、"受不杀戒,愿护正法"的善龙。但是,该时期龙王的活动范围主要还是在西域一带,处于佛教传播的过程当中,尚未深入到中国东部沿海宣传地区。随着南北朝时期佛教在中原地区的大肆扩展,加之当时统治者的大力扶持,佛教成为中原地区与儒、道并存的宗教,这也为后来儒释道三教的融合奠定了基础。佛教通过与中国本土儒家文化和道教文化的融合,成为有中国精神的佛教,与原始印度佛教已经有本质区别。但印度佛教中的诸多内容经过中国文化的吸收,已经融合到中国的神仙系统中,虽保留了其神的形象和职能,但却赋予了新的内涵,成为了中国人的信仰。龙王信仰便是其代表之一。

唐朝,龙王最终经西域传到中国东部沿海,成为管理海洋的神。《太平广记》卷二六载:

---

① [魏]杨衒之撰,范祥雍校注:《洛阳伽蓝记校注》卷五《城北》,上海:上海古籍出版社,1978年,第289页。
② 《洛阳伽蓝记校注》卷五《城北》,第298、299页。
③ 《洛阳伽蓝记校注》卷五《城北》,第348页。

初，师（叶法善）居四明之下，在天台之东，数年，忽于五月一日，有老叟诣门，号泣求救。门人谓其有疾也。师引而问之，曰："某东海龙也。天帝所敕，主八海之宝，一千年一更其任，无过者超证仙品。某已九百七十年矣，微绩垂成，有婆罗门逞其幻法，住于海峰，昼夜禁咒，积三十年矣。其法将成，海水如云，卷在天半，五月五日，海将竭矣。统天镇海之宝，上帝制灵之物，必为幻僧所取。五日午时，乞赐丹符垂救。"至期，师敕丹符，飞往救之，海水复旧。其僧愧恨，赴海而死。明日，龙辇宝货珍奇以来报。"师拒曰："林野之中，栖神之所，不以珠玑宝货为用。"一无所受，因谓龙曰："此涯石之上，去水且远，但致一清泉，即为惠也。"是夕，闻风雨之声，及明，绕山麓四面，成一道石渠，泉水流注，经冬不竭。至今谓之天师渠。①

唐代相关文献中多有祭祀龙王的记载，其主要目的无非是求雨。《太平广记》卷二六○"黎幹"条有载："唐代宗朝，京兆尹黎干以久旱，祈雨于朱雀门街。造土龙，悉召城中巫觋，舞于龙所。干与巫觋更舞，观者骇笑。弥月不雨，又请祷于文宣王庙，上闻之曰：'丘之祷久矣。'命毁土龙，罢祈雨，减膳节用，以听天命。及是甘泽乃足。"②同书二八三卷又载："唐浮休子张鷟，为德州平昌令，大旱，郡符下令，以师婆师僧祈之，二十余日无效。浮休子乃推土龙倒，其夜雨足。"③《太平广记》卷三九六"无畏三藏"条载："玄宗尝幸东都，大旱。圣善寺竺乾国三藏僧无畏，善召龙致雨术，上遣力士疾召请雨。奏云：'今旱数当然，召龙必兴烈风雷雨，适足暴物，不可为之。'"④从这些记载中可以推测，在唐朝，人们已经将龙王作为求雨的主神，并且开始为其建立庙宇。

由是可以确定，中国古代的龙王信仰真正开始于唐朝，而不是自古就有，是中国文化与佛教传说结合的产物。然而问题也随之出现：为什么中国的龙王有四个？龙王信仰为何在宋朝得到广大传播？

中国的海神龙王分"四海龙王"，即东海龙王敖广、南海龙王敖钦、北海龙王敖顺、西海龙王敖闰。龙王分四海，当是基于中国的海域环境而划分的，而四海一词，古已有之，应该是古人对中国地理海域的认识。"八极之广，东西二亿三万三千里，南北二亿三万一千五百里。夏禹所治四海内地，东西二万八千里，南北二万六千里，地东西为纬，南北为经。《尔雅》云：东至于泰远，西至于邠国，南至于濮铅，北至于祝栗，谓之四极。九夷，八狄，七戎，六蛮，谓之四海。《纂要》云：嵩，泰，衡，华，恒，谓之五岳；江，河，淮，济，谓之四渎；上，中，下，谓之三壤；山林，川泽，邱陵，坟衍，原隰，为五土。"⑤《博物志》中云："天地四方，皆海水相通；地在其中，盖无几也。七戎、六蛮、九夷、八狄，形类不同，总而言之，谓之四海，言皆近于海也。"《释名》又云："海，晦也。"按：夷蛮晦昧无知，故云四海也。可见，起初四海是人们基于地理上的认识，将中原地区的边缘地带命名为四海，认为"六蛮、七戎、八狄、九夷"所居住的地方即是四海。后随着国家政权社会的逐步建立，中央统治者欲将四海之地纳入其统治

① ［宋］李昉等：《太平广记》（第一册）卷二六，北京：中华书局，1961年，第174页。
② 《太平广记》（第六册）卷二六○，第2032页。
③ 《太平广记》（第六册）卷二八三，第2256页。
④ 《太平广记》（第八册）卷三九六，第3165页。
⑤ ［唐］徐坚：《初学记》卷五《地部》，北京：中华书局，1962年，第87、88页。

范围。中国古代历史文献中多有"威加四海"之类的字样出现,如《长短经》卷二(文中)中有言,"夫三皇无言,化流四海,故天下无所归功。帝者体天则地,有言有令,而天下太平。君臣让功,四海化行,百姓不知其所以然。"①《史记》中有云:"高祖过沛,击筑,自为歌曰:大风起兮云飞扬,威加四海兮归故乡。唐太宗皇帝《咏风诗》:萧条起关塞,摇飏下蓬瀛;拂林花乱彩,响谷鸟分声。披云罗影散,泛水织文生;劳歌大风曲,威加四海清。又有《惊雷歌》:惊雷奋兮震万里,威凌宇宙兮动四海,六合不维兮谁能理?"类似的表述,在古代文献中数不胜数,在此不多赘言。总之,四海已经从纯粹的自然词语成为政治词语,是中国古代中央集权政治的表现。

通过上述分析,我们可以推测龙王分四海的原因。首先,四海是中国古人早已有的一个地理政治概念,其"海"并不是指传统意义上的海,而是说边缘荒蛮土著民混晦愚昧,因之称为"海"。其次,通过以上分析,我们可知龙王概念是源于印度佛教在中国的广泛传播。再次,龙王虽然源于遥远的天竺,但却属于中国道教神仙系统。最后,其神力职能所在是为民降雨,保证民间风调雨顺,这又是儒家思想文化的体现。所以,龙王来到中国"定居",并最终分家四海,可以说是东汉以来,儒释道三教完美结合的一个结果,同时又是随着魏晋南北朝时期分裂局面的结束,隋唐大一统王朝的开启,中央集权不断加强的体现。在道教神仙系统中,龙王作为玉皇大帝的臣子,居于各自管理的海域中扮演海疆管理大臣一角,实为中央集权统治者自我地位和政治权利提高的表现,这表明天上之龙现在不过是作为臣子帮助地上的天子管理他的海疆。

唐王朝是中国封建社会发展的一大高峰,隋唐的建立结束了汉末以来近四百年的分裂,其统一也进一步促进了各种文化的传播与融合,因此龙王信仰始于唐朝是不足为怪的。两宋时期,龙王信仰得到了更为广泛的传播。

唐代以降,文献中记载各地修建龙王庙的事例很多。《宝庆四明志》卷一二《鄞县志》卷第一载:"天井山有龙王堂";卷一三载白龙王庙是"县西二十里灵波之别庙";卷一四《奉化县志》卷第一载镇亭山县有显济龙王庙;卷一六《慈溪县志》卷第一载湍水岩潭建有龙王祠。《淳熙严州图经》卷一中云"两港龙王祠在望云门外东山上",②《淳祐临安志》卷九中云"在仁和县永和乡超山上有乾,湿二洞黑龙王祠"。另外,在两宋时期的许多地方志中都有关于龙王庙或龙王祠的记载,如《嘉定镇江志》、《嘉泰会稽志》、《嘉泰吴兴志》、《景定建康志》、《景定严州续志》、《吴郡志》、《咸淳临安志》、《咸淳毗陵志》等。如《咸淳临安志》卷七一中有这样的记载:"国朝累封为渊灵溥济侯庙始梁大同中,乾道五年周安抚淙以祷雨应重建。淳祐八年赵安抚与□又建,且亭其前之井扁,曰寒泉。宝祐间马安抚光祖更创,咸淳五年安抚潜说友又葺而新之。"《淳祐临安志》卷十也记载:"嘉定壬午秋,潮水冲突城之东北,直抵盐官县治界三里,而近当时已有邑长防江之议。有诏帅漕臣协力修筑,随毁。冬十一月,除大理丞刘墇持浙西仓节,任责措置。咸谓此非人力可胜,申请迎奉城隍、忠清、龙王三祠像于潮决之冲,日夕祷祈,仍并力筑塘岸。越次年春,潮回涨,沙始复旧。"如是等等,不一而足。龙王已经不再只是神话传说,不仅限于降雨,而是已正式融入民众生活中,成为人们面临困

① [唐]赵蕤:《长短经》卷二,北京:中华书局,1985 年,第 35 页。
② [宋]陈公亮修,刘文富纂:《淳熙严州图经》卷一,北京:中华书局,1990 年。

难时可以祈祷的神。

两宋时期，龙王作为"四渎之神"，更有"奠安海国"的作用。龙王信仰的这种上升，与两宋时期对外交流和海洋贸易发展当有一定关系。唐以前的对外交流主要是西域地区，而唐朝的海上交流主要是日本和高丽。然而到宋朝，情况大不一样。《宋史·大食国传》记载，淳化四年，大食国"舶主蒲希密至南海，以老病不能诣阙，乃以方物附（副酋长李）亚勿来献"，其表中有云："曾得广州蕃长寄书招谕，令入京贡奉，盛称皇帝圣德，布宽大之泽，诏下广南，宠绥蕃商，阜通远物。臣遂乘海舶，爰率土毛，涉历龙王之宫，瞻望天帝之境，庶遵玄化，以慰宿心。"从这条材料可以看出，北宋初虽未能统一中国，但其高度发达的经济和文化却推动其与外国的交流。当然，两宋时期因为政府软弱无力，长期不能收复北方失地，无奈之下向海洋发展也可能是该时期龙王信仰发展的原因之一。另外，两宋时期的科技发展也为其航海提供了技术支持。而这种海洋资源的开发，使得沿海人民从唐以来以渔业为主业的生产生活方式，逐渐走向宋朝以后海上商业贸易不断扩大的局面，这就促使了除龙王以外的另外一种海神——妈祖的诞生。

二、妈祖信仰

妈祖又称天妃。在《天妃显圣录》序一中，关于天妃有这样的描述：

> 天妃，吾宗督巡愿公之女也，诞降于有宋建隆元年。生而灵异，少而颖慧，长而神化，湄山上白日飞升，相传为大士转身。其救世利人，扶危济险之灵，与慈航保筏，度一切苦厄，均属慈悲至性。

妈祖原型是宋建隆年间出生于莆田的林氏女林默，传说天妃的始祖是唐朝的林披公，其九子都是贤能之才，宪宗时期均为州刺史。林默的曾祖父被封为保吉公，在五代后周显德年间任统军兵马使。后保吉公弃官归隐于湄洲岛。其子孚承袭保吉公爵位。孚子，即天妃的父亲愿是督巡官，妻王氏生一男六女，林默最小。林愿不满于只有一子，常向菩萨祈求再得一子以兴旺宗族。周世宗显德六年，向观音大士祷告求子，是夜梦得大士，以为是得天赐子。不想第二年生下林默，林氏夫妇很是失望。然林默"幼而聪颖"，八岁时跟着老师学习，就能够理解所有的文辞意思。十几岁已经开始焚香诵经礼佛，从无懈怠。十三岁时，一老道士说林默若天生具有佛性，应当普渡终生，修得正果，于是教授林默"玄微秘法"。十六岁时，林默从井中得到灵符，遂开始显示其神通，济世救人，经常"驾云飞渡大海"，人们称之为"通贤灵女"。过了十三年，林默修成正道，飞升成仙。[①]

关于林默从飞升成仙到被人们称为天妃，最终被人们供奉为海洋之神并且被广泛信仰，《天妃显圣录·历朝显圣褒封共二十四命》有详细的说明：

> 宋徽宗宣和四年（1122），给事中允迪路公使高丽，感神功，奏上，赐"顺济"庙额。

> 高宗绍兴二十五年（1155），封"崇福夫人"。二十六年（1156），封"灵惠夫

---

① 《天妃显圣录·天妃诞降本传》，台湾银行经济研究室辑"台湾文献丛刊本"第77种，1960年。

人"。二十七年(1157),加封"灵惠、昭应夫人"。

孝宗淳熙十年(1183),以温、台剿寇有功封"灵慈、昭应、崇善、福利夫人"。

光宗绍熙元年(1190),以救旱大功褒封,进爵"灵惠妃"。

宁宗庆元四年(1198),加封"助顺"。六年(1200),朝廷以神妃护国庇民大功追封一家。开禧改元,以淮甸退敌奇功加封"显卫"。嘉定改元(1208),以救旱并擒贼神助加封"护国、助顺、嘉应、英烈妃"。

理宗宝祐改元(1253),以济兴、泉饥加封"灵惠、助顺、嘉应、英烈、协正妃。三年(1255),以神祐加封"灵惠、助顺、嘉应、慈济妃"。四年(1256),以钱塘堤成有功加封"灵惠、协正、嘉应、善庆妃"。开庆改元(1259),以火焚强寇有功进封"显济妃"。

世祖至元十八年(1281),以庇护漕运封"护国、明著天妃"。二十六年(1289),以海运藉佑加封"显佑"。

成宗大德三年(1299),以庇护漕运加封"辅圣、庇民"。

仁宗延祐元年(1314),以漕运遭风得助加封"广济"。

文宗天历二年(1329),以怒涛拯溺加封"护国、辅圣、庇民、显佑、广济、灵感、助顺、福惠、徽烈、明著天妃",遣官致祭天下各庙。

明太祖洪武五年(1372),以神功显灵敕封"昭孝、纯正、孚济、感应、圣妃"。

成祖永乐七年(1409),以神屡有护助大功加封"护国、庇民、妙灵、昭应、弘仁、普济、天妃",建庙都城外,额曰"弘仁普济天妃之宫"。

宣宗宣德五年(1430)、六年(1431),以出使诸番得庇,俱遣太监并京官及本府县官员诣湄屿致祭,脩整庙宇。

清康熙十九年(1680),将军万以征剿厦门得神阴助取捷,并使远遁,具本奏上,敕封"护国、庇民、妙灵、昭应、弘仁、普济、天妃"。二十三年(1684),琉球册使汪以水道危险荷神护佑复命,奏请春秋祀典;又将军侯施以澎湖得捷默叨神助,奏请加封。①

从上述中我们可以获得这样的信息:天妃是以人为原型的,林氏女默被认为是观音转世,经修道最终飞升成仙,普渡众生于苦厄之中,自飞升以来多次受到统治者的褒封和赐谕,深受民众喜爱,并且其职能之广泛远大于龙王,主要是在海上救助落难之人,包括渔民、出海商人、护送漕运的官人等等。

同龙王信仰的传播比较相似的是,天妃虽然生于宋朝,然在两宋时期关于天妃或者妈祖的记录是很少的。但是从元朝开始,相关记载大量出现,从正史到笔记小说,甚至是文学作品也经常提到天妃,可见天妃在民间的传播之广。

《新元史》卷一四云:"泉州海神曰护国庇民明著天妃。"天妃自泉州出,因此泉州地区对于妈祖的信仰是最强烈的。卷八七又云:"泉州神女灵惠夫人,至元十五年,加号护国明著灵惠协己善虏显济天妃,天历元年,加号护国庇民广济福惠明著天妃,赐庙号曰灵慈,直沽、

---

① 《天妃显圣录·历朝显圣褒封共二十四命》。

平江、周泾、泉、福、兴化等处皆有庙。皇庆以来，岁遣使斋香遍祭，金幡一，合银一锭，付平江漕司及本府官，用柔毛酒醴便服行事。祝文云'维年月日，皇帝特遣某官等致祭于护国庇民广济福惠、明著天妃'。"《元史》卷二七《英宗纪》载，至元元年五月，"辛卯，海漕粮至直沽，遣使祀海神天妃。"同样，《元史》卷二八《英宗纪》载："天寿节，宾丹、爪哇等国遣使来贡……诸王月思别遣使来朝。罢称海宣慰司及万户府，改立屯田总管府。诸王怯伯遣使贡蒲萄酒。海漕粮至直沽，遣使祀海神天妃。"

由于天妃在民间的广泛传播，加之政府对天妃的利用和褒封，天妃信仰传播极快。明成祖永乐年间，郑和七下西洋，使得中国文化在东南亚甚至北非获得了前所未有的传播，妈祖信仰也传播到东南亚地区，并成为他们唯一的海神信仰。

妈祖信仰的传播相比于龙王信仰更加广泛和深入人心，甚至在现在福建、台湾地区和东南亚地区的绝大部分人都信仰妈祖而不信仰龙王，只有在浙江等少数沿海地区还有龙王信仰，但也远比不上妈祖信仰的数量。并且在福建、台湾地区和东南亚地区，妈祖信仰已经超越了普通的海神信仰，他们甚至将妈祖视为万能的神，类似于观音。在政治制度比较稳定的古代社会，中国海神信仰发生这样的变化不是没有原因的。民俗信仰源自于民间，因无法科学的解释各种自然灾害，或者无法自救，人们只好求助于未知的超自然力量。因此，海神信仰发生变化，可以说是社会生活发展使然。

三、从龙王到妈祖所反映的文化内涵

通过对比可以发现，龙王实际上源自印度佛教，经过不断演绎，最终在唐朝才成为海神；而妈祖为莆田林氏女，生于宋建隆年间，二十六岁飞升以后在海上开始了救人济世的活动，百年后在民间广泛传播。龙王的形象本来就不是完全善良的，其原本带有恶毒的形象，是经过佛祖点化而成善的，因此人们在供奉龙王的同时也畏惧龙王，唯恐触怒龙王而遇灾；而妈祖是以一个温柔贤淑的女性形象出现的，在文献中多是有求必应这样的描述，相比之下，妈祖更容易为百姓所接受。在神的职能上，龙王多只负责控制降水与防洪，更无其他；妈祖的职能范围就广泛了，海上遇难之人只要在向其求救，都会得到妈祖的救助。中国古代将海域分为东西南北四海，海龙王也分四海龙王，可见每个龙王只负责管辖其控制范围内的事情；而妈祖的神力更广泛，整个海域都在其范围内，甚至拓展到东南亚地区。可见，妈祖信仰的广泛传播是基于妈祖的这些优势。

有一个问题需要我们去思考，这就是为什么在妈祖出现之后，龙王信仰仍在传播，虽然传播程度不如妈祖，甚至在现世已经被局限在很小的范围内，但仍然存在呢？这是因为，中国自古以来是一个农业国家，任何神的存在除了基于统治者的统治意识外，便是基于人民生活的需要，龙王的出现也是这样。在陆地上人们靠农业生活，农耕丰收的最根本保证便是人们所说的风调雨顺。在那个没有高科技设备预测天气，也没有强大的防灾救灾政策和举措的农耕时代，自然对人们的生产生活有很大的影响，很多自然力是人类无法控制的。龙王司雨这一职能的出现，便是古代人们对于控制水的渴望。人们兴修水利以保证农业灌溉，却无法完全消除旱涝灾害，于是在长期的劳动过程中，人们创造了可以控制降雨的神的形象，那便是龙王。然而神只是人们意识的一个创造物，这依旧改变不了突变的天气状况，于是人们又把干旱和水涝等灾害解释为龙王发怒，或者玉帝降旨于龙王，要求惩罚人类。在沿海，人们靠出海打鱼生活，而渔业相比于农业更不稳定，并且带有相当的危险性，因此沿海人民也就更需要一个神保护他们的生命安全，这就是龙王信仰一直存在的原因。

到了南宋，我国古代经济重心南移，东南沿海地区的经济生产方式从农业向商业转移，而造船技术及天文航海技术又为其航海贸易提供了动力，于是出现了泉州、明州、广州这样的贸易大港。宋王朝面对妈祖这个新出现的海神信仰，并没有采取抑制的态度，而是极力扶持。这也表明，虽然中国古代君主专制的程度在不断加强，但是经过魏晋隋唐的发展，社会由原来的政治化社会还原成世俗化社会，人身依附关系变得松弛，人们也从过去的"政治人"还原成"社会人"、"世俗人"，①所以各种民俗信仰的传播愈加迅速和广泛，这也是社会生活多样化的表现。元朝作为大一统帝国，拥有前所未有的广阔疆域，其对海外交流和贸易的重视，更需要妈祖这个海神庇佑航海贸易和漕运安全，因此，元朝政府也多有"遣海神天妃护漕运"的诏令，妈祖信仰得到进一步传播。至明朝，虽然海禁政策限制了沿海民众的海洋活动，但政治上的限制并无法阻碍人们对经济生活的追求，而且越是这样带有危险性的活动，人们就越需要神的保护，估计这也是妈祖深入人心的原因之一。而郑和下西洋这一壮举更是将妈祖信仰带向了世界，龙王就只能呆在他的水晶宫里。从龙王到妈祖信仰的变化，实质上就是从渔业文化向海洋商业文化转变的结果。

---

① 王万盈：《论唐宋时期的刺青习俗》，《西北师大学报》，2003 年第 5 期。

明清时期舟山地区的观音信仰

余依丽　贾庆军

（宁波大学）

摘要　观音信仰源于印度吠陀时期,两汉之后随佛教逐渐流传到中国。舟山的观音信仰源远流长,普陀山作为"观音道场"始于唐朝,至明清时期,普陀山观音信仰进入鼎盛期。观音信仰对当地社会的生活和文化产生了深远的影响。

关键词　明清时期　舟山　观音信仰

一、引言

"观音"是"观世音"的简称,这一称呼起源于印度,其梵文为 Avalokitesvara,音译为"阿缚卢枳低湿伐罗"、"阿那波委去低输"等,或简化为"庐楼桓"。作为佛教信仰中最重要的菩萨崇拜之一,观音信仰在传入中国后更是有着特殊的地位。历史上观音信徒极多,观音法门的修持极盛,有关观音感应的故事广为流传,观音经咒也广为诵念,是无数善男信女的精神支柱,也是中国传统文化中不可或缺的一部分。

舟山的观音信仰源远流长,融神话传说、宗教信仰、审美创造于一体,影响极大,这与舟山是"观音道场"普陀山的所在地密不可分。普陀山素有"南海圣境"、"震旦第一佛国"之称,是中国最著名的观音圣地。观音信仰在舟山广为流传,以至于在普陀山落脚并建立起观音道场,有其区位的、政治的、历史的、文化的乃至社会心理的原因。至明清时期,普陀山观音文化发展到鼎盛,每逢农历二月十九、六月十九、九月十九分别是观音菩萨诞辰、出家、得道三大香会期,普陀山全山人山人海,寺院香烟缭绕,一派海天佛国景象。因此,对这一时期的舟山观音信仰进行深入研究,具有重要的学术价值。

二、舟山地区观音信仰的形成

观音信仰很早就传入我国,但最后在普陀山形成集中的信仰则是在唐以后,下面我们对观音信仰传入中国及其在舟山地区的兴起作一回顾。

1. 观音信仰传入中国

观音信仰在中国的流传经历了漫长的岁月。两汉之际,佛教传入中国,但观音信仰并没立即流传过来。后汉支曜翻译的《成具光明定意经》中曾出现过一次"观音",三国吴黄武元年至建兴年间（222—253），支谦所译的《维摩诘经》中也出现了一次"窥音"，这两次的"观音"都只是作为听闻释迦牟尼说法的众多菩萨之一，并没有具体介绍。

西晋时期，观音信仰开始传入中国，竺法护、聂道真、无罗叉等翻译了诸多经传。最为著名的是竺法护于太康七年（286）译出的《正法华经·光世音普门品》将观音译为"光世音"，如《光世音普门品》第二十三："若为恶人县官所录，束缚其身，扭械在体若枷锁之，闭在牢狱，烤治苦毒，一心自归，称光世音名号，疾得解脱，开狱门出无能拘制，故名光世音。""如是族姓子！光世音境界，威神功德难可限量，光光若斯，故号光世音。"《普门品》汉译本的出现，对观音信仰在中国的传播和发展具有极其重要的意义。随着观音信仰的兴起，东晋谢敷撰有《观世音应验记》，踵其后者，有刘宋傅亮《光世音应验记》、张演《续观世音应验记》和萧齐陆杲《系观世音应验记》。[1] 这四位均是贵族士大夫，其写作一脉相承。据《系观世音应验记》记载，当时民众已经有佩戴小型观世音金像或观世音经作为护身符以求平安的习俗，可见观音信仰已经有所流行。

观音信仰逐渐为人所熟知则是自鸠摩罗什于秦弘始八年（406 年）译出《妙法莲华经》之后。鸠摩罗什是当时名震四方的高僧，在中国佛教界拥有绝对的威望。[2] 所以，他在经中所使用的"观世音"很快就取代了"光世音"，而且他翻译的《妙法莲华经》语言流畅优美，广受世人欢迎，其中的第二十五品《观世音菩萨普门品》被称为"观世音经"。从此，"观世音"成了最权威的译称。当然，观音也有其他译法，如后魏菩提流支于正始五年（508）所译的《法华经论》中出现了"观世自在"，[3]但不及"观世音"的接受程度高。随着《妙法莲华经》在社会上的流行，观音信仰到南北朝梁代开始盛行。据《南史》卷八十记载，梁末应武帝曾在一次宴席上让侯景背诵《普门品》，侯景便背诵了经文的第一句。可见观音经流传之广，君主和臣子都耳熟能详。

到唐代，经唐文宗的极力尊崇，观音信仰发展到了极点。而观世音的形象也从最初的流传进来"猛丈夫"发生了突破性转变，成为一位慈悲祥和的"观音娘娘"。其实南北朝时期，出现在绘画和雕塑里的观世音已经是男身女相，尽管不太显著，但女性化的趋向已经显示出来。[4] 而观音正式转变为女性形象则出现在唐代，其原因是多方面的，既有武则天身为女皇的推动，也与观音本身温柔、悲悯的内在属性有关。唐朝画家阎立本曾画了一幅杨枝观音像，画中的观音菩萨头戴珠冠，身穿锦袍，酥胸微袒，玉趾全露，右手执杨枝，左手托净瓶，端庄慈祥。后来观音的标准画像基本照此形象。

宋元明清时期，观音信仰依然十分流行，善男信女供奉朝拜络绎不绝，许多民间小说也有所提及。如吴承恩的《西游记》第八回中，对观音的描写十分细致："诸众抬头观看，那菩萨理圆四德，智满金身。缨络垂珠翠，香环结宝明。乌云巧迭盘龙髻，绣带轻飘彩凤翎。碧玉纽，素罗袍，祥光笼罩锦绒裙，瑞气遮迎。眉如小月，眼似双星，玉面天生喜，朱唇一点红。"观音在这里扮演一位善良正义的长者，是四位主人公危急时刻的救命符。

---

① 张二平：《东晋净土及观音信仰的地域流布》，《五台山研究》，2010 年第 1 期。
② 李利安：《观音信仰的渊源与传播》，北京：宗教文化出版社，2008 年，第 176 页。
③ 郑筱筠：《观音信仰原因考》，《云南大学学报》，2001 年第 5 期。
④ 黄年红：《浅析观世音菩萨女性化的依据》，《苏州大学学报》，2007 年第 6 期。

2. 观音信仰在舟山的形成

舟山群岛共有 1 339 个岛,陆地面积 12 410 公顷,岛上人口不多,但几乎"家家弥陀佛、户户观世音"。早在晋朝天福年间,舟山本岛上就建有"祖印寺",供奉观音。① 据《定海县志》记载,光绪二十六年(1900)舟山群岛总人口不到 35 万人(不含嵊泗县)。同时,据清光绪年间编纂的《定海厅志》记载,当时有名可考的寺观、祠庙约有 400 余所,其中佛教寺庙占大多数,约 300 余所,这些佛教寺庙基本以供奉观音为主。这一现象的产生与普陀山成为观音菩萨道场有莫大的关系。普陀山是我国四大佛教名山之一,素有"海天佛国"、"南海圣境"之称,史上又称"震旦第一佛国"。普陀山海洋性气候明显,温湿度适宜,早在 4000 多年前就有人居住。而且由于其海岛的地形,时常海雾缭绕,隐约飘渺,恍如仙境。传说西汉末年,梅福曾在此隐居,东晋葛洪也曾在此炼丹,留下了不少民间故事。关于观音信仰的兴起,据明代高僧宏觉国师②所撰普陀山《梵音庵释迦佛舍利塔碑》记载,晋太康年间(280 - 289)已有人把普陀山视为观音大士应化圣地。而普陀山作为观音道场真正兴起则在唐朝。学术界一说始于唐大中年间,所据是《宝庆四明志》卷二十《昌国县志·叙山》中记载:"唐大中年,西域僧来,即洞前燔尽十指,亲睹观音与说妙法,授以七色宝石,灵迹始著。"但更多学者认为始于唐咸通年间③,源于日僧慧锷所建的"不肯去观音院"。南宋志磐的《佛祖统记》、日本镰仓时代虎关师炼的《元亨释书·本朝高僧传》以及地方志《大德昌国州志》等对此均有所记载。故事大致如下:唐咸通四年(863),日僧慧锷在五台山见一观音大士圣像庄严清净,欲请回日本供奉,于是买舟东渡,准备回国。途经普陀洋面新逻礁时,海中忽然涌现出无数铁莲花,挡住航道,船不能行。如此过了三日三夜,锷祷参悟到观音可能不愿离开此地,告曰:"使我国众生无缘见佛,当从所向建立精蓝"。慧锷话音刚落,铁莲立即消失,船顺利驶到了潮音洞边。慧锷在附近找到一家张姓渔民说明来意,张氏把自己住的茅蓬让出来筑庵供奉观音,此庵遂称之为"不肯去观音院"。普陀山自此开始闻名遐迩,有善男信女前来朝拜,过往的海舶也常停驻祈福。

到宋高宗绍兴元年(1131),高僧真歇和尚在高宗的支持下,易律为禅,动员全山 700 多户渔民迁往外岛,使普陀山成了名符其实的清净佛国。宋宁宗嘉定七年(1214),御赐"普陀宝陀寺"、"大圆通宝殿"匾额,钦定普陀山为重点供奉观音的道场。

观音信仰诞生于印度,为何其道场却位于中国的普陀山?《华严经》中说:"于此南方有山,名补怛落迦。彼有菩萨,名观自在。……海上有山多圣贤,众宝所成极清净,花果树林皆遍满,泉林池沼悉具足,勇猛丈夫观自在,为利众生住此山。"经文明确指出观音菩萨居于补怛落迦山,此山位于印度南方,而且临海。又有《大唐西域记》卷十记载:"国南滨海,有秣剌耶山……秣剌耶山东有布呾洛迦山。山径危险,岩谷敧倾。山顶有池,其水澄镜,流出大河,周流绕山二十匝入南海。池侧有石天宫,观自在菩萨往来游舍。"可见,观音菩萨的道场最初是在印度南部的海滨补怛落迦山。但是,随着印度观音信仰的衰落和其在中国的兴盛,观

---

① 程俊:《论舟山观音信仰的文化嬗变》,《浙江海洋学院学报》,2003 年第 4 期。
② 宏觉国师:明道忞(1596 - 1674),字木陈,号山翁、梦隐,明末清初临济宗杨岐派僧。顺治十六年(1659),奉召入宫为顺治说法,甚受赏识,赐号"弘觉禅师",故又称"宏觉国师"。
③ 贝逸文:《论普陀山南海观音之形成》,《浙江海洋学院学报》,2003 年第 3 期。

音菩萨道场的转移势在必行。尤其是十二世纪以后,因印度佛法的消亡和随后而来的南印度观音道场的消失,特别是中印佛教交流的中断,中国人最终以浙江梅岑山(即今舟山群岛)取代了南印度的补怛落迦山。① 普陀山观音道场形成的原因是多方面的,前文"慧锷触礁"的故事即"佛选名山",世人认为观音菩萨选中了普陀山作为自己的道场而不肯离去,而且观音菩萨普渡众生,显化圣地本就不拘泥于某处,既然其在普陀山得到广泛尊奉,遍修寺院,那么普陀山作为其道场也是无可厚非的。再加上历代帝王的人为推动,普陀山成为观音菩萨的道场更是势在必行。而且,根据近年对普陀山佛教文化的研究,先后发现和考证出普陀山高丽道头和新罗礁两处遗址②,更确证普陀山在"海上丝绸之路"占重要地位,元代盛熙明的《补陀洛迦山传》描述道:"海东诸夷,如三韩、日本、扶桑、占城、渤海数百国雄商巨舶,皆由此取道放洋",可见普陀山当时商船往来频繁,十分繁盛。正因为"海上丝绸之路",才形成新罗礁;有了新罗礁,才有"慧锷触礁"之说。

舟山地区观音信仰盛行的原因,除了普陀山作为观音道场的巨大辐射作用外,还与其特殊的地理位置有关。舟山是我国著名的四大渔场之一,岛上人民靠海吃海,大多以打渔为生。由于古代生产技术比较落后,渔业生产收成没有保障,而且极具危险性,无论是狂风大浪还是暗礁洋流,都可能使渔民遇险,这就迫使渔民寻求某种精神上的寄托。观音菩萨大慈大悲、救苦救难的形象正好抚慰了渔民的心理需求。同时,捕渔需要大量男性劳动力,"送子观音"为那些没有子女,尤其是没有儿子的夫妇带来了希望。

随着观音信仰在舟山地区的兴起,与之有关的传说也越来越多,最著名的是妙善公主的故事。它并非出于印度佛教经典,而是由我国信众创造,讲述观音得道前的人生。它的产生在整个印度佛教观音信仰向中国传播的过程中意义十分特殊,标志着观音信仰在中国发展的一个转折——之前是观音信仰的中国化,之后则是中国化的观音信仰。③ 传说观音原是古代庄王的第三个女儿,名叫妙善,自小美丽聪明,笃信佛教,因父母逼其婚嫁而在山神保护下出家修行。后庄王得了怪病,要用人的一眼一臂做药,妙善公主毅然献出,升化为"千手千眼大悲观世音菩萨"。根据这一传说,信众又创造了不少相关故事,与舟山有关的就达30多个,如"短姑道头观音送饭"、"观音点龟成石"、"二龟听法"、"火烧白雀寺"等等。

三、明清时期舟山地区的观音信仰及其影响

由于帝王的支持和崇奉,明清时期舟山的观音信仰达到了高峰,但这种繁荣并不是一成不变的,其间也历经反复。观音信仰的盛行,对舟山地区的经济、文化与对外交流等也产生了一定的影响。

1. 明清时期舟山地区的观音信仰

普陀山的兴盛与明清两朝帝王的大力支持有关。明太祖朱元璋曾入皇觉寺为僧,宰相宋濂亦出身于寺院,因此对佛教多有佑护。明成祖朱棣起兵夺取皇位时得佛教名僧道衍

① 李利安:《观音信仰的中国化》,《山东大学学报》,2006 年第 4 期。
② 王连胜:《普陀山观音道场之形成与观音文化东传》,《浙江海洋学院学报》,2004 年第 3 期。
③ 周秋良:《论中国化观音本生故事的形成》,《中南大学学报》,2009 年第 1 期。

（即姚广孝）的帮助，因此对佛教亦十分推崇。此后，明朝诸帝王无不奉佛。

明代帝王虽然尊崇佛教，但由于海寇骚扰，普陀山经历了几次较大的兴衰。明初，高僧行丕驻普陀学习佛法、宏扬禅宗，当时普陀山约有殿宇三百余间，僧侣众多，佛事兴盛。明洪武十九年（1386）信国公汤和经略沿海，认为普陀穷洋多险，易为贼巢，于是在次年实行海禁，普陀山被徙僧焚寺，观音像迁至宁波栖心寺（今七塔寺），山上仅留铁瓦殿一所，使一僧一役守奉，这是普陀山佛教的第一次衰微。永乐四年（1406），江南释教总裁祖芳来普陀山重扬禅宗，修复殿宇，以图重振宗风。天顺年间（1457－1464），四方缁素纷纷上山重建净室。正德十年（1515），住山僧淡斋在潮音洞侧建方丈殿，重兴宝陀寺。嘉靖六年（1527），河南王捐琉璃瓦 3 万张，鲁王等也纷纷捐资兴建殿宇，山上香火复盛。

嘉靖三十年左右，倭寇屯踞普陀，殿宇再次遭毁，僧众遣散，历朝敕赐碑文破坏。朝廷遂出兵灭倭，并屡禁百姓朝山进香。至嘉靖三十二年，参将刘恩至等灭倭于潮音洞外莲花洋，提督王忬命把总黎秀会同主簿李良模领兵到山，遣僧拆庵，告示"不许一船一人登山樵采及倡为耕种，复生事端。如违，本犯照例充军"①。佛像、钟磬等法物运往定海（今镇海）招宝山，僧侣迁尽，梵音虚寂，普陀山佛教再次衰落。隆庆六年（1572），五台山僧真松来山，将废状上京奏闻朝廷，得宫保学士大宗伯严斋支持，命郡守吴太恒发给文书，许以住持，又命总戎刘草堂等协理规划，修复殿宇。真松任住持后，大倡宗风，演绎律义，为明代普陀山佛教律宗之始。其后，御马太监马松庵铸金佛、绣彩幡送山供奉，工部侍郎汪镗撰《重修宝陀禅寺记》。普陀山佛事复渐兴旺。

神宗皇帝对佛教颇为崇仰，多次敕赐普陀山。万历初年，高僧真表入山，改建宝陀寺（今普济寺），重振观音道场。明万历八年（1580），僧人大智真融以此地泉石幽胜，结茅为庵，取"法海潮音"之义，始建"海潮庵"（今法雨寺）。万历十四年三月，神宗遣内宫太监张本、御用太监庭安赍皇太后刊印藏经 41 函，旧刊藏经 637 函，裹经绣袱 678 件，观音像、龙女像、善财像各 1 尊赐宝陀寺，紫金袈裟 1 袭赐僧真表。翌年，鲁王赐赤金佛像 1 尊，撰《补陀山碑记》。万历十九年，诏僧真语继任宝陀寺住持，礼部赐玉带镇寺。四方僧众闻讯而聚，香客纷至朝山。万历二十六年，宝陀寺遭火，唯观音大士像独存。神宗闻之，遣太监持御赐《大藏经》678 函，《华严经》1 部，诸品经 2 部，渗金观音像 1 尊至普陀供养。神宗期间，虽时有海寇侵扰，浙江督抚曾几次奏明朝廷，要求"停止海外山寺之建，以杜祸隐"，但未被朝廷采纳，继续赐给斋银、幡幢、佛经。② 万历三十三年，神宗奉皇太后命，派太监张千来山扩建宝陀观音寺于灵鹫峰下，并赐帑金 2000 两、僧银 300 两、织纻幡幢、金花丹药等财物及《金刚经》、《普门品》各 1 部，后又钦赐"护国永寿普陀禅寺"、"护国永寿镇海禅寺"御匾 2 块，遣使赍金千两建两寺御碑亭。普陀山寺庙规模之宏大，一时甲于东南。此后，神宗又多次派太监赍金及五彩织金龙缎等寺庙庄严供养之具来普陀山祈福。据屠隆《补陀洛迦山记》载，当时莲花洋上"贡舻浮云"，短姑道头"香船蔽日"，帝后妃主，王侯宰官，下逮僧尼道流，善信男女"亡不函经捧香，抟颡茧足，梯山航海，云合电奔，来朝大士"。普陀山佛事日见兴旺。

---

① 王连胜：《明代佛国逸史钩沉》，佛教导航网 http://www.fjdh.com/wumin/2009/04/16044058804.html。
② 李桂红：《普陀山佛教文化（二）》，《天津市社会主义学院学报》，2005 年第 3 期。

清初诸位帝王与佛教的关系颇深。如顺治皇帝曾作《赞僧诗》云:"我本西方一衲子,为何生在帝王家。""黄金白玉非为贵,唯有袈裟披肩难。"表明其对佛教的向往。康熙帝则迎请明末各宗派高僧入京,促进了佛教的复兴。雍正帝则亲事章嘉活佛,参礼迦陵性音禅师,自号圆明居士,主张禅、教、净调和之论,尤其热心净土法门,对近世以念佛为主的禅净共修,影响甚大。

清代初期,因海疆不靖,海盗侵占山寺,劫掠寺院财物,康熙十年(1671),再次迁僧至内陆。十四年,普陀禅寺因游民失火焚毁,众多茅篷草庵荒废,普陀山佛教第三次衰落。二十三年弛海禁,僧众归山。二十八年,康熙帝南巡杭州,准定海总兵黄大来奏,派一等侍卫万尔达、二等侍卫吴格、礼部掌印郎中观音保携金千两重建普陀寺大圆通殿。二十九年,定海总兵蓝理延请天童密云四世法裔潮音和尚主持山事,宏开法席,重振宗风。三十五年四月,遣翰林宋大业携御书《金刚经》2 部分赐普陀、镇海二寺;五月命僧自戒赍内制五爪龙袍 2 袭,来山进香,祈祷西征凯旋,定海知县缪燧为之撰《恭送御书金刚法宝入普陀山记》。三十八年三月,康熙帝再次驾临杭州,诏乾清宫太监提督顾问行内务府广储司郎丁皂保、太监马士恩,前来进香,并传旨:"山中乃朝廷香火,所有未完之工,以是帑金为之领袖,务令天下臣民共种福田。住持须竭力图成。"①御书"普济群灵"、"潮音洞"额赐普陀寺,书"天花法雨"、"梵音洞"额赐镇海寺,并改普陀禅寺为"普济禅寺",镇海禅寺为"法雨禅寺"。后康熙皇帝又多次敕赐御书佛经、帑金、银两、御碑、佛像、观音像、金幡、数珠、僧衣、斋粮、人参、丸药等供养普陀山佛教道场,并敕免普陀山寺院在朱家尖、顺母涂田产赋税。清雍正年间,敕帑金 7 万两,重兴普陀,使普济、法雨两寺琳宫辉煌,甲于江南,并赐两寺汉白玉碑各 1 块,敕建御碑亭 2 座。康熙皇帝亲书《御制补陀罗迦普济寺碑记》:"稽考梵书,补陀洛迦山有三:一居厄纳忒黑,一居忒白忒,一居南海,即是山也"。从此,普陀山成为正统的"南海观音道场"。后又多次御赐五色哈达、流金嵌宝曼达、《藏经》、僧衣、帑金、银两等供养普陀山佛寺。自康熙、雍正至乾隆、道光、光绪,清朝历代帝王都累有赐赠,众多王亲国戚、文武官员、地方百姓纷纷争相捐资,共襄胜举,山上寺庙及佛教设施为之一新,普济、法雨两寺琳宫辉煌,甲于江南。光绪三十三年(1907)慧济禅寺建成,形成三大寺为主体之寺院布局,香火盛极一时。

明清时期舟山地区的观音信仰除普陀山之外,其他岛屿也有所发展。岱山磨心山上的慈云庵由赵氏募建于乾隆年间,主供观音,嘉庆六年(1801)重修,道光二十年(1840)长涂庄民妇孔唐氏助田 3 亩,施茶汤,立碑安垣。大衢岛观音山上的洪因寺建于同治年间,嵊泗大悲山的灵庆庵在同治十二年(1873)改成灵音寺,成为普陀山圆通庵分寺。定海普慈寺始建于东晋,明洪武十九年遭废,清代复建;祖印寺建于宋治平二年(1065),清顺治年间舟山第二次迁徙后,寺院前后殿遭毁,同治年间住持云袖重修。以上所列,并非供奉观音寺庵的全部,但据此可见当时舟山地区观音信仰之盛。

2. 明清时期观音信仰对舟山地区的影响

明清时期观音信仰在舟山地区的宗教影响自不必说,同时对当地的经济、文化与对外交流等也产生了一定影响。

---

① [民国]王亨彦辑:《普陀洛迦新志》卷四《檀施门》,台北:明文书局,1924 年。

首先，在经济方面，观音信仰的盛行，促进了当时舟山地区经济的发展。普陀山作为观音的道场，全国各地前来参拜的善男信女无数，尤其每逢农历二月十九、六月十九、九月十九，因是观音菩萨诞辰、出家、得道三大香会期，更是人山人海，香火鼎盛。这就促进了交通、食宿、香烛等相关行业的发展。普陀山自唐开始种茶、制茶，因观音之故称为"佛茶"，到明朝已名声彰显，清朝更是一度成为贡茶。

其次，在文化方面，明清文人墨客留下了不少赞颂普陀山的名篇。明代戏剧家屠隆游普陀时，作《补陀观音大士颂》，其序曰："凡夫苦行薰修，顿叩香台法座；居士志心悲仰，立见圣相圆光。……偏陬陋址，被功德者无涯；愚媪村氓，奉香火者恐后。"其诗云："大载法王子，累劫行薰修。想观既成熟，漏尽得无碍。圆明了一切，十方咸照彻。刹那千手眼，或亿万化身。"寥寥数语描绘出了观音得道的过程。明徐如翰《雨中寻普陀诸胜景》则对普陀山的秀丽景色赞叹不已："竹内鸣泉传梵语，松间剩海露金绳。山当曲处皆藏寺，路欲穷时又逢僧。"世称"吴中四才子"之一的画家文征明也曾游普陀，留下了《补陀山留题》："寒日晶晶晓海声，中庭映雪一霄晴。墙西老梅太骨立，窗里幽人殊眼明。想见渔蓑无限好，怪来诗画不胜情。江南转瞬相将望，会看门前春潮生。"崇祯三年，大书法家董其昌寓居普陀山白华庵，留有"入三摩地"、"金绳开觉路，宝筏渡迷路"及"磐陀庵"等墨宝。清康熙年间，文学家裘琏编纂《普陀山志》时，有赞曰："海外奇峰翠入天，峰头朵朵削青莲。名山如此不肯去，成佛应居灵运前。"清余灿《过法华禅院》记录了普陀山的逸趣生活："闲来独与高僧坐，洞达轩窗纳晚凉。静境谈禅诗作偈，绿荫消暑竹侵床。鸟窥钵饭穿云度，龙摄天花带雨香。话到玄机真妙谛，依微星斗落山房。"清末民初，康有为游普陀，亦题诗云："观音过此不肯去，海上神山涌普陀。楼阁高低二百寺，鱼龙轰卷万千波。云和岛屿青未了，梵杂风潮音更多。第一人间清净土，欲寻真歇竟如何。"时人对普陀山的赞歌颇多，此处不再一一赘述。

最后，在外交方面，观音信仰加强了明清时期的中外交流。由于普陀山在佛教中超然的地位，各国信徒慕名而来，也有个别名僧出访他国传授佛法。明嘉靖三十六年（1557），日本派遣明正使彦周良和副使钧云二人到普陀山住了十个多月，遍览全岛胜迹，礼敬各寺观音，交流、学习经书心得体会，并把普陀山的佛教艺术带回了日本。明永乐元年（1403），日僧坚中圭密赍携《绝海和尚语录》访普陀山，求得高僧祖芳道联序文回国。明景泰四年（1453）四月，以日本高僧东洋允澎为正使，如三芳贞、贞姜为纲司的遣明使船队停泊莲花洋。明成化四年（1468）五月，以日僧天与清岩为正使的遣明使船队亦停泊莲花洋。当时在普陀洋面迎接日本使节，成为惯例，拜访普陀山自然顺理成章。明万历三十一年（1603），西域僧本陀难陀来山礼佛、修善，并督建普同塔。明天启年间（1621—1627），来自波罗奈国（中印度的古国，在摩揭陀国之西北，即今之瓦拉那西）的梵僧到普陀山礼佛，在佛顶山选址造塔以供奉舍利。明崇祯十一年（1638），名士张岱朝礼普陀山，纂成《补陀志》。至清康熙二十三年（1684），弛海禁，各国信徒纷至沓来，除了来往最频繁的日本、朝鲜外，泰国、缅甸、斯里兰卡、印度、老挝、菲律宾等东南亚国家信徒亦纷至沓来，并带来各种佛像、供品及法器，现今的普陀山文物馆现仍存有部分。光绪八年（1882），普陀山僧慧根赴印度、缅甸礼佛，带回缅甸玉佛5尊，在上海建玉佛寺。光绪十四年（1888）六月，日本信徒岸吟香前来普陀山朝拜观音，并将珍藏的《康熙普陀山志》赠送给当时的法雨寺住持化闻，填补了普陀史料的缺失。光绪十八年，山僧广学赴菲律宾传教，募金万两，回山重建殿宇。

四、结语

观音信仰作为舟山地区最有影响、最具特色的宗教信仰文化，以其悠久的历史、丰富的内涵、永恒的主题、生动的形式，经过千年的传承，形成了独具特色的传统信仰。明清时期舟山的观音信仰虽几经摧毁，却又屡次复兴，且声势、规模一次比一次浩大，最终在明清帝王的支持下走向鼎盛，在海内外影响极大。本文通过对观音信仰在印度的起源，传入中国的历史，在舟山的流传，尤其是对明清时期舟山地区观音信仰的研究，以期对今天舟山观音信仰文化的开发和保护有所借鉴，使观音信仰文化展现出新的生机和魅力。

麻姑为海上神仙考

徐华龙

（上海文艺出版社）

摘要　麻姑是道教人物，却与人们的精神生活密切相关，上至皇亲国戚下至普通百姓都会在其生日中以麻姑献寿的戏剧、绘画等各种形式来表达对未来的祝愿。以往一般都认为麻姑是山中神仙，本文论述其与海之间的关系，将其考证成为一位海上神仙。

关键词　麻姑　海洋　文化　传说

现在麻姑作为女寿星的形象早已深入人心，而且在历史的长河里说产生的麻姑文化也是精彩纷呈，丰富繁杂（见图1）。魏晋南北朝时期，东晋葛洪的《神仙传》就有最早的记载，随之《抱扑子》、《云笈七笺》，以及志书如《南城县志》、《麻姑山志》等都有关于麻姑的记载。由于这些资料出自不同的年代、不同的学派，他们各持己说，造成如今的麻姑文化繁杂无序，甚至相互混淆的现象，因此有必要进行梳理，以期找出真正面目，考出其最初的人物原型，寻找出新的核心价值。

图1　泥人张雕塑的麻姑

一、谁是麻姑

或许有人说，麻姑就是举办寿宴上进行表演的寿星，其实这是有失偏颇的。在历史记载中，麻姑并非是只有一个人物。

1. 富阳女

如《太平广记》卷一百三十一引《齐谐记》所记麻姑，为东晋孝武帝太元（376－396）时人，"富阳民麻姑者，好嗷脍。华本者，好嗷鳖臛。二人相善。麻姑见一鳖，大如釜盖，头尾犹是大蛇，系之。经一月，尽变鳖，便取作臛，报华本食之，非常味美。麻姑不肯食，华本强令食之。麻姑遂嗷一脔，便大恶心，吐逆委顿，遂生病，喉中有物，塞喉不下。开口向本，本见有一蛇头，开口吐舌。本惊而走，姑仅免。本后于宅得一蛇，大二围，长五六尺，打杀作脍，唤麻姑。麻姑得食甚美，苦求此鱼。本因醉，唤家人捧蛇皮肉来。麻姑见之，呕血而死。"

2. 黎琼仙

《古今图书集成·神异典》卷二百七十引《太平清话》所记的麻姑有名有姓，且为唐代宫女："姓黎，字琼仙，唐放出宫人也。"

3. 后赵麻秋女

《古今图书集成·神异典》卷二百三十七引《登州府志》所记麻姑，为"后赵麻秋女，或云建昌人，修道于牟州东南姑余山，飞升，政和中封真人"。建昌，在辽西地区。此麻姑虽是后赵人，但只是个修炼道姑而已，与后面所说的麻姑不同，故另列一位。

4. 麻秋之女

清褚人获《坚瓠秘集》卷三引《一统志》记载："麻姑，麻秋之女也。秋为人猛悍，筑城严酷，督责工人，昼夜不止，惟鸡鸣乃息。姑有息民之心，乃假作鸡鸣，群鸡相效而啼，众工役得以休息。父知后，欲挞之，麻姑逃入山中，竟得仙而去。"《列仙全传》亦记载：麻姑是十六国北赵将领麻秋之女。麻秋生性暴虐，在役使百姓筑城时，昼夜不让休息，只有在鸡叫时才使其稍作休息。麻姑同情百姓，自学口技，常常学鸡叫，这样别的鸡也就跟着叫，民工就可以早点休息。此事后来被麻秋发现，麻姑因害怕被惩罚，便逃到仙姑洞修道，后升天成仙。

就其内容而言，这是中国最早的"半夜鸡叫"原型。

这里所说的麻秋，曾被后赵王石虎命为征东将军，还任过凉州刺史。他性格暴戾好杀，在民间家喻户晓。《辞海》载：赵石虎以麻将军秋率师。秋，胡人，暴戾好杀……有儿啼，母辄恐之曰："麻胡来！"啼声即绝。可以看出，麻秋不是一般的残酷，而是载入史册的暴戾好杀之人。其女为麻姑，当为另外一说。

5. 胡马秋之女

《历代神仙史》记载："麻姑，晋石勒时，胡马秋之女。秋猛悍，人畏之，筑长城严酷，昼夜不止。惟至鸡鸣少息。姑贤，怀恤民之念，常假作鸡鸣，群鸡亦鸣，工得早止。后父觉，拟欲挞之。姑惧而逃，入仙姑洞修道。人因名其县曰麻城。姑后于城北石桥升，追者不及，今望

199

仙桥即其遗迹。"①这里的麻姑,则为晋石勒时胡马秋之女,与前面所说麻秋女略有不同,故另作一麻姑形象。

6. 秦始皇女

传说秦始皇有个女儿,因脸上长满麻子,大家都叫她"麻姑"。麻姑虽相貌不俊,但聪明伶俐、心地善良。秦始皇修筑万里长城时,为了加快工程进度,派了大批的士兵做监工,只要谁干得慢,就用皮鞭拼命抽打。这还不算,残暴的秦始皇还用棍子把太阳支上,不让它落下,三天当一天。他又命女儿麻姑到工地宣读他的圣旨,让苦工们三天吃一顿饭。麻姑来到工地一看,被饿死、累死、打死的苦工成千上万,心里说不出的难过。于是,她就把圣旨中的"三天吃一顿饭"读成"一天吃三顿饭"。秦始皇知道此事后,将麻姑推出午门斩首。麻姑被杀的消息传到修长城的工地,民工们无不痛哭流涕、义愤填膺。人们的哭声冲上九霄,哭得苍天也受感动,不禁下起雨来。因为麻姑被杀这天正是农历七月十五日,所以人们为纪念她,把这天定为"麻姑节"。

这则传说,与麻秋之女的传说有同工异曲之妙。只不过这里借助的是秦始皇。由于秦始皇知名度更高,其残忍程度天下共知,因此麻姑的故事就更能够传播出去。

7. 丹阳麻姑

《异苑》卷五载:"秦时丹阳县湖侧有梅(一作麻)姑庙。姑生时有道术,能著履行水上。后负道法,婿怒杀之,投尸于水,乃随流波漂至今庙处铃(岭)下。"这里的麻(梅)姑,很明显地表明了其道教的身份。其道行甚高,能够"著履行水上",但因违背"道法",而被丈夫所杀。可见,这里的麻姑是一位挑战道教法规的人物。虽然如此,麻姑依然被民间视为神灵而被崇祀。其原因就在于,人们信仰的是法术高超的神祇,由于其法术高超可以为民消灾祈福,而不在乎其是哪个教派的人或神。

8. 伶人麻姑

民间还有另一种说法,说麻姑是唐代人,她出身微贱,但从小聪明绝顶,心灵手巧,成人后知书能文,嫁给了一个唱戏的"伶人"为妻。后来,丈夫被一个姓李的刺史害死,麻姑就沦为李的小妾。因遭李的大老婆妒忌,在这一年的七月十五被暗杀。当时天下着绵绵细雨,那情景是极为凄凉的。"七月十五麻姑节"的成因,是由于人们同情这位无辜被害的麻姑,她的悲惨身世令人泪下。民间纪念她,实际上是寄托了人民群众对受侮辱、受损害的弱女子的深挚同情。②

从以上这些麻姑来看,都不是麻姑最早的原型,而是之后衍生出来的同名的麻姑。而葛洪《神仙传·麻姑传》记载的麻姑,才是与传统意义上"麻姑献寿"里的麻姑相符。其传曰:"麻姑至,蔡经亦举家见之,是好女子,年十八九许。顶中作髻,余发垂至腰。其衣有文章,而非锦绮,光彩耀目,不可名状,皆世所无有也。"这里将麻姑道貌仙骨的样子表露无疑。的确,杜光庭《墉城集仙录·麻姑传》在《传》前冠上一句云:"麻姑者,乃上真元君之亚也。"这是画龙点睛的一笔,将其身份作了高度精彩的概括。

① [清]王建章:《历代神仙史》,上海:上海宏善书局,1936 年,第 220 页。
② 《长城论坛》,《麻姑节》,2011 年 5 月 1 日。

很显然,麻姑的真实面目是一道家的仙姑,而非普通女子的形象。特别是麻姑到达蔡经家之后与方平的对话中,可以看出麻姑是个经常到海上活动、关心海洋状况的海上神仙,当是无疑。

二、麻姑原型

关于麻姑的形象,现在大都描绘成美丽女性:金钗罗衣,手拿寿桃,身边有鹿(见图2)。这已经成为艺术作品里经常出现的形象。假如再深入研究一下就会发现,其原型与此大相径庭。

麻姑最初原型为鸟形,这与人们传统脑海里的形象差之甚远,但却在古代典籍里并不少见这方面的文字。

《古小说钩沉》辑《列异传》:"神仙麻姑降东阳蔡经家,手爪长四寸。经意曰:'此女子实好佳手,愿得以搔背。'麻姑大怒。忽见经顿地,两目流血。"此则记载,证明麻姑认为鸟爪是对其侮辱,就大怒。而蔡经顿地而亡,又可见其巫力之强。

图2　武强年画

由于麻姑的鸟形手,因此也就引申出"搔背"的典故。此典出于晋葛洪《神仙传》,谓仙人麻姑 手纤长似鸟爪,可搔背痒。在历代作品里,就出现像唐李白《西岳云台歌送丹丘子》诗" 明星玉女备洒扫,麻姑搔背指爪轻";金王若虚《王内翰子端诗其小乐天甚矣漫赋三诗为白傅解嘲》之三"妙理宜人入肺肝,麻姑搔背岂胜鞭";清孔尚任《桃花扇·会狱》"只愁今夜里,少一个麻姑搔背眠"等佳句。

其实,麻姑搔背,是道教文化发达之后所产生的现象,是在不断强调麻姑"搔背"之用,而掩盖了麻姑之鸟形的最基本形象。什么是麻姑的最基本的形象? 那就是鸟形。因为有了鸟形,才有了"搔背"的故事,才会使得麻姑形象深入人心。麻姑具备鸟形,这是麻姑最初原型,千万不可小觑。《述异记》卷上亦云:"济阳山麻姑登仙处,俗说山上千年金鸡鸣,玉犬吠。"这里所说的金鸡,同样与鸟有着直接的联系,且不说鸡是鸟进化而来的,就其外形而言,鸟与鸡的爪是相同的。《述异记》所说"金鸡"只不过是道教文化的美饰而已,其背后真正的形象应该是鸟。

如果这个推理成立的话,那么就可以看出,这里深藏着人类早期信仰上的秘密。在原始时代,鸟的信仰是普遍存在的现象,不仅存在于史前黄河流域一带,而且在长江上游乃至下游的原始遗存中也有发现,如三星堆文化遗址的青铜人面鸟身像。在河姆渡文化遗址中,发现的鸟形雕刻更多,如双鸟朝阳象牙雕刻、鸟形象牙雕刻、圆雕木鸟,甚至在进餐用的骨匕上也刻有双头连体的鸟纹图像。可见,鸟的信仰在原始人的生活中是十分常见的现象。

在早期人类的观念里,鸟是人类的祖先。无论是鸟直接降而生商人(《诗·商颂》:"天命玄鸟,降而生商"),还是误吞鸟蛋而生人(《史记·殷本纪》:"殷契,母曰简狄,有娀氏之女,为帝喾次妃。……三人行浴,见玄鸟堕其卵,简狄取吞之,因怀生契。"《史记·秦本纪》:"秦之先,帝颛顼之苗裔,孙曰女修。女修织,玄鸟陨卵,女修吞之,生子大业。"),都是鸟是人类祖先的例证。

这种鸟文化的信仰,至今依然在原始文化的遗存中发现,其中最重要的一个内容是尊鸟、崇鸟。

在云南沧源岩画中,可以发现其中人物的肘部、膝部、头上都装饰上羽毛,有的还身披羽衣,被称之为"鸟形人"。这种岩画里的鸟形人,寓意着鸟为人的祖先。佤族《司岗里》神话说,达能(传说中人和动物的创造者)创造了人并把人放在石洞里,差(一种小鸟)从石洞旁飞过,首先知道了人要出来的消息。动物们决定帮助人打开石洞,但是大象、犀牛、野猪、麂子、熊、鹦鹉等动物都没有成功,是小米雀啄开了石洞,人才走了出来。这个神话要告诉人们的潜台词,就在于鸟为人类的出现、繁衍有不可磨灭的贡献;或者说没有鸟就没有人这个至今已被人们遗忘的故事。

据传,满族之所以发祥,与鸟(神鹊、乌鸦)直接有关,《皇清开国方略》、《满洲源流考》等书均有记载。长白山东北布库里山下,有一泊名布勒瑚里,初,天降三仙女浴于泊。长名恩古伦,次名正古伦,三名佛古伦。浴毕上岸,有神鹊衔一朱果置佛古伦衣上,色甚鲜妍,佛古伦爱之不忍释手,果入腹中,即感而生孕。这是清朝始祖神人合一的传说。据说清人祖先就依赖于神鹊(即鸟)的护佑。一次爱新觉罗的先祖樊察(一说是努尔哈赤)被人追赶,接连累死两匹战马,在一片毫无遮挡的旷野,突然一群喜鹊(一说乌鸦,古人视鸦鹊为同类)从天而降,齐刷刷落在被追赶者身上,追兵也影影糊糊觉得地上躺着人,只当老鸹叼尸,就过去了。为感念鸦鹊救祖之德,满族旧俗,各家每逢祭祀祖先时,都要在院中立一根丈二神杆,俗称索罗杆子或锁龙杆,上装锡斗,把米和切碎的猪肠、猪肚放在锡斗里,让乌鸦和喜鹊来食。传说神杆系努尔哈赤当年挖人参时所用的工具,即索拨棍;锡斗是铺盖和餐具;杆下三块神石是支锅石头;杆后影壁墙是背人参时用的背夹子[①]。

在畲族传统习俗中,"凤凰"是使用率很高的专用语之一,如服饰中的"凤冠"、"凤凰装",发式中的"凤凰头"、"凤凰髻",婚联中的"凤凰到此"横批,婚礼中的"凤凰蛋"以及传说中的租居地"凤凰山"等等[②]。而凤凰是一种想象出来的飞禽,而非现实里的鸟类,在中国人的心目中,它象征着吉祥如意。为什么一个民族的民俗文化要用凤凰来展示,这与他们的鸟文化观念是紧紧结合在一起的,其深层次的潜意识就是其民族是从鸟演化而来,而凤凰只是其外在的表现形式而已。

鸟是人们生活的一部分,在东夷先民的器物里,也可发现,他们把烧水、煮饭的陶器塑造成凤鸟或某一部位的形状屡见不鲜。在山东出土的器物里有各种各样的鸟形器陶鼎,陶鼎口沿下有三个堆塑条,给人的感觉就像鸟冠,腹下部有一条凸棱纹,足呈鸟喙形。另外一座战国晚期的墓葬里,发现一件玉质圆润的玉剑摽。玉剑摽顶部有一小鸟,双翅展开,栩栩如生。这些足见鸟不仅存在于人们精神层面上,而且更多地表现在日常生活的各种器物之中。

---

① 施立学:《满族鸟崇拜及饲鸟俗》,《吉林日报》,2003 年 4 月 19 日,第 7 版。
② 黄向春:《畲族的凤凰崇拜及其渊源》,《广西民族研究》,1996 年第 4 期。

根据文献记载,东方一带东夷族就有鸟崇拜的传说。如《汉书·地理志》:"冀州鸟夷。"《大戴礼记·五帝德》说:"东方鸟夷民。"东夷先民用鸟来称呼自己的氏族,可见其与鸟的关系是如何之密切。

东夷的先人还曾经用鸟来命名官职,这在历史上也有记载。《左传·昭公十七年》载,郯子朝见昭公,昭公问他东夷人的祖先少皞以鸟名官是怎么回事。曰:"我高祖少皞挚之立也,凤鸟适至,故纪于鸟,为鸟师而鸟名:凤鸟氏,历正也;玄鸟氏,司分者也;伯赵氏,司至者也;青鸟氏,司启者也;丹鸟氏,司闭者也。祝鸠氏,司徒也;且鸟鸠氏,司马也;鸤鸠氏,司空也;爽鸠氏,司寇也;鹘鸠氏,司事也。五鸠,鸠民者也。五雉为五工正,利器用,正度量,夷民者也。九扈为九农工,扈民无淫者也。自颛顼以来,不能纪远,乃纪于近。为民师而命以民事,则不能故也。"从这段记载可知,少皞设置了五鸟、五鸠、五雉、九扈等二十四种官职。郯子是郯国国君,春秋时郯国在今山东郯城县,郯子所说的是少皞部落鸟图腾制度的有关情况。这些更加证明了东夷先民与鸟文化具有千丝万缕的联系。

以后官职虽不再用鸟来称呼,但依然有痕迹。例如明代文官服补子上就有鸟的形象,文官一品用仙鹤,二品用锦鸡,三品用孔雀,四品用云雁,五品用白鹇(一种产于我国南部的观赏鸟),六品用鹭鸶,七品用𪆫鶒(古时指像鸳鸯似的一种水鸟),八品用黄鹂,九品用鹌鹑,杂职用练鹊。这些都是以鸟来命名官职的遗迹。人们虽已经不太关心其原始意义,但鸟在人们的潜意识中根深蒂固,这是无庸讳言的事实。

将鸟视为人类祖先,在民间口语里亦可印证,所谓"鸟人"就是一例,只不过其演化成为詈语而已。如《水浒传》第二十二回:"那汉气将起来,把宋江劈胸揪住,大喝道:'你是甚么鸟人,敢来消遣我!'"《二刻拍案惊奇》卷十四:"大夫大吼一声道:'这是个什么鸟人?躲在这底下。'"这些都是例证。

为什么将鸟视为祖先?是因为鸟的另外一层含义,是表示男性生殖器。关于这一点,很多考古、民俗材料可以证明,许多专家都做过考证,有了不少新的发现。郭沫若在论"玄鸟生商"神话时认为,"玄鸟旧说以为燕子","玄鸟就是凤凰"。"但无论是凤或燕,我相信这传说是生殖器是象征,鸟直到现在都是(男性)生殖器的别名"[1]。还有人认为:《水浒传》中李逵口中之"鸟",今天四川人俗语中的"雀雀",河南人俗语中的"鸭子",甚至英人俚语中的 cock(公鸡),也都是指男根。远古先民将鸟作为男根的象征,是毋容置疑的[2]。由于材料太多,在此不赘。

另外,鸟与海也是紧密关联。《庄子·逍遥游第一》说:"北冥有鱼,其名为鲲,鲲之大,不知其几千里也。化而为鸟,其名为鹏。鹏之背,不知其几千里也。怒而飞,其翼若垂天之云。是鸟也,海运则将徙于南冥。……水击三千里,抟扶摇儿上者九万里,去以六月息者也。"关于鹏鸟的神话崇拜,就出于此处。而这一神话的真正价值,就在于将鸟与海紧紧地联系在一起,成为鸟与海洋最紧密结合的象征,影响后人的思维与想象。

到这里,再重新回到《列异传》里:由于蔡经说麻姑"实好佳手,愿得以搔背"之后,麻姑大怒。为什么麻姑大怒?这说明蔡经赞扬她"佳手",不是对麻姑的赞美,而是在揭麻姑的

---

① 《郭沫若全集·考古编》第 1 卷,科学出版社,1982,第 40 页。

② 赵国华:《生殖崇拜文化论》,中国社会科学出版社,1990,第 256 页。

过去的"伤疤"，这时候已是飘逸洒脱、无所不能的神仙，岂能让别人知道自己具有鸟爪的事实，因此蔡经就不得不死了。不认可自己是鸟的形象，是麻姑从原型的鸟形变化成为人形的一大关键，此后麻姑才真正具有美女的形象。

《南城县麻姑山仙坛记》亦载：麻姑手似鸟爪，蔡经心中念言："背痒时，得此爪以杷背，乃佳也。"方平已知经心中念言，即使人牵经鞭之，曰："麻姑者，神人，汝何忽谓其爪可以杷背邪？"见鞭著经背，亦不见有人持鞭者。方平告经曰："吾鞭不可妄得也。"这里，虽然还保留了麻姑有爪的事实，但是搔背改用鞭子，而不再是用爪，这也从另一个侧面证实，麻姑成为神仙之后，其鸟爪的外形慢慢被淡化，只不过麻姑凶残的一面也同时被掩盖了，蔡经也不再倒地而亡了。

有人认为：从麻姑的女儿身和"麻姑鸟爪"的外貌来看，神女麻姑在一定程度上带有远古时期女性崇拜与图腾崇拜的痕迹，而当时神仙信仰与神仙传说的盛行，也为葛洪撰述麻姑等神仙传记提供了丰富素材。这一观点，也有一定道理。所谓"远古时期女性崇拜"一说，似乎说得远了些，毕竟神仙信仰与女性崇拜相差甚远，难以比较。

以上所述，可以得知麻姑的原型之所以是鸟，是因为鸟是中国文化中最具有文化底蕴的一部分，其中暗藏了人与鸟的深刻关联。如果没有人与鸟之间的神秘关联，那么麻姑献寿的内在逻辑也就不存在了。

三、麻姑是海上神仙

为什么说麻姑是海上神仙？首先，麻姑是一位与海打交道的仙人。

1. 曾经生活在海边

据记载，一说麻姑是王方平的妹妹。《历代神仙史》载云："麻姑仙人，或云王方平之妹。"[①]而方平，根据《神仙传》记载：后汉王远字方平，东海人。举孝廉，除郎中，明天文、图谶学。桓帝问以灾祥，题宫门四百余字。帝令人削之，墨入板里。后去官隐去。魏青龙初飞升于平都山。见《广成先生神仙传》。按平都山，今之丰都县也。又《新都志》，方平常采药于县之真多山，有题名云王方平采药此山。童子歌，玉炉三涧雪，信宿乃行。

王方平，东汉时人，名远，字方平。汉桓帝时做过官，精通天文、河图、道谶学。后来辞官隐去，在丰都平都山升天成仙。《神仙传》说的王方平是"东海人"，应该在今天连云港一带，是与海有一定关联的人，尽管他后来成仙是在丰都，但与海有联系是无可否认的。

《广异记》也记载了一个名叫王方平的人："太原王方平，性至孝。其父有疾危笃，方平侍奉药饵，不解带者逾月。其后侍疾疲极，偶于父床边坐睡，梦二鬼相语，欲入其父腹中。一鬼曰："若何为人？"一鬼曰："待食浆水粥，可随粥而入。"既约，方平惊觉，作穿碗，以指承之，置小瓶于其下。候父啜，乃去承指。粥入瓶中，以物盖上，于釜中煮之百沸—视，乃满瓶是肉。父因疾愈，议者以为纯孝所致也。"这个王方平不是麻姑的兄长或者同道之人，故不加评说。

---

① 《历代神仙史》，上海宏善书局，1936年，第214页。

而海洋历来是神仙喜欢的地方,有记载:"卢眉娘,唐顺宗时南海所贡,年十四,其眉如线而长,故号眉娘。工巧无比,能于一尺绡上绣法华经七卷,字如半粟大,而点画分明,细于毫发,又作飞仙盖,以丝一缕为盖五重,中有十洲三岛,天人玉女,台殿麟凤,无不备具。每日食胡麻饭二三合。上赐金凤,眉娘不愿住禁中,度为黄冠,赐号逍遥大师。后化去,香气满室。将葬,觉棺轻,视之唯履在焉。后有人见卢逍遥乘紫云游于海上。"①这位卢眉娘是南海地方送进皇宫的,后来她修道成功而再回到海上,这也是与海结缘的一种自然表现。

2. 见证了海洋的变化

《神仙传》记载的王方平为"东海人",在此《传》里同样看到,麻姑也提及"东海"一词:"麻姑自说云:'接侍②以来,已见东海三为桑田。"这是巧合吗?如果是,另当别论;如果不是,那有哪些需要表达的信息,或者哪些至今未被破解的内容?

这里首先需要说明:第一,东海是麻姑与王方平的家乡,是没有问题的。我国古代对东海的别称是渤海。《初学记》卷六:"东海之别有渤澥,故东海共称渤海,又通谓之沧海。"第二,这里所说的"东海",是指陆地,还是海洋,这无须思考。因为他们是无所不能的神仙,未必像凡人一样生活在陆地上,在天空上也一样行走自如,所以陆地、海洋都无所顾忌。

麻姑说的"东海三为桑田",本意是指麻姑行走之快,非凡无比,在"接"(接待)和"侍"(侍候)之间的瞬间,就能够看到海水退后形成了陆地,人们在那里种田、收获。而且这种状况反复三次,表现了神仙的威力。

后来,"东海三为桑田"被衍生成为人世间之巨大变化,却忘记其原本之意。这可能是《神仙传》原本不曾想到的吧。

其次,麻姑在瞬间能够多次看见东海变桑田的盛景,没有数千年的历史是不可能的。因此,民间将她作为长寿的象征,并对其事迹不断演绎,使其成为一个家喻户晓的女寿星,无论宫廷还是乡间都对其进行仰慕与祭拜。由于麻姑在民间有着广泛而深刻的影响,历代帝王都对她加封褒奖。唐玄宗下诏在麻姑山上建立了正式庙宇(见图3)。北宋元丰六年宋神宗赵顼封麻姑为"清真夫人";北宋元祐元年宋哲宗赵煦封麻姑为"妙寂真人";北宋宣和六年宋徽宗赵佶加封麻姑为"真寂冲应元君";南宋嘉熙元年宋理宗赵昀封麻姑为"真寂冲应仁佑妙济元君"。而这一切都与人们追求长寿的观念放不开。有专家说:《神仙传》中之麻姑,原是亲

图3　唐代抚州刺史颜真卿的《有唐抚州南城县麻姑山仙坛记》字牌

①　《历代神仙史》,上海宏善书局,1936年,第229页。

②　关于"接侍"一词,不少书籍误作"接待"。如《历代神仙史》载:"姑曰:'接待以来,东海三为桑田。向到蓬莱水浅于往者略半也。岂将复为陵陆乎。'"见上海宏善书局,1936,第214页。

见"东海三为桑田"的仙人,是长寿不死者,故后世多以之象征长寿,至迟在明代即有画家作"麻姑献寿图",以为人祝寿之礼品。

第三,不仅麻姑是长寿的象征,而且海洋也是长寿之地。其一,海上有长寿之草。东方朔《十洲记》记载:祖洲近在东海之中,地方五百里,去西岸七万里。上有不死之草,草形如菰苗,长三四尺,人已死三日者,以草覆之,皆当时活也,服之令人长生。昔秦始皇大苑中,多枉死者横道,有鸟如乌状,衔此草覆死人面,当时起坐而自活也。有司闻奏,始皇遣使者赍草以问北郭鬼谷先生。鬼谷先生云:"此草是东海祖洲上,有不死之草,生琼田中,或名为养神芝。其叶似菰苗,丛生,一株可活一人。"始皇于是慨然言曰:"可采得否?"乃使使者徐福发童男童女五百人,率摄楼船等入海寻祖洲,遂不返。福,道士也,字君房,后亦得道也。祖洲之地生长不死之草,具有神奇的效果,而且能够使人死而复生,难怪秦始皇闻知之后,派人去寻找不死之草,就是为了自己长寿不死。《十洲记》还载:"其北海外,又有钟山。在北海之子地,隔弱水之北一万九千里,高一万三千里,上方七千里,周旋三万里。自生玉芝及神草四十余种。"这里所说的神草等,都是海上生长的,而且数量极多,令人垂涎不已。

其二,海上有仙酒。海上有仙酒,好像是一件荒诞不经的事情,但酒在现实生活中,不仅仅是道家生活里的普通饮品,而且也是道家孜孜不倦追求的一种理想境界。仙酒更能使人长寿,如此,酒当然受到欢迎,即使是在海上,依然令人向往。东方朔撰《十洲记》记载:"瀛洲在东海中,地方四千里,大抵是对会稽,去西岸七十万里,上生神芝仙草。又有玉石,高且千丈。出泉如酒,味甘,名之为玉醴泉,饮之,数升辄醉,令人长生。"虽然这种酒不是粮食酿造的,而是泉水如酒,"数升辄醉",这样的好酒还能够"令人长生",怎能不令人神往!

其三,海上有蓬莱。蓬莱是一仙岛,古有记载。《山海经·海内北经》中就有"蓬莱山在海中"之句;《列子·汤问》亦有"渤海之东有五山焉,一曰岱舆,二曰员峤,三曰方壶,四曰瀛洲,五曰蓬莱"的记载。《海内十洲记》亦载:"蓬丘,蓬莱山是也。对东海之东北岸,周回五千里。外别有圆海绕山,圆海水正黑,而谓之冥海也,无风而洪波百丈,不可得往来。上有九老丈人,九天真王宫,盖太上真人所居,唯飞仙有能到其处耳。"

蓬莱仙岛就是麻姑居住的地方。在《神仙传》中,麻姑就说过:"向间蓬莱,水乃浅于往昔,会时略半也,岂将复为陵陆乎?"如果将此话翻成现代汉语,即"过去居住在达蓬莱岛时,发现海水少于以往,这次再见时,海水更是少于过去,海洋难道又要变成陆地了吗?"

在这里,"向间"一词,可作"过去居住"解。"向",有"从前"之意。如《庄子·山水》:"向也不恕而今也恕,向也虚而今也实。"陶渊明《桃花源记》:"寻向所志。"而"间",是一会意字,古写作"閒","间"是后起字。金文,从门,从月,从中可以清楚地看到其本意。段玉裁《说文解字注》:"开门月入,门有缝而月光可入。"因此,将"间"引申为居住,也无不可。

由此可见,麻姑曾经居住在蓬莱,否则又如何能够细微注意到海水的涨涨落落,又为何去关心海水退却后形成陆地的尴尬情形。其背后的潜台词是,麻姑更关心她的居住地蓬莱仙岛的生存安全。特别是麻姑在刚刚见到方平的时候,就"自说"(亦作"自言")这段话语,可见其担心程度。其后,"方平笑曰:圣人毕言,海中行复扬尘也。"译成白话,即"圣人都已经说了,东海马上就要扬起灰尘了"[①]。这种担心,就显得不以为怪了。如果海水变成陆地,

---

① (晋)葛洪:《神仙传》,内蒙古人民出版社,2003,第60页。

蓬莱仙岛的环境则被完全破坏,道家修身养性的天地也就不再存在,麻姑的家也不复存在,更重要的是蓬莱仙岛是一种道家文化与精神的象征,如果它真的消失,那是对道家的一种毁灭性的打击,难怪成为麻姑与方平见面的重要话题。

中国蓬莱有多处。山东蓬莱县的来历,传说与神仙有关。浙江的岱山也有蓬莱仙岛。岱山古称蓬莱仙岛,早在四五千年前就有人在岛上繁衍生息。春秋战国时期属越国甬东地。据《史记·秦始皇本纪》记载:齐人徐市等上书,言海中有三神山,名曰蓬莱、方丈、瀛洲,仙人居之。请得斋戒,与童男女求之。于是遣徐市发童男女数千人入海求仙人。徐福曾到过"三神山"之一的蓬莱仙岛,即今之岱山。

"八仙过海"的传说也与蓬莱紧密地联系在一起。八仙赴王母娘娘的蟠桃盛会归来,在蓬莱阁下棋,铁拐李提议:我们何不乘着酒兴飘洋过海游玩一番呀?众仙都同意,过海时以自身宝器作为渡海工具。谁知行至海中与龙三太子发生恶斗,后经观音菩萨出面调停,八仙顺利飘洋过海去了。这个传说证明,八仙过海就缘于蓬莱。吕洞宾就住在蓬莱仙岛,有钟离权《赠吕洞宾》诗为证:"得道高僧不易逢,几时归去愿相从。自言住处连沧海,别是蓬莱第一峰。"《白云观志》把吕洞宾列为"蓬莱派",也证明了这一点,可见八仙与蓬莱关系之紧密。

"八仙过海"是典型的具有道教思想的传说,其让人相信:海上有仙境、不死草等人世间所没有的东西,正因如此,会令人神往。"拿道家神学来解释宇宙之冥想,去老庄时代不久即见之于《淮南子》(纪元前178—前122),他把哲学混合于鬼神的幻境,记载着种种神话。道家的阴阳二元意识,在战国时代已极流行,不久又扩大其领域,参入古代山东野人之神话,据称曾梦见海外有仙山,高耸云海间,因之秦始皇信以为真,曾遣方士率领五百童男童女,入海往求长生不老之药。由是此基于幻想的立脚点遂牢不可破,而一直到如今,道教以一种神教的姿态在民间获得稳固之地位。"[1]这句话是有道理的,特别是说到"古代山东野人之神话",相信海上有长生不老之药,与其生活在靠海地方有很大的关系。

第四,民间习俗、信仰进一步证明麻姑是海上神仙。《神仙传》卷七载:"麻姑,建昌人,修道于牟州东南余姑山。三月三日西王母寿辰,麻姑在绛珠河畔以灵芝酿酒,为王母祝寿。"这里,麻姑用民间认为具有神奇仙草的灵芝来酿酒,献给西王母作为寿诞的礼物,因此被民众视为健康长寿的象征。其实,这里的灵芝与西王母同样也是长寿健康的象征。灵芝生长在山里,治愈万症,其功能应验,灵通神效,故名灵芝,又名"不死药"。

而西王母生活的地方,一面却靠着海,《山海经·大荒西经》卷十六载:"西海之南,流沙之滨,赤水之后,黑水之前,有大山,名曰昆仑之丘。有神,人面虎身,有文有尾,皆白,处之。其下有弱水之渊环之,其外有炎火之山,投物辄然。有人戴胜,虎齿,有豹尾,穴处,名曰西王母。"按照传统来说,西王母生活在昆仑山中,但据此段记载来看,昆仑的一面就靠在"西海"。现在通过卫星遥感技术可以看到昆仑山的东部有海,但远在万里之外,《山海经》的创作者是无法测量这样的距离的,这不能不使人感到先人与海的情结是多么深刻。

浙江台州括苍山有"麻姑山",其山巅称为"麻姑岩"、"丹霞洞",传说为麻姑、王方平、蔡经等神仙所隐居之所。对此,在葛洪《神仙传》里就有明确记载。括苍山是麻姑、方平等人的修炼场所,故山上留下一些痕迹也在所难免。《嘉定赤城志》亦载:"麻姑岩,一名仙姑

① 林语堂著,朱融庄译:《吾国吾民》,世界新闻出版社,1938,第153–154页。

岩。巨石谽谺,矫如人立。昔麻姑访王方平、蔡经,尝隐于此,故以名岩,其上有洞,旁有两石相峙,高深各逾丈,俗呼风门,有麻姑像存焉。"①众所周知,台州地处浙江沿海中部,居山面海,而为台州所辖的括苍山当然也离海不远了。这里的麻姑与海同样有着千丝万缕的联系。

葫芦岛地区地处沿海,海岸线达数百公里,这里的民众同样信仰麻姑,每年农历7月15日要过麻姑节。按传统习俗,在麻姑节来临前,人们要烧纸祭拜逝去的亲人,以表达思念之情,以致随着麻姑节的临近,一些商贩把烧纸摆到街路两旁,占道经营,也有一些市民不顾禁令,把烧纸拿到城区路口焚烧,影响城市形象②。清光绪二年《兴平县志》:十月 朔祭先祖,焚纸于家门外,曰"祭麻姑"③。可见,麻姑信仰的地方在中国中部、西部地区都有,但大都在沿海地方,即使在河北、江西等地,从中国整体区域版图来鸟瞰,它们都很接近靠东海、渤海等地方。

四、余证

1. 鸟会给人以长寿

关于此说,可在《山海经·海外东经》得到印证:"东方句芒,鸟身人面,乘两龙。"句芒,其原型为鸟身人面,具有为人添寿的功能。《墨子·明鬼》:"昔者郑穆公,当昼日中处乎庙,有神入门而左,鸟身,素服三绝,面状正方。郑穆公见之,乃恐惧奔。神曰:'无惧!帝享女明德,使予锡女寿十年有九,使若国家蕃昌,子孙茂,毋失郑。穆公再拜稽首,曰:'敢问神名?'曰:'予为句芒。'若以郑穆公之所身见为仪,则鬼神之有,岂可疑哉!"这里依然是句芒,但已成为神,给了秦穆公19年寿期。如前所说,麻姑的原型为鸟的话,麻姑祝寿,也就是用神鸟来祝寿,其内在的逻辑关系顺理成章(见图4)。

在清郭则沄《红楼真梦》第五十六回《舞彩衣瑛珠乍归省,集金钗柳燕共超凡》里就有麻姑变化成鸟而进行祝寿的情景:"一时小厮们移过檀几,几上放着香炉一座、清水一杯。那道士口中念念有词,炉内沉香即时自热,又取杯水吞了一口,向台上喷去,好像一条白龙飞过,化成一片银光。只见一个玉颜鸟爪的麻姑,穿着紫霞

图4　句芒(见《中国神话传说词典》第128页,
上海辞书出版社1985年)

---

① (宋)陈耆卿:《嘉定赤城志》卷二二《山水门四·仙居》,四库全书文渊阁本。
② 《葫芦岛新闻网》,2011年8月12日。
③ 丁世良、赵放主编:《中国地方志民俗资料汇编·西北卷》,书目文献出版社,1989,第14页。

仙帔、碧晕仙衣，袅袅婷婷立在戏台之上。后面跟着十二个仙女，分为两排，一个个都有沉鱼落雁之容，抱月飘烟之态，同时向王夫人敛衽下拜。麻姑拜罢起来，扔起碧绡巾，变成一只青鸟，又从袖中取出一盘蟠桃，鲜红可爱，放在青鸟背上。那青鸟便向寿堂正面飞来，一眨眼间，那盘蟠桃已放在正面紫檀长案之上。看着青鸟振翅飞回，到了麻姑手里，仍化作碧绡巾，笼在袖中。少时，又向空中招手，飞下一只白鹤，鹤背上驮着玉杯。麻姑取出袖中金壶，斟满了百花仙酿，指引那鹤飞向王夫人面前劝饮。王夫人先不敢喝，那鹤只是不走，不得已举杯干了，顿觉满口芬芳，精神倍长。随后又飞下几只白鹤，照样驮着玉杯，麻姑逐一斟满，指引他飞向薛姨妈、李婶娘几位年高的面前。他们见王夫人先喝了，也都举杯喝尽，那一群鹤飞回台上，麻姑举手一挥，顿时不见。"这段描述，进一步可以证明：麻姑的原型是鸟，而且鸟也可用来祝寿。这种关系在《红楼真梦》作者的思想里十分清晰，同样也被老百姓所接受，否则就不可能有人来欣赏这样的文字情节和舞台场面。

2. 南山与海有关系

有一则《寿比南山的传说》就从民众的视角，清楚地表明了这样的观点。故事说：很久很久以前，有一年琼州大地突然间天昏地黑，电闪雷鸣，倾盆大雨下了七天七夜。第八天，只听轰隆一声巨响，天崩地裂，琼州脱离了中国大陆，成了一个岛屿。琼州岛上的生灵死的死，伤的伤。所有的河流都改了道，所有的山脉都变了形，有的河流和山脉因此消失。奇怪的是，只有南山（今三亚市的鳌山，也叫南山）安然无恙，一棵草一棵树也没有被损坏，住在南山上的人一个也没有受伤，更没有死亡的。经历了这次天崩地裂的南山人，都活了几百岁，最后都成了仙。传说到过南山的人有病去病，无病健身，个个长寿。所以人们常用寿比南山来祝福他人长寿。"寿比南山"这句话也就一直沿用至今①。

这种传说，打上了浓重的现代人的主题意识，但是其基本内核是有根据的。"寿比南山"一词，出自《诗经·小雅·天保》："如月之恒，如日之升，如南山之寿，不骞不崩。如松柏之茂，无不尔或承。"这里的南山，指的是秦岭终南山。《诗经》产生于周代。周都为镐（今陕西西安），因此《诗经》南山特指西安城南的终南山（俗称"南山"）。由于中国山岳众多，叫南山的地方不胜枚举，更有各种附会演绎，就产生"寿比南山"之说。而海南三亚南山之传说的流行，恰好证明了祝寿、献寿也都与海洋相关。

虽然，这则传说没有提及麻姑，但神仙的地点从内陆的南山换到了海边的南山，是海洋文化意识增强的自然显露，更是长寿由内陆向海洋延伸的表现，麻姑作为与长寿相关的主体，《寿比南山的传说》则有力地证明两者之间的互相联系。

3. 其他

《龙文鞭影·七虞》："西山精卫，东海麻姑。"大家知道，《龙文鞭影》是古代非常有名的儿童启蒙读物，原名《蒙养故事》，明代萧良有撰，后安徽人杨臣诤加以增订。在这样一部蒙学著作里，强调"西山精卫"与"东海麻姑"的对仗，传递一种信息，那就是麻姑是东海之仙。

旧时，枕头叫做麻姑剌。清袁枚《随园诗话补遗》卷二："近见梁孝廉处素履绳《题汪亦沧日本国神海编》云：'通宵学枕麻姑剌，好向床前听斗牛。'其俗以木为枕，号'麻姑剌'，直

---

① http://www.hi.chinanews.com.cn，2009 年 05 月 05 日。

竖而不贴耳,故至老不聋。"郭沫若《读＜随园诗话＞札记》:"今案枕名'麻姑刺'即 makura
(马苦拉)。旧式者以木为之。正面侧面均呈梯形,高约八九寸。正面底部下阔约尺许,侧
面下阔约其半。上有软垫呈圆棒状,固定于木,以之枕于后脑凹下。盖旧式日本女人梳'丸
髻',男子梳'曲髻',颇费事,故用此木枕,以免损其发式。所谓'至老不聋'云者,如非误会,
则欺人之谈。"①

　　称之为麻姑刺的枕头,与麻姑神仙似乎有点风马牛不相及,但试想一下,如果枕头能够
将人带进睡梦里,不仅可以睡个好觉,而且还可以让你在梦里自然地飞翔,上天入地,无拘无
束,想做什么就做什么,想要什么就可以得到什么,那不就是神仙的本领,不就是人们幻想世
界的一种境地! 从这一点来说,称之为麻姑刺的枕头与神仙之道术也似乎有着一定相同的
功效了。

　　综上所述,麻姑为海上神仙的结论,或当成立矣。

---

　　①　郭沫若:《读〈随园诗话〉札记》,作家出版社,1962,第48页。

路径选择与晚清宁波港口文化的重构

王万盈

（宁波大学）

摘要 鸦片战争前宁波港贸易路径变迁造就了宁波港颇具特色的帆船文化。宁波开埠后，宁波港贸易方式与贸易内容开始发生变化，由开埠前的沿海港口贸易开始向海洋贸易转变，进出宁波港的外国轮船数量的激增使原有帆船受到冲击，宁波港开始由帆船港向帆船、轮船港混合的转变，港口文化增加了更多殖民文化色彩，钱业文化、移民文化和西方宗教文化快速增长，民众思想观念发生变化。但宁波港口文化在殖民文化影响下的转型并不成功，进而影响到近代宁波港的整体转型与宁波港的衰落。

关键词 晚清 宁波港 制度变迁 文化

自清初开"海禁"，宁波港再度成为浙东重要的商品集散地，以宁波港为核心从事沿海贸易的"北号"与"南号"也步入快车道，"闽商粤贾，舳舻衔尾而至"的港口贸易使晚清时期的宁波"遂为海滨一大都会"。① 但从乾隆二十二年开始，因洪仁辉事件清政府禁止英商来浙贸易，宁波港作为对外贸易港口的功能被乍浦港取代，贸易方式也开始转向沿海贸易和腹地贸易，开始了新的路径选择和港口文化的重构。本文拟就此问题进行论述，就教于通人。

一、鸦片战争前宁波港的贸易路径变迁

虽然宁波港的肇始可以追溯到河姆渡文化时期，但成为真正意义上的港口理应从春秋时期的句章港算起，之后，宁波港贸易就长期处于上升势头。魏晋时期句章港的海上贸易路线已经"北接青、徐，东洞交、广"；②唐五代宁波港开始东移于三江口，港口贸易发展更为迅猛，对外贸易主要有三条航线：北上至楚州、登州，在登州与渤海航线相接；南下至温州、福州、广州，在广州与南洋航线相接；东至日本，横渡东海，到日本值嘉岛，再入博多津；③宋代宁波港贸易路线进一步增加，除在唐代三条对外贸易路线基础上又增加了与东南亚以及西

---

① ［清］曹秉仁等修：《雍正宁波府志》卷一二《户赋》，中国地方志集成·浙江府县志辑，上海：上海书店出版社，1993 年。
② ［元］袁桷等撰：《延祐四明志》卷一《土风考》，文渊阁《四库全书》本。
③ 郑绍昌主编：《宁波港史》，北京：人民交通出版社，1989 年，第 25 页。

亚诸国的海上贸易通道。国内贸易的发展使宋代明州港与沿海各省贸易往来愈发频仍，并出现从事规模集团航运的商业船帮。如南宋光宗绍熙二年（1191），福建船主沈法询在宁波建筑天后庙，通过信奉妈祖这个船民的保护神，把福建船商联合起来，这是宁波地区商业船帮出现的雏形。元统一全国后，虽然其对外贸易路线承袭两宋，但因宋金对峙而遭中断的庆元港北线贸易却得以恢复，山东、江苏、安徽商人陆续来到宁波。南北商人依托宁波港优越地理环境，在宁波定居，并与当地商人合作，开设商号，打造船只，既搞运输，又搞销售，逐渐形成地域观念很强的商业船帮，这就是饮誉海内外、持续时间长达七百余年之久的宁波南号和北号。① 南号船帮主要以经营木材为主，兼营药材、染料、糖、干果和香料；北号船帮主要经营长江以北各港口的贸易运输，北方的粮食、枣子、核桃、花生、黄豆由北号商船运抵宁波港，同时从宁波港运出大米、糖、药材、棉织品、鱼、干果和杂货等。如志书所载："吾郡回图之利，以北洋商舶为最巨。其往也，转浙西之粟达之于津门。其来也，运辽燕齐莒之产贸之于甬东。航天万里，上下充资。"② 商业船帮的出现，不仅表明宁波港港口贸易的发达和宋元时期宁波区域社会经济的快速发展，更预示着如是发展下去，必将使宁波向近代商业资本社会转型。但这种发展却在明清"海禁"政策下中断了。

明清两朝，宁波港一直在开放与禁锢中苦苦挣扎，明代因"倭乱"而导致的"海禁"政策几乎窒息宁波港的发展；而刚刚立国的清王朝又因防范晚明余孽和台湾郑氏势力而行"迁界"之举，更使宁波港发展举步维艰，唯一对日贸易也被乍浦港取代。康熙二十二年郑氏政权灭亡，"海禁"政策有所松弛，宁波港又试图重拾往日海洋贸易的辉煌，"番舶乘潮而舣，商舸蔽江而来"，③镇海港更一度成为宁波港对外贸易的重要组成部分，"浙中通番，皆自宁波定海（今镇海）出洋"。④ 康熙二十四年（1685），清政府正式在宁波设立浙海关，管理对外贸易，宁波港开始了近代化的转变。但好景不长，首鼠两端的清政权又以洪仁辉事件为借口，采取饮鸩止渴方法，禁绝了宁波港对外贸易。

乾隆二十二年，洪仁辉事件引发清政府高度警觉，乾隆认为西方商船"至宁波者甚多，番舶云集"，"日久留住，又成一粤之澳门矣"。清政府因之采取极端作法，以民生和海防两方面安全为由，规定"赴浙之船，必当严行禁绝"，所有西洋来华商船，"只许在广东收泊交易，不得再赴宁波。如或再来，必令原船返棹至广，不准入浙江海口"。⑤ 乾隆二十四年八月己丑（10 月 2 日），清政府再次"申禁英吉利商船逗留宁波"。⑥ 至此，清前期宁波港对外贸易被禁绝，"西洋来市"势头遭到遏制。道光五年（1825），当英和奏请"宁波府甬江口，可以收泊海船"时，道光竟认为"均毋庸议"，⑦顽固坚持海禁政策。直到道光十二年（1832）六月，道光帝仍诏谕军机大臣等官员，不许"英吉利国夷船"，"赴宁波海关销货"，"饬该管道

① 林雨流：《早期宁波商业船帮南北号》，《宁波文史资料（宁波港史资料专辑）》第九辑。
② ［清］董沛撰：《甬东天后宫碑铭》，见俞福海《宁波市志续编》，北京：中华书局，1998 年，第 856 页。
③ ［清］陈梦说撰：《新建浙海大关记》碑文，见俞福海《宁波市志外编》，北京：中华书局，1998 年，第 774 页。
④ ［清］王荣商等纂：《光绪镇海县志》卷一《疆域》，台湾：成文出版社有限公司，1983 年。
⑤ 《清实录·乾隆实录》卷五五〇，乾隆二十二年十一月戊戌条，台湾：新文丰出版公司，1978 年。有人认为乾隆帝的这个诏令实质上就是将定海关废除，"至此，经营了半个多世纪的定海关被勒令关闭，红毛馆遂废"（贝逸文：《定海"红毛馆"与十八世纪舟山对外贸易》，《浙江海洋学院学报》，1999 年第 3 期）。
⑥ ［民国］赵尔巽撰：《清史稿》卷一二《高宗纪》，北京：中华书局，1977 年。
⑦ 《清实录·道光实录》卷八四，道光五年六月戊寅条。

府,明白晓谕,不准该夷船通商。咨会提镇,督令分巡各弁兵前往驱逐",①使得英国商船"放洋而去",西方列强在宁波港通商的企图再告失败。

既然受制度(或政策)变迁之影响,宁波港在乾隆二十二年后与西洋诸国进行贸易的可能性已不复存在,为求生存,图发展,宁波港被迫实行贸易方式的转型,由以海洋贸易为主转向沿海贸易,宁波港与台湾、福建、两广、山东、辽东等沿海省份的贸易往来进一步密切,"上海、乍浦、宁波,皆闽广商船贸易之地,来往岁以为常"。② 如台湾驶往宁波港的商船"两昼夜舟可抵四明、镇海、乍浦、松江",③台湾的白糖、冰糖等通过海道转运至宁波港,台湾大米也"由海道运至江苏之上海,浙江之乍浦、宁波等海口售卖"。④ 同时,通过宁波港运往闽台的商品也是种类繁多,主要有粮食、棉花、席草、棉布、丝绸以及石料等,台湾许多建造房屋、刻制石碑乃至烧制石灰的石料都是通过宁波港从宁波海运去台湾的,台湾"建屋刻碑之石,来自泉州、宁波,而取以煅灰者利甚广"就是如此。⑤

同样,山东也是清代宁波港沿海贸易重要区域之一。如乾隆二十八年,闽浙总督杨廷璋要求依照山东省豆船照运往江南之例,由海道贩运浙江,理由就是浙江宁波各海口同属内地,如果山东豆类经由内河运输,就会"路途迂回,脚价增重,常虑缺乏",无端增加运输成本;而由海上贩运来浙,"所有商船进口如运宁波府者,则由镇海关直抵鄞港,如运杭州、嘉兴府者,则由乍浦收口,如运台州府者,则由海门汛收口,如运温州府者,则由东关汛收口",这样不仅能保证粮食运输安全到达,而且可以接济浙江粮食供应的不足。杨廷璋这个奏议也得到乾隆批准。⑥ 乾隆之所以批准这个提议,主要因素还是杨廷璋所言之"浙省宁波各海口同属内地"和山东豆类可以"济不足",可以解决浙江粮食短缺问题,确保浙江社会稳定。

正由于宁波港外洋贸易被禁绝,对沿海各省的鱼盐粮食贸易却出现畸形繁荣态势,商业船帮进入发展的黄金时期,"1830 年(道光十年)后,宁波商业船帮进入黄金时期,南号、北号不下六七十家,其中较著者福建帮 15 家、宁波帮北号 9 家、南号 10 家,山东帮数家,计 30 余家,最盛时期海船约 400 艘。北号船一般载重 500 吨,最大 1 000 吨"。⑦ 连道光帝也在 1833年曾言:"浙江省宁波、乍浦一带,海舶辐辏"。⑧清人胡德迈的"巨艘帆樯高插天,桅楼簇簇见朝烟。江干昔日荒凉地,半亩如今值十千"的描述,⑨正是该时期港口贸易发达,带动区域经济发展的写照。到鸦片战争前,宁波港也就成为东南沿海著名帆船港,"招宝山下沿塘一带樯帆如织,四方商贾,争先贸易"。⑩ 这也标志着宁波港帆船文化已达鼎盛期。

① 《清实录·道光实录》卷二一三,道光十二年六月壬午条。
② [清]贺长龄辑:《皇朝经世文编》卷四八《户政》二三"漕运下",台湾:世界书局,1964 年。
③ [清]陈淑均撰:《噶玛兰志略》卷一一《商贾》,台湾银行经济研究室,1963 年。
④ 《清实录·咸丰实录》卷二〇六,咸丰六年八月辛亥条。
⑤ 连横撰:《台湾通史》卷二八《虞衡志》,北京:商务印书馆,1983 年。
⑥ 《皇朝文献通考》卷三三《市籴考二·市舶互市》,文渊阁四库全书本。
⑦ 俞福海主编:《宁波市志续编》,北京:中华书局,1998 年,第 693 页。
⑧ 《清实录·道光实录》卷二三八,道光十三年六月庚戌条。
⑨ [清]戴枚修:《光绪鄞县志》卷七四,台湾:蝠池书院出版有限公司,2006 年。
⑩ [清]王荣商等纂:《光绪镇海县志》卷三《风俗》,台湾:成文出版社有限公司,1983 年。

二、鸦片战争后宁波港贸易的变迁

鸦片战争后，清政府的海洋政策发生巨变，"自道光中海禁大开，形势一变"，[①]宁波港在西方殖民文化冲击下开始步入近代化变迁路径之中。

鸦片战争前，宁波港帆船贸易出现畸形繁荣局面，"鱼盐粮食码头"成为宁波港的代名词，"每年大约有670条帆船自山东和辽东来到这里"，"还有大约560条帆船从福建和海南运来糖、白矾、胡椒、红茶、铁、木材、靛青（干靛和水靛）、咸鱼、大米、染料和水果，另外还有25条左右帆船从广州载来冰糖、棉花和上述商品"，"每年有将近4 000只小船从内地沿着河道和运河来到宁波；大量的木材和木炭则从宁波运往上海，据说这两种东西可以获利25%"，在舟山群岛上，"有两万多人从事鱼类的捕捞和储藏，这些船只都是属于宁波人的，大多是一个家庭或一个合伙组织的财产，后者是由10个或15个人联合起来组织成的"。[②]如果按照载重量计算，宁波港在鸦片战争前帆船的货运能力为159 360吨。[③]这些资料说明，鸦片战争前宁波港帆船贸易已经处于历史高位，正常的外国轮船贸易在"海禁"制度下根本无法撼动宁波港帆船文化的主导地位。

随着宁波开埠，进出宁波港的外国轮船数量迅猛增加，如海关税务司柯必达在报告中所言："在过去十年中，宁波的航运量有了相当大的增长。这一增长完全依赖于轮船的数目和吨位。它们的出入港次数增加了一倍，而帆船出入港的次数在最后一年只是1902年的一半。"[④]到十九世纪最后十年，宁波港货物出入量基本保持在95万吨左右，但"其中900 000吨是轮船，其余50 000吨是三桅帆船——由中国设施装备的外国船舱。轮船主要是英国和中国籍的，还有一些日本、德国和挪威的船只"。[⑤]也就是说，轮船的货运量已经占到该时期货运总量的近95%，而帆船的运力只占5%。据相关学者研究，宁波开埠后，由于西方轮船所具有的动力优势，进出宁波港的轮船数量日渐超越传统帆船，到同治十二年（1873），进出宁波港的轮船艘次为570次（艘），而帆船则为376次（艘），而且轮船运量超过帆船运量十倍以上，轮船已经成为出入宁波港的主导船型。[⑥]1857年以后，宁波南北号所经营的旧式帆船，在快速、安全、价廉的外国新式海轮排挤下，无法与之抗衡，"洋船不仅迅速安稳，俱在中国帆船以上，且其所载货物，可向保险公司纳费投保，华商稔知其优点所在，故均趋之若鹜"，"于是中国帆船，相形益拙，而转口贸易愈为洋船所掠夺"；[⑦]"以前这些帆船所获得的巨额利润，已经全部被外国轮船夺去"。当外国商船将大批洋油、木材、烟叶等洋货倾销宁波市场，同时贩卖中国的南北土货到各通商口岸后，原有的南北号市场日益萎缩；加之商品

① ［民国］赵尔巽撰：《清史稿》卷一三八《兵志九·海防》，北京：中华书局，1977年。
② 姚贤镐编：《中国近代对外贸易史料》，北京：中华书局，1962年，第615页。
③ 《中国近代对外贸易史料》，第615页。
④ 《宁波海关十年报告（1902－1911）》，见陈梅龙、景消波译编《近代浙江对外贸易及社会变迁》，宁波：宁波出版社，2003年，第84页。
⑤ 《宁波海关十年报告（1892－1901）》，第66页。
⑥ 郑绍昌主编：《宁波港史》，北京：人民交通出版社，1989年，第137页。
⑦ 《中国近代对外贸易史料》，第1405页。

流通加快,市价行情瞬息万变,更使南北各号的经营无法适应市场新情况,在这种困境下,只得舍本逐末,寻求外国轮船代为运输,使更多的钱落入外国人的腰包,宁波乃至所有沿海港口的"帆船正在迅速从商业市场上消失"。①

值得注意的是,虽然宁波港轮船数量大有取代帆船运输的趋势,但在近代,帆船仍是宁波港重要运输工具之一。"本地的帆船运输,虽由于轮船的竞争和贸易集中在上海而有所减少,但仍非常重要。不仅每年装运的货物量很大,而且大小船只的修建、装备十分忙碌,港口有成百上千的人,在大陆和舟山群岛上都是如此"。② 直到 1901 年,进出宁波港的帆船数量仍达万余艘,"从镇海保存的 1901 年夏以来的统计表上,我们可以发现每年进出口本岸的有 10 000 艘帆船,具体划分情况如下:北方(山东)帆船 300 艘,南方(福建)帆船 100 艘,南方(台湾)帆船 400 艘,南方(撑杆)帆船 800 艘,台州帆船 200 艘,舟山(定海、镇江等)帆船 8 000 艘。这些数据未包括小渔船。帆船贸易在最近 6 个月中达 6 500 000 海关两"。③ 也就是说,直到 19 世纪末期,宁波港"帆船运输并没有失去市场,因为除了垄断煤油运输外,它们所承载的其他进口货物也飞速上升",④"本口岸运输贸易主要依靠大的帆船,尽管也有轮船参与竞争,但仍以帆船为主"。⑤ 因此,有学者认为鸦片战争后宁波港已经由帆船港转变为轮船港的说法并不准确。严格意义上讲,随着时间的推移,进出宁波港区的轮船数量虽然呈现持续递增态势,但该时期的宁波港仍是以轮船与帆船混存的轮船帆船港。

港口运输方式的转变,轮船数量的激增,必然需要轮船码头和航行灯塔等配套设施的修建。1865 年,宁波港建造了七里屿和虎蹲山两座灯塔,这也是宁波港水域最早的灯塔。1870 年,宁波港花鸟山灯塔建成,有当时远东第一塔之誉。此后,宁波港又相继建造了几座灯塔,如 1883 年修建了白节山灯塔和小龟山灯塔,1890 年建造了洛迦山灯塔,"它们都是在上海海关主持下建造的";⑥1895 年又建造了北渔山灯塔,"由上海海关负责维修"。⑦ 1903 年改建七里屿灯塔,由长明式转变为明灭式,1906 年宁波渔业协会筹资修建了太平岛灯塔,这是宁波港历史上第一座"非官方的灯塔",⑧1907 年东亭山灯塔正式建成使用。同时,轮船取代帆船成为进出宁波港主要运输船只后,原有的江东帆船码头已经不适应进出轮船的需要,在这种情况下,宁波港轮船码头开始出现,在宁波江北岸一带出现了 3 000 吨级的栈桥式铁木结构的趸船码头。1877 年,轮船招商局在江北岸所建的铁木结构的江天码头,不仅可以停靠千吨级的轮船,而且也标志着宁波港由帆船港向轮船港过渡已进入新阶段。

宁波港的开放,使得宁波港对外贸易开始与国际贸易直接接轨,成为浙东地区重要的国际贸易港,国际市场商品价格的波动直接影响到宁波港的进出口商品,相邻港口的盛衰也必然影响到宁波港贸易。近代宁波港一度出现货物运输和国际贸易的畸形繁荣,甚至直接影

① 《中国近代对外贸易史料》,第 1407 页。
② 《宁波海关十年报告(1892－1901)》,第 77 页。
③ 《宁波海关十年报告(1892－1901)》,第 78 页。
④ 《宁波海关十年报告(1882－1891)》,第 24 页。
⑤ 《宁波海关十年报告(1892－1901)》,第 50 页。
⑥ 《宁波海关十年报告(1882－1891)》,第 36 页。
⑦ 《宁波海关十年报告(1892－1901)》,第 75 页。
⑧ 《宁波海关十年报告(1902－1911)》,第 88 页。

响到杭州等地的陆上商业运输和商业发展，据日本《太阳报》所搜集 1898 年苏沪杭一带商业情报所言，当时杭州商人都认为，"自宁波开港已来，我杭州商业顿衰"。[①]《马关条约》签订后，1896 年杭州开埠，又影响到宁波国内贸易，"杭州开埠后，不过为土洋货经过之处，盖浙江内地土货之出口及洋货之入浙江内地者必先到杭州，再行转运，如福州之绿茶，此后必改由杭州而至，不由宁波矣"。[②]"1896 年浙江省会杭州开埠，这对宁波产生了重要影响，正如所预言的那样，此后宁波在贸易中失去了一些优势。宁波作为最近的通商口岸，本省和邻省的商业中心进出口货物很大程度上依赖于宁波，但不久贸易状况发生了变化，主要是所有的徽州茶贸易都转到了杭州，还有几乎一半的鸦片贸易也转到那里。总之，一年减少的贸易额达 3 000 000 海关两，宁波海关的年税收减少了将近 700 000 海关两"。[③] 由是可见，近代宁波港已经开始融入长三角区域的国际、国内贸易之中，相邻港口的兴衰直接影响着宁波港的贸易形态。

鸦片战争后宁波港变迁的另一重要表现就是由往日的鱼盐码头向百货码头转变。鸦片战争前，宁波港"旧称鱼盐粮食码头"，这在康乾雍时期宁波主要转运山东、闽台等地的粮食可见一斑。随着南北号经营范围的扩大和宁波港的开埠，宁波港开始由单纯的"鱼盐粮食码头"向"百货码头"转型，"南船常运糖、靛、板、果、白糖、胡椒、苏木、药材、海蜇、杉木、尺板"，"北船常运蜀、楚、山东、南直棉花、牛骨、桃、枣诸果、坑沙等货。其船系沙船、弹船，自北而南抵定关"，"又有台、温捕贩渔船，绍兴、余姚土产棉花。绍兴至内河至关，并宁波本地捕贩渔船及土产等货与诸番市舶"。[④] 当时在宁波港流转交易的百货物产在清人徐兆昺的《四明谈助》中有较为详细记载。如糖船主要来自福建，"四时不断，两浙所行转，自此发开"；烟草既有本省所产，亦有福建、广东所运宁波港者，"利过于茶"；乌木则"从海洋贩至"，"船初到时，东城街上连日肩运不断，菝杆作场十倍于前时"；余姚所产棉花更是"南北船回货"的主要商品；此外，闽广的荔枝、龙眼，北方的核桃、红枣、黑枣、南枣、蜜枣，东南亚的燕窝、东西洋以及渤海的海参、东海的海蜇、以及"惟壳售于洋货铺，用处甚广"的玳瑁、车螯、海扇、海月等大量云集宁波港。[⑤] 贸易内容的扩大，使宁波港与其他地区的经济联系更为紧密，"及西国通商，百货咸备，银钱市直之高下，呼吸与苏杭、上海相通，转运既灵，市易愈广，滨江列屋，大都皆廛市矣"就是如此[⑥]，其成为百货码头的态势更为明显。同时，颇具创新精神的宁波商人在商品交易中不仅采用"过账"制度，[⑦]本地商贾更是"四出营生，商旅遍于天下，如杭州、绍兴、苏州、上海、吴城、汉口、牛庄、胶州、闽广诸路，贸易綦多，或岁一归，或数岁一归，携带各处土物馈送亲友，甚至东洋日本，南洋吕宋、新加坡西洋苏门答腊、锡兰诸国，亦措资结队而往，开设廛肆，有娶妇长子孙者"。[⑧] 对此条记载，光绪《慈溪县志》有深刻认识：

① [清]甘韩辑：《皇朝经世文新编续集》卷一五《交涉》，商绛雪斋书局刻印本。
② [清]邵之棠辑：《皇朝经世文统编》卷四七《外交部二·通商》，台北：文海出版社，1980 年。
③ 《宁波海关十年报告（1892－1901）》，第 52 页。
④ [清]王荣商等纂：《光绪镇海县志》卷九《户赋》，台湾：成文出版社有限公司，1983 年。
⑤ [清]徐兆昺：《四明谈助》卷二九《东城内外（下）》，宁波：宁波出版社，2000 年，第 969－975 页。
⑥ 《光绪鄞县志》卷二《风俗》。
⑦ 《光绪鄞县志》卷二《风俗》。
⑧ 《光绪鄞县志》卷二《风俗》。

"以上二则,皆近来时变之最甚者。先此,海道初通,所致远物,以少见珍,获利不赀,多有起家巨万者;今则火轮船飞越重洋,往来如织,数万里外,奇技淫巧,至编户取资日用,如当方所产,徒启淫人之习,贻患风俗。转货者,亦不能坐致奇赢。有心世道者,未尝不为之重呼累叹也。"①"番货海错,俱聚于此"的盛况说明该时期的宁波港已经成为名符其实的"百货码头"。② 到 19 世纪 80 年代,国外的洋布、棉纱、呢绒、金属、煤油、火柴、洋皂、洋烟、洋烛、鸦片等 100 多种商品大量涌入宁波口岸,1882 年时通过宁波口岸进口的洋货总额就达到 6 109 280 海关两,1886 年则达到 6 245 897 海关两,而 1892 - 1901 年的十年间,经由宁波港的进出口贸易额年平均 15 500 000 海关两,比 1891 年之前的十年的平均值增加了 27.5%。而洋货的进口额在 1901 年一年就达到 8 008 654 海关两的惊人数字。③

三、晚清至近代宁波港口文化的重构

晚清至近代,宁波港贸易方式的转变和运输工具的革新直接影响着港口文化的转型,原有的港口文化开始受到外来文化尤其是殖民文化强烈冲击,宁波港口文化开始了复杂变迁和艰难重构。

鸦片战争前,宁波港文化以妈祖文化、佛教文化和商帮文化为主,尤其是港口商帮文化,不仅规范着宁波港帆船运输的行为,也左右着宁波港的贸易规则。晚清时期,宁波港"商业船帮总数不下六七十家"。为避免同行竞争和团结同乡,凝聚人心,商业会馆应运而生。早在南宋时期,福建船主沈法询就在今宁波江厦街建立第一座妈祖庙,通过信奉妈祖这个海上保护神,把福建船商联合起来,这是宁波港商业船帮集会场所出现的雏形。康熙末年,以经营木材为主的福建船帮率先在江东建立福建会馆;1735 年,闽浙商会在镇海招宝山设立;1804 年,在象山的盐仓门前设三山会馆;道光六年(1826),南号商帮在江东建"安澜"会馆;1839 年,象山南门外设有闽广会馆;咸丰三年(1853),北号船帮在江东建庆安会馆,又称甬东天后宫;1855 年,兴化商会在宁波成立;南号船帮也于同治七年(1868)重修福建会馆,即东门外天妃宫。④ 此外,宁波城区还建有广东商帮的岭南会馆、山东商帮的连山会馆、徽州商帮的新安会馆等。商业会馆的建立和增加,是宁波港历史上的一件大事,标志着清代以降宁波港行业组织的正式出现,也标志着宁波港以信奉妈祖为中心的商帮文化的形成。但值得注意的是,到 19 世纪 80 年代,宁波众多的商业会馆不仅没有增加,反而出现减少的趋势,该时期宁波仅剩下三个福建会馆,一个广东会馆和一个安徽会馆。⑤ 宁波港区商业会馆数量的减少,是近代殖民文化冲击下的必然结果。由于外国列强入侵,原有的联结乡谊、应对竞争、一致对外的商帮文化理念日渐淡薄,开始发生扭曲,殖民文化色彩日渐浓厚。

近代宁波商帮文化的扭曲,源自外国轮船对帆船运输的冲击。如 1918 年,随着洋松倾

① [清]杨泰亨纂:《光绪慈溪县志》卷五五《风俗》,中国地方志集成·浙江府县志辑,上海:上海书店出版社,1993年。

② 《四明谈助》卷二九《东城内外(下)》,第 969 页。

③ 《宁波海关十年报告(1892 - 1901)》,第 53 - 54 页。

④ 俞福海主编:《宁波市志续编》,北京:中华书局,1998 年,第 693 页。

⑤ 《宁波海关十年报告(1882 - 1891)》,第 48 页。

销内地,上海英商祥泰木行到宁波开设分行,大力推销洋松。这样一来,使南号木行运销的木材无人问津,营业一落千丈,①南号的商运事业因此受到沉重打击。在此情况下,许多宁波商行不得不寻求与外国轮船公司合作,转求外轮运输货物。更有甚者,干脆与外国公司组成联合集团,排斥本土海运企业。最典型的事例就是近代宁波较为著名的宁绍轮船公司。宁绍轮船公司在初期曾与英、法等海运公司争夺航运市场,也一度得到宁波民众和旅沪宁波同乡会支持,但到20世纪初期,曾经和英商太古轮船公司激烈竞争的宁绍轮船公司、三北轮船公司却在1934年与太古轮船公司等六家公司组成行业联盟,垄断宁波港海上航运,"按公司大小、船只多寡等条件","将各公司的水脚收入,汇集合并后按成分配。如再有新公司投入,六公司可合力抵制,使其不能立足"。②殖民化色彩进一步浓厚。

正由于宁波港事务和运输控制在洋人手中,宁波港口文化中开始增加了更多殖民文化色彩。尤其是随着基督教在宁波的流播,基督教和天主教信仰开始在宁波港城的民众中间流行,传统商帮文化和农耕文化受到西方文化冲击,殖民文化色彩日渐浓厚。而当殖民者开始控制宁波港的行政与经济大权后,更加速了宁波港的殖民文化色彩。1861年,英国人控制下的浙海关(俗称"洋关")在宁波江北岸成立,主要征收进出宁波港的国际贸易税和大宗货物税,宁波港港务、引水、航政主权沦入洋人之手。由英国人控制下的"洋关"成立不久,就设立理船厅(后改称港务长),"专门管理岸线、水面、指示船只停泊处,确定港界,建筑码头,安置趸船,考核管理引水事宜等。其职权同港务监督相似,归税务司领导"。③同时还制定了一系列殖民色彩浓厚的港航管理规程,如《浙海关关章》、《宁波口引水专章》、《浙海关轮船往来宁沪专章》等,以法律形式全面控制了宁波港。值得注意的是,殖民者控制下的浙海关所有进出口货物都需要用英文填单申报,这样专职与洋人打交道的报关行就应运而生,报关行的工作人员周旋于洋关员与进出口商人中间,成为近代买办的雏形之一。而在殖民文化冲击下,供职于浙海关的中籍员工日渐丧失爱国情怀和主权意识,"对关税自主抱着无所谓的态度,而对改善华员待遇则津津乐道。并说什么海关人事制度全国第一,甚至有人还怕将来本国政府接办海关后,'金饭碗'不保险"。④殖民文化在宁波港的滋长,一方面表明宁波港口文化的包容性嬗变,另一方面也表明当地民众价值观念开始了新的调适。

宁波港文化重构中的另一表现就是当地民众观念开始变化。鸦片战争后,不仅"海上保险的原则消灭了中国帆船",⑤而且改变着宁波民众的文化观念。正如海关税务司佘德在1901年12月31日和1902年7月1日的报告中所称:"在与外国人长期交往中取得了长足进步的浙江人,他们所具有的保守性比其他地方的人少得多"。⑥佘德在报告中所言的"保守性",其实就是中国传统文化和对入侵者的认同度。"在浙江省,人们对外国人还是比较友好的,至少表现出一种无所谓的态度。反洋运动在这里很少有实际的、公开的同情者,只

① 林雨流:《早期宁波商业船帮南北号》,见《宁波文史资料(宁波港史资料专辑)》第九辑。
② 包俊文:《英商太古公司始末》,见《宁波文史资料(宁波港史资料专辑)》第九辑。
③ 宋静之:《宁波港发展史略》,见《宁波文史资料(宁波港史资料专辑)》第九辑。
④ 陈善颐:《外国侵略者控制下的浙海关见闻》,见《宁波文史资料(宁波港史资料专辑)》第九辑。
⑤ 姚贤镐编:《中国近代对外贸易史料》,北京:中华书局,1962,第1407页。
⑥ 《宁波海关十年报告(1882 – 1891)》,第86页。

有偶尔一两次对抗议的示威者表示支持"。① 在西方文化冲击下,最先接触到西方文化的浙江人尤其是宁波人更显得"与时俱进",传统的"经世致用"思想一旦与"货利声色"的西方文化发生接触,使得宁波人的思想更为"开放",开始积极学习洋文洋话,史言:"闽粤宁波子弟,亦时有赴洋学习者,但止图识粗浅洋文洋话,以便与洋人交易,为衣食计";"上海通事一途获利最厚,于士农工商之外,别成一业,其人不外两种,广东、宁波商伙子弟,佻达游闲,别无转移执事之路者,辄以学习通事为逋逃薮;英、法等国设立义学,招本地贫苦童稚,与以衣食而教肆之,市儿村竖,来历难知,无不染洋泾习气,亦无不传习彼教。此两种人者,类皆资性蠢愚,心术卑鄙,货利声色之外不知其他"。② 学习西方文化的结果,一方面有利于最先掌握西方先进科技与管理方法,另一方面也造成宁波港传统文化的裂变。宁波港港口贸易路径改变所引发的文化变迁在该方面得以明显体现。

近代宁波港贸易转型与港口变迁的另一文化反映就是移民文化色彩日趋浓厚。宁波开埠前,宁波本地民众以偷渡方式迁往日本、东南亚等地经商,有的甚至定居海外,但这种方式的移民毕竟数量有限。宁波开埠后,对外移民数量激增,"在很短时间内,就有许多人申请移民",外出充当苦力。这些移民中,"大部分是附近地区的农村劳动者,他们中有些是优秀的劳动者和种植能手",③从而开启了近代宁波历史上第一次大规模移民的高潮。尤其是上海的崛起,使得越来越多的宁波人开始在上海经商乃至定居。据相关研究者调查统计,1889年宁波外出人口94 000人,1891年为181 000人,1902年193 247人,1912年777 759人,1923年达1 050 901人,宁波历年人口流动之频繁由此可见一斑。同样,经由宁波港的外来人口也快速增加,1889年进入宁波的人口为92 000人,1891年为177 000人,1902年为202 216人,1912年为740 647人,1923年为1 015 593人。④ 安徽、福建、广东等地民众大量涌入宁波,英、法、日等国人员进入宁波的数量也为之不少。外来人口的增加和人口流动性加快,也带给宁波港不同生活习俗和行为方式,宁波港区移民文化色彩日渐浓厚。

近代宁波港贸易的转型也导致晚清宁波钱业文化的兴盛,"宁波生意钱业最多,亦惟钱业生意最大"。⑤ 由于三江口的繁华,沿数百米江岸的江厦街逐渐形成多个街段,其中中间一段为钱行街,聚集着大小钱庄百余家,成了浙东乃至全国的金融中心。同治年间,钱庄股东们在江厦街毁于兵火的"滨江庙"处设立了钱业公所和钱业商会,借鉴外国洋行结算办法,首创不用现金支付的"过账制",史言:"宁波商贾,只能有口信,不必实有本钱,向客买货,只到钱店过帐,无论银洋自一万,以至数万、十余万,钱庄只将银洋登记客人名下,不必银洋过手。宁波之码头日见兴旺,宁波之富名甲于一省,盖以此也。"⑥"过账"方式的推行,大大提高了商家资金的周转与流通,使当时的宁波钱庄业迅速遍布全国,京、津、汉有名的钱铺,亦多由宁波人经营。实力雄厚的宁波钱庄不仅促进了近代宁波钱业文化的发展,而且向上海、汉口、天津、北京、营口及省内杭州、温州、绍兴、金华等地投资,其中,每年流往上海、汉

① 《宁波海关十年报告(1882-1891)》,第9页。
② [清]邵之棠辑:《皇朝经世文续编》卷一二〇《洋务二十·培才》,台北:文海出版社,1980年。
③ 《宁波海关十年报告(1892-1901)》,第72页。
④ 竺菊英:《论近代宁波人口流动及其社会意义》,《江海学刊》,1994年第5期。
⑤ [清]段光清撰:《镜湖自撰年谱·咸丰十年庚申》,北京:中华书局,1997年。
⑥ 《镜湖自撰年谱·咸丰八年戊午》。

口的款额就高达二、三千万元之巨。① 这也是近代中国金融业向银行转型过渡的一个重要表现,构成近代宁波港文化转型过程中的重要内容之一。

　　毋庸置疑,近代以来宁波港文化转型是在西方殖民文化影响下的被动转型,经济上,"它和外国人通商后所受到的损失要大于它所得到的好处,这是无可否认的事实";②文化上,宁波港原有的帆船文化与商帮文化开始出现扭曲,自身文化特色越来越不明显,过多的殖民文化和买办文化使得宁波港港口文化在转型过程中更显得"非驴非马",从而失去了自身特色和文化上的竞争力。尤为重要的是,随着上海港的兴起,宁波港地位日渐衰落,如1846 年 1 月 10 日英国领事罗伯啤在报告中称:"宁波的对外贸易似乎是不会繁荣起来的。我们在这里遭受失败的原因很明显:上海把一切东西都吸引到它那儿去了,把过多的进口货涌送到这里,同时还把原来准备到宁波来的茶商吸引到它那儿去了。"③1847 年 1 月 9 日英国驻宁波领事索里汪(Sullivan)在给德庇时的报告中也称:"我很遗憾地报告,宁波的进出口贸易值比前一年减少了约三分之二。"④在 1848 年 7 月 31 日给文翰的报告中,索里汪(Sulli-van)又言:"我很遗憾地说,这港口截至本年 6 月 30 日为止这半年中的贸易,实在微不足道,因此我想没有必要向阁下提供一份正式统计报告。这期间进口货只有 17 匹本色布,出口货则只有 3 担人参和 300 担檀香木。"⑤到 1849 年 1 月 6 日的又一次报告中,索里汪说:"在去年下半年以内,这个港口的贸易没有增加。"⑥至 1949 年前夕,宁波港已沦落为只有 4 个破旧浮码头的区域性小港,年吞吐量仅 4 万吨。至此,宁波港的衰落带来的最大后果之一就是港口文化的没落,近代宁波港口文化的重构也陷入极度尴尬的境地。

①　《浙江商务》第 1 卷第 1 期,转引自竺菊英《论近代宁波人口流动及其社会意义》一文。
②　S. W. Williams: The Chinese Cmmercial Guide;pp188 - 191. 参见姚贤镐编:《中国近代对外贸易史料》,第 614 页。
③　《中国近代对外贸易史料》,第 619 页。
④　《中国近代对外贸易史料》,第 620 页。
⑤　《中国近代对外贸易史料》,第 621 - 622 页。
⑥　《中国近代对外贸易史料》,第 623 页。

西方人眼中的舟山

——从档案史籍看西方人对舟山群岛的认知[*]

王文洪

（浙江省舟山市委党校）

摘要 本文探讨全球史观背景下的舟山群岛国际形象：一从自然地理来看，舟山是"东海第一门户"；二从经济地位来看，舟山是"中外通商的要津"；三从军事战略来看，舟山是"极佳的军事指挥部"；四从旅游居住来看，舟山是"海上乐园"；五从宗教信仰来看，舟山是"中外文化交流的聚焦点"。

关键词 全球化 西方人 舟山群岛 认知

舟山地处中国东大门，在历史上是我国通向日本、韩国、东南亚以及世界各国的重要通道，为"海上丝绸之路"的中转站。自16世纪新航路开辟后，西方殖民势力开始大规模进入东方世界，东西方之间的联系日益密切，舟山群岛在中西交往中逐渐成为一个繁荣的国际贸易口岸。西方许多外交家、旅行家、航海家、科学家、商人、远征军将士和传教士，把舟山当作进入中国的第一站和通道，并且撰写了大量游记、回忆录和信札等文本，记载舟山的风土人情，以及在舟山的闻见和感受，旨在向西方传达舟山及中国的形象。本文通过研究几百年前西方人从不同角度对舟山群岛留下的记述，探讨全球史观背景下舟山群岛的国际形象，说明当时舟山群岛作为东西方两个世界碰撞、两种文明冲突的前沿岛屿，在中外文化交流史上占有重要地位。

一、从自然地理来看，舟山是"东海第一门户"

舟山地处太平洋的西海岸，欧洲则濒临大西洋。自古以来，海洋把两地隔开，16世纪新航路开辟后，海洋又把两地连接起来。据最新研究，早在14世纪末年，欧洲人已经获知宁波，意大利人鄂多立克（Odoric，1265－1331），最早提到了宁波，而欧洲地图《1375年加泰罗尼亚地图》则正式标注了宁波。[①] 1375年在中国是明朝洪武八年，当时舟山建置为"昌国县"，归属宁波。明代的《广舆图》是中国第一部综合性地图集，在其"浙江舆图"上，有舟山

---

 * 基金项目：2012年浙江省社会科学界联合会社科普及立项课题《近代西方眼中的舟山群岛》（12ZC38）阶段性研究成果；2012年舟山市社会科学研究重点课题。

 ① 钱茂伟：《宁波历史与传统文化》，中国社会科学网 http://www.cssn.cnnews143713.htm。

岛，但没有"舟山"之名，而注有"故昌国县"等字，但没有完整地绘出。受《广舆图》影响，1655 年出版的意大利传教士卫匡国（Martino Martini，1614－1661）的《中国新图集》上，出现了完整的舟山岛，并明确地标明 Cheuxan lnsula（舟山岛）。在其《第九府·宁波》中，对舟山有比较深入的记载："定海县附近有个地方叫灌海门（Quonmuen），这里有一块光滑的巨石矗立在海边，形状似圆柱。当有船从此地经过时，基于某种迷信，船员们总会向海里扔东西，据说这样才能保证航行平安顺利。"①1703 年，英国桑顿公司出版了一幅舟山古地图，这是一本英国航海地图的一部分。地图中称舟山为"舟山群岛"（The island of Chusan）或"大舟山"（Great Chusan），"Chusan"，这是当时"舟山"的英文翻译，据说与舟山人的方言有关。地图准确地标示出舟山的地理位置在中国东部沿海地区，详细地记述了舟山的地理状况，描绘了舟山岛附近的地形，数据可谓相当正确："各小岛都有，尤其注出航道水深，县城外有兵营，金塘是被贬官员所居。"②如从厦门航行到舟山，有这样一些描述："一路进舟山港，地名先是闽南话，然后变成宁波话，拼音法大概是先有葡文、西文、荷文，再加上各地方言，所以洋名都很奇怪。还特别注明哪里有淡水、浅滩。在甬江口注说：图上定海港口已有一英国商社。"③从这些记录我们可以看出，早在马戛尔尼（Macartney 1737－1806）来华前的很长一段时间里，英国人已经和舟山有过贸易，并对舟山海域进行了详细的航海调查。可见，早在 18 世纪初，英国已经关注舟山。

清乾隆五十八年（1793），英国派遣以马戛尔尼为全权特使的政府代表团访问中国，期间曾在舟山作短暂停留。时任马戛尔尼使团副使的牛津大学名誉法学博士、伦敦皇家学会会员乔治·斯当东（George Staunton，1737－1801）男爵在回国后撰写《英使谒见乾隆纪实》，详细记载了使团的来华活动情况。随马戛尔尼同行的有一个画家叫威廉·亚历山大（William Alexander，1824－1904），在来华期间作了大量的风景风俗素描画。后来英国著名建筑师、插画设计家、水彩画家托马斯·阿罗姆（Thomas Allom，1804－1872）借用威廉·亚历山大的素描稿，重绘大清国的风景风俗，并编纂了一部 18 世纪末、19 世纪中国地域风景、民俗风情画。1843 年，伦敦费塞尔公司出版这本英文画册，题名为《中国：那个古代帝国的风景、建筑和社会风俗》。2002 年，上海古籍出版社与上海科技文献出版社又据此翻译、出版了中文版画本《大清帝国城市印象——19 世纪英国铜版画》。通过英国人的游记与绘画，我们可寻找舟山在那段时期的一些历史痕迹，同时了解当时西方对舟山群岛的认知。

在英国人的眼中，舟山是一个群岛，岛屿众多，海岸线绵长，水域宽广，水深浪平，具有得天独厚的港口条件。在《英使谒见乾隆纪实》一书中，斯当东对舟山港口和水文条件记录得非常详细，对水深、航道、涨潮落潮留下了十分详细和真实的记录："港口共有四个出入口通向大海，但在停泊处一个也见不到。停泊处好像一个周围环山的大湖，站在克拉伦斯号甲板上，简直看不出自己是怎样开进来的。港口由南到北一英里以上，由东到西将近三英里。涨潮在满月和新月时期，12 点钟左右，潮高 12 英尺。潮水极不规律，随着风向和这样多岛屿

① 石青芳：《西方人眼中的浙江》，北京：海洋出版社，2009 年，第 69 页。
② 王自夫：《300 年的沧桑：英国绘制的舟山地图》，《地图》，2006 年第 4 期，第 105 页。
③ 王自夫：《300 年的沧桑：英国绘制的舟山地图》，《地图》，2006 年第 4 期，第 105 页。

所造成的漩涡而随时改变。"①阿罗姆在《大清帝国城市印象》一书中,指出舟山群岛是中国华东门户:"舟山,形如巨舟,是中国的第四大岛,横在杭州湾上。有言道:宁波之防在舟山,舟山之险在定海。宁波是浙东巨镇,建在甬江上,有舟山本岛和舟山群岛作天然屏障。甬江口的镇海、舟山岛上的定海,成掎角之势,控扼着经舟山群岛到宁波和杭州湾的海上通道。定海有这样重要的位置,自然是东海第一门户。"②阿罗姆还指出,鸦片战争中英国侵占舟山,与海岛的自然地理有关:"英国人早就调查好了航海路线,摸清了舟山的地形。他们知道,舟山岛是中国的第四大岛,形状酷似新加坡,而比新加坡更大。海岛的最近处离大陆十多公里,既可独立,又方便联系。他们的野心是武力占领,强行开埠,把舟山的定海变成第二个新加坡。"③在他们眼中,舟山优越的地理位置和良好的港口条件为进行航运和贸易提供极大的便利,这对当时急于想与中国开展贸易的英国人来说,舟山是他们梦寐以求的最佳贸易地点。这充分说明舟山作为我国东部地区重要的海上门户,在中国海疆版图上具有重要位置。

二、从经济地位来看,舟山是"中外通商的要津"

明嘉靖五年(1526),葡萄牙殖民者侵占舟山六横岛,建立了当时世界上最大的国际贸易港——双屿港,时间长达 22 年。葡萄牙商人、传教士费尔南·门德斯·平托(Fernao Mendez Pinto,1509－1583),曾到过舟山双屿港。他在游记中写道:"双屿港由对峙两岛构成,有海岸八处,最宜泊舟。"这里,"又有风景优美之小溪,溪水味甘,源出高山,溪流所经之地,松、柏、橡树等小丛林,皆甚繁密。"④在双屿附近居住的外国人除葡萄牙人外,还有日本等 10 多个国家商人,多时达 3 000 人左右。当时的双屿港,入夜灯火通明,一派繁荣,甚至港道拥堵,船只无处停泊。凡是运到那里的货物都可以获得三四倍的利钱。欧洲人的白银源源流入中国,换取中国的丝绸、瓷器、棉布等商品。平托称"中华帝国的双屿港"是 16 世纪东亚最繁华的国际贸易中心。

继葡萄牙人之后,英国人也开始对舟山产生兴趣。明朝末年,英国人第一次到达中国时目标是澳门,但在与葡萄牙的争夺中遭到失败。随后他们将目光投向了市场更为广阔的长江三角洲区域,战略地位十分突出的舟山进入英国人的视野,并开始了长达一个半世纪对舟山的觊觎。明崇祯十年(1637)六月,英王查理一世派遣东印度公司主任威得尔(John Weddell)率领 5 艘船舰去中国,并命令"如果发现任何机会就把他们可能发现的和认为对我们有利益、有荣誉,值得据为己有的一切地方占据下来"。⑤威得尔接到指令后,便四处活动,选择侵占地点,其中之一就是舟山群岛。1793 年马戛尔尼访华期间,以照会形式向清政府

① [英]斯当东著,叶笃义译:《英使谒见乾隆纪实》,上海:上海书店,2005 年,第 192 页。
② [英]阿罗姆绘编、李天纲编:《大清帝国城市印象——19 世纪英国铜版画》,上海:上海古籍出版社、上海科技文献出版社,2002 年,第 94 页。
③ [英]阿罗姆绘编、李天纲编:《大清帝国城市印象——19 世纪英国铜版画》,上海:上海古籍出版社、上海科技文献出版社,2002 年,第 96 页。
④ [葡萄牙]平托著,金国平译:《远游记》(上册),澳门:东方葡萄牙学会,1999 年,第 194 页。
⑤ 王和平:《英国侵占舟山与香港的缘由》,《中国边疆史地研究》,1997 年第 4 期,第 67 页。

提出了六项要求,其中有关舟山的就有两条:一是允许英商到宁波、舟山和天津贸易;二是将舟山附近一处海岛让给英国商人居住和收存货物①。1816 年,英国政府又派出以阿美士德(W. P. Amherst,1773 – 1857)为首的使团来华,再次经舟山群岛北上到天津进京。临行之前,外交大臣罗加士里(Lord Castlereagh)的训令中也有"要求开通广州以北港口包括舟山"的内容。② 在英国人看来,舟山是中外通商的要津,临近中华帝国第二大城市杭州,为当时最大对外贸易港——宁波的外泊港。如他们在接近舟山的途中所见有这样一段文字:"停在此处的大约有 1000 只各种大小的船,很多的在打鱼,大一点的船在装运木材和其他货物……整个情况说明这里的商业发达,或者说明这里的人口众多。"还说:"这块地方的岛屿多,安全的停泊港也多,可以容纳任何大船。除了这点以外,这里还处在中国东海岸朝鲜、日本、琉球和台湾的中心地带。对于宁波的繁荣起着很大作用。"③另据西方传教士郭士立(C. Gutzlaff,1803 – 1851)《1831 – 1833 年在中国沿海三次航行记》一书记载:"定海港是一个既深又宽敞的港口,有很多装满盐的船以及渔船来来往往。"④1840 年 2 月,海军上校义律致海军少将梅特兰信中说道:"舟山群岛良港众多,靠近也许是世上最富裕的地区,当然还拥有一条最宏伟的河流和最广阔的内陆航行网。在大不列颠军队的保护下,又有这样的地理条件,贸易不久必将兴旺发达,不仅与这个帝国的中心地区进行贸易,而且很快地能开拓与日本的贸易……这个基地不久便会成为亚洲最早的贸易基地,也许是世界上最早的商业基地之一。"⑤英国人叙述和描绘的见闻充满着新鲜感和好奇感,对他们来说,舟山虽然只是一座海岛小城,仍可令其感受到中国的富庶。由此可见,英国人看中的是舟山的港口和贸易功能。

除了葡萄牙人、英国人对舟山的海外贸易有记载外,其他西方国家也关注舟山的贸易良港地位。李希霍芬(Ferdinand von Richthofen,1833 – 1905)是德国地理学家、地质学家、近代早期中国地理学研究专家。1868 年他考察舟山时,立刻意识到这个地方最适宜作为德国人在中国的商贸、军事据点,所以在当年 11 月 21 日的日记中写道:"作为一个自由港,在一个像普鲁士的国家手里,舟山可以得到一个使人推崇的地位","这个口岸是易于设防的,并且由一个舰队可以控制和华北及日本的交通"。他认为"在东亚获得一个固定的据点"是非常需要的,选择的地点无论如何要在中国海岸,最适当的地点是在长江口外,在那里有希望建立一个德国的香港,一个商业中心,它"不久可以将上海一部分商业拉过来,并且随着中国商业利益的非常发展将渐渐超过上海。一个这样的地方,同时也只有这个地方才有可能,那就是舟山"。⑥ 艾尔弗雷德·塞耶·马汉(Alfred Thayer Mahan,1840 – 1914)是美国历史上最著名和最有影响的海军理论家和历史学家,是"海权论"的创始人,其代表作《海权论》"以中国为中心"一节中对长江流域有如下论述:"谁拥有了长江流域这个中华帝国的中心地

① [美]马士著,区宗华译:《东印度公司对华贸易编年史》,广州:中山大学出版社,1991 年,第 225 页。

② 郭卫东:《1840 年代:英国与舟山》,《杭州师范学院学报》(社会科学版),2006 年第 4 期,第 33 页。

③ [英]斯当东著,叶笃义译:《英使谒见乾隆纪实》,上海:上海书店,2005 年,第 192 页。

④ Charles Gutzlaff. Journal of a Residence in Siam and of Voyage along the Coast of China to Manchow Tartary,Canton,1832,pp.45。

⑤ 胡载仁、何扬鸣:《鸦片战争中的舟山(英国档案选摘)》,《浙江档案》,1997 年第 7 期,第 14 页。

⑥ [德]H. 施丢克尔著,乔松译:《十九世纪的德国与中国》,上海:生活·读书·新知三联书店,1963 年,第 82 页。

带,谁就具有了最可观的政治权威。"在"海权之要素"一节中指出:"……宽大与水深的良港是力量与财富的一个来源,如果他们还是可供航运河道的出海口的话,那就更是如此了。"我们认为,长江口一带称得上马汉所说的"宽大与水深的良港"只有舟山港。这充分说明舟山港作为区域环境独立,深水口岸发达之地,成为自由贸易港的条件十分优越。

三、从军事战略来看,舟山是"极佳的军事指挥部"

19 世纪上半叶,随着资本主义的迅速发展,英国侵占中国沿海岛屿的野心愈发膨胀。1830 年,主要与鸦片贸易有关的 47 名英商联名上书英国议会,建议英国政府"采取与国家相称的决定,在靠近中国的沿海地区取得岛屿一处"[①]。英国政府接受了这项建议,但在具体的侵占目标上出现了较大分歧,锁定范围大致有香港、舟山、福州、厦门、台湾等,而在诸多目标中香港和舟山的呼声是非常高的。尽管占领香港的呼声甚嚣尘上,但并没有引起英国政府的重视。1834 年,曾任广州英国商馆负责人的厄姆斯顿(J. B. Urmston)、长期为英国东印度公司效力的传教士郭士立等人都极力鼓吹或者上书英国外交部,建议占领舟山。[②]"东印度与中国协会"上书英国首相巴麦尊(Lord Palmerston,1784 – 1865),要求中国开放更多的口岸对英通商,如果这一要求不能得到满足,则应在东海岸占据一岛,在岛上建立商馆并执行英国法律。[③] 如果占领区位优势明显的舟山,那等于拥有了一个极佳的军事指挥部。巴麦尊也说:"该群岛为广州、北京之间的中途,接近可航行大江的三角洲,从许多方面考虑,适于作司令站,舟山同广州比较,在地理位置上更靠近清政府所在地北京,占领舟山,不仅可以威胁中国最富庶的沿海各省,而且能够切断南北的海上交通,同时能提供良好的安全的船舶锚地,能防御中国方面的进攻,能根据形势加以永久占领,女王陛下认为舟山群岛的某个岛屿很适合此目的。"[④]英属印度总督奥克兰(Auckland,1784 – 1849)认为,要给清政府以"较深印象",需"占领较北面"的舟山,"这样更能提供大运河与大海之间的交通控制权,以及可能大得多的政治影响"。[⑤]1839 年,英国政府在正式发动对华战争前夕,对具体的侵占目标进行了认真讨论,提出了台湾、海南岛、厦门、福州、舟山等候选目标。经过激烈争论,英国政府最终倾向占领舟山。1839 年 11 月,由于英国海军上校义律(C. Elliot)无视政府一再要求获得舟山或某个东海岸岛屿,选择了香港,巴麦尊对此勃然大怒,向义律训示:"陛下政府有意保有舟山群岛,一直等到中国政府各事都有满意的解决的时候止。"[⑥] 1840 年 2 月,英国政府正式下达作战部署,首先封锁珠江口,然后全力攻占舟山并作为军事大本营。

清道光二十年(1840)7 月 5 日,英军向定海发动进攻,并于次日攻陷定海。这是中国领土第一次被英军用武力占领,揭开了中国近代史的序幕。1841 年 4 月,在定海民众的抗击下,英军退出定海。为加强防务,清政府将定海县升为直隶厅,隶属浙江省。1841 年 9 月,

① [英]格林堡著,康成译:《鸦片战争前中英通商史》,北京:商务印书馆,1961 年,第 178 页。
② 刘存宽:《香港、舟山与第一次鸦片战争中英国的对华战略》,《中国边疆史地研究》,1998 年第 2 期,第 74 页。
③ 王和平:《英国侵占舟山与香港的缘由》,《中国边疆史地研究》,1997 年第 4 期,第 68 页。
④ 中国第一历史档案馆:《鸦片战争在舟山史料选编》,杭州:浙江人民出版社,1992 年,第 470 页。
⑤ 中国第一历史档案馆:《鸦片战争在舟山史料选编》,杭州:浙江人民出版社,1992 年,第 480 页。
⑥ 中国第一历史档案馆:《鸦片战争在舟山史料选编》,杭州:浙江人民出版社,1992 年,第 470 页。

英军再度进攻舟山,定海总兵葛云飞偕寿春总兵王锡朋、处州总兵郑国鸿率军民抗击,是为震惊中外的"鸦片战争定海第二次保卫战"。英军第二次占领定海后,在定海设立政府,调守备丁尼士(Dennis)总理一切事务。1842 年 1 月,又宣布定海与香港为国际自由贸易港。1842 年 8 月 29 日,中英《南京条约》签订,英国除了得到广州、福州、厦门、宁波、上海五口通商,将香港割让给英国以及赔款等条款外,第十二条还特别规定:"惟有定海县之舟山海岛、厦门厅之古浪屿小岛,仍归英兵暂为驻守;迨及所议洋银全数交清,而前议各海口均已开辟俾英人通商后,即将驻守二处军士退出,不复占据。"1846 年 3 月 12 日,两广总督耆英在虎门与英国公使德庇时(Davis,1795 – 1890)订立《退还舟山条款》,主要内容是"英军退还舟山后,舟山等岛永不给与他国;舟山等岛若受他国侵略,英军应为保护无虞,仍为中国据守"等。5 月 17 日,英军从定海城内撤到海边。定海水师中营游击叶炳忠率兵跑步入城,分守四门,清政府的龙旗重新在定海城上飘扬,被英国军队侵占四年零九个月的定海终于再次回到祖国怀抱。

第二次鸦片战争(1856 – 1860),又轮到法国政府垂涎舟山,西方政府的眼光何其相似乃尔。这一点,可以从法国将领当时的信件来往和回忆录中看出来。法国将领布隆代尔(Blondel)在他的《1860 年远征中国记》中写道:"舟山是一个很适合卫生条件的地方,在那里我们已经具备有十分舒适的军事设施……我希望葛罗男爵(与中方签订和议的法方代表)能够和中国政府谈判一个条约,使我们能在这样一个重要的地点保留一切设备,就像英国人在香港所做的那样。"最迫切想要得到舟山的是英法联军中法军司令官库赞·德·蒙托邦(Cousin de Montauban,1796 – 1878)将军,他多次写信给陆军大臣,陈述占领舟山的好处。直至 1861 年 1 月,他在给陆军大臣的信中还说:"我只能重申我在前面几封信中已经写过的东西,那是舟山群岛无论就其卫生条件,就其作为一个商业据点,特别是就其军事位置而言,都是再适宜不过的了。"他一再声言:"假如我负责领导工作的话,那么我就不会放弃舟山!"当议和条约即将签订,占领舟山已经无望之际,蒙托邦仍不死心,写信给陆军大臣,认为即使不能占领群岛全部,只占领其中三个岛也好。他在信中说:"群岛由七个岛屿组成,然而为了不要一下子就使得我们的盟友感到疑虑重重,我认为可以和中国政府谈判占领其中三个主要的岛屿,它们的面积最大,最宜筑垒防守且又彼此间有联系,那就是舟山、大榭和金塘。"尽管以蒙托邦将军为代表的法国政府如何处心积虑地想得到舟山,英军司令官额尔金(Lord Elgin)始终坚持原来的立场,而且或明或暗地对法方施加压力,迫使法方放弃占有舟山的想法。①

除了英、法两国外,当时的德、美两国也看到了舟山的军事价值,认为是"海防要塞"。1868 年,德国地理学家李希霍芬先后写了两份夺取舟山作为"北德海军站和港口殖民地"的报告,请德国总领事转交首相俾斯麦(Bismarck,1815 – 1898)。在《中国旅行报告》中,他认为德国"有必要发展海军以保护这些重要的利益和支持已订的条约;要求在万一发生战事时德国的商船和军舰有一个避难所和提供后者一个加煤站;这一切都使得德国迫切需要在东亚获得一个固定的地点,宁早勿迟"。② 报告中强调最适合的地点是长江口外的舟山,在

① 董瑞兴:《鸦片战争在舟山》,北京:中国文史出版社,2010 年,第 58 – 59 页。
② 郭双林、董习:《李希霍芬与〈李希霍芬男爵书信集〉》,《史学月刊》,2009 年第 11 期,第 60 页。

军事上它易于设防,应对紧急事件;舟山口岸也易于设防。在中国随时可能再发生复杂情形之下,很可能有机会找到一个占领这个口岸的借口,然后用给予利益或金钱补偿的方法以达到用友好的方式永久地和正式地割让舟山群岛及附属地带,也许不甚为难。在这里,李希霍芬不仅尽心尽力地为普鲁士寻找殖民据点,而且连夺取舟山的方式都考虑好了。他的这一建议曾引起普鲁士政府的强烈兴趣,认为李的结论是有关中国的"科学的、值得信赖的"知识基础。1870 年 4 月 2 日,俾斯麦在一件亲笔签署的训令中指示普鲁士驻华公使李福斯与中国谈判关于在舟山或附近其他地区取得一个海军站的问题。但由于英国人的反对,加之普法战争的爆发,德国人的计划才没有实现。1900 年,美国海军上校马汉完成了《亚洲问题》一书,在书中鼓吹美国应该同沙俄争夺中国这块"肥肉"。与此同时,海军作战委员会在他参与下拟定一份报告,建议夺取中国舟山群岛作为美国的海军基地,以便伙同英国控制中国的长江流域地区。这充分说明舟山是中国海防的重要阵地,是西太平洋第一、二"岛链"战略要地的中心点。

四、从旅游居住来看,舟山是"海上乐园"

鸦片战争前,舟山定海是英国人魂牵梦绕的城市。街道、住宅是城市景观风貌的重要组成部分,集中体现了一个城市的整体建设与环境的协调和适应。对于如此重要的人文景观,来华的英国人自然不会放过,他们的记载从不同侧面为我们展现了 18 世纪定海的城市风貌。斯当东在《英使谒见乾隆纪实》一书中,把定海比作"东方的威尼斯":"在欧洲的城市中,定海非常近似威尼斯,不过较小一点。城外运河环绕,城内沟渠纵横。架在这些河道上的桥梁很陡,桥面上下俱用台阶,好似利阿尔图。"定海在中国江南地区并非是一个著名的"水乡"、"桥乡",而"利阿尔图(Rialto)"是意大利威尼斯城内有名的桥梁,拿来与定海的石桥相比,确实是抬高了这个地处偏僻的海隅小城市。不过斯当东接着就指出了定海的简陋:"街道很狭,好像小巷,地面铺的是四方石块。房子很矮,大部分是平房,这点同威尼斯大不相同。"[1]斯当东对定海的街道、住宅进行了认真仔细的实地考察,甚至把定海这个海岛小城比作是"东方的威尼斯",这在一定程度上反映了当时定海城的繁荣景象。马戛尔尼使团在从舟山到宁波的航行中赞美道:"这一段航路上的风景,无法形容出多么优美动人的了。"[2]对舟山的赞美还在继续:"这里距赤道只有三十度。整个城市充满了活泼生动的气氛。为了生存的需要,人人必须做工。事实上人人都在劳动,无人过着寄生的生活。我们看到男人们忙碌地走在街上,女人们在商店里购货。"[3]他们多次提到,中国江苏、浙江的民众,要比北方人勤劳得多。这里很少像北方的运河沿线城市,有很多空闲和失业的流民。江南和浙江行省的人口密度更高,但是由于人人勤勉工作,反而没有饥荒发生。英国人注意到舟山地区

---

① [英]阿罗姆绘画,李天纲编:《大清帝国城市印象——19 世纪英国铜版画》,上海:上海古籍出版社、上海科技文献出版社,2002 年,第 90 页。

② [英]阿罗姆绘画,李天纲编:《大清帝国城市印象——19 世纪英国铜版画》,上海:上海古籍出版社、上海科技文献出版社,2002 年,第 78 页。

③ [英]阿罗姆绘画,李天纲编:《大清帝国城市印象——19 世纪英国铜版画》,上海:上海古籍出版社、上海科技文献出版社,2002 年,第 90 页。

的民情风俗和人文环境,觉得这里是能够做成生意的城市。郭士立的《1831－1833 年在中国沿海三次航行记》一书中也如此记载舟山:"人口很稠密,居民富裕繁荣,对大自然也有一定的理解。上世纪英国船来参观过,但是任何欧洲航海者都没有真正发现过这个地方。因此我们在情况允许的条件下,尽心地去探索。大舟山有高高的塔山、壮丽而肥沃的山脉和淤积的土地,估计有 100 万居民在这里居住。"①总之,在英国人的眼中,舟山是一个河道桥梁密集、街道热闹整齐、人口繁盛的城市。

鸦片战争后,宁波被辟为"五口通商"口岸之一,一些外国传教士纷纷来到舟山传播福音,同时也留下了许多对舟山群岛的描述。美国传教士娄礼华(Lowrie,1819－1847)在《回忆录》中说:"舟山群岛的县衙定海县府要比乍浦壮观的多,且贸易亦呈现一派繁荣景象。这里的海港地域广,周围的岛屿文明程度高,勤劳的当地人民进出口贸易额亦大。"②美国传教士麦嘉缔(McCartee,1820－1900)的《回忆录》中提到:"舟山是一个富饶的岛屿,定海城就建于此处。舟山有 18 个人口稠密的村庄。舟山港很大,停泊了好多船和英国帆式军舰……舟山群岛的景色对我来说是新鲜的,所以我没有着急赶路,而是一路观赏着景色。"③英国传教士施美夫(Smith,1815－1871)在游记中写道:"舟山成了健康、适宜的居住地。经历过香港不利健康的气候之后,能来到舟山,享受她高爽的气候,令人精力充沛。""舟山是个美丽的岛屿,气候温和,民众安分守己、乐于助人。"④美国传教士丁韪良(Martin,1827－1916)在中国生活了 62 年,认为舟山群岛的两个岛屿值得一提,一是最大的舟山岛,岛上有十八条山谷;二是舟山岛的东边是神圣的普陀岛,以其佛教寺院而闻名遐迩。英国传教士立德夫人(Little,Archibald,Mrs.1845－1926)在《舟山群岛游记》一文中详细地记录了她对舟山一些岛屿的观感,从一开始"我们决定去舟山群岛海域寻找乐园,体会咸水环绕的新鲜感。"到后来发现舟山的群岛之美:"在这片中国海岸,山峰和岛屿非常峻峭,给人第一眼的印象极为深刻。山坡上有的花岗石笔直高耸,有的已风化,突兀挺拔,远远望去,险峻不平,如同一幅美丽的画卷。"到遇到海市蜃楼的景色之美:"在舟山岛屿的宽阔港湾上,有一片中国村庄,在海市蜃楼中显现出一座美丽的城市,这座虚幻飘渺的城市让我们想起了澳门。通过望远镜仔细看,这种幻境更为壮观。"并说但愿这些岛屿可以保持原貌,成为第二个香港:"一座崎岖的小岛形成一道优美的拱门,海潮奔涌,十分壮观。我们现在靠近舟山大岛屿的东岸,这座岛屿高大葱绿,山谷间生长着茂密的树木,还有几座恬静的农庄。"由于住在长江三角洲泥淖平地上,不由自主地对群山环绕、海水之中的贸易港口十分向往:"我们如果生活在海港,站在办公室窗前,观看花园、公园、道路、果园和游艇,该是多么美妙!……旁边有一处美丽的海湾,坐落在两座岩石海岬的怀抱中。我们觉得,这就是我们梦寐以求的休养场所。这座岛屿环境十分优越,山清水秀,供应充足,宜于居住。……这是我们在这片海岸所见过的景色最美的岛屿,我们觉得就其气候、环境而言,这是我们周围最好的消夏胜地。"最后,立德夫人建议:如果有些人仍然住在长江三角洲,希望不要放弃在中国海域旅游的大好

---

① Charles Gutzlaff. Journal of a Residence in Siam and of Voyage along the Coast of China to Manchow Tartary,Canton,1832,pp. 110。

② Memoirs of the Rev. Walter M. Lowrie:missionary to China,112。

③ A Missionary Pioneer in the Far East:A Memorial of Divie Bethune McCartee。

④ [英]施美夫:《五口通商城市游记》,北京:北京图书馆出版社,2007 年,第 218－223 页。

时机。① 这充分说明舟山是一个美丽的群岛，环境优美，空气清新，适宜于旅游和居住。

五、从宗教信仰来看，舟山是"中外文化交流的聚焦点"

从 18 世纪中叶起，随着英国东印度公司遣人遣船进入舟山群岛，此地已经或多或少地开始受到西方文化的影响。当时，由于葡萄牙、西班牙、荷兰、英国、美国商人的关系，水手中有大量的欧洲和中国基督教徒。基督教信仰，在鸦片战争前就从澳门、马六甲、长崎传到舟山。据平托《远游记》记载："嘉靖年间，宁波港外的双屿岛上人口 3 000，其中葡萄牙人 1 200。房屋千余间，有医院两所，天主教教堂六、七间。"②1840 年中英第一次鸦片战争后，随着宁波的开口通商，其外港舟山也就成了与西方文化接触的最前沿。陈训正、马瀛编纂的民国《定海县志》记载，1923 年，舟山地区总人口大约 40 万左右，而外出经商人数上万。由于孤悬海外，文教不盛，加之清末废止科举，舟山民众对于以儒学为宗旨的科举考试并未趋之若鹜，大量人口外迁从商。舟山就是这样一个很实际的城市，这里士绅很少，人们不理会对外国人的文化歧视，只要能赚钱，无分中外。"外国人的存在可能会给舟山人的品味和需求打上永久的烙印。欧洲制造的小商品登陆舟山，给当地手艺注入了新的动力。因此，舟山人比他们的同胞至少先进半个世纪。"③这也就是鸦片战争以后，舟山成为近代民族工商和外贸史上"宁波商帮"发祥地之一的原因。上海开埠早期的"三十六通事"（36 个登记注册的外贸翻译，上海最早的买办）中，除了远道而来的澳门、广州人，就是临近的"宁波商帮"。舟山商人如朱葆三、刘鸿生、安子介、董浩云等，在对外经商中先行一步，在上海"十里洋场"上脱颖而出。

近代以后，在与西方的接触过程中，舟山群岛成为外来文化的一个重要输入地，被西方人称为"基督教教区"。早在 1841 年，就有法国传教士顾芳济来舟山传播天主教，1852 年因发生民众攻击教徒的教案，天主教传播一度受到影响，后又发展。至 1890 年前后，新教也开始传入舟山。根据陈训正、马瀛编所纂民国《定海县志》（1923 年）第四册丙志《礼教志第十三》统计，当时定海县属各教徒人数为：佛教 2 649 人，道教 749 人，洋教 2 948 人（包括天主教 2 281 人，耶稣教 667 人）。信奉洋教的"教徒"竟超过了佛教的"教徒"，说明了当地社会受西方文化影响之深。通过传教士的日记、游记，我们也可以看到舟山在那段时期的民众信仰状况。郭士立《1831—1833 年在中国沿海三次航行记》记载："我们在这度过了好多天，人们对上帝的需求每天都在增加。我们参观了其他几个属于舟山群岛的岛屿，那些岛屿也住满了人。这里宣传福音书遇到的阻力要比太平洋的其他岛屿少得多。"④英国传教士麦都思（Medhurst，1796 - 1857）详细记载了他们在沈家门散发传教手册的情况："（麦都思）带着一大堆传教书籍登陆岸边，立刻引起了当地老百姓的围抢。说实话，他们为了得到书互相争

---

① ［英］A·J·立德：《中国五十年见闻录》，南京：南京出版社，2010 年，第 62 - 79 页。

② ［英］阿罗姆绘画，李天纲编：《大清帝国城市印象——19 世纪英国铜版画》，上海：上海古籍出版社、上海科技文献出版社，2002 年，第 84 页。

③ ［英］施美夫：《五口通商城市游记》，北京：北京图书馆出版社，2007 年，第 222 页。

④ Charles Gutzlaff. Journal of a Residence in Siam and of Voyage along the Coast of China to Manchow Tartary, Canton, 1832, pp.440。

斗。……但是,后来我们在村庄里穿行,发现那里的店主几乎人手一册,就好像我们挨家挨户散发的一样。"①施美夫在《五口通商城市游记》一书中,通过接触的人物,从天主教徒的角度分析了儒家、佛教和道教,认为佛教是迷信,道教脱离生活,儒家不是宗教;中国人尽管表面上遵循该国各种宗教习俗,其实他们是怀疑论者,或是无神论者。他对自己的传教事业充满信心:"舟山作为传教努力的一个地域,……必将是大有前途,颇具吸引力。我们遗憾地离开舟山这个可爱的岛屿,但却怀着崇敬的心情,谦卑地接受上帝无形之手,是它指引着每个事件朝着神圣而荣耀的目的发展,造福于人类。"②

同时,西方人也看到,舟山是一个佛教圣地,僧侣以及佛塔、寺庙等佛教建筑随处可见,佛教气息十分浓厚。英国人曾描绘了定海城中的一个佛塔,并作了这样一段说明:"中国人注重遵从道德和宗教的职守。这个国度里到处是各种各样的寺庙。每遇大事,人们必定要去祭祀。除寺庙外,几乎每家每户甚至每条船上,都要供奉自家的小神龛。中国的宗教意识和罗马教堂有相似之处:都有偶像,中国人的偶像被称为观音,她与圣母和圣子的特征十分类似,都是妇女和婴儿形象的雕像,也都是头顶后的背光四射,前面也日夜燃着蜡烛。相当多的中国人信佛,相信转世轮回,此生行善则来世极乐。他们认为没有信仰的灵魂会受到折磨,并影响到阴间忍受苦难的程度。"③普陀山是中国佛教"四大名山"之一,英国人很早就知道,在斯当东的日记中有这样的记载:"群岛之中有些引人入胜的地方,尤其是其中的普陀,被形容为人间天堂。这个地方是一个风景区,以后一些宗教信徒又去加以修饰。大约有3 000个信徒在那里过着独身的生活。那里有400座庙宇,每座都附有住房和花园,和尚就住在这些房子里,寺庙的布施非常多。这个地方是全国闻名的胜地。"④鸦片战争后,英国的水手、传教士、商人、外交官往来于上海和宁波之间,他们对普陀山更为熟悉。阿罗姆十分详细地描述了鸦片战争前后普陀山的景致:普陀山庙宇四百,僧侣三千。"在一个肥沃而狭窄的山谷之间,悬着一条豁口,可以直上高1 000英尺的岛上最高峰。在清澈、甜美的溪水之中,躺着中国东南地区佛教的'主教府'(Cathedral),供奉着观音菩萨。寺庙稳稳地坐落在位于两柱高高的旗杆之间的岩石之上。"⑤立德夫人用诗意的语言描绘了普陀山的佛教文化:"整座岛屿充满了浓郁的文化气息,每块奇特的岩石都有一段神奇的传说,每座山谷都长满树林,建有庙宇,在形态各异的山岩间可以寻觅佛陀的踪影。"⑥他们也指出,普陀山不是一个单一的佛教领地,历来是"三教合一",极具包容性的信仰之岛。中国人是一个会包容的民族,不像他们自己那样狭隘。在亚历山大关于"普陀山普济寺"画中,寺庙右侧树立着一尊十字架雕塑,这说明普陀山上还曾有过基督教的痕迹。普陀山僧侣们大约对受到康熙皇帝关照的在华天主教传教士的劳作并不陌生,完全可以肯定他们是从葡萄牙澳门那里熟悉了

① Walter Henry Medhurst. China: Its State and Prospects, pp.490 - 491。

② [英]施美夫:《五口通商城市游记》,北京:北京图书馆出版社,2007年,第223页。

③ 刘潞著,[英]吴芳思编译,《帝国掠影——英国访华使团画笔下的清代中国》,北京:中国人民大学出版社,2006年,第106页。

④ [英]斯当东著,叶笃义译:《英使谒见乾隆纪实》,上海:上海书店,2005年,第187页。

⑤ [英]阿罗姆绘画,李天纲编:《大清帝国城市印象——19世纪英国铜版画》,上海:上海古籍出版社、上海科技文献出版社,2002年,第84页。

⑥ [英]A·J·立德:《中国五十年见闻录》,南京:南京出版社,2010年,第68页。

基督教的信仰方式。在定海城公开销售的商店里,混有十字架,以及救世主和圣母玛丽亚像出售。另外,岛上还有许多小道观,供奉土地、关公、风师、雨师。岛上最重要的神像,除了观音,就是"天后"娘娘妈祖。我们知道,妈祖源于福建莆田,后来成为流传于福建、台湾、广东、浙江、江苏水手中的民间信仰,是保佑海上水手平安的天神。普此山的信仰对象,最为重要的是水手们,亚历山大就作过一幅关于妈祖庙的画,说明当时的舟山渔民、船工们对航海女神妈祖的信仰。

英国圣公会与近代浙江的西医教育

谷雪梅

（宁波大学）

摘要 基督教在近代浙江传播过程中,西医教育事业也得到了相当程度的发展。英国圣公会等差会不仅创办医院,而且从事西医、护理等教育活动,对近代浙江社会的变迁产生了一定影响。

关键词 英国圣公会 浙江 西医教育

西医作为基督教传教的手段被带到中国,传教医生许多兼有神学与医学学位。1820 年英国传教士马礼逊在澳门开设一家眼科诊所,成为基督教新教在华行医的肇始,中国人和西医有了第一次接触。鸦片战争后,宁波成为五口通商的商埠之一,西方教会在浙江沿海地区设立教堂、创办医院和西医学校,西洋医学随之大量传入。教会医疗事业的发展,西医教育也在浙江传播开来。到 20 世纪之初,浙江出现了教会创办的西医学校、政府自办的西医学校等,西医教育有了初步的发展。本文就英国圣公会在浙江所办西医教育的情况作初步论述。

一、英国圣公会在浙江所办教会医院的发展变迁

浙江是英国圣公会(Church Missionary Society 简称为 C. M. S.)①来华传教活动的重要地区之一。19 世纪 40 年代进入浙江传教,以后又从浙江传衍至全国。近代基督教差会在浙江共建有 18 家教会医院,其中有 7 所英国圣公会的教会医院。② 规模较大的有杭州广济医院、宁波仁泽医院、台州恩泽医院。

1859 年,英国圣公会在宁波首先开始医药事工,设立戒烟所,由英人葛教士(F. F. Gough)主持。1869 年,英国圣公会将戒烟所迁至杭州,派密杜氏(Meadows)医师来杭州大

---

① 圣公宗,与归正宗、信义宗同列基督教新教三大主流教派,由英国国王亨利八世创始并作为英国的国教。圣公会是同天主教差别最少的一种新教,除同其他新教一样不崇拜偶像、不陈列耶稣受难像以外,使用的圣经、教职人员服装、宗教仪式都和天主教一样。圣公会由英、美、加拿大三方面传到中国,在中国有十一教区:即属于英国圣公会的,有浙江、福建、港粤、华北、山东、四川、桂湘七教区,属于美国圣公会的,有江苏、鄂湘、皖赣三教区,属于加拿大圣公会的,则有河南一教区。1912 英、美、加拿大圣公会在上海成立中华圣公会。

② 中华续行委办会调查特委会编:《1901—1920 年中国基督教调查资料》,北京:中国社会科学出版社,1987 年,第877 页。

方伯,租屋 3 间,从事行医传教,专业戒烟。这是西医传入杭州的开始。1871 年,英国圣公会创立大方伯医院,后改名广济医院,由英国人甘尔德医师(Galt)主事,每月收治住院病人 20 人左右,门诊约 200 人次左右。1881 年,英国圣公会传教士梅藤更(D. Duncan Main)主持该院院务,先后长达 45 年,到 1926 年,梅藤更退休回国。1890 年,杭州广济医院成立皮肤花柳病院,设专科门诊和梅毒治疗日。[①] 1892 年,英国圣公会创办麻风病院,收治麻风病人,由苏达立任院长,最初附设在广济医院内,1902 年,迁到里西湖,1915 年又迁松木场。1899 年,杭州广济医院又成立了西湖肺痨病医院。1900 年,杭州广济医院已有检验设备,早期检验工作由医师兼任。1923 年,广济医院使用血红蛋白计和显微镜,1926 年正式成立检验科。

英国圣公会将戒烟所迁至杭州后,19 世纪 70 年代在宁波又开办了仁泽医院。1888 年 2 月,在已故禄赐主教住处,开设了附属妇女医院。1899 年,扩建妇女医院,可以同时接纳 23 人住院。"医院外观有中国特色,病房设备齐全,整洁、通风好"。[②] 英国圣公会传教团还在台州设立医院。1890 年,英国圣公会传教士汤丕生在临海传教,在临海城关设点行医。1901 年,汤丕生又在临海县城望天台创办恩泽医局。这是西方医术传入台州地区的开始。

二、英国圣公会在浙江的医学、护理教学

浙江近代的西医教育,最早出现在教会医院中。浙江在建立完整意义上的西医院校之前,西医人才的培养主要通过教会医院的培训或留学两条途径解决。在举办医院的同时,圣公会的传教士感到缺乏助手,他们最先只是在诊所或医院中招收 1—2 名生徒,训练他们担任护理工作或传教士,而后才出现较正规的西医教育学校。英国圣公会是在浙江较早从事西医教育的教会,其成绩也最为突出。

(一)广济医学堂。1881 年英国圣公会在广济医院开始筹设医校,[③]由希金(S·Hickin)医师专任教务,1885 年招学生 10 人,为医校的第一届学生。[④] 1906 年,医校与医院分开,梅藤更将杭州大方伯巷戒烟所改建为医校,称广济医学堂。

学校的目标是,"在基督教的影响下,适应学生的一般实践,提供有效的医疗和手术学习和训练"。[⑤] 英国圣公会对考生的要求包括:年龄不低于 20 岁;有中学课程学习优秀的证书,在经过学校面试后方可参加入学考试。入学申请书至少需在开学之前一个月提交,并附有一封牧师或其他人的推荐信。入学时,学生"提前付学费和食宿费 120 元"。此外,学生还需交押金 100 元,并规定,"如果因不良行为或违反校规而被开除,或未经学校允许私自离校,将没收押金"。对于贫困的学生,学院委员会有权免除押金。

广济医学院学制五年,开设的课程如表 1 所示。

① 任振泰主编:《杭州市志》(第六卷),北京:中华书局,1998 年,第 358 页。

② The Church Mission Society. Church Missionary Society Archive. G1 CH 2 O Original papers Reel286 [Z]. Wiltshire: Adam Matthew Publications 1999.

③ 朱德明:《民国时期浙江医药史》,北京:中国社会科学出版社,2009 年,第 89 页。

④ 王蛟主编:《杭州教育志(1928 – 1949)》,杭州:浙江教育出版社,1994 年,第 169 页。

⑤ The Church Mission Society. Church Missionary Society Archive. G1 CH 2 O Original papers Reel 305[Z]. Wiltshire: Adam Matthew Publications 1999.

表 1　英国圣公会广济医学堂课程列表①

时间		课程名称
第一学年	第一学期	植物学、实用植物学、化学、实用化学、物理、动物学、中文、英文
	第二学期	植物学、实用植物学、实用化学、有机化学、物理学、动物学、实用动物学、药物学、中文、英文
第二学年	第一学期	有机化学、实用化学、生理学、实用生理学、解剖学、实用解剖学、中文、英文
	第二学期	生理学、实用生理学、生理和分析化学、实用化学、解剖学、实用解剖学、中文、英文
第三学年	第一学期	实用解剖学、细菌学、包扎和小外科、实用生理学、临床法、中文、英文
	第二学期	实用解剖学、病理学、临床法、寄生虫学、卫生学、开始医院工资、中文、英文
第四学年	第一学期	病理学、药物学、治疗学、外科学、医学实践药理学、产科学、中文、英文
	第二学期	内科、外科、产科学、皮肤学、小儿科、实践细菌学、配药、眼科、中文、英文
第五学年	第一学期	外科学、内科学、妇科学、精神病学、小儿科学、耳鼻喉学、性病学、中文、英文
	第二学期	外科学、内科学、妇科学、法医学、毒理学、中文、英文

　　1923 年,英国圣公会的一份报告中提出广济医学院是"我们工作最重要的领域",这一年,还扩建了学校,"对旧楼局部拆建,这项工程还没有完成。化学和物理课在大讲堂后面的实验室授课,而细菌学、动物学、植物学和生理学等课程都不得不在病理学实验室授课。旧的解剖室已拆,解剖学课程暂时安排在一个空讲堂"。② 1923 年,斯蒂芬·D·斯特顿(Stephen D. Sturton)任教务长,王先生(WangDaoFu)任学监。

　　经过 5 年学习后,通过考试,授予大学毕业证书。学生毕业后,如果希望受雇于圣公会成为一名医疗传教士,可以通过学校向圣公会提出申请。申请者需通过笔试考试和圣公会的面试,面试主要考察其宗教知识,医学院校长还将考察申请者的"基督徒气质"。如果被接收,将受雇于英国圣公会,成为医疗传教士。医疗传教士的薪水以 30 元每月为起始,以后每年月工资增加 2 元,直到最高 50 元每月。然而,公会会增加那些对医学院有特殊贡献者的工资,直到最高 100 元每月。如果非基督教徒优秀毕业生,也可以根据需要不时雇用,由学校提名,并签订协议。

　　1921 年,学校在校生有 50 人,其中有 5 名女生。③ 据 1926 年的统计,广济医学校毕业

---

　　① The Church Mission Society. Church Missionary Society Archive. G1 CH 2 O Original papers Reel 305[Z]. Wiltshire: Adam Matthew Publications 1999.

　　② The Church Mission Society. Church Missionary Society Archive. G1 CH 2 O Original papers Reel305 [Z]. Wiltshire: Adam Matthew Publications 1999.

　　③ The Church Mission Society. Church Missionary Society Archive. G1 CH 2 O Original papers Reel303 [Z]. Wiltshire: Adam Matthew Publications 1999.

学生 11 届,共 147 人。

(二)广济药学堂

1906 年成立的广济药学堂,属专门学校性质,由梅藤更兼任校长、莫尔根为主任,学制三年。这是杭州开办西医专门学校的开始。广济药学堂主要开设的课程如表 2 所示。

表 2　杭州圣公会药学校课程列表①

时间	课程名称
第一学年	化学、植物学、实用植物学、药物学、药房工作实习、中文、英文
第二学年	化学、实用化学、药物学、卫生和初级细菌学、在药房工作实习、中文、英文
第三学年	分析化学、配药、药理学、治疗学、药房工作实习、中文、英文

辛亥革命后,广济药学堂改称为广济药学专门学校,有 8 届 53 名毕业生,1927 年停办。

(三)广济产科、护士学堂

广济医院创立后,有少数修女从事专职护理工作。1904 年,英国圣公会设立了广济产科学堂,附设助产科,后又增设护士科,培养助产、护理人员,逐步形成护理队伍。

英国圣公会杭州护士培训学校要求:1. 参加护士培训的男女学员必须具备好的品德和健康的身体;2. 至少持有高级初等教育毕业证;3. 必须听从并遵守教师指导;4. 必须得到病人的信任,严格执行医生对的指令。② 产科学校要求入学者要年满 20 岁,在经过医生的医学考试后入学。此外,“需要有一个值得信赖的中间人,由他签署一项协议并付 50 元的保证金,以保证学生品德优秀、遵守纪律”,学习结束后返还。

主要的学习课程包括:卫生学、药物学、临床护理、产科和妇科医学、泌尿生殖学、医疗和儿童护理、外科护理学和细菌学、解剖学、营养学、眼科疾病学等。经过 3 个月学习后,要求所有实习生必须通过中国护士协会的考试。

学校对学生要求非常严格。“必须整洁、有序”;“晚 9 点 45 分后禁止在房间讲话”;“所有学生必须参加早晚的教堂祈祷”;“禁止外访者进入学生宿舍。”③在医院实习时期,要求学生“必须友善相处,并遵守中国礼仪”;“在病房工作的实习生要安静、轻柔并忠诚地对待病人”;“夜班护士工作时间从晚 8 点 15 分至早 7 点 15 分,每年有 3 个星期的年假”。

三、结语

英国圣公会在浙江创办的各类教会医学校和医护班,是以培养为教会服务的中国医生

---

① The Church Mission Society. Church Missionary Society Archive. G1 CH 2 O Original papers Reel305 [Z]. Wiltshire: Adam Matthew Publications 1999.

② The Church Mission Society. Church Missionary Society Archive. G1 CH 2 O Original papers Reel305 [Z]. Wiltshire: Adam Matthew Publications 1999.

③ The Church Mission Society. Church Missionary Society Archive. G1 CH 2 O Original papers Reel305 [Z]. Wiltshire: Adam Matthew Publications 1999.

为主要目的。韦斯雷尔(Wetherell)女士在1923年的报告中谈到:"你可能对现在中国护士培训水平并不满意,……但当基督教越来越深入中国,他们将发挥作用,……现在他们需要爱、耐心和同情心,帮助他们树立理想,基础已奠定,大厦还没有建立。"①1923年广济护士学校在校有16名助产士学生,其中13名接受洗礼。

西医学校将西方先进的医学知识、技术和制度体系带到浙江,逐渐赢得了认同。"我们医疗传教士大部分是在国外受过教育和经过培训的,仅仅是勉强维持,远远无法满足中国人的巨大需求。""现在,一些地方对西医需求是如此巨大。西医在中国迅速流行,由于迷信,我们的医生仍需克服困难。"②梅藤更医生总结英国圣公会在杭州的发展,他认为:"过去20年,我们的工作有巨大进展,传教团注重医疗人员的配备和增加教会医院医疗设施。我们投入大量资金、时间和精力去培养本地基督教医生,努力创建高素质的本土机构,我认为我们的工作是有价值的,值得全力以赴。"③

总之,教会医学、护理教育作为英国圣公会在浙江教会医疗事业的组成部分,为浙江培养了最早的一批近代西医及护理人才。这些人才对推动浙江的西医传播和疾病治疗起了积极作用。

---

①　The Church Mission Society. Church Missionary Society Archive. G1 CH 2 O Original papers Reel305 [Z]. Wiltshire: Adam Matthew Publications 1999.

②　The Church Mission Society. Church Missionary Society Archive. G1 CH 2 O Original papers Reel 305[Z]. Wiltshire: Adam Matthew Publications 1999.

③　The Church Mission Society. Church Missionary Society Archive. G1 CH 2 O Original papers Reel 305[Z]. Wiltshire: Adam Matthew Publications 1999.

民国舟山海盗研究

——以《〈申报〉舟山史料汇编》为考察中心

陈金颖　武　锋

（浙江海洋学院）

摘要　舟山民国海盗史从属于民国匪患史研究，但因其地域差异，呈现了不同于内陆的复杂性，也区别于历代以前的舟山海盗。本文主要探讨了民国舟山海盗的特点、民国舟山海盗的成因、民国舟山海盗的独特性。

关键词　民国　舟山　海盗　申报

《〈申报〉舟山史料汇编》由舟山档案学会和舟山档案馆主编，1990 年 5 月出版，此书搜集了《申报》有关报道舟山的新闻稿件，资料非常充实全面。其中，对于民国舟山海盗资料的搜集占了全书很大篇幅，成为此书的一大特色，对于研究民国时期舟山海盗情况有重要的参考价值。本文即以此书所收集的有关民国舟山海盗的资料，对这一问题进行一定梳理。

一、民国舟山海盗概况

民国是匪患严重时期，英国学者贝思飞说：“民国创立后，没有一片区域没有土匪，没有一年土匪偃旗息鼓。”①据《〈申报〉舟山史料汇编》所收民国舟山海盗资料，此期海盗事件发生近八十起，最早的是 1913 年 1 月 31 日《海盗猖獗》的报道，最晚的是 1947 年 9 月 4 日《机帆船海盗窠第五次劫案在定海败露》的报道。新闻报道主要关注引起社会影响较大的海盗事件，其中没有报道的较小的海盗事件当还有一定数量。

民国舟山海盗发生次数极为频繁。民国二十三年的《定海舟报》上就有这样一段评论：“吾邑海盗陆匪之披猖，可谓至矣极矣，无以复加矣，仅就本报问世以后之所载，加以概括之统计，已达五十余起之多，而自认晦气隐匿不报者不与焉。”②《定海舟报》从 1933 年 5 月 1 日创办至发报日 1934 年 3 月 8 日不过才近三百天，而舟山匪患已达五十多起，这样一平均，几乎五六天就会发生一起海盗事件，加之因各种原因的隐匿不报，舟山海盗的实际情况应更为严重，这从《浙洋海盗猖獗之呼吁》、《浙江海盗猖獗再志》、《海盗猖獗》等《申报》新闻稿报道题目也可见一斑。

---

① ［英］贝思飞：《民国时期的土匪》，上海：上海人民出版社，1992 年，第 3 页。
② 《筹设稽查队》，《定海舟报》，1933 年 3 月 8 日。

民国舟山海盗的发生几乎遍布舟山各岛。这一情况可以通过《申报》有关舟山海盗的新闻稿题目中看出，如《鱼山岛又遭盗劫》、《海盗夜劫大鱼山》、《定海大浦门海盗抢掠捕人》、《高亭商民抽捐防盗计划》、《海盗蹂躏衢山岛》、《海盗蹂躏册子岛》、《支枝山海盗之猖獗》、《普陀香客遇盗之呼吁》《岱山商船被劫》、《岱山渔船被盗》、《定海六横乡被盗》、《双礁村海盗肆劫》、《沥港镇被匪洗劫》、《海盗两次临沥港》、《金塘沥港发生盗案记闻》、《登步山岛上之惨杀案》、《暴徒肆扰岱山岛》、《定海洋海盗掳劫渔船》、《小洋山海盗首领朱松舟在沪被逮》、《普陀佛顶山海盗连劫三家》、《岱轮被盗骑劫》、《朱家尖破获匪窟》等，可见舟山的内海、外海均有海盗发生，海盗肆虐遍及定海、岱山、嵊泗、普陀所有舟山县区，有些地方还多次被海盗侵扰。

民国舟山海盗对舟山居民生活带来严重干扰。海盗劫掠财物，伤及人命，甚至导致某些舟山乡镇发生人去屋空的惨剧。这里以舟山沥港镇的遭遇来说明这一问题。1930 年 10 月 31 日下午一点左右，海盗九十多人袭击了沥港镇，打死保卫团团丁两名、店伙以及居民三名，打伤多人，"全街各店，全境各家一一被劫无遗。村民店伙，睹此巨变，心胆俱碎，均逃避山上。全境十室九空，仅存盗匪九十余人，为所欲为，直至五时，始席卷而去"。① 这批海盗还抓走二十四人，索价数千元至万元赎金。② 镇海水警局、公安局赴现场查勘，但并未捉到海盗。等他们离开，11 月 4 日下午，反而招致海盗七八十人示威，"居民闻警，又逃避一空，晚间无敢留夜者"。③ 对沥港镇的劫掠，包括了劫物、杀人、打人、勒索等海盗惯用的手段。这批海盗在得知他们已被侦察时，竟然再次到沥港示威，其残忍狠毒以及气焰的嚣张可见一斑。除了沥港镇，六横乡也遭到海盗侵扰，"现乡民迁避，大有十室九空之概"。④ 当时人慨叹："然我人目之所见，耳之所闻，渔船被劫，渔民被虏，依然故我。所以本年渔船锐减，渔业衰落，非无其因。如不亟谋补救，力图挽回，此后我国渔业，必将沦于万劫不复之地，永无复兴之日。"⑤

二、民国舟山海盗成因

民国舟山海盗猖獗，这与舟山独特的地理环境、人们的生存危机、舟山渔场渔汛的吸引以及当时人口的频繁流动密不可分。

1. 地理环境

舟山海域辽阔，海岸线绵长，岛屿港湾众多，又是南北海路的交通要道，来往船只密集，

① 《沥港全镇被匪洗劫》，《申报》，1930 年 11 月 5 日，舟山档案馆、舟山档案协会编印《〈申报〉舟山史料汇编》，1990 年，第 225 - 226 页。

② 《沥港被劫再志》，《申报》，1930 年 11 月 6 日，舟山档案馆、舟山档案协会编印《〈申报〉舟山史料汇编》，1990 年，第 226 页。

③ 《海盗二次临沥港》，《申报》，1930 年 11 月 10 日，舟山档案馆、舟山档案协会编印《〈申报〉舟山史料汇编》，1990 年，第 226 - 227 页。

④ 《六横岛海匪窜扰》，《申报》，1939 年 4 月 4 日，舟山档案馆、舟山档案协会编印《〈申报〉舟山史料汇编》，1990 年，第 346 页。

⑤ 《定海洋海盗劫掠渔船》，《申报》，1933 年 5 月 25 日，舟山档案馆、舟山档案协会编印《〈申报〉舟山史料汇编》，1990 年，第 247 页。

而且渔业发达,很容易被海盗觊觎。此外,岛屿林立、海岸线长、水道狭窄的地理特点为海盗提供了天然的隐蔽场所,所以史籍载此处"四际皆海,山谷连延,至四百余里不为隘矣"。①岛屿众多既方便海盗隐蔽攻击,又方便海盗在得手后逃避躲藏。舟山海域的特殊环境,使海盗进可攻、退可守,来去行动迅速,是海盗的天然巢穴,政府甚至有时拿他们也没有办法。

中国古代很多政治势力,就借助舟山海域的地理环境与朝廷周旋,比如东晋时期的孙恩、卢循,唐朝的袁晁,元朝的方国珍,明朝的鲁王朱以海、郑成功、张苍水等。众所周知,明朝嘉靖年间,海盗王直就是依靠舟山建立了自己的走私贸易集团,并一度在双屿港盘踞,使此地成为世界著名的自由贸易港。

这说明,舟山海域的地理环境确实给海盗的形成造就了条件。纵观所有的海盗案件,政府主动出击的情况很少,大部分都是海盗饱掠而去,海警无法及时赶到。即使赶到也难能有所作为,因为这一带海面宽阔,无风三尺浪,水警船吨位不大,只能巡航,不能停泊。

2. 生存危机

民国时期,战事连绵不断,水旱灾害频发,农村经济更是凋敝,农民濒临破产,几乎到了难以维持生存的程度。据《定海县志》记载:"舟山列岛除有数繁盛处外,大都苦瘠异常,县海岛户以产米不敷所食,每饭必杂以补充粮食如薯丝、包粟等,而薯丝为最多,通常一饭米仅居十之三四,而薯丝且占其六七。"②生存艰难,导致铤而走险之人急剧增多。

3. 渔汛吸引

舟山是世界著名渔场,每逢渔汛,船舶林立,人口众多,以致晚上也灯火通明。渔业贸易需要携带的大量资金,以及人口的凑集,都吸引了海盗的目光。

图1是"盗案发生月份分布图",横轴代表月份,纵轴代表案件数。从图中我们可以明显看出,舟山盗案的发生存在两个高峰和两个低谷。两个高峰分别为5月前后和10月之后,两个低谷分别为2月份和9月份(见图1)。

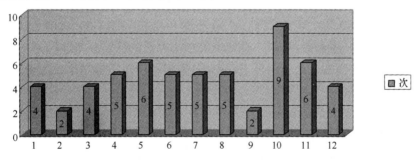

图1　盗案发生月分布图

舟山的渔汛期几乎一年四季都有,春季有小黄鱼汛,夏季有大黄鱼汛、墨鱼汛和海蜇汛,冬季是带鱼汛(秋季是虾汛,但一般7月至10月都是拖网禁渔期),并且产量较大。③5月前

---

① [清]施世骠:《修定海县志序》,[清]缪燧等编修、凌金祚点校:《康熙定海县志》,舟山档案馆,2006年,第2页。

② [民国]陈训正、马瀛:《定海县志·食货志》,民国十三年(1924)铅印本。

③ 殷文伟、季超:《舟山群岛·渔船文化》,杭州:杭州出版社,2009年,第173页。

后正好是春、夏季渔汛时期,10月是冬季渔汛时期,这两个时期渔民出海人数众多,海盗很容易尾随他们而趁机打劫。2月份与9月份没有渔汛,并且2月份是新年前后,9月份天气又及其炎热,渔民自然外出活动较少,围绕他们活动的海盗相应也就不多了。可以这样说,民国舟山海盗主要是以渔汛时期捕鱼的渔民为主要目标的。《申报》载:"衢山岱山为渔船集中之处,一至渔汛,即往各洋捕鱼,其捕鱼船只之多,不下万余艘。兹届渔汛,渔船群集,而各洋海盗,亦乘机纷起。"[①]1947年定海保警中队破获的一起海盗案件之中,盗匪也多次利用渔汛抢夺黄鱼。[②] 这说明,以渔汛期的渔民为抢掠对象,是海盗的惯常手段。

4. 人口流动

舟山作为渔业资源的重镇,捕鱼是主要产业,生产比较单一,如果不从事捕鱼或者经商活动,就会产生富余人口,他们极易流向海盗。再加上在舟山捕鱼的外来人口众多,既有本省温州、台州等地人,也有外省如山东、江苏、福建等地人,人口聚集一起,人员构成复杂,也容易滋生海盗。

《定海县志》记载民国十年(1921)定海全县男丁的分布人数除老弱外约有十三万人,其全县壮丁除从事盐、渔、农、工、商外,无业人员占了四分之一,即约有五万人。另外,外来人口,特别是渔汛时期外来人口的涌入,也占了很大比重。

从表1中可以看出,定海在只有十三万壮丁的情况下,旅食人口竟高达近三万左右,其中大部分只是在渔汛间来往。虽说流入的人口大部分是渔民,但鱼龙混杂,身份不明的人也应有一定数量。

表1 民国十年客民旅食人口表[③]

客户类别	外籍侨商	客渔		其他旅行及僧侣	总计
		常驻	渔汛时来往		
人口略数	1200	2 000	23 000	3 000	29 000

舟山本地居民生活虽然艰难,但还有寸土可以生存,外来人口不能生存,就极易流为海盗,因此舟山盛行外来海盗。而这些外来海盗中,温州和台州从地域来说又是最接近的,所以就多了温、台籍海盗。

1934年7月4日的《岱山轮被盗骑劫》载:"于上月二十八日上午七时,由嵊山开甬,讵有台匪两人,乔装搭客混入,迨该轮由泗礁开出时,复有台匪五人,各藏手枪混入。至二十九日下午四时许,驶经黄龙口、柴山洋附近时,七匪即呼啸一声,袖出手枪,分头将舵楼及机器间看管,迫令船驶至桃花山下,一面开枪示威……结果被劫去衣饰行李银洋约值两千余

---

① 《渔汛期间海盗猖獗》,《申报》,1933年5月5日,舟山档案馆、舟山档案协会编印《〈申报〉舟山史料汇编》,1990年,第246页。

② 《机帆船海盗窜第五次劫案在定海败露》,《申报》,1947年9月4日,舟山档案馆、舟山档案协会编印《〈申报〉舟山史料汇编》,1990年,第400-401页。

③ [民]陈训正、马瀛:《定海县志·食货志》,民国十三年(1924)铅印本。

元。"①所谓"台匪"是指温州、台州地区进入舟山的海盗,他们打扮成普通人的装束混入客船,然后伺机抢劫,并且得手。在这种人口流动性很大的情况之下,海盗的预防确实是存在困难的。

三、民国舟山海盗的特征

1. 迅速结成小股,拥有一至数艘船,人数不多,旋起旋灭,所以海盗队伍繁多

图 2 是"盗匪人数分布图",横轴代表案件计数,纵轴代表案件参与人数。因文章提到的都是大概数据,所以有具体化,如将五六十变为 55,将二十余变为 20。我们可以看到,除了有一次 200 人的海盗之外,盗匪的人数可以分为三大区域:大股(75 - 100)6 起、中股(45 - 65)7 起、小股(8 - 30)13 起。舟山海盗的人数主要集中于中小股之间,这也是方便劫掠并在之后的逃窜。即使被消灭或内部矛盾产生,也能很快拉起另一支小股的队伍,继续海盗生活。因此民国时期舟山海盗队伍繁多,旋起旋灭。

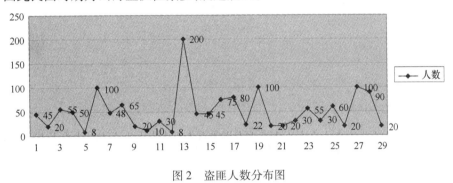

图 2 盗匪人数分布图

1947 年 4 月 9 日上午,海盗七人化装成旅客,抢劫了由宁波开往沈家门的"新华安轮",当时船上有一百多人。海盗击毙护航海警三人,青年军官一人,抢劫现金达三亿法币,金戒、手表、皮箱不计其数,然后成功逃脱。② 这次海盗抢掠能轻而易举的完成,这与他们人数少、行动迅速,且马上逃离有很大关系。

2. 海盗不但在海上活动,还在陆上进行抢劫,为了保证效率,还有一段休整期

我们知道,海盗在海面劫掠渔船,主要限于渔汛期;非渔汛期间,海盗要养活自己,就只能登岸劫掠。而海面活动和岸上活动多有相似,就是小股海盗短时间完成劫掠,然后离开,使海警无法及时赶到。

图 3 是"海盗陆海活动月份分布图",横轴代表月份,纵轴代表案件数。可以发现,5 月前后、10 月左右是海盗在海上实施抢劫的高峰期,而海盗的登岸劫掠的高峰期也是这个时

---

① 《岱山轮被盗骑劫》,《申报》,1934 年 7 月 4 日,舟山档案馆、舟山档案协会编印《〈申报〉舟山史料汇编》,1990年,第 256 页。

② 《新华安轮被劫》,《申报》,1947 年 4 月 14 日,舟山档案馆、舟山档案协会编印《〈申报〉舟山史料汇编》,1990 年,第 399 页。

段。在海上抢劫,是因为有很多渔民捕鱼;在岸上活动,因为岸上有渔业贸易往来,资金流动较多。海盗是陆上与海上都有劫掠。2月和9月是海盗海上和陆上活动同时的低谷期,其原因则是海盗也需要休整,为以后的作案高峰做好准备,其后的5月前后和10月前后出现的高峰期也证明了这个猜测。而6至8月段海盗的陆上活动明显高于海上,因为这段时间渔民出海捕鱼较少,海盗的目光转而盯向陆地。由此可见,海盗在活动高峰期,在陆上与海上均实施劫掠,当无利可图时,开始进行修整。

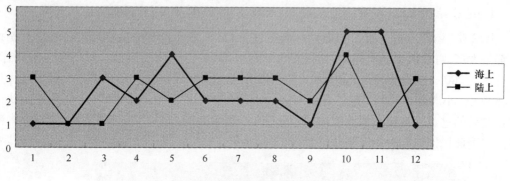

图3 海盗陆海活动月份分布图

3. 政府打击海盗疲于应付,民众开展自发保护

民国时期主要由中央、省属的海军和水警打击海盗。民国十年(1921)冬,北洋政府在沈家门设"靖海处",由"永绩"、"联鲸"等舰驻防,永绩舰舰长任处长,十二年春撤防。[1] 民国元年(1912),"浙江省外海水上警察第三署"(后改为队,又改为局)驻沈家门,并有1个分队驻防沈家门港。六年(1917)境内驻2队、15分队,每分队配巡船一艘。其后时增时减,至1928年6月撤离。[2]

同时,民众建立保卫团以防范海盗。30年代初,定海治安状况极差,土匪横行乡间、小岛,有时竟到县城内活动,定海士绅及在沪的一些定海籍资本家,对此极为不安,于是在1933年夏秋之间,由"定海旅沪同乡会"等团体为主,筹办"人民义务自卫队及侦缉队"。11月下旬,保卫团成立。[3]

但即使有了海警和自卫队,海盗活动也难以遏制。因为水警活动集中在10至12月的冬汛期布置巡逻事宜,平时是依靠自卫队,而海盗的活动基本上是不间断的。另一方面,海警的装备除了巡逻艇之外,其他的枪械比不上海盗,更不用说自卫队的了。1918年10月25日的《申报》报道的《军帽山(青浜)捕盗之剧战》就说:"盗众六七十人,各持快枪快炮等,向该渔轮射击,意图得到此渔轮,可以横行海上。致该轮被中数枪,略受微损,当即遁回到沈家门。禀报水警第二队,请求追捕。旅派第一第七两分队长,即乘福海鱼轮星夜驰往该处,至将军帽山,盗持有利器,开枪抵拒。渔船内水警之枪械,不如盗械之利,几为所窘。乃加足鱼

① 舟山市地方志编纂委员会:《舟山市志》,杭州:浙江人民出版社,1992年,第706页。
② 舟山市地方志编纂委员会:《舟山市志》,杭州:浙江人民出版社,1992年,第708页。
③ 舟山市政协文史资料委员会:《舟山文史资料》(第二辑),杭州:浙江人民出版社,1992年,第200页。

轮火力,将该盗船撞沉。"①水警最后只能依靠坚利的巡逻船抵御海盗(这也是海盗多次想要掳船的原因)。器械的不力也使得官兵不敢积极阻止海盗的活动,如1918年7月22日《申报》报道的《岱山匪徒纵火案》中,在匪徒将小门地方焚烧一日半之久的时间里,出现"虽有官兵驻扎其间,亦孰视而无可如何"的现象,其作为让百姓心寒。② 1923年10月,台州海盗张顺安从衢山、高亭、长涂一路洗劫,当时有坐江营船两艘,慑于海盗声威,竟然没有任何行动。③

三、结语

因此,民间开始自发的消极抵抗海盗,就是花钱买平安。海盗承诺对征收费用的海船不采取行动,但实际操作中,往往海盗的胃口很难得到满足。1926年7月19日的《海盗征收照费骇闻》载:"近闻该盗等在定属六横山,征收渔船照费,每秋渔船收照费六元,每秋冰鲜船收照费五元,以六个月为限,如不纳照费,即将其船掳去。各处渔民无奈,闻多向该盗领照。"④

综上所述,我们可以看出民国时期舟山海盗肆虐的情形,这给舟山人民带来了极大的痛苦。同时,民国舟山海盗的形成原因颇为复杂,这对彻底根治这一毒瘤带来了很大的困难。

---

① 《军帽山(青浜)捕盗之剧战》,《申报》,1918年10月25日,舟山档案馆、舟山档案协会编印《〈申报〉舟山史料汇编》,1990年,第169页。

② 《(岱山)匪徒纵火》,《申报》,1918年7月22日,舟山档案馆、舟山档案协会编印《〈申报〉舟山史料汇编》,1990年,第38页。

③ 《温台海盗大肆抢劫》,《申报》,1923年10月16日,舟山档案馆、舟山档案协会编印《〈申报〉舟山史料汇编》,1990年,第185页。

④ 《盗征收照费骇闻》,《申报》,1926年7月19日,舟山档案馆、舟山档案协会编印《〈申报〉舟山史料汇编》,1990年,第204页。

简论中国海洋艺术的构成、发展历程及审美特色

柳和勇

（浙江海洋学院）

摘要　中国海洋艺术有着颇具特点的内容与形式构成，并经历了漫长的发展历程。它的起源与涉海活动紧密相关，经历了从非艺术向艺术的生成过程。海洋艺术作品存世较少，除了难以长期保留的原因外，也与我们的农耕文化审美心理及海洋意识较弱等有关。汉以后，随着我国的海洋活动增多，促进了中国海洋绘画的发展，作品存世相对较多。中国古代宗教性涉海雕塑和工艺性涉海雕塑发展较快。海洋书法艺术是中国特有的海洋艺术形式。随着我国当代海洋活动的拓展，中国海洋艺术发展的春天到来了。中国海洋艺术具有传神表意性、虚实相生性、和谐统一性和形式多样性等审美特色。

关键词　中国海洋艺术　内容和形式　发展历程　审美特色

中国海洋艺术是指中华民族塑造表现海洋和反映涉海生活形象的艺术作品。根据塑造涉海形象的材料、方式和形式等的不同，中国海洋艺术可分为中国海洋绘画、中国海洋雕塑、中国海洋音乐、中国海洋舞蹈等艺术样式。

一、中国海洋艺术的内容和形式

（一）中国海洋艺术的内容

不同中国海洋艺术样式表现的具体内容各有侧重，但从艺术作品内容构成的基本特征看，其主要由涉海题材内容和涉海审美意蕴两部分构成。其中涉海题材是偏于客观的艺术内容，涉海意蕴是偏于主观的艺术内涵，两者密切联系，相互依存。中国海洋艺术内容主要由以下三方面构成：

1. 表现对中国海洋景象和海洋物象的独特艺术美感

尽管不同海洋艺术表现海洋生活的功能各有所长，但表现海洋景象和海洋物象的独特美感是中国海洋艺术的重要内容。艺术家带着独特的艺术体验表现壮阔的海洋景象和多彩的海洋物象，真情抒发亲近海洋、热爱海洋的真实情感。如中国海洋绘画艺术充分施展具体再现物象情貌的艺术表现擅长，在生动表现壮丽海景和多彩海洋物景中，传达独特的艺术美感。清代画家袁江的《海屋沾筹图》，松绕危岩，海涛汹涌；崖壁下，平坛楼阁，稳坐拍浪之

间;波连薄霭横云,远山叠翠,峰峦起伏,气势壮观,呈现独特美感。近代画家傅抱石的《海天落照图》,一座高山耸立大海之滨,落日西沉,余晖染红了天空与海面,呈现出瑰丽的海洋落日美景。画作毫无忧愁之感,渗透着浓浓的喜悦之情。

中国海洋音乐艺术通过艺术化的声音组合表现海洋景象和海洋物象。当代歌曲《美丽的罗源湾》,以优美歌词和抒情曲调表现罗源湾的迷人海湾风光,"飞腾的港湾,山欢水笑,静静的海洋碧波茫茫"。"金色的海洋风情万钟,银色的海洋,梦在飞翔"等,给人们带来美好的海洋音乐美感。由孙仪作词、刘家昌作曲的《海鸥》,具体表现了海鸥顶风抗浪翱翔海空的英姿,"海鸥飞在蓝蓝海上,不怕狂风巨浪。挥着翅膀看前方,不会迷失方向。飞得越高看得越远,它在找寻理想。我愿像海鸥一样,那么勇敢坚强"。歌曲已充分把海鸥拟人化了,洋溢着勇往直前的乐观人生态度。中国海洋音乐中也用器乐曲表现海洋自然景象,如由莫军生、骆子韬作曲的《海花》《海韵》等独弦琴曲,是一组以海景风貌为主题的自然音乐作品,用优美的旋律将我们带进阳光、月夜下海滩的美妙神韵,让人流连忘返。

虽然中国海洋雕塑和中国海洋舞蹈难以具体表现壮阔的海洋自然美景,但它们却较多地通过塑造海洋物景来表现海洋,以此来传达对海洋及海洋生活的独特审美情感。如形态各异的贝壳雕塑,模拟海洋生物的舞蹈等,都能让我们真实感受到海洋的富饶与勃勃生机。浙江省岱山县的金黄色大黄鱼塑像,真实反映了岱衢洋历史上曾经辉煌的大黄鱼捕捞生产,在体验大黄鱼跃动的形姿中,也让人们感受到保护海洋资源的重要性。

新中国成立后,有许多表现海洋景象的艺术作品透溢出热爱祖国海疆的激情,具有深深的社会蕴含和强烈的时代气息。当然,有的海洋艺术作品还通过海洋景物形象来传达多种生活情感。如中国当代海洋画家李海涛的《万里海疆图》长五十米,表现中国海疆全貌,体现了中国海疆从南到北的自然风貌及各海域的不同的气候变化、风土人情、渔村渔船、沿海名胜及城镇建筑等近百个重要景点,使祖国气象万千的万里海疆尽收眼底,抒发了强烈的爱国主义精神,在国人心中强化了祖国领土的海疆概念。而陈大力作词、陈大力、陈秀南作曲的《大海》却不以表现大海壮美为艺术目的,歌手张雨生演唱这首歌来表达他对逝去的妹妹的思念,想让大海吹走哀愁,捎去相念:"如果大海能够带走我的哀愁,就像带走每条河流,所有受过的伤,所有流过的泪,我的爱,请全部带走。"歌曲处处都流露出思念的情感。

2. 抒发对中国重要海洋英雄人物的深情赞颂

中国海洋艺术通过海洋人物形象的塑造,真实反映中国海洋文化史上的重要涉海内容,讴歌为中国作出贡献的海洋人物,倾注真挚的审美情感,给人们带来崇高的艺术美感。海洋雕塑抓住人物最具内涵的瞬间动作和表情塑造涉海人物形象,让人们借助想像和联想浮忆感人的事件,感动于英雄壮举,获得审美享受。如山东威海市的《邓世昌》铜像:底座由大理石砌成,形似"致远"舰首,邓世昌身穿披风,表情深沉,双手按着一把长长的带鞘的宝剑,十分威严,形象表现出中国将士誓死抗击日军入侵者的威武不屈精神。又如浙江舟山市的《三总兵》雕像高6米多,用将军红花岗岩石刻雕塑而成,葛云飞、王锡朋和郑国鸿三总兵紧紧相依,倚剑临海,神情坚毅,透溢出誓死保卫海上国门的浩然正气,也让人们自然联想到当年那场浴血奋击英军海上入侵的抗击战。福建厦门市的《郑成功》塑像、江苏赣榆和浙江慈溪的徐福像等,都是对中国海洋活动史上重要历史人物的当下纪念。又如为表现郑和七下西洋的伟大航海壮举,我国创作了许多绘画、摄影作品;江苏南京市还举行了《郑和颂》大型歌舞演出。天津市青年京剧团还创作了大型交响京剧《郑和下西洋》，该剧以京剧为主体，融入交响乐、歌剧、音乐剧、舞剧等诸多艺术形式。

3. 显示对中国涉海活动和生活风情的真实反映

中国海洋艺术以多样的艺术形式和手段具体表现我国不断发展的涉海活动状况，真实再现海洋生活风情，由衷讴歌普通涉海劳动人群，有着丰厚的海洋文化内蕴。如由王持久作词、龙伟华作曲的《海姑娘》，以优美的歌词和活泼的音乐手法描述女兵军旅生活的同时，突出表现一位热爱大海女兵的情怀："海姑娘海姑娘一身戎装走过来，海蓝蓝天蓝蓝伴我英姿多飒爽；海姑娘海姑娘蓝色军歌唱起来，波连波浪涌浪大海万里长城长。"大家广为传唱的歌曲《军港之夜》，也是一首反映我国海军水兵生活的优秀军旅歌曲，打动人心。中国海洋绘画也创作了大量反映我国涉海活动和生活的作品。如张道兴的《赶海》，用诗化渲染的线条和色彩表现了一群走向海洋的渔家妇女的情貌，欢快的艺术基调中充溢着浓浓的海洋生活气息。广东南澳洪振元的渔民画《渔光曲》，具体再现了海上捕鱼收网时的场景，颇具艺术感染力。中国海洋舞蹈艺术主要运用人体语言作为再现生活和传情达意的媒介，因此，与海洋人物形象塑造密切相关，往往通过舞蹈人物形象直接展现涉海生活情景。如海洋文化风情舞蹈剧《咕哩美》，共有"灯"、"网"和"帆"三个篇章，它以舞蹈为主要表现形式，以北部湾独特的典型文化形象为中心，通过灯的心、网的情和帆的意，对北部湾风土人情和文化底蕴给予了真实的写照和赞美。中国海洋雕塑以特有的艺术手段和艺术造型，让人们体验到具体的涉海生活和海洋文化蕴含。如大连市的《鱼贯而入》景观雕塑，由集装箱和船锚为雕塑组成元素，并着意抽象化造型。船锚象征着大连市历史悠久的港航文化；集装箱象征着大连发达的现代海洋物流和全球贸易。雕塑的整体造型如同群鱼在海流中前赴后继，奔腾跳跃，反映了大连海洋经济发展大潮中迅速崛起和发展。山东日照市由船舵、船锚及底座三部分的《明天》雕塑，体现了日照市的历史悠久的航海文化，也象征着不屈不挠的坚强意志和品格。中国海洋摄影则以多彩的镜头具体记录了我国涉海活动的蓬勃发展，表现了普通涉海人群的日常生产和生活状况，成为当下重要的海洋艺术形式，吸引许多人群参与创作。

当然，中国海洋艺术具体内容还有很多，如反映中外海洋文化交融，表现中国海洋神话和展现异国海洋风情等。

（二）中国海洋艺术的形式

中国海洋艺术形式是表现海洋文化内容的方式和方法。中国海洋艺术样式众多，形象类型复杂，具体表现形式丰富多样，其主要由艺术样式、艺术种类、艺术语言、艺术结构和艺术方法等形式要素构成。受地理和文化等诸多因素的影响，不同国家的海洋艺术形式存在一定差异，各有特色。中国海洋艺术的形式主要由以下几方面具有特点的艺术形式要素构成。

1. 齐备的艺术样式

中国海洋艺术样式众多，几乎拥有现有的所有艺术样式，不仅涵盖了造型艺术、表演艺术等基本艺术类型，而且具体艺术形式基本都有涉及。如造型艺术中的雕塑艺术、绘画艺术、建筑艺术、书法艺术、工艺美术及摄影艺术等都是中国海洋艺术的重要构成要素，是中国艺术家用以表现海洋和涉海生活的主要艺术载体。又如表演艺术中的声乐艺术、器乐艺术和舞蹈艺术等都有中国海洋艺术佳作问世,受人瞩目。

2. 民族的艺术语言

艺术语言是指艺术家塑造和呈现海洋艺术形象的材料和媒介,不同艺术语言构成不同海洋艺术样式,产生各具特色的艺术审美效果。虽然不同海洋艺术样式的基本艺术语言具有极大的相同性,但是不同民族的语言体系、材料特质、乐器样式、身体特征及表现技巧等,都会对海洋艺术语言表现产生较大影响,并最终在海洋艺术作品中留下深深的民族印记。如中国海洋音乐特色鲜明,它与中国特有的汉语言、民族乐器及表现方法直接相关。又如中国海洋书艺术更与我国汉语言和书法艺术形式直接相关。

3. 多彩的体裁构成

艺术体裁是艺术内容的载体,是海洋艺术的重要形式。中国海洋艺术除了拥有各种艺术类型的具体艺术样式外,还运用有鲜明中国特色的艺术体裁表现涉海生活,显示出中国海洋艺术体裁构成的多彩性。如中国海洋国画用笔、墨、纸、绢等工具材料作画,其运用方式和实际效果不同于西方绘画,为中国所独创;中国民族音乐用中国民族乐器和曲调表现涉海生活,在世界上独树一帜;中国海洋书法艺术有风格的写汉字,表现涉海景观和情感,为举世无双的独特艺术形式。

4. 独具的表现手法

艺术表现手法是海洋艺术的具体表现手段和艺术技巧,直接影响海洋艺术内容的传达和作品审美效果。中国海洋艺术继承中国艺术表现传统,并根据表现海洋生活的实际需要加以不断发展和创新,形成了不少具有中国特色的海洋艺术表现方法,丰富了世界海洋艺术表现的手段。如中国海洋绘画不重写实,重视创造者情意的传达,讲究笔法与墨法,并主张根据表现海洋和涉海情感的需要灵活地加以运用。中国海洋音乐中有时不重大海壮阔形象的表现,而是把其作为传达特定情感的载体,追求独特的艺术审美意境和审美效果。苏小明演唱的《军港之夜》就是景、声、情相互有机融和的优秀海洋音乐作品。

二、中国海洋艺术的历史发展

中国海洋艺术经历了漫长的发展历程,虽然具体海洋艺术样式的历史发展轨迹不尽相同,但都伴随着涉海劳动而萌芽,并随着中国海洋活动和艺术创作的发展而逐步发展,并显出勃勃的生机。

(一)中国海洋艺术的起源

中国海洋艺术的起源与涉海活动紧密相关,它伴随着中国先民的涉海劳动、涉海生活而萌芽,经历了从非艺术向艺术的生成过程。在原始涉海生产形态中,先民们或会以简单节奏的乐、舞来统一涉海劳动行为,庆贺渔捞丰收;或会描绘、石刻涉海物件形象来祭祀天地鬼神,祈求神灵祖宗护佑;或会打磨制造石质涉海工具来提高生产效益,期望获得高产;或会钻磨海洋贝壳、鱼骨制作贝饰装扮,显示漂亮和勇敢等。至今,我们可以在一些现存涉海文物中看到中国早期海洋艺术的大致状况。如在北京山顶洞人文化遗址中发现的经过磨光、钻孔、着色后的鱼骨和海蚬壳，用来制作项链。又如在辽宁小珠山、山东烟台和三亚落笔洞等许多新石器文化遗址中，发现了大量经过加工的石质网坠和粗陶网坠。尤其在浙江河姆渡文化遗址中出土的刻花纹木桨和陶舟，更显示了中国先民的质朴涉海审美追求。雕花木桨残段的桨柄与桨叶结合处，阴刻有弦纹和余线纹图案；陶舟的两头尖，下半部呈弧形，廓线自然济，显然是仿造使用的独木舟，是一件新石器时期的准原始海洋艺术品。广东珠海发现的高栏岛的宝镜湾岩画，更充分展现了4000多年前中国先民的海洋雕刻创造。岩画图像阴纹线条，浮雕造型，在花岗石画上，敲凿出各种图案、记号。图画由船形、人物、蛇、鸟、鹿、云纹、雷纹、波浪纹，以及未能破译的10多组图案所组成，其内容丰富、艺术完整、规模宏大，表现了古越人的航海活动和海边生活。尽管艺术表现的能力尚弱，但热烈的崇拜、祭祀的情绪甚浓，充分表现了古越人的浮雕艺术水平。此外，出现在多种彩陶中的鱼形及鱼形纹等，也与渔猎生活有密切关系，显示出中国早期海洋绘画艺术的初步发展。

（二）中国古代海洋艺术的发展

随着我国古代生产和社会的持续发展，中国古代艺术取得了长足进步。许多艺术形式的辉煌艺术成就举世瞩目，艺术内容广泛，艺术水平高超，艺术风格多样。同样，从那些存世以及我们所知道的中国海洋艺术品看，中国海洋艺术的形式多样，精品甚多，风格独特，水平很高，显示了中国海洋艺术的发展和地位。

中国古代海洋绘画是我国最重要的海洋艺术形式，作品存世相对较多。早期的中国海洋绘画大多与仙山信仰和"龙水图"等密切相关。如山东临沂金雀山九号墓棺盖上平展一幅帛画，帛画顶上绘有日、月、云朵，下有蓬莱、方丈、瀛洲三座海上仙山；帛画下部绘怪兽驾升龙于海中等，具体反映了着力寻求海上仙境的涉海心理。又如我们在诗人李白的《堂禅房观山海图》一诗中，知道汉代曾根据《山海经》绘《山海图》，在唐代为莹和尚收藏，李白看后还赋诗写海景："列嶂图云山，攒峰入霄汉。丹崖森在目，清昼疑卷幔。蓬壶来轩窗，瀛海入几案。烟涛争喷薄，岛屿相凌乱。征帆飘空中，瀑水洒天半。峥嵘若可陟，想象徒盈叹"等。尽管李白诗中山海景象并不是《山海图》的真实反映，也渗透着一定的道家仙山出世思想，但汉代曾存有《山海图》却是不争的事实，是中国海洋绘画艺术发展的重要例证。东汉的王延寿在其《鲁灵光殿赋》中也有以画绘海的记载，"杂物奇怪，山神海灵，写载其状，枉之丹青"。

汉以后，我国的海洋活动增多，促进了海洋绘画的发展，作家作品增多，并有了具体反映海洋的作品。如《历代名画记》载，唐甘露寺中的画壁上存有王陀子的"须弥山海水"等绘画内容。宋《图画见闻志》卷二载：唐末画家孙遇等人当时以画龙水闻于世，并有作品存于寺院内。《宣和画谱》卷九说南唐常州画家董羽擅画大海，为世上一绝，在金陵清凉寺曾存有画海之作。而白居易的《题海图屏风》诗，则记录了此时已出现了纯粹的大海绘画。诗中也表现多种海景："海水无风时，波涛安悠悠。"有时则"白涛与黑浪，呼吸绕咽喉。喷风激飞廉，鼓波怒阳侯。鲸鲵得其便，张口欲吞舟。万里无活鳞，百川多倒流"。

总的来看，中国古代海洋绘画作品内容还是比较广泛的。如以海洋神话为题材的有东晋司马绍的《瀛洲神仙图》、唐代周昉的《白描过海罗汉》、宋代张激的《白描观音罗汉众佛

248

卷》、宋代赵伯驹的《海神听讲》以及清代袁江的《海上三山图》等；反映海洋历史人物题材的有东晋戴勃的《秦王东游图》、南朝宋代谢稚的《秦王游海图》；以船舶舟师为题材的有西晋卫协的《吴王舟师图》、东晋史道硕的《王濬弋船图》、北宋燕文贵的《船舶渡海图》；表现海洋景致的有唐代李昭道的《海岸图》、北宋米芾的《海岳图》、南宋楼钥的《海潮画》、元代王蒙的《丹山瀛海图》、清代梅庚的《观潮图》和清代袁耀的《海峤春华图》；此外还有表现钱塘江潮景象的画作，如南宋李嵩的《观潮图》和《夜潮图》等。这些海洋作品画风各异，景情相融，艺术水准高，基本反映了我国古代海洋绘画艺术的发展和特点。

中国古代雕塑与绘画关系密切，"塑绘不分"或"塑容绘质"是中国雕塑的一个特点。尽管中国古代海洋雕刻作品留世不多，但其在多种器物上的涉海内容雕刻，已反映出中国古代海洋雕刻的发展。商代饕餮纹铜鼎的纹文中有一幅挑成串贝币坐船的图样，也许是古老的水上商货图。在战国的水陆攻战纹铜鉴中绘有乘船航行和战斗的生动场面。战国时期的"宴乐渔猎攻战图"壶纹饰中，绘有一艘双重甲板的三层战船，并有激烈的舟战场面。此外浙江甲村出土的羽人竞渡纹铜钺，上首为龙纹，下部以弧形边框线为舟，上坐四人为一排；四人皆头带羽毛冠，双手持桨作奋力划船状。同类雕刻图的还有广州南越王墓中出土的羽人划船纹铜提筒，饰有4艘首尾相连的船纹；同属南越区域的广西贵县罗勃湾出土的铜鼓也饰有羽人划船纹；这些羽人划船纹反映了水上航行和有关习俗。广州出土的东汉陶船模型，具体逼真，是一艘设备完善的航行内河兼浅海岸的客货两用船，反映了我国古代水上交通极为发达。此外，汉代铜镜中出现的"上有仙人不知老，渴饮玉泉饥食枣，浮游天下遨四海"等铭文，虽与道教思想有关，但反映了一定的海洋意识和海洋寻仙心理，也体现了一定的海洋审美情趣。在铜镜上饰有航海图纹的传统，极富特色，在宋金时期尤多。此类镜的名称有"海船镜"、"煌丕昌天海舶镜"、"海舶镜"、"海涛云帆葵花镜"、"航海图形镜"等等。此类镜的共同特征是：外缘呈八瓣菱花形或葵花形，整个镜背为一单桅杆帆船在大海波涛中航行，纹样规整，线条精细流畅。如陕西省扶风县城关下河村宋墓出土的铜镜背纹，以流畅的细阴线表现起浮翻滚的波涛，一单桅杆帆船乘风破浪航行在大海波涛中。船头、船尾分别乘坐3人，船舱口探出几个人头来，俨然是一幅海上远航图。又如四川雅安出土的铜镜除饰有船、帆图案外，还在海浪波涛中有卷云龙纹及跳跃的鱼。

随着中国古代雕塑艺术的发展，海洋雕塑的题材及雕塑物也逐渐增加，宗教性涉海雕塑和工艺性涉海雕塑发展较快。如山西平遥县双林寺的渡海观音像用圆雕手法塑成，有东方女性端庄典雅之美，他的身旁背景是起伏的波涛，表现出普渡苦海的决心和毅力。一些宗教性寺庙内的龙柱石雕是后来涉海石雕的重要形式，如福建漳州白礁慈济宫的龙柱石雕。又如元代的渎山大玉海是一个巨型玉雕，是元代忽必烈犒赏三军时盛酒的器物，是中国古代涉海玉雕的代表作之一。它由一整块白章的椭圆形大玉石精雕而成，玉器内部掏空。体外周身饰波涛汹涌的大海图景，下部的浮雕加阴线勾划的方法表现旋卷的波浪，上部以阴刻曲线勾画漩涡作底纹，周身动物浮雕没于海浪波涛中。海洋纹饰雕饰还逐渐向平常人家生活中发展，如清代山西一个制作糕饼的月牙饼模也刻有月宫海水龙纹。

海洋书法艺术是中国特有的海洋艺术形式，书法家以富有风格的汉字来传达涉海内容，让人们感到独特的美感。许多中国古代海洋书法艺术作品刻在滨海的摩崖石刻上。浙江舟山群岛上许多摩崖石刻都是对海洋风光美的点睛之语，如"山海奇观"、"瀚海风情"、"海天佛国"和"万顷碧波"等,书法内容、书法艺术和海洋景象交相辉映,更能突出海天一色,山海相融的美感特征,给人们带来深隽的审美享受。又如海南三亚的"海判南天"、"天涯"等古人涉海书法颇见功力,既是对海洋景象特点的总结,也深含着许多社会内蕴,使人获益良多。

中国海洋音乐舞蹈在古代也得到发展,艺术内容和表现形式更为多样,并逐渐成为民间最重要的海洋艺术形式。有的舞蹈音乐还与中国重要的涉海事件相联系。如流行于浙江、福建等地的藤牌舞就与明代抗倭名将训练士兵的战术有关。有的音乐舞蹈反映了涉海劳动生活,如台湾东部的古老民歌《打渔歌》,又如广东南屏与海洋围垦劳动有关的沙田民歌等。

需要提及的是,与中国海洋文学相比,海洋艺术作品存世较少,除了难以长期保留的原因外,也与我们的农耕文化审美心理及海洋意识较弱等有关。随着我国海洋活动的拓展,中国海洋艺术发展的春天到来了。

(三)中国当代海洋艺术的繁荣

20世纪以来,中国海洋艺术有了长足提高;尤其近30年,随着中国经济持续高速发展,中国海洋事业渐趋发达,国人海洋意识普遍增强。与此同时,中国海洋艺术也取得了骄人成就,令世界瞩目。这种发展主要表现在以下四个方面。

1.海洋生活突现

为了改变以往作品过多表现自然海洋景象的不足,艺术家们积极深入涉海生活,体验海洋生活,了解海洋生活,创作了许多具体生动反映我国海洋生活的海洋艺术作品,受到人们的普遍欢迎和好评。涉海人群活动和生活成为重要的创作题材。例如,由王持久作词、龙伟华作曲的《海姑娘》,以活泼的音乐手法描述战士军旅生涯的同时,表现出一位热爱大海的海军女兵的情怀;古筝曲《东海渔歌》表现了东海渔民欢乐而又紧张的劳动生活,洋溢着对新生活的热爱和向往;江平的《江海泊鱼图》画作反映渔家生活。同时,历史涉海题材也成为中国海洋艺术的重要表现内容。如郑成功、戚继光、徐福和郑和等重要的中国海洋文化历史人物,都成为许多雕塑的表现对象。又如为纪念郑和下西洋600周年,许多海洋艺术都有佳作面世。

2.作家作品猛增

许多艺术家积极参与海洋艺术创作,创作了一大批海洋艺术作品,其数量之多远远超过以前任何一个时期。有些艺术家还专门从事海洋艺术创作,被人们赞誉称为海洋艺术家。如中国当代画家中的李海涛、周智慧等高水平画家,创作了数量可观又质量上乘的海洋绘画作品,已产生较大社会反响。许多地方继承海洋文化遗产,创作了反映滨海城市历史和涉海生活的海洋艺术作品。如广西北海的《老渔翁》、《珍珠女》等城市雕塑;浙江的《鱼灯舞》等。

3.艺术形式发展

不仅运用摄影等现代艺术形式来表现海洋,而且还运用建筑等传统艺术形式参与海洋艺术创造;同时还积极探索新的海洋艺术表现方法,促进中国海洋艺术的不断发展。当下摄影已成为表现海洋生活的重要艺术形式,经常举办大型海洋摄影展,社会影响大。厦门市的滨海大道,无论是平面构形还是高差组合都经过奇思妙想,与海景相协和,颇具审美价值。

不少当代中国绘海作家还探索画海技法的发展,如李海涛创作《梦海》时,以暗包围明的方法来处理礁石浪花四溅,以周围逐步加深明度对比产生梦幻的感受等。

4. 中外艺术相融

借鉴其他民族海洋艺术传统和艺术特长是促进中国海洋艺术发展的重要途径。许多西方国家有着悠久的海洋文化传统,海洋艺术成果丰硕,有许多地方值得我国学习和借鉴。因此,当下我国许多海洋艺术创作融入了西方海洋艺术表现手段和美学思想,促进了我国海洋艺术更具表现性,更具世界性,更具海洋精神。许多城市雕塑采用了抽象与具象相结合的方法收到了很好的艺术效果。如大连的《鱼贯而入》;辽宁锦州的《拥抱大海》等。又如交响合唱《中国神话四首》,就充分借用了西方的表现形式,是中西艺术相融的具体表现。

三、中国海洋艺术的审美特色

中国海洋艺术形式多样,不同艺术有着独具的审美特点,但受中国海洋实践活动和中国审美文化传统的影响,中国海洋艺术还是显示出一定的共同审美特色。

(一)传神表意性

中国海洋艺术充分吸收以表现内在气韵为本的中国艺术精神,不侧重于涉海事物外貌的逼真再现,而是钟情于内在精神的表现,常以写意性的形象展现涉海事物的整体风貌和内在品格,并与主体审美精神、审美情趣相互契和,形成特有的艺术意境。如中国海洋绘画中的海涛形象奇异多姿,或惊涛壁立,雄奇峭拔;或雪涛连天,汪洋恣肆;或海天浑茫,森严神秘;或明月静海,怡然飘逸……各有人格神气,显示特定的胸襟和心境。又如中国古代海洋雕塑中所表现的涉海活动场面,虽不甚具体精细,但粗线条的勾勒,使涉海人物的身姿表现得栩栩如生。战国水陆攻战纹铜鉴的乘船航行和战斗场面简洁而生动,是中国古代海洋雕塑传神写意艺术特色的重要例证。戚继光、郑成功和郑和等海洋历史人物现代雕塑,大多通过特征性的身姿和表情,显示人物的精神气质,传达后人对他们的敬仰之情,很好地继承并发扬了中国海洋艺术的表现传统。

(二)虚实相生性

中国海洋艺术重视虚无的艺术表现功能,常常通过留白、虚空、漏目等艺术手段,产生独具的艺术效果,显示出不同其他国家海洋艺术的美学特色。如中国海洋绘画通过空白处理,使无画处皆成妙境,成为表现海洋事物和涉海情感的重要艺术符号。海洋书法"计白当黑",通过空白与字体的互补,形成表现涉海情感的艺术整体,具有更广的审美空间。海洋建筑艺术也常以房屋中的空旷来与海景相连,突现建筑的海洋特色和涉海情趣。

(三)和谐统一性

中国海洋艺术充分体现了人与海洋的亲和统一,在思想内容上,侧重表现人对海洋及海洋生活的赞美和向往,着力呈现人们已取得的涉海活动成果,体现了人与海洋和谐相融的审美意识;在艺术表现上,则善于通过按照相反相成的艺术辩证法进行组织和表现。如中国海洋绘画中墨的浓淡枯湿的配合构成,海洋书法艺术中笔的长短曲直的布局呼应;中国海洋音乐中的八音克谐。中国民间海洋舞蹈常模拟海洋生物的动作特征,编演贝壳舞、鱼类舞等,充分体现了中国民众对海洋的热爱及和谐相融。

（四）形式多样性

中国海洋艺术形式有着丰富的具体呈现。不仅有着基本艺术类型和样式,而且每种艺术类型的具体艺术形式尤显丰富多彩,往往不同沿海地域会有地域特色的海洋艺术形式。中国海洋绘画、中国海洋书法艺术、中国民间海洋音乐、中国民间海洋舞蹈等,形式独特,充分体现了中国海洋艺术的独创性和美感特色。

浙江古代海洋自然景观诗歌浅探

杨凤琴

（宁波大学）

摘要 浙江古代诗歌中有许多描写海洋自然景观的作品,形象地描绘了海洋的奇异风貌。诗人通过望海、观潮、渡海等活动描写了海洋的奇伟景色,使人对海洋有了生动而鲜明的印象。很多诗人通过对海的深情凝望来表达对这种令人惊异的景色的欣喜和崇敬之情。观潮诗是海洋诗歌中一道独特的风景。除了摹写海景的神奇、壮丽或缥缈、神秘之外,有些作品也反映了渡海的艰辛与乐趣。渡海不只是能见到美丽的海景,也要承受惊涛骇浪所带来的危险和恐惧,但也有常人难以体会到的乐趣蕴含其中。在这些作品中我们可以品味出浙江古代诗人对海洋的热爱、景仰以及向往中伴着些许畏惧的心理,也可以体会到人与海洋之间的微妙关系。

关键词 浙江 古代 海洋诗歌 自然景观

浙江古代诗歌中有许多描写海洋自然景观的作品,形象地描绘出了海洋的奇异风貌。诗人通过望海、观潮、渡海等活动描写了海洋的奇伟景色,使人对海洋有了生动而鲜明的印象。在以内陆居住为主的中国,这些作品给人们带来不同的感受。

《庄子·秋水》中曾以寓言的方式描写了海洋带给人的震撼:"秋水时至,百川灌河。泾流之大,两涘渚崖之间,不辨牛马。于是焉河伯欣然自喜,以天下之美为尽在己。顺流而东行,至于北海,东面而视,不见水端。于是焉河伯始旋其面目,望洋向若而叹曰:'野语有之曰:'闻道百,以为莫己若者。'我之谓也。'"秋水浩浩汤汤,河伯认为自己拥有了最开阔的水域,因而"欣然自喜",但当他面对一望无际的北海,视觉上受到了极大的震撼,不免"望洋兴叹"了,河与海的差距显而易见,以内陆生活为主的国人在写作和阅读海洋诗歌时都会体验到一种视觉上的冲击和心灵上的感动。

一、望海

在描写海洋奇异风貌的诗歌作品中,望海是很普遍的一个主题。站在海边放眼望去,水天相接,无边无际。或一片澄澈,尘埃尽失;或混混茫茫,云雾笼绕;或浩浩荡荡,波涛汹涌;或云霞辉映,绚丽无比。很多诗人通过对海的深情凝望来表达对这种令人惊异的景色的欣喜和崇敬之情,诗人通过望海所描写的景色又可以概括为两方面,即有些作品描绘了海的飘渺与壮阔,有些作品则侧重于描写朝霞映海的绚丽与华美。

1. 海的缥缈与壮阔

在作为内陆国家的中国,大海以其博大和深邃吸引着人们的好奇心,文人们对海洋更有一种浪漫的渴慕之情。望海本身就是一种充满诗意的行动,曾为永嘉太守的谢灵运有一首《行田登海口盘屿山诗》:

> 羁苦孰云慰,观海藉朝风。
> 莫辨洪波极,谁知大壑东。
> 依稀采菱歌,仿佛含嚬容。
> 遨游碧沙渚,游衍丹山峰。

诗中描写了观海带来的愉悦心境和海洋神秘幽眇的美景。羁旅的苦情以什么来慰藉?在朝风的吹拂下看海可以给心灵带来轻松的享受。洪波浩渺,无边无际,谁知道海洋那边是什么世界?"谁知大壑东"中"大壑"即指海洋,《庄子·天地》篇中有:"谆芒将东至大壑,适遇苑风于东海之滨。苑风曰:'子将奚之?'曰:'将之大壑。'曰:'奚为焉?'曰:'夫大壑之为物也,注焉而不满,酌焉而不竭,吾将游焉。'""大壑"的特质是"注焉而不满,酌焉而不竭",这正是大海的特点,海洋之美有着无穷的吸引力。伴着似乎含着淡淡忧伤的采菱歌在山海间遨游,尘俗中的烦恼也会随着海风飘散了。隋代会稽诗人虞世基的《奉和望海》也描写了观海带来的澎湃激情:

> 清晔临溟涨,巨海望滔滔。
> 十洲云雾远,三山波浪高。
> 长澜疑浴日,连岛类奔涛。
> 神游藐姑射,睿藻冠风骚。
> 徒然虽观海,何以效涓毫?

这首诗是奉和杨广《望海诗》之作,杨广诗中有"委输百谷归,朝宗万川溢"之句,描摹了海洋的博大气势,有君临天下之象,虞世基的奉和之作风采不逊于杨广。诗人描写了随着君王队伍去看海的情景,放眼望去,无边无际的海面风波滔滔,让人联想到传说中的海中仙岛"十洲"以及海外仙山"三山"。旧题汉东方朔《十洲记》中有:"汉武帝既闻西王母说八方巨海之中有祖洲、瀛洲、玄洲、炎洲、长洲、元洲、流洲、生洲、凤麟洲、聚窟洲。有此十洲,乃人迹所稀绝处。"神奇的十洲隐藏在巨海之中令人心生向往,而蓬莱、方丈、瀛洲海外三山,也是与海洋紧密相关的仙境,这更加增添了大海的幽眇与神秘。诗人接下来继续描写海的壮阔,巨浪掀起让人怀疑是羲和浴日溅起的水花,而远方连绵的岛屿看起来好像奔涌的浪涛。《山海经·大荒南经》中记载了羲和浴日的神话:"东南海之外,甘水之间,有羲和之国。有女子名曰羲和,方浴日於甘渊。羲和者,帝俊之妻,生十日。"神话背景增添了诗歌的感染力。结尾诗人赞美君主神游藐姑射之山,写下了引领风骚的美好作品,并写下了自谦之辞。"藐姑射"也是一个神话意象,出自《庄子·逍遥游》:"藐姑射之山有神人居焉",和"十洲"、"三山"一样,"藐姑射"也增添了海洋的幻境之美。这首诗虽然为奉和而作,却以豪迈的笔法写出了大海的恢弘气度。唐代富阳诗人许敬宗《奉和春日望海》也描写了海景的飘渺奇幻,节选以下几句进行分析:

> 周游临大壑,降望极遐荒。
> 桃门通山拚,蓬渚降霓裳。
> 惊涛含蜃阙,骇浪掩晨光。
> 青丘绚春组,丹谷耀华桑。

诗人写到周游到"大壑"之滨,极目远眺,荒远无际。定睛观望,发现遥远的蓬莱山呈现出仙人飘逸的霓裳,惊涛骇浪之中也闪现出海市蜃楼的幻影,在晨色中呈现出亮丽的光辉。对海市蜃楼的描写,唐代余姚诗人虞世南也有"江涛如素盖,海气似朱楼"(《赋得吴都》)北宋浙江临海诗人杨蟠《登孤屿》则描绘了海洋带给人们的优雅情趣:

> 把麾何所往,海上有名山。
> 潮落鱼堪拾,云低雁可攀。
> 一城仙岛外,双塔画图间。
> 当路谁知己,天应赐我闲。

诗人登上了海上孤岛,发现了一处世外桃源般的仙境。这里在退潮时鱼虾布满了海滩,俯拾即是,大雁低低地飞翔,似乎伸手可触。这种与自然融为一体的平淡闲适的生活也体现了海洋景观的一个侧面。

2. 海的绚烂与华美

大海不仅有风涛壮阔、白浪如雪的雄奇豪壮之美,也不仅有烟波渺渺、蜃楼飘忽的神秘莫测之境,还有异常华美绚丽的一面,那就是旭日初升,火红的朝霞映衬着碧蓝的海水,形成一幅明媚的画面。李白的《早望海霞边》以浪漫的笔触写出了海霞的绚烂:

> 四明三千里,朝起赤城霞。
> 日出红光散,分辉照雪崖。
> 一餐咽琼液,五内发金沙。
> 举手何所待,青龙白虎车。

据竺岳兵《唐诗之路唐代诗人行迹考》考订,此诗写于唐天宝六年(747)李白第二次游浙东登四明山之时。诗中描写了海边朝霞的明丽、辉煌,东升的旭日放射出耀眼的光芒,霞光绚丽,雪崖生辉。这样的美景不禁使人联想到神仙的境界,幻想着餐食朝霞而得道成仙。《汉书·司马相如传》云:"呼吸沆瀣兮餐朝霞",颜师古注引应劭曰:"《列仙传》:陵阳子言春(食)朝霞,朝霞者,日始欲出赤黄气也。夏食沆瀣,沆瀣,北方夜半气也。"古人认为餐朝霞可得道成仙,明艳的霞光与广阔的海面相映衬,如仙界般吉祥而辉煌。清代宁波镇海诗人周茂榕《候涛山观日出歌》用较长的篇幅描写了海上日出的绚丽和奇幻:

> 天鸡喔喔啼晴空,佛楼僧起打曙钟。
> 唤我披衣观日出,绝顶孤立金鳌峰。
> 斯时昏晓犹未割,上下云逐寒涛冲。
> 疾呼云中君,入水鞭烛龙。
> 忽露一线破黯黮,四山激射朝霞红。
> 无定宝相倏明灭,隐隐海镜磨青铜。

俄惊流金铄石光熊熊，玻璃作响海水沸，

火轮捧出天之东。

骖飞飚分靮长虹，翠旗绛节纷扈从。

一跃几千百万丈，光晶照耀金银宫。

我闻日行夜入飞谷中，出海周历地两重。

又云莱子城头日照夜，二语反覆欺凡庸。

浮生寄居海之角，一水远与西极通。

扶桑高卧浴圆影，何不万里求其踪？

逝将手挟夸父杖、鲁阳戈、后羿弓，

迅追羲御争豪雄，凌波踏碎红芙蓉。

仰天自失笑，伏处如沙虫。

架桥鞭石无能尔，但见曜灵赫赫艳艳悬碧穹。

泰岱日观未得到，快哉奇观今始逢。

撑起珊瑚八百尺，拍手大叫惊天公。

寒风吹我衣，飞光荡我胸。

六螭既升人事动，俯视万灶晓烟青濛濛。

这首歌行体作品描写了在宁波定海招宝山观海上日出的景象。《钦定大清一统志》宁波镇海招宝山："本名侯涛山，以诸番入贡停舶于此改今名。"①

清代赵九杠《招宝山观日出歌》中有："一帆忽驾长风去，直指蛟门候涛处。候涛山对虎蹲严，于今招宝名尤著。"也表明侯涛山既招宝山，此处也是观海上日出的宝地。

诗人于拂晓时分被佛楼曙钟唤醒，登上绝顶观看旭日东升。眼见一线亮光冲破黑暗，四面山峰映射出朝霞的红光，这种光亮倏忽明灭，在青铜镜般平静的海面上闪烁。俄顷之间倏忽不定的亮光变得异常明亮，照在海水之上，粼粼波光好似沸腾了一般，一轮红日此时从东方升起。接下来诗人用了大量神话意象描写海上日出的奇幻境界，诗人想象太阳以疾风为车，长虹为带，迅疾地升起，一跃万丈，照亮了海中的金银宫。"我闻日行夜入飞谷中"，"飞谷"即神话传说中日行的必经之谷，《楚辞》中刘向的《九叹·远游》云："结余轸于西山兮，横飞谷以南征。"王逸注："飞谷，日所行道也。""又云莱子城头日照夜"，出自《齐地记》："古有日夜出，见于东莱，故莱子立此城，以不夜为名。"东莱故址在今山东省文登县东北。诗人认为这两种说法是相互矛盾的，"二语反覆欺凡庸"，传说中既有太阳日行于世，夜入飞谷的说法，也有东莱不夜城的传闻，究竟哪种观点正确呢？诗人决定亲自去探寻.

诗人在想像中手持"夸父杖、鲁阳戈、后羿弓"，努力追寻着御日的羲和，"凌波踏碎红芙蓉"形象地写出了霞光普照，一片艳红的景象。"架桥鞭石"的传说出自《艺文类聚》卷七九引晋伏琛《三齐略记》："始皇作石桥，欲过海观日出处。于时有神人，能驱石下海，城阳一山石，尽起立。巍巍东倾，状似相随而去。云石去不速，神人辄鞭之，尽流血，石莫不悉赤，至今犹尔。"诗人说像神人那样"架桥鞭石"虽然还做不到，但终究在山顶看到了"曜灵赫赫艳艳

---

① ［清］和珅：《钦定大清一统志》卷二二四《宁波府》，文渊阁《四库全书》本。

悬碧穹”，一轮红日悬在碧空之中，之下是被霞光映红、波光粼粼的碧海，这是多么神奇的景色！因而诗人高呼：“撑起珊瑚八百尺，拍手大叫惊天公”，这是天公的巧笔，造化的奇功。这首长诗以饱满的情绪和华丽的笔触展现了海上日出的美好景致。

二、观潮

观潮是浙江古代海洋诗歌中一个鲜明的主题，宋代周密《武林旧事》卷三《观潮》：“浙江之潮，天下之伟观也，自既望以至十八日为最盛。方其远出海门，仅如银线；既而渐近，则玉城雪岭，际天而来，大声如雷霆，震撼激射，吞天沃日，势极雄豪。”这一段资料形象地描写了钱塘潮之盛。南宋时期观潮之风更加盛行，《梦梁录》卷四《观潮》记载了当时观潮盛况：“自庙子头直至六和塔，家家楼屋，尽为贵戚、内侍等雇赁作看位观潮。”权贵们甚至为得到一个观潮的好看位而赁屋，这足以说明对钱塘潮的狂热程度了。明代田汝成《西湖游览志余》卷二十记载：

> 郡人观潮，自八月十一日为始，至十八日最盛，盖因宋时以是日教阅水军，故倾城往看，至今犹以十八日为名，非谓江潮特大于是日也。是日，郡守以牲醴致祭于潮神，而郡人士女云集，僦倩幕次，罗绮塞涂，上下十余里间，地无寸隙。伺潮上海门，则泅儿数十，执彩旗，树画伞，踏浪翻涛，腾跃百变，以夸材能。

这里说明了观潮以八月十八日为盛的原因，宋代在这一天较阅水军，加之潮水汹涌，人们便倾城观看，以至于路途拥挤，连绵十余里间“地无寸隙”。关于潮的形成，古人一般认为与月亮有关。早在东汉时代，唯物主义思想家王充就认为：“涛之起也，随月盛衰。”①清代屈大均也认为：“大率潮与月相应，月生明则潮初上，月中则潮平，月转则潮渐退，月没则潮干。月与日会，则潮随月而会；月与日对，则潮随月而对。月者水之精，潮者月之气。精之所至，气亦至焉。”②潮起潮落与日月运行相关，这是古人已经认识到的一个知识。

1. 钱塘潮的奇幻

观潮诗是浙江古代海洋诗歌中一道独特的风景，许多作品对海潮进行了形象生动的描写，唐代绍兴诗人朱庆余《观涛》写出了钱塘潮的壮观景象：

> 木落霜飞天地清，空江百里见潮生。
> 鲜飙出海鱼龙气，晴雪喷山雷鼓声。
> 云日半阴川渐满，客帆皆过浪难平。
> 高楼晓望无穷意，丹叶黄花绕郭城。

在秋高气爽的八月，开阔的水面涌起海潮。鱼龙之气随着飙风出海，奔涌的潮水好像雪山倾倒一样轰鸣而来。这首诗描写了钱塘潮呼啸而来的气势，使人有身临其境之感。唐代浙江富阳诗人罗隐《钱塘江潮》也描绘出了钱塘潮的气势：

---

① 王充：《论衡》卷四，文渊阁《四库全书》本。
② ［清］屈大均：《广东新语》卷四，北京：中华书局，1985 年，第 133 页。

怒声汹汹势悠悠，罗刹江边地欲浮。

漫道往来存大信，也知反覆向平流。

狂抛巨浸疑倾底，猛过西陵似有头。

至竟朝昏谁主掌？好骑赪鲤问阳侯。

钱塘江又名罗刹江，诗中描写了涛声阵阵怒吼而来，浩大的水势似乎将江畔的大地都漂浮起来。巨浪狂抛过来好像海底都被掀翻，如此猛烈的自然力量究竟由谁掌控呢？只好骑着赤色的鲤鱼去问一问阳侯了。阳侯，古代传说中的波涛之神。《战国策·韩策二》中有："塞漏舟而轻阳侯之波，则舟覆矣。"《淮南子·览冥训》也有："武王伐纣，渡於孟津，阳侯之波，逆流而击。"古人面对波涛的起落无法解释，因而想像出阳侯这样一个掌控波涛的神灵。元代杭州诗人仇远《潮》同样写出了钱塘潮的奇伟：

一痕初见海门生，顷刻长驱作怒声。

万马突围天鼓碎，六鳌翻背雪山倾。

远朝魏阙心犹在，直上严滩势始平。

寄语吴儿休踏浪，天吴罔象正纵横。

远处，濛濛的江面初见一痕白线，顷刻间已闻涛声怒吼，巨浪如天鼓擂响、万马突围，如六鳌翻覆，雪山崩塌。"六鳌"是神话中载负仙山的六只大龟，《列子·汤问》中有："帝恐流於西极，失群仙圣之居，乃命禺彊使巨鳌十五，举首而戴之。迭为三番，六万岁一交焉。五山始峙而不动。而龙伯之国有大人，举足不盈数步而暨五山之所，一钓而连六鳌，合负而趣归其国，灼其骨以数焉。於是岱舆、员峤二山流於北极，沉於大海，仙圣之播迁者巨亿计。"诗人以"六鳌翻背雪山倾"来渲染钱塘潮洁白的巨浪倾泻而下、势不可挡，既形象地描绘了海潮翻涌的情状，也表现出对这种天地之奇观的仰慕，具有浪漫主义特色。诗的结句告诫吴儿不要冒险踏浪，因为海神"天吴"正在肆意制造着惊涛骇浪。《山海经·海外东经》载："朝阳之谷，有神曰天吴，是为水伯。其为兽也，人面八首八足八尾，皆青黄。""天吴"这种怪兽是水神，威力无穷，诗人以此来烘托钱塘潮的猛烈。元代浙江丽水诗人周权也有《浙江观潮》：

钱塘江上风飕飕，谁驱逆水回西流？

海门山色暗蛾绿，翁忽滇洞惊吴艘。

飞廉贾勇咄神变，倒掀沧溟跃天半。

阗阗霹雳驾群龙，高击琼崖卷冰岸。

初疑大鲸嘘浪来瀛洲，银山雪屋烂不收；

又疑当时捍筑射强弩，至今水战酣貔貅。

溪盈壑满留不住，怒无泄处潜回去。

乘除消长无停机，断送人间几朝暮。

吴侬何事观不休，落日苍波万古愁。

汀蘋沙雁年年秋，海云一抹天尽头。

这首诗从风势和水势两方面极力渲染海潮的雄伟壮观。"飞廉贾勇咄神变，倒掀沧溟跃天半"，即飞廉激发出无穷的勇力，掀翻沧海使惊波直击苍穹。"飞廉"是神话中的风神，

《淮南子·俶真训》中有:"骑飞廉而从敦圄。"高诱注:"飞廉,兽名,长毛有翼。"。《离骚》云:"前望舒使先驱兮,后飞廉使奔属"。王逸注:"飞廉,风伯也"。洪兴祖补注《离骚》的"飞廉"时说:"《吕氏春秋》曰:'风师曰飞廉'。应劭曰:'飞廉,神禽,能致风气'"可见飞廉是风神,也是会飞的神兽。正因飞廉暗中发动神力,使海水腾空而起,这是诗人对钱塘潮产生原因的一种浪漫主义设想。之后诗人又对浪潮的气势进行了形象的描写,浪涛轰鸣声好似惊雷阵阵,看起来则如群龙奔腾,拍崖击岸,威力无穷。使人怀疑这是从海外仙山来的巨鲸嘘出的惊涛骇浪,击碎了银山雪屋洒下一片皎洁;又疑是吴越王钱镠造海塘时强弩射浪那一幕延续至今。宋人钱俨《吴越备史》卷一记载钱镠梁开平四年八月"筑捍海塘……江涛昼夜冲击沙岸,板筑不就。王命强弩五百,以射潮头。"诗人以这一传说来烘托钱塘潮的凶猛强悍。曾任杭州太守的苏轼在《催试官考较戏作》中也有与此类似的描述:"八月十八潮,壮观天下无。鲲鹏水击三千里,组练长驱十万夫。红旗青盖互明灭,黑纱白浪相吞屠。"诗人以"鲲鹏水击"来形容水势之大,《庄子·逍遥游》中有:"鹏之徙于南冥也,水击三千里。""组练"句语出《左传》:"组甲三百,被练三千以侵吴。"诗中以十万精兵长驱直入形象地描绘出潮水的汹涌奔腾之状。

2. 钱塘怒潮与子胥英魂

古人对钱塘潮形成的认识,除了与日月运行的关系之外,还有流传很广的神话传说。《越绝书》卷一四《越绝德序外传记》中载:"吴王将杀子胥,使冯同征之。胥见冯同,知为吴王来也。泄言曰前望舒使先驱兮,后飞廉之奔属:'王不亲辅弼之臣而亲众豕之言,是吾命短也。高置吾头,必见越人入吴也。我王亲为禽哉!捐我深江,则亦已矣!'胥死之后,吴王闻,以为妖言,甚咎子胥。王使人捐于大江口。勇士执之,乃有遗响,发愤驰腾,气若奔马;威凌万物,归神大海;仿佛之间,音兆常在。后世称述,盖子胥水仙也。"此处资料认为伍子胥对吴王一片忠心不被理解,含冤而死,怒气难平,化为水神。五代杜光庭《录异记》记载:"钱塘潮头,昔伍子胥累谏吴王,忤旨。赐属镂剑而死。临终戒其子曰:'悬吾首于南门以观越兵来伐吴,以鲣鱼皮裹吾尸投于江中,吾当朝暮乘潮以观吴之败。'自是海门山潮头汹涌,高数百尺,越钱塘,过渔浦,方渐低小。朝暮再来,其声震怒,雷奔电激,闻百余里。时有见子胥乘素车白马在潮头之中,因立庙以祠焉。"[1]这一传说认为钱塘潮是伍子胥一腔不平之气转化而来,子胥对吴王一片忠心反遭陷害,含冤而死,心有不甘,胸中的怒气冲击着江水,化为澎湃的潮涌。

与此相似的资料也见于《太平广记》卷二九一引《钱唐志》:"伍子胥累谏吴王,赐属镂剑而死,临终,戒其子曰:'悬吾首于南门,以观越兵来;以鲣鱼皮裹吾尸投于江中,吾当朝暮乘潮,以观吴之败。'自是自海门山,潮头汹高数百尺,越钱塘渔浦,方渐低小,朝暮再来。其声震怒,雷奔电走百余里。时有见子胥乘素车白马在潮头之中,因立庙以祠焉。庐州城内泚河岸上,亦有子胥庙,每朝暮潮时,泚河之水亦鼓怒而起,至其庙前,高一二尺,广十余丈,食顷乃定。俗云:与钱塘潮水相应焉。"唐代陕西诗人姚合在作为杭州刺史的时候曾写过一首《杭州观潮》,其中"但褫千人魄,那知伍相心"一句涉及到了这一神话背景:

① [五代]杜光庭《录异记》卷七,见[明]毛晋辑:《津逮秘书》,上海:上海博古斋据明汲古阁本影印,1922年,第140页。

楼有章亭号,涛来自古今。势连沧海阔,色比白云深。

怒雪驱寒气,狂雷散大音。浪高风更起,波急石难沈。

鸟惧多遥过,龙惊不敢吟。坳如开玉穴,危似走琼岑。

但褫千人魄,那知伍相心。岸摧连古道,洲涨蹃丛林。

跳沫山皆湿,当江日半阴。天然与禹凿,此理遣谁寻。

这首诗形象地描写了轰鸣奔泻的钱塘潮:开阔的水势连着沧海,怒雪般的惊涛挟着寒气,伴着震耳欲聋的轰鸣,鸟远远地躲过巨浪,龙甚至也因惧怕不敢出声。这种气势震慑了所有人的魂魄,但谁知伍子胥心中的愤怒之情呢? 诗人结合伍子胥的传说来描写钱塘怒潮,更能增加作品的感染力。

清代宁波鄞县诗人范邦桢《观潮行》以较长的篇幅描写了海潮壮观的图景:

树头猎猎长风催,隔江战鼓声如雷。

碧天无际起寒色,素车白马灵胥来。

忆我少时诵七发,曲江之潮数八月。

此时无由得纵观,已觉胸中气蓬勃。

自从飞渡过钱塘,蒲帆十幅风饱飓。

适值潮平浪花软,天吴不动云锦张。

问之舟人何时有,答云须俟中秋后。

来时顿失江面阔,吞云梦者十八九。

我闻此言心预期,归帆须俟潮来时。

荷花桂子遍游骋,束妆直到江之湄。

始时极目犹未见,旋觉海门横一线。

忽然万马奔腾来,风卷云驱疾如电。

六鳌海上齐举头,银山直拥凌阳侯。

百里千里渺何极,观者但觉天地秋。

风云变幻真难测,万怪为之助惶恐。

孰为主宰孰纲维,我欲询之龙伯国。

或云地脉暗流转,或云月魄随盈亏。

穆之图论最详确,此理灼然无可疑。

吴儿自喜弄潮惯,出入洪涛等溪涧。

榜人挟舵迎潮头,咫尺凌空亦奇幻。

潮声不过严陵滩,钓台终古垂渔竿。

放眼不关天下事,客星自照江水寒。

钱王衣锦保乡里,强弩射潮潮为止。

至今遗爱说杭人,铁镞沉沙尚堪洗。

这首歌行体咏潮诗以写实的手法和浪漫主义的想象相结合描写了钱塘潮雄奇壮观的景象,这首诗从多个侧面展开描绘,开篇即形象地渲染了海潮如鼓似雷的巨响,以及在碧天之下一望无际的银色,绘声绘色,具有生动的画面感。"素车白马灵胥来"一句在有关伍子胥传说的背景之下突出了钱塘怒涛的气势,短短七个字有深广的蕴涵和强烈的视觉效果,统领整首诗歌,为作品定下了基调。但接下来诗人并没有顺着同样的思路继续描写钱塘潮,而是笔锋一转,回忆起少时所读枚乘《七发》中"观涛"的描写:"其始起也,洪淋淋焉,若白鹭之下翔,其少进也,浩浩澄澄,如素车白马帷盖之张。其波涌而云乱,扰扰焉如三军之腾装。其旁作而奔起也,飘飘焉如轻车之勒兵。六驾蛟龙,附从太白,纯驰浩蜺,前后络绎。"曲江八月潮的浩大奇伟在枚乘的笔下描写得有声有色,诗人纵然没有亲眼所见,通过品读《七发》已然感觉心潮澎湃,这里用侧面烘托的笔法进一步描写了海潮的神奇,增加了作品的张力。诗人下面则用了欲扬先抑的手法写了钱塘江风平浪静的场景,"适值潮平浪花软,天吴不动云锦张","天吴"即古代传说中的水神,诗人认为水神没有发挥出威力,因而潮平浪软,水波不惊。此处的平淡则是为了衬托下文描写的高潮,而这种高潮事先也通过"舟人"之口进行了铺垫:"来时顿失江面阔,吞云梦者十八九"。

在经过前面多重的衬托和铺垫之后,诗人开始正式描写亲眼所见的钱塘潮:开始时极目远眺犹未能见,忽然发现海门处出现一条水线,顷刻间"忽然万马奔腾来,风卷云驱疾如电",倏忽的变幻使诗人感觉到无比神奇,因而联想到神话中负载仙山的"六鳌"昂首托举着"银山"而来,目之所及,天地间被"银山"所占据。潮起潮落、风云变幻使诗人感觉到奇谲难测,于是诗人决定探究一下海潮形成的原因,认为北宋科学家燕穆之的《海潮论》最为详切地阐释了海潮形成的理论。诗至此处,已经不仅是对钱塘潮景观的形象描绘,而是上升到了理性的高度。之后诗人又描写了吴儿弄潮的场面,"榜人挟舵迎潮头,咫尺凌空亦奇幻",舟子迎潮踏浪,令人感到心惊胆战而又奇幻无比。诗的结尾又提到吴越王钱镠强弩射潮的传说,突出了人们征服汹涌的潮水的信心和勇气。这首诗不仅描写了海潮涌来震天撼地的景象,也涉及到了关于海潮的文献资料、海潮的形成原因以及吴儿的弄潮习俗和神话传说等方面,使读者对钱塘潮有一种既形象又理性的了解。

虽然有子胥灵魂怒而推潮这样一个悲剧传说,但钱塘潮给人的感觉始终是美好的,唐代浙江桐庐诗人徐凝《观浙江涛》赞美了钱塘潮的吸引力:

> 浙江悠悠海西曲,惊涛日夜两翻覆。
> 钱塘郭里看潮人,直至白头看不足!

钱塘江古名浙江,经杭州湾入海,故云"海西曲",涨潮时掀起惊涛骇浪,退潮也无比迅疾,潮水有规律地涨落,使诗人感到非常神奇,因而感慨"直至白头看不足!"曾作为杭州刺史的唐代诗人姚合《别杭州》中也表达了这种情感:

> 醉与江涛别,江涛惜我游。
> 他年婚嫁了,终老此江头。

诗人醉中与江涛作别,江涛似乎对诗人也依依不舍。因而诗人设想他日儿女婚事料理完毕便到钱塘江边观涛,直至终老。

3. 画中观潮

到钱塘江边观潮是一件很美好的事情,但如果不能亲自去观潮,看一看图画里的潮水也会有身临其境般的感觉。南宋宁波诗人楼钥《海潮图》就说明了这一点:

钱塘佳月照青宵，壮观仍看半夜潮。

　　每恨形容无健笔，谁知收拾在生绡。

　　荡摇直恐三山没，咫尺真成万里遥。

　　金阙岧峣天尺五，海王自合日来朝。

《海潮图》画作是谁所作不得而知，但通过诗人的描写读者可以感受到这幅画对海潮的描摹可谓活灵活现，"每恨形容无健笔，谁知收拾在生绡"，诗人写自己想描写海潮的壮观景色却遗憾没有劲健之笔，不料想在眼前这幅画上感受到了海潮令人震撼的气势。

三、渡海

除了描写海景的神奇、壮丽，或缥缈、神秘之外，有些作品也反映了航海的艰辛。作为大陆国家的中国，航海是一件相对来说比较陌生的事情。黑格尔甚至认为航海与中国人是无关的："这种超越土地限制、渡过大海的活动，是亚洲各国所没有的，就算他们有更多壮丽的政治建筑，就算他们自己也是以海为界——像中国便是一个例子。在他们看来，海只是陆地的中断，陆地的天限，他们和海不发生积极的关系。"[1]在人们的想像中中国人似乎与海洋的关系很疏远。

其实我国人民航海的经验古已有之，这也是国人勇于面对困难、不畏艰险的人生态度的一种体现，有研究者认为："隋唐时期国内外的交通颇有一些艰险地带，如通往国外陆上有高山峻岭、石碛沙漠，水上有海浪风涛，其艰难险阻的程度令常人为之却步。如唐扬州大明寺和尚鉴真，应日本僧人的邀约，先后东渡六次，屡经风涛及船只漂没之险，以百折不挠的精神坚持不懈，方告成功。"[2]鉴真六次东渡，在海上历尽磨难，终于成功抵达日本，这是中国航海史上的一个典范。航海的确要面临巨大的风险，浩瀚的海洋变幻莫测，随时都会发生不可预料的事情，因而人们对航海除了抱有新奇感之外，常常有一些很恐怖的想像，袁枚《子不语》中记载一个故事：

　　海水至澎湖渐低，近琉球则谓之'落漈'，落者，水落下而不回也。有闽人过台湾，被风吹落漈中，以为万无生理。忽闻大震一声，人人跌倒，船遂不动。徐视之，方知抵一荒岛，岸上砂石，尽是赤金。有怪鸟，见人不飞，人饥则捕食之。夜闻鬼声啾啾不一。居半年，渐通鬼语。鬼言：'我辈皆中国人，当年落漈流尸到此，不知去中国几万里矣。久栖于此，颇知海性。大抵阅三十年，落漈一平，生人未死者可以望归。今正当漈水将平时，君等修补船只，可望生还。'如其言，群鬼哭而送之，竟取岸上金沙为赠，嘱曰：'幸致声乡里，好作佛事，替我等超度。'众感鬼之情，还家后各出资建大醮，以祝谢焉。[3]

人们想像在航海遇险时遇到了善良的海鬼，在海鬼的帮助下平安返乡。历来人们都觉

---

① ［德］黑格尔著、王造时译，《历史哲学》，上海：上海辞书出版社，1999年，第93页。

② 徐连达：《唐朝文化史》，上海：复旦大学出版社，2004年，第141页。

③ ［清］袁枚：《子不语》，上海：上海古籍出版社，1998年，第479页。

得鬼怪是恐怖的、害人的，然而这一则玄怪故事则描写了善良的海鬼，他们在航海中遇难，死后也不忘帮助航海遇险的人们。

1. 恶劣的海上环境

航海不仅是能见到美丽的海景，也要承受惊涛骇浪所带来的危险和恐惧，这方面的内容在海洋诗歌中也体现出真实而感人的特色。与贺知章、包融、张旭合称为"吴中四友"的刘眘虚有一首《越中问海客》，描写了大海苍茫无际、风烟渺渺的景象，也写出了航海者在海上的孤独无依之感：

> 风雨沧洲暮，一帆今始归。自云发南海，万里速如飞。
> 初谓落何处，永将无所依。冥茫渐西见，山色越中微。
> 谁念去时远，人经此路稀。泊舟悲且泣，使我亦沾衣。
> 浮海焉用说，忆乡难久违。纵为鲁连子，山路有柴扉。

诗中在大海广阔的背景之下描写了远航而归的游子的心理活动。茫茫海洋，一叶扁舟，薄暮时分，归帆靠岸。航海者自言船始发于南海，一路漂泊，迅疾如飞。最初放眼茫茫碧海，仿佛永远失去了依托，不知何处是归途。在迷茫中终于见到了越中的山色，感慨路途遥远，船舶稀少，航海的恐惧和无奈使游子悲伤落泪，诗人不禁也潸然泪下，他从航海者的经历中得到了共鸣：渡海的艰难已经一言难尽了，更何况还要忍受长久地离开家乡亲人的痛苦呢？诗的结尾作者感叹："纵为鲁连子，山路有柴扉。"鲁连子即鲁仲连，最终为逃避做官归隐于海上，诗人认为纵使鲁连子避世也不必隐于海上，隐居在山中的茅屋柴扉之中要安全得多，由此可见人们对海上危险的畏惧之情。元代浙江浦江人戴良《渡海》：

> 结屋云林度半生，老来翻向海中行。
> 惊看水色连天色，厌听风声杂浪声。
> 舟子夜喧疑岛近，估人晓卜验潮平。
> 时危归国浑无路，敢惮波涛万里程。

诗人写到自己半生在云林间度过，垂老之年却要渡过海洋。诗中用一"惊"一"厌"二字描写自己的感受。大海苍茫无际，水天相连，如此开阔的水域诗人感到惊异；而风声夹杂着浪涛声的嘈杂不绝于耳，不由得使人心生厌烦。诗中也描写了他人的活动：船夫夜语，谈论着是否船在靠近一个岛屿，商人清晨占卜，希望能够风平浪静。"估人晓卜"这一细节描写生动地反映了在海上航行给人带来的恐惧，清代诗人宗渭《浦城下水》诗中有："舟子下滩常斗水，估人遇险只呼神"也是这种情境的写照。诗的结尾表明选择通过波涛万里的海路回乡实属无奈之举。戴良的另一首诗《渡黑水洋》也描写了渡海的惊险：

> 舟行五宵旦，黑水乃始渡。重险讵可言，忘生此其处。
> 紫氛蒸作云，玄浪蹙为雾。柁底即龙跃，橹前复鲸怒。
> 掀然大波起，倏与危樯遇。入水访冯夷，去此特跬步。
> 舟子尽号泣，老篙亦悲诉。呼天天不闻，委命命何据。
> 川后幸戢威，风伯并收驭。偶济固云喜，既往益增惧。

居常乐夷旷,蹈险忧覆坠。出处愧宿心,祸福昧前虑。

皎皎乘桴训,持用慰情素。

诗人以细腻的笔法详细地描述了渡黑水洋的恐怖行程,宋元以来,航海者称黄海中的不同水域为黄水洋、青水洋、黑水洋等。诗中写道用了五昼夜才渡过黑水洋,其中的艰险难以言说,甚至险些在这里失去性命。海面上紫云漂浮,黑雾笼罩,令人感到神秘而可怖。船的周围掀起鲸波怒浪,似乎随时有翻覆的危险。船夫因惊恐而号泣,呼天抢地,进退失踞,仿佛须臾之间性命就要被大海吞噬。幸好在关键时刻河神、风伯收起了怒火,风浪平息了,侥幸得来的平安虽然使人暗暗欢喜,但回首这一经历却给人生增添了许多恐惧。这首诗中对渡海所遇大风浪的描摹非常生动,对诗人自己及舟人面临海上狂风巨浪时的惊恐和绝望心理刻画得也很精彩。

2. 漂泊在海上所见的奇观

航海无疑是充满艰险和未知的灾难的事情,但也有常人难以体会到的乐趣蕴含在其中,浙江古代海洋诗歌中也有许多作品描写了美好的航海体验。一叶轻舟漂泊在浩渺无垠的沧海之中,视野无比开阔,可以捕捉到天地之间精彩的瞬间、生动的画面。上虞诗人李光《渡海》是一首颇有气势的作品:

潮回齐唱发船歌,杳渺风帆去若梭。

可是胸中未豪壮,更来沧海看鲸波。

诗中描写了渡海的感受,伴着海潮起航,帆船快若飞梭。在无际的沧海之上,观赏巨鲸掀起惊涛骇浪,更加增添了胸中的豪迈之情。会稽诗人陆游的《泛三江海浦》描写了雨后天晴的海上风光:

羁游那复恨,奇观有南溟。浪蹴半空白,天梁无尽青。

吐吞交日月,澒洞战雷霆。醉后吹横笛,鱼龙亦出听。

诗的题记为"海中醉题,时雷雨初霁,天水相接也"。诗人携酒泛海,时遇雷雨初晴,海面一片澄明。诗人认为羁旅的悲愁已被苍茫的南溟洗尽,眼前的奇观令人沉醉。白色的浪头掀起在青天之下,显得分外皎洁。广阔的海面吞吐着日升月落,轰鸣的浪涛声胜过了雷霆。诗人乘着醉意横笛轻吹,乐声悠扬而美妙,海中的鱼龙也浮出水面来倾听。这首诗既描写了晴空之下海的开阔与明净,也突出了大海中表现出的惊天动地的力量,同时以悠扬、飘渺的笛声作结,增添了海的韵致。

海洋体现出了一种元初的生命力量,这种力量在某种程度上表现在它神奇的自然风光之中。浙江古代海洋诗歌中对海洋自然景观的描写可谓全面和生动,诗人以细腻的笔法、生动的想象和饱满的感情描绘了海洋壮阔的气势、神秘的气韵以及绚丽的风姿。在这些作品中我们可以品味出浙江古代诗人对海洋的热爱、景仰以及向往中伴着些许畏惧的心理,也可以体会到人与海洋之间的微妙关系。

法于江海：《文子》海洋意象及其当代启示

刘家沂　季岸先

（国家海洋局　中国海洋大学）

摘要　意象理论的全新视角对《文子》进行当代意义的阐释与解读，可以开出虚静、无为、慎微以及顺性等海洋意象，这些对于当今现实社会实践，对于个体人生问题的解决，对于人类生存的终极关怀等都富有启示意义。

关键词　法于江海　文子　海洋意象

《文子》是一部由秦末汉初的道家人物依托文子，根据流传下来的文子言并结合当时的需要加工而成的黄老学著作。它曾长期被视为伪书，直到 1973 年河北定县汉墓中的竹简《文子》的出土之后，学术界才逐渐认识到它的地位与价值。《文子》的思想内容非常丰富，主要以道为统领从正面阐述其治国安民的道理。值得关注的是，从意象理论的全新视角对文本进行当代意义的阐释与解读，可以开出虚静、无为、慎微以及顺性等海洋意象，这些对于当今现实社会实践，对于个体人生问题的解决，对于人类生存的终极关怀等都富有启示意义。

一

《文子》："故一之理施于四海，一之嘏察于天地，其全也敦兮其若朴，其散也浑兮其若浊。浊而徐清，冲而徐盈，澹然若大海，泛兮若浮云，若无而有，若亡而存。"①"一"的道理，可以施行于四海天下，"一"的阔远，可以遍察于天地之间，"一"之道的整体敦厚像未经雕琢的木材，"一"之道的分离包容一切像长江大河的奔腾混浊。混浊停止安静下来，就会慢慢澄清，空虚之后又可以渐渐充足，波涛起伏奔涌像大海一样，动摇的样子像浮云一样，像无却有，像无却存。《文子》这里以海洋为意象，点出了虚静的意涵。《九守》篇说："静漠恬淡，所以养生也，和愉虚无，所以据德也，外不乱内则性得其宜，静不动和即德安其位，养生以经世，抱德以终年，可谓体道矣。"②这是说，致虚守静、恬淡无为，是养生、修德、体道的关键。反之，如果人心充满欲求和巧诈，不虚不静，争胜好强，就会因过分贪恋物欲和巧利而招致灾祸，以致丧失秉道而生的"虚无、平易、清净、柔弱、纯粹素朴"之本性。《文子》还说："人生而

---

① 李德山：《文子译注》卷一《道原》，哈尔滨：黑龙江人民出版社，2003 年，第 16 页。

② 李定生、徐慧君：《文子要诠》，上海：复旦大学出版社，1998 年，第 77 页。

静,天之性也,感物而动,性之欲也,物至而应,智之动也。智与物接,好憎生焉;好憎成形,而智于外,不能反己,而天理灭矣。"①这就进一步阐明,追求物欲和滥用智识都是冲动的表现,它一害身体,二害精神。只有以虚静修身,才能使人性达于无为而复归于道。总而言之,《文子》所说的以虚静修身也就是要克制自身,不使欲望泛滥,即要"适情而已,量腹而食,度形而衣",②以防滋生种种贪婪之心。

《文子》的虚静意象启示我们,要重视对自己内心的治理,精诚内藏,心守虚静,如果内心不能虚静,则必噪动多欲。其中显示自己之能以建功成名就是最大的欲望,如果仗恃自己的才能而与人争强,则人之能必不尽,性必不顺,心必不足,必致怨争。故而《文子》讲到:"故精诚内形,气动於天,景星见,黄龙下,凤皇至,醴泉出,嘉谷生,河不满溢,海不波涌。"③所以精诚藏于内,神气动于天地,如此则景星就会显现,黄龙降下,凤凰到来,醴泉出现,嘉禾生成,江河不溢水,大海风平浪静。《文子》认为,真正的智慧在于保持内心的虚静、有自知之明,藏精于心,寂然虚静,心处冥冥之地而能通。

二

《文子》:"是以圣人以道镇之,执一无为而不损冲气,见小守柔,退而勿有,法于江海。江海不为,故功名自化,弗强,故能成其王"。圣人以道守之,执道无为而不损害虚和之气,见小守柔,守柔而强,退而不为己有,效法于江海。江海无为而善下,四面之水都能汇聚进来,因江海能容纳一切水流,所以成为百谷之王。人应效法江海之所为,不求名而名成,不逞强而成强。又:"天之道,抑高而举下,损有余补不足。江海处地之不足,故天下归之奉之。圣人卑谦,清静辞让者见下也,虚心无有者见不足也。见下故能致其高,见不足故能成其贤。"④天之道,平抑高者而抬举下者,损夺有余而补给不足。江海处于地下之势,故而天下之水都归附。圣人谦卑,清净避让者就可见其卑下,虚心无有者就可见其谦虚。见卑下故能达至高,见谦虚故能成其贤。《文子》还讲到:"故道之在于天下也,譬犹江海也。天之道,为者败之,执者失之,夫欲名之大,而求之争之,吾见其不得已。而虽执而得之,不留也。夫名不可求而得也,在天下与之,与之者归之。"⑤

《文子》的无为意象启示我们,为人处世要守柔贵雌,明己之能与不能。《老子》第二十八章提出了"知其雄,守其雌"⑥的概念。"守雌"含有持静、处后、守柔、内敛、含藏等意义。《文子》转承了这一主张,它说:"欲刚者必以柔守之,欲强者必以弱保之,积柔即刚,积弱即强,观其所积,以知存亡。"⑦如果不能守柔,处后而妄为、妄言,恃己之能处处争强好胜,必然会招致怨恨。而且,个人能力也是有限的,所谓:"金之势胜木,一刃不能残一林;土之势胜

① 李定生、徐慧君:《文子要诠》,上海:复旦大学出版社,1998 年,第 39 页。
② 李定生、徐慧君:《文子要诠》,上海:复旦大学出版社,1998 年,第 76 页。
③ 李德山:《文子译注》卷二《精诚》,哈尔滨:黑龙江人民出版社,2003 年,第 32 页。
④ 李德山:《文子译注》卷三《九守》,哈尔滨:黑龙江人民出版社,2003 年,第 77 页。
⑤ 李德山:《文子译注》卷一〇《上仁》,哈尔滨:黑龙江人民出版社,2003 年,第 265 页。
⑥ 陈鼓应:《老子注译及评介》,北京:中华书局,1984 年,第 178 页。
⑦ 李定生、徐慧君:《文子要诠》,上海:复旦大学出版社,1998 年,第 44 页。

水,一掬不能塞江河;水之势胜火,一酌不能救一车之薪。"①因此,《文子》认为,真正聪明的做法在于明白自己的能与不能,并且做到不以己之能与人争,而是能因人之性,守柔处下,用他人之能,使己之不能与人之能相通。这样,一方面可以借助他人的能力使自己免于困境,另一方面也满足了众人尽其能,顺其性的愿望。"故海不让水潦以成其大,山林不让枉桡以成其崇,圣人不辞负薪之言以广其名。"②大海不推辞百川的汇入而成就其浩大,山林不推辞曲木而成就其崇峦,圣贤不推辞卑贱者之言而成就其高名。可见,"胜人者有力,自胜者强。能强者,必用人之力也;能用人力者,必得人心者也;能得人心者,必自得也。未有得己而失人者,未有失己而得人者也。"③所以,《文子》反复说到:"古之善为君者法江海,江海无为以成其大,洼下以成其广,故能长久。为天下溪谷,其德乃足。无为故能取百川,不求故能得,不行故能至,是以取天下而无事。不自奉故富,不自见故明,不自矜故长,处不肖之地,故为天下王。不争,故莫能与之争,终不为大,故能成其大,江海近于道,故能长久,与天地相保。"④古代善于为君者效法江海,江海无为才成就了自己的浩大,因为洼下才成就了自己的广阔,所以能够保持长久,亘古而不息,能容纳天下的溪谷,其德才充足。因此,无为能接纳百川,不求才能够获得,不行才能够到达,以无为的态度方能取天下;不自我珍贵故能富贵,不自以为是故能明,不自我夸耀故能长,处无为之地,故为天下王;不争所以无人能与之争,不自大所以成其大,江海无为几近于道,故能长久不息,与天地相始终。

三

《文子》讲到:"积德成王,积怨成亡;积石成山,积水成海。不积而能成者,未之有也。"⑤积累道德成王,淤结怨恨灭亡;积石成山,积水成海。不积累而能有所成就者,还从未有过。再有,《文子》说:"若江海即是也,淡兮无味,用之不既,先小而后大。夫欲上人者,必以其言下之;欲先人者,必以其身后之。"⑥就像江海那样,平淡而无味,不倚仗其才智物力,先小而后大,以小养大。《文子》举例:"沟池潦即溢,旱即枯;河海之源,渊深而不竭。"⑦积水很浅的池塘遇着雨后的洪水就会满溢而出,遇着干旱又会枯干,江海的水源深广而不枯竭。

《文子》的慎微意象启示我们,为人行事要从小处做起,防患于未然。这种思想在《老子》中已见端倪,其第六十四章说:"其安易持,其未兆易谋。其脆易泮,其微易散。为之于未有,治之于未乱。合抱之木,生于毫末;九层之台,起于累土;千里之行,始于足下。"⑧《文子》继承发挥了这种重视量变的"积"的思想,他说:"积薄成厚,积卑成高。君子日汲汲以成辉,小人日快快以至辱。"⑨并且针对当时人的行为一针见血地指出:"人皆知救患,莫之使患

① 李定生、徐慧君:《文子要诠》,上海:复旦大学出版社,1998 年,第 121 页。
② 李德山:《文子译注》卷八《自然》,哈尔滨:黑龙江人民出版社,2003 年,第 202 页。
③ 李定生、徐慧君:《文子要诠》,上海:复旦大学出版社,1998 年,第 164 页。
④ 李德山:《文子译注》卷八《自然》,哈尔滨:黑龙江人民出版社,2003 年,第 206 – 207 页。
⑤ 李德山:《文子译注》卷五《道德》,哈尔滨:黑龙江人民出版社,2003 年,第 142 页。
⑥ 李德山:《文子译注》卷五《道德》,哈尔滨:黑龙江人民出版社,2003 年,第 129 页。
⑦ 李德山:《文子译注》卷五《道德》,哈尔滨:黑龙江人民出版社,2003 年,第 152 页。
⑧ 陈鼓应:《老子注译及评介》,北京:中华书局,1984 年,第 309 页。
⑨ 李定生、徐慧君:《文子要诠》,上海:复旦大学出版社,1998 年,第 130 页。

无生,夫使患无生易,施于救患难。"①在他看来,人只有从小处着眼、谨小慎微,预见未至之势以采取相应的行动,才能做到法天道、合天道、不失时,即谓"圣人之于善也,无小而不行,其于过也,无微而不改",②"君子慎其微",③倘若等到祸患不可避免时再补救就迟了。因此,人们要做到虚静待之,慎始慎终,慎微为始,慎所积也而合时,顺性而足而反于内心之清静无为。慎积为终,是一个渐进的过程,不可一日求成。

四

《文子》:"夫乘舆马者,不劳而致千里;乘舟楫者,不游而济江海。"④乘车的不用付出辛劳就能到达千里之外,坐船的不用游水就可渡过大江大海。《文子》:"海内其所出,故能成其大。"⑤古人认为雨水出自大海,又通过江河复归于海,其生不绝,其用不穷,故能成就其博大。《老子》第二十九章说:"为者败之,执者失之。是以圣人无为,故无败;无执,故无失。"⑥倡导人的行为要顺应天道之自然、无为,但却没有深入论述。《文子》主张顺性合时,进一步补充认为,物有自在性,不应以人为妨害物之自在性,而应顺性而动,法天道以行人事。即谓:"圣人内藏,不为物唱,事来而制,物至而应。天行不已,终而复始,故能长久。轮其所转,故能致远。"⑦不长有,随时而应,性得其足,故轮得转。若长有,顺一性而逆他性,则滞而不行;不长有,顺性而为,人人欲得其适,轮得其所转;不长有,故能常而能致远;不长有,必有圣人之智,知可与不可,知能与不能,因己知人,因物识物,因人识人。通于性,合于时,而不自恃逞强而骄,用人之强而谦,心能明通性命之情。

《文子》的顺性意象启示我们,在尊重物之自在之性的同时,又要充分了解物性,从而利用物性,使其符合人的利益。"百川并流,不注海者不为谷;趋行殊方,不归善者不为君子。"⑧《文子》还举例说:"欲致鱼者先通谷,欲来鸟者先树木,水积而鱼聚,木茂而鸟集。"⑨当然,《文子》所说的人为有前提,那就是引导物的自在之性,使之变得更完美,而不能超越其自在之性,否则只能导致人性与物性两伤,"夫顺物者,物亦顺之,逆物者,物亦逆之,故不失物之情性。"⑩"兰芷不为莫服而不芳。舟浮江海,不为莫乘而沉。君子行道,不为莫知而止,性之有也。"⑪兰草和白芷不会因为无人佩带就不发出芳香,船行江海不会因为没有乘人就自沉,君子修道不会因为无人知道就自行停止,这是固有的性情使然。

① 李定生、徐慧君:《文子要诠》,上海:复旦大学出版社,1998 年,第 136 页。
② 李定生、徐慧君:《文子要诠》,上海:复旦大学出版社,1998 年,第 137 页。
③ 李定生、徐慧君:《文子要诠》,上海:复旦大学出版社,1998 年,第 130 页。
④ 李德山:《文子译注》卷一〇《上仁》,哈尔滨:黑龙江人民出版社,2003 年,第 249 页。
⑤ 李德山:《文子译注》卷六《上德》,哈尔滨:黑龙江人民出版社,2003 年,第 155 页。
⑥ 陈鼓应:《老子注译及评介》,北京:中华书局,1984 年,第 183 页。
⑦ 李定生、徐慧君:《文子要诠》,上海:复旦大学出版社,1998 年,第 127 页。
⑧ 李德山:《文子译注》卷一一《上义》,哈尔滨:黑龙江人民出版社,2003 年,第 290 页。
⑨ 李定生、徐慧君:《文子要诠》,上海:复旦大学出版社,1998 年,第 119 页。
⑩ 李定生、徐慧君:《文子要诠》,上海:复旦大学出版社,1998 年,第 128 页。
⑪ 李德山:《文子译注》卷六《上德》,哈尔滨:黑龙江人民出版社,2003 年,第 147 页。

书写海潮波涛的唐诗之海洋情怀探析

叶赛君　李亮伟

（宁波大学）

摘要　唐人在书写海潮波涛的诗作中融入主观情感,寄寓着他们对海洋的多样情怀:惊骇恐惧海上汹涌起伏的波涛;赏叹江河海口涌潮的胜景,在震慄同时也感受到海潮的壮美和娱情作用,表达了喜爱和向往之情;赋予海潮"重信"、"重情"等品质,并表现出对此品质的肯定和赞美。

关键词　唐诗　海潮波涛　海洋情怀

"海洋情怀"指人们对海洋所抱有的情感。唐代疆域辽阔,唐人视野大开,唐诗的内容丰富多彩,题材包罗万象,自然不乏一些以海洋景物为题材的作品。其中翻腾滚沸的滔天巨浪是大海展现力量的重要方式,也是人们对海洋之力较为直观的认识,唐代诗人就留下了不少描绘大海浪潮波涛的作品。多情善感的诗人们不仅对海潮波涛客观景象进行生动逼真的书写,还在其中融入了他们彼时彼境中的主观意识,流露出对海潮波涛乃至海洋的复杂情感,寄寓着多样的海洋情怀。

一

浪潮由海水运动形成,唐人自然知道这个道理。但是有时候在描绘浪潮时,诗人会着意将浪涛与海水本身区分开来,言说海水的平静无心和浪涛的怒号变化。如韦应物的《赠卢嵩》便是如此:

> 百川注东海,东海无虚盈。泥滓不能浊,澄波非益清。
> 恬然自安流,日照万里晴。云物不隐象,三山共分明。
> 奈何疾风怒,忽若砥柱倾。海水虽无心,洪涛亦相惊。
> 怒号在倏忽,谁识变化情。①

诗人描写说,海洋本身平静恬然,吸纳百川不足以改变它的虚盈,污浊泥渣不能使之浑浊,清波洗濯也不会使之更清澈,海水就这样一直安然地流动,当太阳出来时,晴空万里,海上三山都能看得一清二楚,一片宁静祥和。但这种平静却被一种巨大的外力——疾风所打

---

① 陈贻焮主编:《增订注释全唐诗》(第一册),北京:文化艺术出版社,2001年,第1491页。

破,即使海水没有想要翻涌的心,却因为疾风卷起洪波而不得不"相惊"。这么看来,似乎动荡的只是波涛,而非海水本身,诗人实则借演绎自然界倏忽之间那种"变化情",而另有人世的象征。

对于海上汹涌起伏的波涛,人们一直以来都是惊骇惧怕的,唐人亦怀敬畏,明天人之分,而求天人之安,"沧溟八千里,今古畏波涛。此日征南将,安然渡万艘。"①出于对不可预测、难以反抗的波涛的惧怕,人们在出海前往往要到神祠里祭拜一番,祈求海神保佑出海平安。

在送别出海的友人时,诗人便会担心潮浪对生命的威胁,如林宽在《送人归日东》诗中写道:"沧溟西畔望,一望一心摧。地即同正朔,天教阻往来。波翻夜作电,鲸吼昼为雷。门外人葭径,到时花几开。"②日本在中国的东面,所以诗人说自己站在大海的西畔望向日本,每望一眼内心就极度悲痛,因为海上波浪翻滚,巨鲸怒吼,电闪雷鸣,环境极度险恶,阻碍了友人彼此间的往来。所以诗人才会说"门外人葭径,到时花几开",不知道友人再次回来时花已经开过几度。又如张说的《端州别高六戬》中有这样几句:"南海风潮壮,西江瘴疠多。于焉复分手,此别伤如何。"③以诗赠别友人时诗人不禁想到南方"风潮壮",环境险恶,更添分别的伤怀。

大海随便掀起一层巨浪就会威胁到在海上航行或是在沿海人们的生命安全。时至今日,我们仍不能说对大海的力量毫无畏惧,更遑论对大海认识还不深刻的古人。人们畏惧海洋,害怕被大海狂暴的波浪卷走,因此诗中提到海浪时往往会用"骇浪"一词,如"落日惊涛上,浮天骇浪长"(杨师道《奉和圣制春日望海》),"惊涛含蜃阙,骇浪掩晨光"(许敬宗《奉和春日望海》)等。

正因人们在潜意识中害怕滔天巨浪,才会将大海的不平静,风浪涌起与天下未定或人世的苦难不止以及遭遇险恶等相联系,其比喻用法多见之,如"火燎原犹热,波摇海未平"(张继《送邹判官往陈留》)、"满帆摧骇浪,征棹折危途"(李绅《趋翰苑遭诬构四十六韵》)、"被病独行逢乳虎,狂风骇浪失棹橹"(权德舆《危语》)、"回瞻相好因垂泪,苦海波涛何日平"(卢纶《宿石瓮寺》)、"劫风火起烧荒宅,苦海波生荡破船"(白居易《寓言题僧》)等。

同理,人们心中希望海洋能够永远风平浪静,不起大波澜,并将海洋的平静联系到国家的安定,产生"海不波溢,国泰民安"的说法,化入诗中便有了"幸属沧波谧,欣逢宝化昌"(刘洎《春日侍宴望海应诏》)、"幸逢休明代,寰宇静波澜"(王昌龄《代扶风主人答》)、"率土普天无不乐,河清海晏穷寥廓"(顾况《八月五日歌》)之类的感念。

二

海上风浪汹涌无常,最震慑人心的潮浪时常出现在人们能够目击到的近岸处,尤其是在海水上涨,涌入江河的入海口时,因通道变窄而产生的巨大涌潮现象,极为壮观。这种自然伟力的壮阔景象令人惊奇不已,从古至今不知有多少人拜伏在涌潮的雄壮景观之下。

---

① [唐]高骈:《南海神祠》,《增订注释全唐诗》(第四册),第 346 页。
② [唐]林宽:《送人归日东》,《增订注释全唐诗》(第四册),第 411 页。
③ [唐]张说:《端州别高六戬》,《增订注释全唐诗》(第一册),第 629 页。

唐时最值得一观的涌潮有三处,钱塘江潮为其中之一,"浙江悠悠海西绿,惊涛日夜两翻覆。钱塘郭里看潮人,直至白头看不足。"①潮水每天都会上涌两次,见的机会多矣,即使如此,直看到白头都不觉厌烦,可见钱塘江潮的魅力。唐代诗人留下了不少观赏钱塘江潮之作,如孟浩然的《与颜钱塘登障楼望潮作》:

> 百里闻雷震,鸣弦暂辍弹。府中连骑出,江上待潮观。
> 照日秋云迥,浮天渤澥宽。惊涛来似雪,一座凛生寒。②

障楼即樟亭,是位于杭州城外的一处观潮点,很多诗人都曾在此处观潮。孟浩然此诗"先声夺人",首句就写潮水的声音如雷鸣一般,声震百里。接着写一听到这声响,城里的人便知大潮将至,纷纷放下手上正在做的事,跑到江边等待潮水上涨。短短四句话描绘出当时钱塘江观潮的盛况,也从侧面烘托出潮水的壮观。在写潮来的情状时,先抑后扬,以"浮天渤澥宽"的海阔天空来反衬之后"惊涛来似雪"之句,以静衬动,更突出海潮上冲时惊心动魄的气势。最后全诗以"一座凛生寒"收尾,用观潮者被不自觉地惊出一身冷汗的生理反应再一次衬托潮水的汹涌,言有尽而意无穷,令人回味。

姚合的《杭州观潮》向我们描绘了一幅涌潮胜景图:

> 楼有樟亭号,涛来自古今。势连沧海阔,色比白云深。
> 怒雪驱寒气,狂雷散大音。浪高风更起,波急石难沉。
> 鸟惧多遥过,龙惊不敢吟。坳如开玉穴,危似走琼岑。
> 但褫千人魄,那知伍相心。岸摧连古道,洲涨踏丛林。
> 跳沫山皆湿,当江日半阴。天然与禹凿,此理遣谁寻。③

潮水连着大海,宽广异常,气势汹汹地涌来,声音巨大,听着如同在打雷一般。潮浪随着风的变大愈加汹涌,水流之急竟使石头被冲起,难以下沉。两旁的堤岸被冲毁,岸边的树丛也被水冲倒,潮水溅起的浪花打湿了群山,翻滚的高浪遮蔽了太阳。如此浩荡的声势使潜龙都不敢随意吟啸,飞鸟都绕道而行,深怕被卷入湍急的潮浪之中,侧面反衬出海潮的气势汹涌,令人惊惧。

又如宋昱的《樟亭观涛》:

> 涛来势转雄,猎猎驾长风。雷震云霓里,山飞霜雪中。
> 激流起平地,吹涝上侵空。翕辟乾坤异,盈虚日月同。
> 舻艎从陆起,洲浦隔阡通。跳沫喷岩翠,翻波带景红。
> 怒湍初抵北,却浪复归东。寂听堪增勇,晴看自发蒙。
> 伍生传或谬,枚叟说难穷。来信应无已,申威亦匪躬。
> 冲腾如决胜,回合似相攻。委质任平视,谁能涯始终。④

---

① [唐]徐凝:《观浙江涛》,《增订注释全唐诗》(第三册),第769页。
② [唐]孟浩然:《与颜钱塘登障楼望潮作》,《增订注释全唐诗》(第一册),第1249页。
③ [唐]姚合:《杭州观潮》,《增订注释全唐诗》(第三册),第1000页。
④ [唐]宋昱:《樟亭观涛》,《增订注释全唐诗》(第一册),第841页。

浪涛在上涌时变得特别有气势，潮水声如雷震云间，掀起的巨浪如"山飞霜雪中"，汹涌的水流似从平地而起，又似被风吹到空中，水流如发怒一般涌起又落下。在孤寂时听到浪潮的声音会令人增加勇气，观涛也可以使人头脑清醒。潮水冲击堤岸正如最后的决胜冲刺，浪潮的涌起复落下，也像是在不断地进攻，颇能鼓舞人心。观潮实在大有意义，使人明白许多事理。诗人怀疑伍员涛的说法，认为系谬传；又认为枚乘的《七发》之说固然有理，但他也并未完全抉发观潮的作用。如枚乘曾写道："秉意乎南山，通望乎东海；……临朱汜而远逝兮，中虚烦而益怠。莫离散而发曙兮，内存心而自持。于是澡概胸中，洒练五藏，澹澈手足，颊濯发齿。揄弃恬怠，输写淟浊，分决狐疑，发皇耳目。当是之时，虽有淹病滞疾，犹将伸伛起躄，发瞽披聋而观望之也。况直眇小烦懑，醒醲病酒之徒哉！"[1]枚乘这段描绘，先写浪涛冲到朱汜，然后远处流逝的景象使人见了心中烦闷，精神倦怠，这种感觉一直持续，直到天亮心绪才能安稳。但是等情绪平复之后，人的胸中、五脏、手足、脸面发齿都得以洗濯，原先的烦闷、倦怠也一扫而光，迷惑不清的事情能够分辨决断，耳朵眼睛也因此通透明亮。在这样的情况下，即使久病不起的人也能坐起身来，聋哑之人也能张开眼睛，通启耳朵来观看壮观的潮水，更何况只是胸中有些许烦闷的人。可见浪潮的强大力量会让人感到自身的渺小和无力，进而产生烦闷的情绪，但同时涌动的潮水也能清洗一切的烦恼忧愁，吸引人为之驻足。宋昱诗云"枚叟说难穷"，其实是认可了枚乘之说：海洋所具有的震撼心灵的强大力量以及与震撼相伴而来的娱情作用，汹涌而来的潮水给人以强烈的视觉和心理上的冲击，但随之而来的是灵魂的洗涤以及精神上的愉悦。但是，又体验到观潮的收获不限于此，还有诸如"来信应无已，申威亦匪躬。冲腾如决胜，回合似相攻。委质任平视，谁能涯始终"等等呢。在前人审美意识和经验的基础上，唐人也在积累，其海潮审美经验显然已更加丰足。

　　虽然三位诗人的观潮感想不尽相同，但描绘的潮涌之景都十分震慑人心。汹涌而来的海潮远观就有这样的气势，一旦靠近就可能轻易夺走人的生命，因观潮而被潮水卷走的事例并不少见。"及观泉源涨，反惧江海覆"（杜甫《三川观水涨二十韵》），水涨时人们还是会担心江海的倒流将会带来生命、财产的各种损伤，人们也想尽办法来抵御灾害。如吴越武肃王钱镠的《筑塘》一诗，就描绘了海潮的恐怖和沿海人民筑塘抗灾的情形："天分浙水应东溟，日夜波涛不暂停。千尺巨堤冲欲裂，万人力御势须平。吴都地窄兵师广，罗刹名高海众狞。为报龙神并水府，钱塘且借作钱城。"[2]这里的"浙水"指的是钱塘江，潮浪日夜不息，几乎要将堤坝冲倒，人们奋力筑塘以抵御海潮的力量。

　　寻求历险、观奇的快感，是社会发展到一定阶段才出现的带有强烈刺激性的人生审美活动。唐代豪情满怀的诗人，更不乏这种兴致。浩荡的浪潮一方面以绝对化的力量使人产生威胁生命的恐惧，一方面给人以奇险、雄浑之美的享受，震颤心灵，开拓胸襟，激励怀抱。恐惧感并不妨碍诗人对海潮上涌壮观景象的观奇以及由此产生的对海洋的崇敬之心，事实上，诗人甚至十分向往能亲自到观潮处感受潮浪的力量，欣赏自然的壮景。皎然曾在《送刘司法之越》诗中写下"三山期望海，八月欲观潮"之句，白居易也在《长庆二年七月自中书舍人出守杭州路次蓝溪作》中写"已想海门山，潮声来入耳"，岑参在《送任郎中出守明州》一诗中

---

① 费振刚等辑校：《全汉赋》，北京：北京大学出版社，1993年，第19-20页。

② ［五代］钱镠：《筑塘》，《增订注释全唐诗》（第一册），第69页。

云"城边楼枕海,郭里树侵湖。……观涛秋正好,莫不上姑苏"等,诗人们在送别友人去往江南地区时,常会提到观涛之事,正反映出他们对涌潮景观的喜爱和向往。

三

值得关注的是,唐代诗人对海潮的感受已经不局限于观赏时的内心体验,他们常常赋予海潮人的特性,这大概也和当时人们对海潮的认识程度有关。

唐人对海潮的起落规律已有了较为明确的认识。卢肇在《海潮赋》中就有对海潮形成原因的论述:

> 夫潮之生,因乎日也;其盈其虚,系乎月也。……日傅于天,天右旋入海,而日随之。日之至也,水其可以附之乎?故因其灼激而退焉。退于彼,盈于此,则潮之往来,不足怪也。其小大之期,则制之于月。大小不常,必有迟有速。故盈亏之势,与月同体。何以然?日月合朔之际,则潮殆微绝。以其至阴之物,迩于至阳,是以阳之威不得肆焉,阴之辉不得明焉。阴阳敌,故无进无退,无进无退,乃适平焉。……乃知日激水而潮生,月离日而潮大。

他认为海潮的产生是因为太阳入海之后,水因太阳的灼热而退离,此消彼长,海岸边的潮水便开始上涨。而海潮大小则和月亮有关,至阴的月亮靠近至阳太阳时,阴阳相抵,太阳的威力不能肆意散发,潮水变小;反之,月离日越远,潮水越大。卢肇的理论以今天我们所掌握的自然知识来看并不科学,但他凭感性认识来推理,论证较为严密,在当时能有此认识已是不易,况且海潮的产生从本质上来说也的确和日月有关。

而从其"近代言潮者,皆验其及时而绝,过朔乃兴,月弦乃小赢,月望乃大至。以为水为阴类,牵于月而高下随之也。遂为涛志,定其朝夕,以为万古之式,莫之逾也。殊不知月之与海同物也"[1]一段话中我们也可得知,当时人们虽对海潮产生的原因并没有科学合理的解释,只认为海水是被月亮牵引着产生潮起潮落,但对海潮起落的自然规律已较为清楚,知道是"及时而绝,过朔乃兴,月弦乃小赢,月望乃大至"。

唐诗中有不少对海潮涨退自然规律的揭示之句,皆认为海潮的进退与月的盈亏相关,如"进退随蟾魄,虚盈合蚌胎"(张祜《观潮十韵》)、"海潮随月大,江水应春生"(刘禹锡《历阳书事七十韵》)、"风摇松竹韵,月现海潮频"(寒山《诗三百三首·自见天台顶》)等,白居易的《潮》甚至还明确指出潮水一天早晚各涨落一次,因此一个月中要来回六十次:"早潮才落晚潮来,一月周流六十回。"[2]

基于对海潮起落规律的了解和认识,唐人深感每日都规律性涨落的海潮如同"言而有信"的人一般。李白的《新林浦阻风寄友人》一诗中就有"潮水定可信,天风难与期"[3]之句,风向可能随时改变,但是潮水的涨落却有着固定的规律,不会因时因地随意变化,所以是"可信"的。潮水年复一年地周期性涨落,就好像一个人坚守自己的信念不曾动摇,令人肃

---

① [唐]卢肇:《海潮赋》,[清]董浩等编:《全唐文》,北京:中华书局,1983 年,第 7988 页。
② 《增订注释全唐诗》(第三册),第 493 页。
③ 《增订注释全唐诗》(第一册),第 1376 页。

① [唐]卢肇:《海潮赋》,[清]董浩等编:《全唐文》,北京:中华书局,1983 年,第 7988 页。
② 《增订注释全唐诗》(第三册),第 493 页。
③ 《增订注释全唐诗》(第一册),第 1376 页。

然起敬。出于这种认识,唐诗中也常常会用"潮信"一词代指潮水,如"井气通潮信,床风引海凉"(李频《富春赠孙璐》)、"东去沧溟百里余,沿江潮信到吾庐"(陆龟蒙《别墅怀归》)、"东风潮信满,时雨稻秔齐"(李嘉祐《南浦渡口》)、"独过浔阳去,空怜潮信回"(刘长卿《奉送裴员外赴上都》)、"离心与潮信,每日到浔阳"(刘长卿《江州留别薛六柳八二员外》)、"逆浪还极浦,信潮下沧洲"(储光义《渔父词》)等。

崔致远还在《潮浪》一诗中写下"骤雪翻霜千万重,往来弦望蹑前踪。见君终日能怀信,惭我趋时尽放慵"①之句,海潮随着月亮的圆缺而涨落,具有一定的周期性,不会轻易变动,所以诗人说其"怀信",而潮水常年坚持不懈的"有信"与自己的"放慵"形成对比,诗人借此反省自己的日渐疏懒,更突出海潮的"可信"。

除了"可信"之外,感性的诗人们还赋予了海潮其他品格,认为海潮甚为"重情"。如吴融的《古离别》诗中就有这样一句:"莫道流水不回波,海上两潮长自返。"②百川汇入海中后就成了大海的一部分,不会逆流回陆地,但流水却以海潮的形式常年不断地返回岸边,如同一个知恩图报的人,前程似锦但仍不忘旧情。"独过浔阳去,潮归人不归"刘长卿在《和州送人归复郢》诗中则将人的一去不回与潮水的有情返潮作对比,暗含盼望人归之意。

从陆地上江河潮泊的角度而言,水的确是东流入海不复返,但对潮水而言,海潮归属与海洋,大海就是它的家,海潮涨起时像顾念旧情返回陆地,海潮落下时也像倦鸟还林,池鱼归渊一般。因此海潮的返落特别容易勾起思乡情绪,曹松的《南海旅次》中就有"城头早角吹霜尽,郭里残潮荡月回"一句,他身处南海,看到傍晚残潮伴月回岸,想到自己连潮水都比不上,潮水尚能返岸,自己却不能归家,思乡寂寥之情溢于言表。李益的《送归中丞使新罗册立吊祭》中也有"别叶传秋意,回潮动客思"之句,可见回流的潮水能轻易勾起观潮之人的思乡情绪。

海潮如此被诗人赋予人的特性,甚至被赋予常人都难以做到的美好品格,表现出诗人对大自然规律的崇敬,也体现出他们对海潮"品质"的肯定和赞美。

总之,唐代诗人在书写海潮波涛的作品中寄寓了他们多样的海洋情怀。对于海上汹涌的波涛,唐人心怀恐惧,因此希望海面能够风平浪静,并将大海的平静与国家的安泰相联系。对于涌潮胜景,唐人一方面受到震慑,感到惊惧,另一方面又不住地欣赏和赞叹涌潮的壮美,感受潮水的娱情作用,获得美的享受,表现出他们对涌潮之景的喜爱和向往。不仅如此,基于对海潮规律性起落的认识,唐人在诗中赋予海潮人的特性,认为其不仅"可信",还顾念旧情,重情重义,表达了他们对海潮规律的赞美之情。

---

① 《增订注释全唐诗》(第五册),第 1146 页。
② 《增订注释全唐诗》(第四册),第 1192 页。

"鲒"为海镜考

张如安

（宁波大学）

摘要 "鲒"究为何种海洋生物，历史上争论不休，主要有蚌、蛤、寄生瓦螺、蛏子四种说法。本文认为"鲒"实为浙东海区常见生物海镜，鲒酱是以海镜肉作酱，而非以寄生的豆蟹做酱。

关键词 鲒　豆蟹　海镜　鲒酱

清代鄞县人忻灏有《鲒埼亭》诗云："小鲒依埼一寸长，亭名终古说吾乡。当时地属明州旧，厥贡人传汉使忙。曲岸迷离浮蟹舍，前村指点认渔庄。海邦自昔饶珍错，佳味真堪配酒觞。"此诗所咏的鲒埼亭大有来历。清代著名学者全祖望对此极为看重，甚至自署鲒埼亭长，又以鲒埼亭名其诗文集。但很少有人会想到，此一小小的"鲒"，却引发了很多的争论。

班固《汉书》卷二十八《地理志上》记载云："鄞：有镇亭，有鲒埼亭。"由此可见，鲒埼亭是汉代鄞县的基层行政单位，因其地多产鲒而命名。颜师古注云："鲒音结，蚌也，长一寸，广二分，有一小蟹在其腹中。埼，曲岸也，其中多鲒，故以名亭。"许慎《说文解字》卷十一"鲒"云："蚌也。从鱼，吉声。《汉律》：'会稽郡献鲒酱二斗。'"段玉裁注云："二斗，二字依《广韵》补，《广韵》斗误升。小徐本作三斗。"《汉律》原文究竟是二斗、二升抑或三升，不过是数量问题，无关宏旨。倒是"鲒"究竟是什么样的海生动物，学界多有分歧。

一、关于"鲒"的四种说法

全祖望说："吾乡贡物之最古者，莫如鲒酱。"[①]汉代产于鄞地用于作酱的"鲒"究为何物，目前学界主要有四种说法，分列如下：

一是蚌说。最早诠释"鲒"字的是东汉学者许慎，他释为蚌类动物。许慎以汉代的文字学家的身份解释《汉律》中的事物，其权威性是毋庸置疑的。唐人颜师古在注释《汉书·地理志》时亦主张鲒为蚌类，并进一步描述其形态，指出有小蟹寄生在其腹中。生物学中的"共栖"是指两种都能独立生存的生物以一定的关系生活在一起的现象。由颜师古的解释引出了六朝文献中的"璅蛣"，这个"蛣"乃"鲒"的异体字。东晋葛洪《江赋》中有"璅蛣腹

---

① ［清]全祖望：《鲒埼亭集》卷三《鲒酱赋》，《全祖望集汇校集注》（上册），上海：上海古籍出版社，2000年，第82页。

蟹"之语,《文选》李善注引南朝宋沈怀远《南越志》云:"璅蛣,长寸余,大者长二三寸,腹中有蟹子,如榆荚合体共生,俱为蛣取食。"这一记述表明璅蛣与蟹具有"共生"的行为方式。后世学者多将璅蛣解为海镜,如李时珍《本草纲目》卷四十六"海镜"条云:"郭璞赋云'琐蛣腹蟹,水母目鰕'即此。"明方以智在《通雅》卷四十七中更是明确指出:"璅蛣即海镜也。"璅蛣还有不少异名,如蒯、筋等。晋张华《博物志》:"南海有水虫名蒯,蛤之类也。其中有小蟹,大如榆荚。蒯开甲食,则蟹亦出食;蒯合甲,蟹亦还,人为蒯。取以归,始终不相离。"《述异记》云:"南海有小虫曰筋。"这些文献对于"蛣"的形态特征的描绘是非常接近的,而且是在六朝至唐代时为广大地域的人们所认识。北宋鄞县人舒亶有诗云:"蛣埼千蚌熟",①也是将"蛣"视作海洋中的蚌类生物。

二是蛤说。这一说法起自宋人。旧题北宋司马光撰的字书《类篇》云:"蛣,大蛤。"南宋鄞县籍学者高似孙也认为:"蛣,蟀蜃之属,今大蛤(音姞)也。"②虽然高似孙另外提出了蛣为大蛤之说,但这与上一条的海镜说非常接近。现代学界将海镜归为珍珠贝目海月蛤科的动物。从形态上看,蛤与蚌皆由两扇贝壳构成,古人视蛤、蚌为同类。《国语·晋九》云:"雉之入于淮为蜃。"注云:"小曰蛤,大曰蜃。皆介物,蚌类。"故蛤说实际上可以归并到第一类中。

三是寄生瓦螺(即寄居蟹,俗称爬瓦螺)说。这种说法出于宋人之后。宋人罗愿《尔雅翼》卷三十一"蛣"条即引用了段成式《酉阳杂俎》的记载:"寄居虫,壳似蜗,一头小蟹,一头螺蛤也。寄在壳间,常候螺开出食,螺欲合,遽入壳中。"罗愿据此指出"小蟹又有附螺者"。明清四明学者多持蛣为螺属说,如明代奉化人孙能传在《剡溪漫笔》中说:"余询之土人,蛣实螺属,中有小蟹,时出求食,有大小二种,土人谓之寄生。"③清代鄞县人徐时栋于清同治十一年(1872)《蛣说》更有详细的考证,他说:"《汉志》所谓鄞有蛣埼亭者,今其地属奉化县,而蛣埼村在焉。余属村人使以生者来,则其身螺也,其首虾上而蟹下,须钳螯跪皆绝肖,一似虾据螺壳中,而捕蟹者沃之以沸汤而出之,首以下略似蟹肉,又其下环曲而渐锐,与螺肉无少别。于是知一物具三形,而其实则螺也。"以现代蟹类学审视之,徐时栋所观察的寄居蟹,其外形介于虾和蟹之间,现代定为歪尾类动物。徐时栋的观察确实是很细致的,他由此对颜师古等人的记载进行质疑:"以为蚌蛤者,皆未见而妄意之者也……蚌蛤与螺绝不类,凡螺圆而浑,蚌蛤圆而扁;凡螺之壳上巨而末锐,层累而旋之,以至于末,故螺之字从累,蚌蛤之壳皆两扇以自为开阖,故蛤之字从合;凡螺之肉恒多坚,蚌蛤之肉恒多脆,土人之为酱也多螺而少蚌蛤(傍海居民亦偶有以蚌蛤为酱者,然不能致远)。蒯酱法不传,若蛣酱今犹汉矣。李氏谓长寸余,颜氏谓长一寸,广八分,夫螺之圆浑犹卵也,量之以圆径则可,若长广无可度者。"④徐时栋的观察固然精细,但他却不知道蟹还能寄居于蚌蛤等物体之上,因此他的质疑事实上是经不起推敲的。孙能传询之奉化土人,徐时栋则得到了奉化蛣埼村人捕获的实物标本,皆得出蛣实螺属的结论。今人亦多持此说,如季续《〈蛣埼亭集〉书名考释》(《华东师

① [宋]舒亶:《和马粹老四明杂诗聊纪里俗耳》十首之七,见[元]袁桷:《延祐四明志》卷二〇,文渊阁四库全书本。
② [宋]高似孙:《纬略》卷一一"蛣酱"条,文渊阁《四库全书》本。
③ [明]孙能传:《剡溪漫笔》卷二《蛣埼》,北京:中国书店,1987年影印。
④ [清]徐时栋:《烟屿楼文集》卷三一,《续修四库全书》本。

范大学学报》,1988 年第 5 期)、龚烈沸《全祖望诗赋中的宁波土物释读》(《全祖望与浙东学术文化研讨会论文集》,中国社会科学院出版社,2010 年)皆其例。但问题并没有因此得到解决。笔者从小生活在海边,捉到过不少寄居蟹,有一次还将寄居蟹养在脸盆中,供小伙伴们参观,但海滨之人从来不吃此物。记得我曾问过大人,大人说这东西是不能吃的,但没有告诉我为什么。奉化渔民因其味苦,传说吃了要耳聋。① 清代学者全祖望《鲟酱赋》中早就指出:"深藏高蹈,绝类离群,在山之麓,在水之湄,斯其风味,固宜深醇。若其余子,尚难殚论,或依蛎房,或寄螺门,方兹稍劣,未敢弟昆。"②全祖望夸赞蟹的风味深醇,但又指出其同类"或依蛎房,或寄螺门",其味稍劣。他所谓的"寄螺门"就是寄生瓦螺。同时他还知道蟹还可以寄于蛎房中,后跋中称:"蟹之寄于蛎者,予在海上亲见之。"③但事实上,全祖望并没有搞清楚鲟酱究竟是什么,他写道:"于是东部都尉,乃命渊客,乃底江村,取而醢之。蚌白擘裂,蟹黄涟沦,酿之汨汨,流之沄沄,参以紫蚖之属,投以淡菜之伦,膏爱其滑,掺取其匀,彼天然之五味,不假和齐斟酌而适均,遂贡大庖来最远,莫之与京。"有学者认为:"自汉代起,古人已经认识了寄居蟹类,并且开始捕食,据说其味如虾,是很鲜美的。"④这里"据说"两字纯属推测,表明作者只是"耳食",根本没有亲口品尝过。汉人对于饮食美味的判断能力很高,以不堪食的寄生瓦螺为美味,实在令人难以置信。何况寄居瓦螺的大名鼎鼎的行为是常常吃掉螺内的软体动物,把人家的壳占为己有,这与宋代以前的文献皆指璅蛣与蟹共生的行为方式互为矛盾。

四是缢蛏说。这是当代人的说法。如周科勤、杨和福主编《宁波水产志》第五章第一节《缢蛏》云:"秦汉时代,鄞县鲟埼村(今属奉化市鲟埼乡),因多鲟而得名。《汉书·地理志上》记'鄞有鲟埼亭'。颜师古注:鲟,音洁,蚌也,长一寸,广二分,有小蟹在其腹中。可见鲟即蛏。"⑤此处对文献并无论证,就贸然得出鲟即蛏结论,实不可取。故本文于此说不予考虑。

二、"鲟"实为古代浙东海区常见生物海镜

东汉许慎、唐代颜师古的"蚌"属之说,认为鲟乃蚌属与蟹的共生(寄生)体,这是很有趣的生物现象。查找历史文献,我们发现越国人最早观察到了两种海洋生物以一定的关系生活在一起的现象。唐代刘恂《岭表录异》卷上引《越绝书》云:"海镜蟹为腹,水母即虾为目也。"此后,宋代李昉等《太平广记》卷四百六十五、施宿等《嘉泰会稽志》卷十七、明代杨慎《异鱼图赞笺》卷四、陈耀文《天中记》卷五十七、陈禹谟《骈志》卷十八等皆转引之。但这几句话均不见于今本《越绝书》,当为《越绝书》之佚文。⑥《越绝书》所记载的内容主要是春秋末年至战国初期吴越争霸的历史事实,因此上引《越绝书》的佚文虽然难以看出其语境,但

① 林崇成:《鲟酱辨》,《奉化日报》,2011 年 3 月 18 日。
② [清]全祖望:《鲟埼亭集》卷三《鲟酱赋》,《全祖望集汇校集注》(上册),第 83 页。
③ [清]全祖望:《鲟埼亭集》卷三《鲟酱赋》,《全祖望集汇校集注》(上册),第 84 页。
④ 钱仓水:《说蟹·〈汉律〉里的"蛣酱"与〈江赋〉里的璅蛣》,上海:上海文化出版社,2007 年,第 19 页。
⑤ 周科勤、杨和福主编:《宁波水产志》,北京:海洋出版社,2006 年,第 186 页。
⑥ 参阅李步嘉:《〈越绝书〉研究》第三章《〈越绝书〉的佚文》,上海:上海古籍出版社,2003 年,第 170 – 171 页。

反映了这一时期于越人民对海洋生物的认识,当是无可怀疑的。《中国科学技术史·年表卷》于东晋明帝太宁二年(324)条下称:"是年前,郭璞(东晋)在《江赋》中记载'璅蛣腹蟹,水母目虾'的共生现象。(梁·萧统:《文选》卷12)"①现在看来,这一说法并不准确。

《越绝书》所说的"蟹"即豆蟹,豆蟹常栖息于海镜、牡蛎(即所谓"蛎奴")、贻贝等双壳类海生物中。先秦时期于越国人民就已经对海镜与豆蟹的关系有了较为仔细的观察,长期以来,我国的古籍文献都把这两种生物的关系看作是共栖关系,贝类为豆蟹提供栖息场所,豆蟹为贝类捕捉食物,但事实并非如此。据软体动物学和潮间带生态学专家、现任中国科学院海洋研究所研究员齐钟彦的研究,"豆蟹在海月或其他双壳类体内寄居,基本上是寄生性的。豆蟹不仅是寄居在海月的外套腔中,而且还依靠海月从海水中过滤出的浮游生物作饵料,亦即摄食海月的一部分食料,有时甚至还食用海月的鳃,对海月是有害的。所以凡是有豆蟹栖息的海月、牡蛎、贻贝等双壳类,其肉体都很消瘦。因此,古人说蟹子出为蛤取食,是不正确的"。② 可见寄居于贝类中的豆蟹已经失去自行外出摄食的能力,靠夺取寄居动物滤得的食物为生。

《越绝书》所说的"海镜"又名海月。齐钟彦先生在研究了中国古代的贝类后明确指出:"海月,属海月科(Flacunidae)。古代有海镜、筯、璅蛣、蛎镜等名称。"③同时他又指出古代对海月的记载有些混乱,"《本草纲目》的'海月'条中有些是指江珧,有些是指海月。附录中的海镜才是真正的海月。《古今图书集成》海月部所绘的图是江珧,可是,所引用的文献却多是指海月。"④这确实是鉴别古代"海月"文献时需要特别注意的。

清人赵学敏《本草纲目拾遗》曾反驳李时珍的观点云:"濒海以海镜附在海月条下,注引郭璞《江赋》'璅蛣腹蟹',以为即此物,则又大误。不知璅蛣又非海镜也……在璅蛣腹者则白蟹子,在海镜腹者则红蟹子,又各不同。予曾寓明州奉化,其鲒埼亭出璅蛣,亲见形状,迥与海镜别,何能强合耶?"⑤赵学敏仅根据所谓"白蟹子"与"红蟹子"的区别,断言璅蛣又非海镜,未免过于武断。且他自谓亲见奉化鲒埼亭出产璅蛣形状,但并没有说出其形状究竟与海镜有何区别。因此,赵学敏的看法并不足据。

当代学者王颋的看法则不同,认为海月与海镜有所区别。他说:

> 在贝类中过着"寄居"或"共栖"生活者,乃节肢动物门—甲壳(Crustacea)纲—十足(Decapoda)目—豆蟹(Pinnotheridae)科的生物。堵南山《甲壳动物学》第一四节《十足目》:"豆蟹科栖憩在蚌类的外套腔中,雌体终生共栖,而雄体小,平时自由生活,在交配期间方才进入蚌内。一种豆蟹往往只憩在一种或几种固定的蚌类内。如中华豆蟹(*Pinnotheressinesis*)常栖憩在一种牡蛎(*Os—treaplicatula*)或染色蛤(*Tapesvariegatus*)的外套腔中;圆豆蟹(*Pinnotherescyclinus*)只栖息在青蛤(*Cyclinasinensis*)的外套腔中等;格氏角鼓虾(*Athanasgrimaldi*)栖憩在江珧属体内"。也

① 艾素珍:《中国科学技术史·年表卷》,北京:科学出版社,2006年,第226页。

② 齐钟彦:《我国古代贝类的记载和初步分析》,《科技史文集(四)·生物学史专辑》,上海:上海科学技术出版社,1980年,第72页。

③ 齐钟彦:《我国古代贝类的记载和初步分析》,《科技史文集(四)·生物学史专辑》,第72页。

④ 齐钟彦:《我国古代贝类的记载和初步分析》,《科技史文集(四)·生物学史专辑》,第71页。

⑤ [清]赵学敏:《本草纲目拾遗》卷首《正误》,同治十年吉心堂刻本。

有一种生活在与"海月"外形很相似的贝类，亦扇贝（Pectinidea）科的长肋日月贝（*AmUssiumpleuronectes*）的生物外套腔中，那就是拟豆蟹（*Fabia*）属的钝颚拟豆蟹（*Fabiaobtusidentata*）。戴爱云、宋玉枝、杨思谅、陈国孝《中国海洋蟹类》《种类记述》："钝颚拟豆蟹，与日月贝共栖。"由此看来，所谓"海镜"，有可能就是这种既是美食、也是工艺品原料的"日月贝"。《中国动物志—软体动物门—双壳纲》："长肋日月贝，味鲜美，营养丰富，可鲜食或干制，其干制品称带子。""它的贝壳左为红色，右为白色，光彩美丽，可供观赏或作装饰品，贝肉还可提取药用原料。"①

根据现有的资料，海镜最初的文献记载为《越绝书》，故海镜应为浙江沿海的常见生物。元代奉化人任士林《和徐明府遇鮚埼见寄》诗云："赤岩雨余生碧蟹，金波天外洗银盘。"②任士林在此将"蟹"与"银盘"分开来咏，将这两者合在一起就是"鮚"。从"银盘"的描述看，任氏笔下的"鮚"显然就是海镜，而作诗的地点为任氏的故乡——浙江奉化的鮚埼，那里正以产"鮚"闻名。任士林以当地人描述当地物，应该是可信的。东海海域至今仍是海镜的主要分布区。而从分布区系看，扇贝科的长肋日月贝的主产区在南海，浙东地区从来不是长肋日月贝的产区，因此，王颋将历史文献中的"海镜"视作长肋日月贝的观点，是难以令人接受的。

豆蟹形体太小，并无食用的价值，倒是海镜肉本身可食，古人视为美味。三国沈莹《临海水土异物志》中称海月"其柱如搔头大，中食"，这说明当时浙东沿海居民有食用海镜的习惯。唐代刘恂《岭表录异》卷上云："海镜，广人呼为膏叶盘。"可见唐代广州人以海镜为美食。宋代黄庭坚《又借前韵》诗云："招潮瘦恶无永味，海镜纤毫只强颜。"③李商老《食蟹》云："大嚼故知羞海镜，嗜甘易误食螃蜞。"④虽然他们贬低招潮蟹、海镜、螃蜞的食用价值以突出螃蟹的美味，但同时也说明他们确实是吃过这几种海产品的，而且海镜的食用品位并不低。明杨慎《异鱼图赞笺》卷四"海镜"条引《鱼书》云："海镜肉似蚝。"古人除了食用海镜的柱之外，还用其肉作酱。《广东通志》卷五十二"海镜"条云："按此即郭璞所谓璅蛣腹蟹者也，又名蚝光，其肉为蛎黄，可为酱。"大概这就是所谓的鮚酱了。清人徐珂《清稗类钞·动物类》云："海镜为软体动物，一名璅蛣，郭璞赋谓之'璅蛣腹蟹'。其肉可为酱，是为蛣酱。"大体得其实。唐宋人烹食海月，使用了很多的烹饪技法，如唐人陈藏器《本草拾遗》提到了煮法，孟诜《食疗本草》认为用生椒和酱，将海月"调和食之"，口感最佳。宋人唐慎微《证类本草》认为食用海月，最好使用生姜和酱为调料。海月到明代时仍是甬上食客追捧的对象。明万历二十三年（1595）南湖沈氏的沈一中在山东参政任上，曾盛称自己家乡"海错之美，如海月、江瑶柱，可敌三吴百味"。冯时可《雨航杂录》同时还谈到"乐清（海月）甚盛"。⑤清代张綦田写下了《船屯鱼唱》组诗，专门咏述乐清海产，其中用重要篇幅歌咏当地出产的蛤类珍味，并发出"海月江瑶味最清"的赞叹，把海月与江瑶柱并列为上乘美食。根据以上的梳

① 王颋：《西域南海史地考论·名同蛎镜——海月与澳门的别称壕镜》，上海：上海人民出版社，2008 年，第 475 – 476 页。
② ［明］解缙等：《永乐大典》卷一一〇〇〇，北京：中华书局，1998 年。
③ ［宋］黄庭坚撰，任渊注：《山谷内集诗注》卷一七，文渊阁《四库全书》本。
④ ［宋］高似孙：《蟹略》卷四，文渊阁《四库全书》本。
⑤ ［明］冯时可：《雨航杂录》卷下，文渊阁《四库全书》本。

理,鲼应该是海镜和豆蟹的共生物,因海镜常被豆蟹寄生,故海镜亦被称为鲼,鲼酱当是以海镜肉作酱,而非以寄生的豆蟹做酱。

我们再看《汉律》的记载,《汉律》只规定了献鲼酱的数量,并没有说明鲼酱的用途。宋董逌《广川书跋》卷十《李后主蚌帖》云:"观此帖下属州责蚌酱,犹有古义,知以宗庙为重,恐滋味,其下惶遽供命不敢宁,固知礼有贵于行事者也。《汉律》会稽岁献鲼酱二升,以《说文》求之,鲼为蚌,知此为宗庙祭久矣。然谓汉有旧仪,岂以此耶?"董逌由李后主为宗庙责属州供蚌酱一事,推论写入《汉律》的鲼酱当亦为宗庙的祭品,此说颇有创见性,可备一说。

当代产业化视野下的海洋民间音乐传播

张诗扬

（浙江大学）

摘要 海洋民间音乐是我国重要的民族民间文化资源,是发展海洋文化产业的基础和前提。本文力求规范海洋民间音乐的研究范围与方向,根据当代大众民间艺术审美趋势,针对不同类型受众进行有效的海洋民间音乐传播,以促进其产业化开发及可持续发展。海洋民间音乐资源在我国区域经济发展中占据重要地位,为了确保它的长足发展,需要在保持乡土语境的艺术传承和产业化开发之间寻找契合点。避免盲目滥用的破坏性产业化开发,力求通过评估、检测、规范等合理经营机制,最大限度保护原生态海洋民间音乐。

关键词 海洋 民间音乐 产业化 传播

民间艺术是民俗文化的体现者,是地域习俗的物化形式。广义的民间艺术指“在社会中下层民众中广泛流行的音乐、舞蹈、美术、戏曲等艺术创作活动”。[1] “民间”是对应官方而言,即指民间艺术的创生传承主题食过大中下层民众,也指民间艺术的生存发展空间;“艺术”则表明民间艺术的存在形态及其审美价值。[2] “民间艺术”是针对学院派艺术、文人艺术的概念提出来的,是劳动者为满足自己的生活和审美需求而创造的艺术形式。民间百姓在生活细节中发现艺术发现美,把艺术与生活结合,让艺术陶冶地方百姓的民间生活。

一、海洋民间音乐的研究范围

海洋是资源丰富的蓝色国土,合理开发利用海洋资源是我国未来发展的重点,在高度重视海洋经济发展的同时,海洋文化资源的产业化发展同样不容忽视。海洋民间艺术是海洋文化的重要分支,祖祖辈辈生活在海边的民间百姓,通过不同的艺术形式诠释对生活和海洋的热爱,通过充满海洋气息的民间艺术作品展示出海洋地域地理特色、沿海地区历史文化传承、具有地方特色的艺术语言和艺术形态。

海洋民间艺术的研究范围可以按照地域、艺术文本内容等不同方式划分,主要有以下三种划分方式。

---

[1] 钟敬文主编:《民俗学概论》,上海:上海文艺出版社,1998 年,第 237 页。

[2] 刘昂:《民间艺术产业开发研究》,北京:首都经济贸易大学出版社,2012 年,第 13 页。

首先,按照地域划分。凡是地处沿海地区的民间艺术都可以划为海洋民间艺术范畴。主要包括两个子分类。第一是处于沿海地区,民间艺术文本又涉海的民间艺术作品,如浙江舟山地区的渔歌,沿海地区手工制作的贝壳工艺品,海滩上的沙雕等。第二是沿海地区,但艺术文本不涉海的民间艺术作品,如浙江舟山地区的民间情歌,浙江海宁皮影戏,温州黄杨木雕,海南岛的黎族骨制品工艺等。

其次,按照艺术文本内容划分。这种划分方式指的是:不论在何时何地,凡是与海洋有关联的民间艺术形式都属于海洋民间艺术领域。该划分范围可以细分为两种情况。第一类为地处非沿海地区,但艺术文本涉海的民间艺术。在全民旅游热的今天,非沿海地区居住的人们大多也享受过滨海生活的惬意、清凉与温馨。可以说,喜爱滨海生活的人们不仅限于渔民,长期远离海洋居住和生活的人们对海洋生活反而更加向往。这促使非沿海居住的民间艺术家在进行艺术创作时把"海洋元素"糅杂于其中。这类作品也可以属于海洋民间文化的研究范畴。例如:非沿海地区妈祖宗教祭祀活动中的各种艺术形式与内容,非沿海地区人民创作的涉及海洋文化的工艺美术作品。第二类包括沿海地区的民间涉海艺术文本。如广东汕尾渔歌、舟山渔船号子等。

最后,综合性划分。此属于广义的全面性划分法,内容包括沿海地区的非海洋内容民间艺术;沿海地区的海洋内容民间艺术;在非沿海区域,与海洋相关的民间艺术文本都包括在研究范围之内(见图1)。

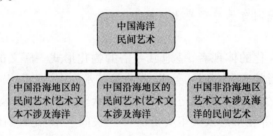

图1　海洋民间艺术研究范围

二、海洋民间音乐

民间音乐是沿海地区人民群众千百年来在劳动生活中创作表演、体现百姓心声的一种通俗文化,主要包括民歌、器乐、曲艺和戏曲音乐。"民间音乐"除了包含着"音乐"的所有特征之外,还兼具以下几个特点:①地域性。"一方水土一方人",由于我国疆域辽阔,不同地区形成了不同风格的民间音乐艺术。民间音乐是具有地域性特色的音乐表现形式;②民族性。我国56个民族分布在全国各地,不同民族有着不同的生活习惯和传统文化习俗,而他们的民间音乐则是不同民族风格的最好体现;③群体性。民间音乐创作一般属于劳动人民的群体行为,他们在生产劳动之余创作出脍炙人口的音乐或歌曲,并在当地广为传唱,具有极强的群众基础;④业余性。由于作曲者没有系统化学习音乐和作曲技法的经历,民间音乐具有很强的业余性。

（一）海洋民歌和民谣

清代刘毓崧《古谣谚·序》中说："诚以言为心声,而谣谚皆天籁自鸣,直抒己志,如水行风上,自然成文,言有尽而意无穷。"①民歌民谣作品诠释的不仅是音乐文本,还可以反映出该地区的地域地理特色、历史文化传承、大众生活习俗等。海洋民歌和民谣是我国重要的文化遗产之一,随着工业文明的进入、农村日益城市化、现代化的生活进程和速食文化的大行其道,海洋民歌民谣成为亟需保护的艺术形式。

典型的海洋民歌形式非渔民号子莫属,我国各省市沿海地区都有不同艺术形式的渔民号子。渔民长期劳动生活在渔场上,祖祖辈辈在风浪中辛勤劳作,从而形成了豪爽、粗犷、开朗的性格。这种豪放性格在渔民号子里得到完美体现。在狂风巨浪中,豪迈高亢的号子声伴随着协调一致的劳动,营造出强大气势,鼓舞着渔民的斗志,使欣赏者血脉贲张,人心振奋。

浙江舟山渔民号子是具有代表性的渔歌之一。20 世纪 60 年代以前,舟山地区渔民的劳动强度很大,渔场捕捞通用的是木帆船,所有工序都靠人力,集体劳动需要步调一致、行动统一,而舟山渔民号子不但能调节劳动情绪,而且能够提高作业效率。原舟山群艺馆馆长何直升长期研究舟山渔民号子,他说:"舟山渔民号子最大的特点就是豪迈、高亢,听起来给人的感觉很硬很强烈。""我国沿海都有渔民号子,但没有一种是像舟山渔民号子这样振奋人心、声势壮阔的。""舟山的渔民号子一定要配合动作、器物才能达到这个境界。"

现存的舟山渔民号子大致可以分为 10 大类 25 种。第一类是手拔类号子:拔篷号子、起锚号子、拔网号子、溜网号子、拔船号子、拔舢板号子。第二类是手摇类号子:摇橹号子、打绳索号子、打大楫号子。第三类属于手扳类号子:起舵号子。第四类测量类号子:打水篙号子。第五类牵拉类号子:牵钻号子、牵锯号子。第六类抬物类号子:抬网号子、抬船号子。第七类敲打类号子:打桩号子、打夯号子、夯点心号子。第八类肩挑类号子:挑舱号子。第九类吊货类号子:吊水号子、起舱号子、吊舢板号子、荡勾号子。第十类抛甩类号子:涤网类号子、掼虾米号子。②

舟山渔民号子由"草根艺术"发展成为"国家级非物质文化遗产保护名录",成为舟山民间艺术的代表。

（二）海洋民间戏曲和曲艺

戏剧和曲艺表演作为民间艺术的形式之一,以多元化的形式反映出不同地域、不同民族的社会生活。戏剧曲艺作品内容丰富,包括了历史典故、神话故事、民间风情、酬神祭祀四个大类,对于深入认识地域文化艺术有着极大的帮助。下文中列举出部分沿海地区的民间戏曲曲艺形式,旨在初识其演艺形式。在海洋文化产业大发展的契机之下,海洋民间戏剧曲艺文化将步入一个崭新的阶段。

---

①　[清]杜文澜:《古谣谚》,北京:中华书局,1958 年,第 1 页。

②　何直升:《舟山渔民号子:风浪里喊出的国宝》,浙江省民俗文化与民间艺术网,2010.7.26。

1. 温州鼓词

温州鼓词是流行于浙江温州地区的民间曲艺文化,俗称"唱词",因过去的艺人多为盲人,所以成为"瞽词"。温州鼓词和温州乱弹、温州昆曲、温州道情被称为温州四大曲艺。温州鼓词的艺术题材广泛,通常取材于民间传奇和历史小说等文学作品。鼓词以唱词为主,兼带说词,伴奏乐器主要有牛筋琴、扁鼓、三粒板、小抱月等民间特色乐器,曲调分为慢板、流水、紧板等几十个板式。20世纪20年代,温州鼓词形成南北两派,南派主要流行于平阳和瑞安一带,以细腻柔和著称;北派在温州和永嘉地区传播,风格粗犷古朴。新中国成立初期,温州鼓词汲取了京剧、越剧、黄梅戏等多家剧种的艺术元素,形成"阮、丁、陈"三个流派,温州鼓词被进一步发扬光大。

2. 浙江滩簧

浙江地区的滩簧艺术是民间曲艺的一个重要组成部分。不同地区的滩簧经过民间艺人的传承推广,现今仍流传于民间。

宁波滩簧早期称"串客",现在称"甬剧",在宁波、舟山、绍兴一带流传。于清中叶前后由曲艺"串客"发展而成。作为曲艺的串客,仅用山歌、小曲或借用盲人"唱新闻"的曲调说唱新闻故事或底层青年追求婚姻自由的故事。[①]

另外还有余姚滩簧,又名"鹦哥戏"、"花鼓戏",现称"姚剧",流行于余姚、慈溪、上虞等地。湖州滩簧又称"湖滩戏",就是现在的"湖剧",流行于湖州、长兴一带。

3. 闽南沿海的酬神戏曲

民间戏曲表演是民间音乐的一部分,我国沿海地区的很多戏曲、曲艺表演从祖辈手中传承至今。流传于民间的戏剧艺术从侧面反映了民间生活习俗和百姓的世界观。在诸多沿海地区的调查中发现,与"祭祀、酬神"相关的海洋民间戏曲非常普遍。闽南地区自古以来就有"以歌舞媚神"和"演戏酬神"的习俗,主要有:高甲戏、莆仙戏、梨园戏、歌仔戏、傀儡戏等大剧种。

每逢民间节庆日和神诞日,酬神的戏曲演出就在乡间城市的大街小巷里搭起戏台。祭祖、婚丧喜庆、寺院落成、神像开光、祈雨、迎春大典等经常要演戏酬神。[②] 福建民间神灵众多,《泉州旧城铺境稽略》中统计,仅泉州城乡就有各种神灵132种,一年中的神诞日多达102天。[③] 每逢神诞日,村民便筹集资金,聘请戏班,演戏酬神,即所谓"俗尚鬼神,故多演戏"。[④] 众神之中最具影响力的一位神祇非妈祖莫属,沿海地区祭祀的众神中必有"妈祖",妈祖文化已经成为我国沿海地区共同拥有的宗教文化财富。

(三)海洋民间舞蹈

我国民间舞蹈种类繁多、内容丰富,沿海居民在海洋文化的长期熏陶形成了有地方特色

---

① 徐宏图:《浙江戏曲史》,杭州:杭州出版社,2010年,第263页。

② 刘大可:《闽台地域人群与民间信仰研究》,福州:海风出版社,2008年,第247页。

③ 林国平:《闽台民间信仰源流》,福州:福建人民出版社,2003年,第455页。

④ 林风声编:《石码镇志》第1册《民俗第三·杂俗》,引自《中国地方志集成·乡镇志专辑》,北京:上海书店,1992年,第765页。

的舞蹈形式。很多海洋民间舞蹈的背后都有着动人的神话故事与民间传说,正因为有了这样的文化内涵,才使得这些民间舞蹈能够薪火相传。

1. 浙南地区的民间舞蹈

浙南地区以温州市为中心,是历史悠久的瓯越文化发源地。瑞安出土的谷仓罐上就有民间音乐舞蹈的历史印记。唐代《永嘉县志·风土卷·民风卷》中记载温州一带:"少争讼,尚歌舞。"明代闽南人口大量迁移至平阳、苍南等地,戚继光的军队驻防浙南沿海,各地的民间艺术给浙南民间舞蹈注入了新鲜的血液,推动了浙南舞蹈的发展。清代同治年间方鼎锐《温州竹枝词》中写道:"迎神赛会类乡傩,磔攘喧阗闹市过。方相俨然习逐疫,黄金四日舞婆娑。篝车岁岁乐丰收,竹马儿童竞笑讴。擎出光明灯万盏,河乡争赛大龙头"。

古代浙南民间舞蹈延续至今的有《贝壳舞》、《藤牌舞》、《双仙和合》等,当代艺术家在前人的基础上加以创新,逐渐形成了浙南地区舞蹈鲜明的地域特色和个性特征。

2. 广西京族祭祀独舞"花棍舞"

京族是我国少数民族中人口较稀少的民族之一。16 世纪开始一直居住在广西防城县的巫头、山心、万尾三岛上。京族人能歌善舞,有特色的海洋民间舞蹈非"花棍舞"莫属。传说很久以前,京族渔民必须经过白龙海峡才能进入南海捕鱼,而白龙海峡被蜈蚣精占据,每次出海时要过此地,必须将一幼童"供奉"给蜈蚣精。以捕鱼为生的京族渔民不得不妥协,无数儿童遭到残害。后来一位道人智取蜈蚣精,将其斩杀为三段,漂浮海中,形成了巫头、山心、万尾三岛。为了纪念这位道长,京族渔民建庙宇、竖石碑,把他奉为"镇海大王",永受祭祀。

《花棍舞》就是祭祀时护送神灵、驱鬼开路的民间舞蹈。舞者身着白色长衫,头发束紫色发带,手执 40 厘米长的缠有彩色花带的"花棍",在参天的大榕树下伴随木鼓声起舞。花棍舞动在身体上下前后四方,舞姿随鼓声而动,寓意驱赶恶鬼,为神灵开路。舞蹈结束时,舞者将"花棍"抛向众人,若是谁能接住花棍,这一年中就能免除灾难,心想事成。

3. 山东海阳秧歌

山东海阳秧歌是集乐、舞、歌、戏于一体的综合性民间艺术,迄今已流传五六百年,历史的积淀形成了海阳秧歌丰厚的文化底蕴。[①] 海阳秧歌的历史背景可追溯到明洪武年三十一年在此地设卫屯军,直至清雍正十三年撤消驻军,设海阳县。长期驻军给当地的娱乐生活注入了生机。

在海阳秧歌的艺术发展过程中,本土文化功不可没。它的重要伴奏音乐"水斗",是根据当地"渔夫斗老鳖"的传说,在"三步隔"基础上改编,同时以《大夫调》、《花鼓调》、《怨爹妈》、《敢大庙》等民间秧歌调、小调为基本伴奏曲调。海阳秧歌伴随着气势恢弘的打击乐,突出了大动势、大变化、节奏快慢突变明显等舞蹈动律特征。以"提沉、拧、摆动"等舞蹈动作展示出具有个性韵味的民间舞蹈。

---

① 冷高波、唐春:《海阳秧歌音乐与舞蹈动律的相生性》,《舞蹈》,2008 年第 11 期。

三、大众传播对海洋民间音乐产业发展的影响

传播是人类相互交流的工具,是人类社会生活中必不可少的一部分。音乐传播是音乐艺术得以生存和继承的必要渠道,任何音乐现象都离不开音乐传播。人类几千年来的社会音乐实践,其本质就是音乐的传播实践。在以天文数字来统计的无限次的音乐传播链条中,已形成了各民族、各地区的若干音乐风格体系、音乐调式框架和无数闪光的音乐艺术作品的产生、认可和确立。① 在艺术产业化发展的大趋势下,音乐传播研究显得尤为重要。

（一）海洋民间音乐的传播

海洋民间音乐属于原生态音乐,它是依赖乡土语境的艺术。海洋和地域人文环境是滋养海洋民间音乐的沃土,这种"非流行"的音乐艺术形式在传播过程中受到历史、文化、审美等多方面问题的影响,从而增加了艺术传播难度。

1. 海洋民间音乐的特点

非书面性是海洋民间音乐的首要特点。海洋民间音乐是渔家人民在劳动生活中创作的非专业音乐艺术,其艺术形式往往不甚严谨,声乐器乐作品通常没有书面的乐谱记载,单纯依靠祖辈村民口口相传。海洋民间舞蹈具有独到的艺术特色,但演出形式以"大众娱乐"为主,即兴性强。

由于海洋民间音乐的"非书面性",使它具有第二个特点,即多变性。在海上劳作和休闲生活中,民间音乐常因演唱者的个人喜好而略加改变。这种多变性体现在歌词的改变、曲调旋律的改变、舞蹈动作的改变等地方。"口传心授"传播的方式使民间音乐处于流动和变化之中,使我国海洋民间音乐形式更丰富多彩,内容更充实贴近生活。

实用性是海洋民间音乐的重要特点。海洋民间音乐的实用性可以分为劳动性和娱乐性两种。劳动性的民间音乐以渔民劳动号子为主,它在传统海洋养殖和捕捞过程中必不可少。此外沿海地区的山区流传着许多山歌和小调,如采茶歌、养蚕歌等,都是当地百姓劳作时必唱的民间歌曲。几乎所有的海洋民间音乐都具有群众娱乐性,是当地百姓劳动之余的重要娱乐方式。在传统地方节日、宗教庆典、红白喜事中,民间歌舞、曲艺、戏曲是不可或缺的娱乐项目。

2. 有效传播对海洋民间艺术发展的影响

如果说传统的民间文化艺术是依靠祖辈口口相传,那么这种传统的传播方式显然已经不适应当代社会。在"速食文化"大行其道的今天,海洋民间艺术的传承需要依靠"有效艺术传播"的力量来扩大艺术影响力。

艺术的发展离不开传播,艺术价值的实现同样要依赖传播。美国政治学家拉斯韦尔在其1948年发表的《传播在社会中的结构与功能》中,对人类社会传播活动提出5W模式,该模式同样适用于海洋民间音乐传播(见表1)。

---

① 曾遂今:《音乐社会学》,上海:上海音乐学院出版社,2004年,第249页。

表1　海洋民间音乐传播的5W模式

Who	谁	传播者	海洋民间音乐家
Says What	说什么	讯息	海洋民间音乐文本
In Which Channel	通过什么渠道	媒介	不同的传播媒介
To Whom	对谁	受众	海洋民间音乐的传播对象
With What Effects	取得什么效果	效果	传播效果

人们的音乐审美趣味是在长期和本土传统音乐的接触中形成的。尤其是民间音乐,它扎根本土,成为本地民众生活的组成部分。传统音乐和传统文化整体如同原生态中的鱼和水域环境一样,它的功能和价值由文化整体赋予,它的韵味也在文化整体中显现。当地人即是地方文化的创作者、继承者和发展者,也是地方文化的受用者、传播者和评判者。①

根据上述观念,海洋民间音乐在传播中需要注意三个问题。

首先要考虑到海洋民间音乐文本的时代性。在不改变其质朴乡土气息的情况下,针对当代大众音乐审美适当修改艺术文本。时间可以打磨掉一切文化艺术的印记,即便是世世代代居住沿海地区的民众,他们的音乐审美眼光也和五六十年代有天壤之别。如果本地域居民都不能自觉地喜欢祖辈流传下来的民间音乐,何谈该地域以外的音乐受众。修改引述文本之前要进行详细的民间音乐受众调查。从艺术发源地所在的省份开始,逐步扩大调研范围,根据调研结果打造出适合当代音乐受众口味的"新民乐"。

第二考虑到对媒介的选择。当前海洋民间音乐主要依靠旅游传播,沿海各省各地的海洋文化节层出不穷,每逢节日必要大力宣传渔文化。这种传播方式固然有效,然而传播对象仅限于旅游团体,传播效果有限。当代传播媒介主要有印刷品、广播、电视、网络,不同媒体的民间音乐传播效果也不尽相同。从音乐基本性质上来说,海洋民间音乐属于视觉听觉文化,电视和网络媒介是宣传民间音乐的最好途径。海洋民间音乐的传播重心应从旅游传播转移到电视和网络媒体传播上来,三者相辅相成,达到最佳传播效果。

第三要考虑传播对象。进入信息化时代后,我国受众细分化严重,民间艺术界亦然。选择适合海洋民间音乐发展的"潜在受众"为首要传播目标,可以事半功倍地达到有效传播。来自于不同文化背景中人们会有文化交流障碍,在这种障碍之下的民间音乐传播显得尤为艰难。海洋民间音乐需要面向非本地域的受众。目前海洋民间艺术属于人际传播中的小群体跨文化传播,"跨文化传播"是海洋民间音乐发展中面对的首要挑战。推广地方民间艺术的过程中,所面对的绝大多数冲突来自于大众文化背景的差异。

受众对于"跨文化"民间音乐欣赏的态度有两种,可能喜欢,或者不喜欢。喜欢的原因可能是该音乐符合个人的审美趣味,另一原因是受众的猎奇心理。不喜欢是正常的现象,人们对于不熟悉的音乐缺乏审美理解和审美能力,自然对其不感兴趣。在海洋民间音乐的传播过程中尽量减少艺术作品与受众之间的文化差异,让大众的审美文化更贴近海洋民间音乐,实现有效的"跨文化"音乐传播。

① 宋瑾:《音乐美学基础》,上海:上海音乐出版社,2008年,第99页。

3. 海洋民间音乐传播效果测试

根据当地海洋民间音乐的原始形态,测试传播效果如图2所示。A 是音乐传播者(包括创作者、表演者、音乐的形式和内容);B 表示受众(包括审美、文化等综合背景)。AB 相交之处代表着该民间音乐的有效传播效果,两个圆形相交的面积越大说明效果越好,反之则说明效果不好。

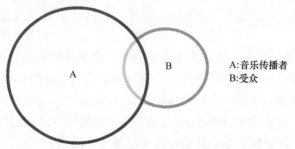

图2 海洋民间音乐传播模式

不同民族、地区和文化背景的音乐受众因接受异地民间音乐的程度不同,音乐欣赏需要相应的音乐审美趣味,有什么样的审美趣味,就有什么样的音乐选择。海洋民间音乐传播过程中,对受众进行海洋民间音乐审美趣味的培养,可以进一步加强传播效果。隋唐时期大量异民族音乐传入中土,受到贵族和普通市民的喜爱。宫廷艺术家将多民族音乐与本土音乐完美融合,呈现出音乐史上的"百花齐放"。跨文化民间音乐传播的关键在于找到两地域的文化共性,以此为突破口,进行深入传播。

(二)海洋民间音乐产业化

海洋民间音乐的产业化开发是海洋文化产业中的重点,资源调查是开展民间艺术产业的前提。对民间艺术资源的历史文化、地缘关系、赋存情况进行深入了解和掌握,可以得出对民间艺术资源的整体认识。[1] 艺术民俗虽然产生于乡土社会,但又是一种活的民俗,它完全有能力在脱离了乡土语境之后继续地表达自己、实现自己。[2] 在海洋文化产业开发的热潮中,在国家非物质文化遗产保护利用的过程中,海洋民间音乐应抓住机遇,合理开发海洋艺术资源,把民间艺术资源转化为产业资源,争取经济效益与文化效益双赢。

海洋民间音乐的资源整合需要从文献整理、田野调查、资源开发、可持续性分析等问题着手分析。把历史文献中所记载的与海洋民间音乐相关的资料剥离出来,并按照地域有序划分,进行基础资料整理。其次组织相关研究人员逐地进行田野调查,记录整理现存的民间音乐资源。艺术资源开发是针对濒临灭绝的,或是已经失传的海洋民间音乐进行的拯救性开发。民间艺术受到社会发展的影响和现代化的冲击,许多民间音乐失去了滋生它的土壤和本地域的受众,进而严重濒临灭绝。目前我国的海洋民间工艺美术尚可利用其实用性进

---

① 刘昂:《民间艺术产业开发研究》,北京:首都经济贸易大学出版社,2012 年,第49 页。
② 张士闪:《艺术民俗学:将乡民艺术还鱼于水》,《民族艺术》,2006 年第 4 期。

行产业化开发,而海洋民间音乐主要依靠旅游业来支撑。利用美国旧金山大学管理学院史提勒教授提出来的 SWOT 分析法调查海洋民间音乐,可以确定海洋民间音乐面对的竞争优势(Strength)、竞争劣势(Weakness)、机会(Opportunity)和威胁(Threat)。该分析法可以运用在海洋民间音乐的可持续发展调查中,为实现海洋文化产业化开发提供现实依据。

在海洋文化产业开发的大前提下,人们越来越重视海洋民间音乐的产业化发展。当前,海洋民间音乐面临着音乐生态环境破坏、缺乏整合力度、人才匮乏、难以打造大品牌等诸多问题。任重而道远,希望海洋民间音乐以及它所承载的民族文化精神得到传承,希望更多学者关注海洋民间文化的未来发展。

浙江海洋民俗传承与保护实证研究

——以宁波象山石浦渔港为例*

毛海莹

（宁波大学）

摘要 海洋民俗文化是海洋文化中一个非常重要的组成部分,它反映了海岛居民的日常生活和思想情感,表现了当地渔民的审美观念和艺术情趣。从文化生态学的视角去解读海洋民俗的自然生态与人文生态,体验"天人合一"的文化休闲理念,是对海洋民俗传承与保护的哲学思考。在此理论构建下,创和谐、重品格则是文化生态凸显其生存智慧与文化内核的重要策略。本文以浙江宁波象山石浦渔港为例,借助文化生态学相关理论对浙江海洋民俗传承与保护提出学理性的思考与建议。

关键词 海洋民俗 文化生态 传承 休闲

21 世纪是海洋经济时代,海洋的独特地位决定了人类的生产方式和文化模式。随着人类对海洋的不断认识与深入开发,一种特有的文化模式——海洋文化也应运而生。对海洋及海洋文化的认识,古今中外的不同学者有过不同的论述。黑格尔认为:"大海邀请人类从事征服,从事掠夺,但同时也鼓励人类追求利润,从事商业。"[1]近代中国人在思索自己祖国的屈辱命运并谋图中华民族的复兴大业时,开始注意到西方海洋文明与中国的差异,梁启超在《地理与文明之关系》一文中认为海滨交通便利,能激发冒险进取之心和向往自由之精神。[2] 当代学者徐杰舜、曲金良等对海洋文化也有独特的理解,但基本倾向于将"海洋文化"

* 基金项目:本文为宁波大学 2011 年教研重点项目"海洋民俗文化纳入本科通识教育课程的价值研究"之阶段性研究成果。

① ［德］黑格尔:《历史哲学》,生活·读书·新知三联书店,1956 年,第 135 页。

② 梁启超:《地理与文明之关系》,梁启超著,费有容校订:《饮冰室文集全编》(第三册),上海新民书局,1935 年。原文是这样论述的:"海也者,能发人进取之雄心者也。陆居者,以怀土之故,而种种之系累生焉。试一观海,忽觉超然万累之表而行为思想,首得无限自由。彼航海者,其所求固在利也。然求之始,却不可不先置利害于度外,以性命财产为孤注,冒万险而一掷之。故久于海上者,能使其精神日以勇猛,日以高尚,此古来濒海之民。所以比于陆居者,活气较盛,进取较锐。虽同一种族,而能忽成独立之国民也。"

界定为:人类社会历史实践过程中受海洋的影响所创造的物质财富和精神财富的总和。①基于此,笔者认为,海洋文化就是和海洋有关的文化,就是缘于海洋生成的文化,也即人类对海洋本身的认识、利用和因有海洋而创造出的物质的、精神的、行为的、社会的文明生活内涵的总和。本文所讨论的海洋民俗文化就是在海洋文化大观念统摄下展开的。为了更深入更具体地从文化生态学的视角去论述海洋民俗文化的传承与保护,本文以浙江宁波象山县石浦渔港为例②,希冀通过个案的剖析达到理论的共鸣,为海洋民俗的文化生态研究提供有益的思考与借鉴。

一、对海洋民俗的认识及文化生态理论的引入

美国"人类学之父"弗朗兹·博厄斯(Franz Boas,1858—1942)认为,民俗是文化的一面镜子,他提出,一个民族的民俗就是这个民族的自传体民族志。③ 博厄斯的"民俗即文化之镜"的观点给我们提供了一个认识海洋民俗的切入口。海洋民俗文化是海洋文化的重要组成,随着海洋民俗文化逐渐被重视,大量关于海洋的民间传说、神话故事被搜集、整理,各种以海洋为内容的民间歌谣、民间舞蹈、民间曲艺等被挖掘,海洋生活习俗、生产习俗与信仰习俗也逐渐进入研究者的视野,一时间海洋民俗成了海洋文化的亮点和重头戏。"民俗在社会中一旦形成,就成了一个自控又自动的独立系统,并以相对的稳定性,陈陈相因,延续承袭。只要适合这一民俗事像的主客观条件不消失,传承的步伐就不会中止。"④

民俗的这种超时空传承特性决定了海洋民俗传播的广泛性和持久性。然而由于民俗的传承是一个综合的系统,除自身的发展外,还不同程度地受到政治、经济、文化、心态等多方面的影响,因此海洋民俗在其传承过程中也不可避免地会受到其他因素的干扰和冲击。从民俗的制度层面来看,人为制定的海事条规、经济战略以及由此而引发的无限制地滥用开发海洋资源等一系列行为都有意无意地破坏了海洋原有的生态平衡系统,与民俗传承和保护的"原真性"标准相去甚远。

基于此,我们认为,从文化生态学的角度去传承保护海洋民俗不失为一种明智的策略,它可以将海洋民俗引领到一条系统的生态平衡的路子上去。狭义的民俗传承性,是指民俗

① 徐杰舜:《海洋文化理论构架散论》,《岭峤春秋·海洋文化论集》,广州:广东人民出版社,1997 年。曲金良在《发展海洋事业与加强海洋文化研究》(刊《青岛海洋大学学报》1997 年第 2 期)一文中对"海洋文化"作如此界定:"海洋文化,作为人类文化的一个重要的构成部分和体系,就是人类认识、把握、开发、利用海洋,调整人与海洋的关系,在开发利用海洋的社会实践过程中形成的精神成果和物质成果的总和,具体表现为人类对海洋的认识、观念、思想、意识、心态,以及由此而生成的生活方式包括经济结构、法规制度、衣食住行习俗和语言文学艺术等形态。"由此可见,两位学者对"海洋文化"的认识基本一致。

② 石浦渔港是我国东南沿海著名的国家中心渔港,十八里港湾岛山环屏,五门罗列,是中国海洋渔业最早发祥地之一,秦汉时即有先民在此渔猎生息,唐宋时已成为远近闻名的渔商埠、海防要塞、浙洋中路重镇。1973 年石浦渔港被国家计委列为全国四大群众渔港之一。如今,石浦渔港为国家二类开放口岸、全国渔业第一镇、浙江省首批历史文化名镇。第二批国家级非物质文化遗产项目中,石浦渔港以"妈祖信仰及迎亲习俗,象山渔民开洋、谢洋节,象山晒盐技艺"坐拥三项"国"字号文化项目。石浦渔港在海洋民俗传承与保护上可谓走出了一条独具特色的路子。

③ [美]阿兰·邓迪斯著,户晓辉编译:《民俗解析》,桂林:广西师范大学出版社,2005 年,第 40 页。

④ 陈勤建:《中国民俗学》,上海:华东师范大学出版社,2007 年,第 79 页。

文化在时间上传衍的连续性,即历时的纵向延续性,同时也是指民俗文化的一种传递方式。① 与此相关的是民俗的扩布性,它是指民俗文化在空间伸展上的蔓延性,也是指民俗文化的横向传播过程。本文所指的民俗传承是广义上的,包括狭义的民俗传承性和与此相关的民俗扩布性,这使民俗文化的传承成为一种时空文化的连续体,也为民俗传承引入"文化生态学"理论打下了坚实的基础。首次提出"文化生态学"概念的是美国文化人类学家朱利安·斯图尔德(Julian Steward,1902—1972)。1955年,他提出"文化生态学"概念并倡导成立专门的学科,目的在于"解释那些具有不同地方特色的独特的文化形貌和模式的起源"。斯图尔德最重要的贡献在于认识到环境与文化是不可分离的,文化和环境有时各自起着不同的作用。他倡导的"文化生态学"认为:"人类是一定环境中总生命网的一部分,并与物种群的生成体构成一个生物层的亚社会层,这个层次通常被称为群落。如果在这个总生命网中引进超有机体的文化因素,那么,在生物层之上就建立起了一个文化层。这两个层次之间交互影响、交互作用,在生态上有一种共存关系。"②

在笔者看来,斯图尔德所谓的"生物层"和"文化层"就是自然生态和人文生态,两者交互影响、交互作用,在生态上形成了一种共存关系。换言之,文化生态就是一种文化的自然生态与人文生态的结合体。由于文化对人心理的影响是潜在的,因此一种文化观念要被人们接受也需要经历一个从认识、认同到接受、内化的一系列过程。相应地,文化生态的表现形式也比较间接、隐蔽,特别是作为文化生态内核的人心,其表现也同样具有较为显著的持久性、曲折性、不平衡性和异向性等。作为海洋文化核心的海洋民俗,在其自身发展历程中无疑积淀着从事海洋生产特定群体的心理习俗,这种观念和习俗在不断地强化和提炼中被巩固、传承,这是文化生态的内在机制使然。此外,文化生态所表现的社会价值取向,是一种思想趋向和价值观体系,其中包含了政治价值取向、经济价值取向、文化价值取向、职业及伦理价值取向等,是一个涉及面宽、内容极其丰富的问题。③ 笔者认为,从文化生态的社会价值取向去思考海洋民俗的传承与保护,这是对海洋人文关怀和道德伦理呼唤的实践与回应。

从本质上说,文化生态倡导的是一种"天人合一"的理想境界。在这种观念的支配下,我们要合理地开发利用海洋资源,既要保持海洋自身的自然生态平衡系统,同时也要将跟海洋有关的生活、生产、信仰、节庆等习俗和活动有机地融会到海洋文化的整体中去,使海洋文化保持一种"积极和谐、充满活力"的人文生态平衡系统,从而更好地传承海洋民俗。其实,这种讲求平衡和谐的理念在中国古代就有了。《老子》提到人和天地万物都是以"道"为本原,认为"道生一,一生二,二生三,三生万物。万物负阴而抱阳,冲气以为和"。④ 由此,道家提出的关于生态智慧的最深刻、最完美的说明,强调了一切现象的基本同一和在自然循环的过程中个人和社会的嵌入。可以说,中国传统的道家思想为现代中国文化生态学的生长提供了理论的土壤。所不同的是,在价值取向上,老子的道家是遁世空灵的,而文化生态学则更注重发挥和挖掘文化生态的社会实用价值。

---

① 钟敬文:《民俗学概论》,上海:上海文艺出版社,1998年,第13页。
② 司马云杰:《文化社会学》,北京:中国社会科学出版社,2002年,第153-154页。
③ 王长乐:《论"文化生态"》,《哈尔滨师专学报》,1999年第1期。
④ 梁明海译注:《老子》,沈阳:辽宁民族出版社,1996年,第65-66页。

文化生态所表现的社会价值取向对于海洋民俗的积极传承具有深远而重要的影响。一切民俗都是在活动中得以传承和发展的。从现代生活的意义看，基于"休闲"理念的海洋民俗活动的传承最能适应现代潮流，最能发挥其经世致用价值的一条途径。"休闲"是一种流行的生活方式，也是文化生态的至高境界的体现。关于"休闲"这个概念，古今中外的学者都有过不同的论述。1899年，索尔斯坦·维布伦在《有闲阶级论》一文中提出，休闲已经成为人们的一种生活和行为方式。20世纪初，身为美国教育家和哲学家的莫德默·阿德勒在研究了休闲与工作的关系后，进一步指出我们需要崇高的美德去工作、去休闲。瑞典的皮普尔在《休闲：文化的基础》中也用精辟的语言阐释了休闲作为文化基础的价值意义，并深刻地指出休闲是人的一种思想和精神的态度，休闲能力是人类灵魂深处的最根本的能力。

然而，与英美等西方国家有所不同的是，中国自古以来对"休闲"的理解和体验更注重从身心两方面去展开。中国古代的休闲思想可谓博大精深，特别是以士大夫文人为主的休闲文化是中国传统文化重要的组成部分，它与自然哲学、人格修养、审美情趣、文学艺术、养生延年等都发生着极为密切的关系，体现出华夏民族对休闲持有的特殊认知和体验方式。提及休闲，人们自然会想到"采菊东篱下，悠然见南山"的田园诗人陶渊明；也会想到独自享受"孤舟蓑笠翁，独钓寒江雪"情趣诗意的柳宗元。由此笔者认为，休闲不仅是一种生活方式，更是一种美学境界，是自我心灵与天地自然融为一体的过程。休闲需要"从心开始"，休闲主体心境的自在澄明是保持一颗"自由"之心的根本。可见，对"休闲"的上述理解也是文化生态学对现实生活的一种哲学思考。

休闲是人生命的一种状态，是个人人格独立化、自由化以及与自然和谐的生存状态。中国传统文化最崇尚"境界"，然而不同的境界具有不同的审美表征，王国维在《人间词话》中就提及三种不同的境界："古今之成大事业、大学问者，必经过三种之境界：'昨夜西风凋碧树。独上高楼，望尽天涯路'，此第一境也。'衣带渐宽终不悔，为伊消得人憔悴'，此第二境也。'众里寻他千百度。蓦然回首，那人却在灯火阑珊处'，此第三境也。"[①]由此联想到"休闲"的境界，笔者认为休闲的境界也有着不同的等级和层次，关键取决于休闲主体的心境。每一个真正进入休闲活动的人必须做到心无羁绊和远离功利，只要休闲主体有这样一种心境，便不难体验到"休闲"的最高境界；也只有用这种"休闲"的心境去参与一切与海洋有关的民俗活动，才能达到真正意义上的"文化生态"。

如果说"天人合一"倡导的是一种自然生态与人文生态的平衡，是文化生态学的基本理念；那么"休闲活动"便是这种理念下的现代产物，它是海洋民俗凸显文化生态特征并发挥其真正的社会价值的有效载体。

二、创和谐：海洋民俗传承与保护的生态智慧

针对当前人类社会在文化生态上的"失衡"，文化生态学"进一步从自然—人类—社会之间的关系入手，从历史的、现实的、时间的、空间的综合维度展开文化的讨论，既重视有形的、自然的物质文化创造，又重视无形的、非物质文化的创造，并注意二者的结合，以及文化

---

① 王国维著，徐调孚校注：《人间词话》，北京：中华书局，2009年，第16页。

与自然环境、人类社会的关系及其相互影响"。① 文化生态学的这种策略导向为海洋民俗的传承与保护提供了理论依据。基于此,笔者认为,对"和谐"的诉诸,是文化生态的一种生存智慧。"和谐是一种价值追求,一种境界,一种美。和谐即文化生态各因素协调发展。和谐包括了各个方面的内容——人与自然、人与社会、人与人、人与自我四个层面。"②因此,文化生态的生存智慧就是将不和谐的因素转化为和谐的因素。在此视角下,保持大文化圈的整体和谐以及内部小文化圈之间的相对和谐是传承和保护海洋民俗一个十分重要的手段。关于"文化圈"现象,中国民俗学专家乌丙安先生是这样解读的:"文化圈是一个有机体的整个文化,它包括人类需求的各种文化范畴。它在各地区形成、发展并可能向其他地区移动,同时,在不同地带还可能有与其相关联的文化成分,形成文化圈的广阔地理分布表现。"③其实,关于"文化圈"的文化关联及地理分布特征最早可以追溯到传播学派先驱者地理学家拉策尔(F. Ratzel)。他认为,传播是文化发展的主要因素,文化采借多于发明,不同文化间的相同性是许多文化圈(区域)相交的结果。因此,文化彼此相同的方面愈多,发生过历史关联的机会就愈多。由此我们联想到海洋文化圈的生成,凡是有海洋存在的地方必然有海洋文化及海洋民俗的存在,像我国以南海、东海、黄海、渤海为主体的周边区域都应是海洋民俗文化圈的覆盖范围。大文化圈内既有着相似的海洋生活、生产、信仰习俗等,又有着由于地域文化差异而形成的各色各样的小文化圈。保持大小文化圈内部的和谐发展是海洋民俗关注的焦点。

地处东海海洋民俗文化圈内的浙江宁波象山县石浦渔港在"和谐"发展上做了一番文章,当地政府充分认识到自然和谐与人文和谐构建而成的系统文化生态是创设海洋民俗和谐基调的真正"主旋律"。石浦渔港身处东海海洋民俗文化圈,吴越文化的深厚积淀及浙东学派的人文精神对东海海洋民俗文化圈产生了巨大的影响。因此,在吴越文化与浙东学派精神的共同映照下,石浦渔港在发展自身海洋民俗文化的同时,也充分注重与以余姚江、奉化江、甬江为代表的江河文化以及与以四明山和天台山为代表的山川文化的共生和谐发展。如石浦渔港颇具地方特色的海商文化与海防文化就较好地体现了江、海、山文化的"和谐"。历史上明州(宁波)是我国海上丝绸之路的始发港之一,吴越大量的丝织品和越瓷通过明州港走向世界。象山从北到南的 200 里航道,是这条丝绸之路的黄金水道,而石浦就是桥头堡。此外,石浦古镇一头连着渔港、一头深藏在山间谷地,城墙随山势起伏而筑,居高控港,素有"城在港上,山在城中"之称。自元代起就被称为"浙洋中路重镇",康熙二十三年仍设官防守,现在仍存有金鸡山炮台、二湾摩崖、古城墙、古城门、古炮台、摩崖石刻等海防遗迹。石浦古镇"背山面海"的独特地理及"海纳百川"的人文理念从地理上阐释了海洋与江河、山川的和谐共生关系。

"文化是人类精神的外化。由于人是以类的方式存在于大宇宙之中且具有超越祈向的社会动物,一个文化系统的文化生态必然涉及到人与终极实在、人与自然宇宙、个人与社会、不同文化共同体之间以及人的身心之间等方面的关系,正是这些方面构成了特定文化系统

---

① 唐家路:《民间艺术的文化生态论》,北京:清华大学出版社,2006,第 39 页。

② 黄正泉:《社会和谐的文化生态学研究导言》,《湖南社会科学》,2009 年第 2 期。

③ 乌丙安:《非物质文化遗产保护中文化圈理论的应用》,《江西社会科学》,2005 年第 1 期。

的基本存在形态。"① 可见，文化生态的和谐也十分注重内在的人文因素。石浦渔港在创建自然和谐的同时也将人文和谐作为重中之重去发展。石浦的渔民们相信妈祖、崇拜关公、敬畏龙王，"三月三踏海滩"、"妈祖赛会"、"六月六迎神赛会"、"七月半放海灯"，都是流传于石浦一带渔村特殊的渔俗文化活动。还有古韵盎然的祭海活动，独具渔区民间文化特色的开船仪式等都为石浦古镇增添了浓厚的人文气息，特别是每年 9 月份的"中国开渔节"有着丰富的文化内涵和鲜明的渔乡特色，是一个真正集文化、旅游、经贸活动于一体的海洋民俗文化盛典，同时也较好地将各种人文、经济、自然因素和谐地统一在这个海洋民俗节庆之中。另外，石浦古镇现有四条保留完整、总长 1670 米的碗行街、福建街、中街、后街，这四条街组成了古朴的石浦老街。中街上的"源生钱庄"、"宏生绸庄"、"大皆春药店"等老字号也为古镇平添了几分特别的渔乡俗韵，是石浦海商文化的现代演绎。应该来说，石浦渔港在发展人文生态上迈出了较为成功的一步。当然，从文化的可持续发展和民俗的原真性传承的更高标准去看，笔者认为，石浦渔港在挖掘当地有特色、原生态的海洋民俗上还可再下功夫，要鉴别民俗的真伪，选择民俗的精华，这样才能在海洋民俗的可持续传承上做足文章。对于地方民俗旅游资源的开掘，有专家建议，"要发展以民俗为基础的文化旅游，在开发一地民俗旅游资源的同时，一定要倡导真民俗而摒除伪民俗"。② 从长远发展的战略眼光看，石浦渔港若能围绕东海海洋民俗文化做系列文章，设立独具东海特色的海洋生活习俗馆、生产技艺馆、渔俗信仰馆及海洋歌谣语言馆等，多借鉴其他成功的人文和谐经验，就会在海洋民俗文化建设上走出一条新路。

石浦渔港在创建自然和谐与人文和谐的海洋民俗过程中所反映出来的成功与不足，给其他渔港小镇以新的启示和借鉴。其实，上文所提及的"休闲"理念对于各地现代渔业及海洋民俗的保护同样是具有切实可行的参考价值的。休闲与渔文化的完美结合就形成了现代意义上的"休闲渔业"，休闲渔业就是以人们参与渔业活动为基础，并将人们的休闲生活、休闲行为、休闲需求与渔业活动密切结合，从而达到身心放松的休闲境界的一种现代新型交叉产业。笔者认为，在对渔港古镇的海洋民俗进行和谐创建时不应忽视对其休闲渔业的开发。休闲渔业是借助于旅游观光、水族观赏、户外垂钓等休闲活动与现代渔业方式的有机结合来实现其经济价值和审美价值的，这些休闲活动是让参与者达到真正意义上的"休闲境界"的物质载体。由于"休闲"理念的落脚点在于个人与自然、个人与社会的和谐共生，这也就决定了休闲活动的范围性和适度性，要善待海洋，合理地开发和利用海洋资源，只有这样，才能在休闲活动中真正地体验到海洋民俗自然和谐与人文和谐的真谛。

三、重品格：海洋民俗传承与保护的生态内核

斯图尔德的文化生态学理论根据不同地区特殊的文化类型、文化模式的起源提出了"核心文化"的概念，美国的文化人类学者罗伯特·墨菲（Robert F. Murphy，1924—）在完善"核心文化"概念的基础上进一步指出文化生态理论的实质，即文化与环境之间存在一种动

---

① 李翔海：《论中国文化现代发展的三大阶段》，《南开学报》（哲学社会科学版），2005 年第 6 期。
② 陈勤建：《文化旅游：摒除伪民俗，开掘真民俗》，《民俗研究》，2002 年第 2 期。

态的富有创造力的关系。无独有偶,我国文化社会学家司马云杰在解释文化生态系统结构模式图时,也以"自然环境—科学技术—经济体制—社会组织—价值观"层层推进,[①]揭示"价值观"在文化生态各种变量中的核心地位。在笔者看来,"核心文化"及"价值观"的论述,其实是强调文化品格在民俗传承中的重要作用。

就海洋民俗来说,生活在海洋民俗文化圈内的群体品格提炼是海洋心意民俗的重要表现方式,对海洋民俗的内在传承起着关键性的作用。受海洋民俗文化熏陶的人们,在性格上自然而然地印刻着海洋的品性。以生活在东海海洋民俗文化圈的"宁波帮"群体为例,他们的性格形成与特点对包括石浦渔港在内的东海海洋民俗文化圈内的群体性格的塑造起着巨大作用。无论从海洋文明历史还是从地理文化上看,宁波都是一个与海洋文化有着密切关系的城市,宁波商帮就是生长在这样一片土地上。与"海洋"有着不解之缘的他们,善于四海为家,敢于迎接潮头,从城市到乡镇,从沿海到内陆,从祖国到异乡,随处可见其经商的足迹。海洋文化对宁波商帮的影响和作用从某种意义上说树立了海洋文化圈内人们的一种群体品格,海纳百川的胸襟与气度、精卫填海的意志与顽强、八仙过海的神通与协作,以及百川归海的宏图与祈愿,这既是宁波商帮精神品格的概括与提炼,同时也是共处这个海洋文化圈内的人民的精神追求与理想。因为宁波帮精神是东海海洋文化圈内优秀人文资源的代表,是一种精神和品格的象征。

陈勤建教授指出,民俗是一种文化模式,归根到底是"人俗"。如果说我们一个人有生物的生命,那么我们也有文化的生命。人是生物生命和文化生命的双重复合体。如果生命的基因是 DNA,那么文化的基因就是从哲学理念上的民俗。[②] 正是海洋文化圈内的这种特定的群体品格构成了海洋人民的心意民俗,世世相袭,代代相传。一些濒海城市、海岛城镇不妨可以考虑将这种独特的心意民俗作为主要内容加入海洋民俗的传承和保护队列中去。在笔者看来,上述提及的"宁波帮"海洋精神和品格,完全可以作为包括石浦人在内的东海海洋民俗文化圈内人们海洋品性的一种参照体系和理想诉求。宁波象山石浦渔港是第一个倡导"渔文化与教育"从娃娃抓起的古镇,而且象山某校已经将"海洋文化"作为沿海地区学校特色育人的优质资源。这种务实重教的良好开端为石浦海洋民俗文化品格的宣传与推广开启了智慧之门。从学校到社会,从渔民到游客,石浦人的海洋品格与海洋精神由此影响扩散到更大的文化生活圈,这是海洋民俗传承与保护中值得借鉴和学习的经验。

美国学者本尼迪克特指出,"特定的习俗、风俗和思想方式"就是一种"文化模式",它对人的生活惯性与精神意识的"塑造力"极其巨大和令人无可逃脱。[③] 世界上每个国家和民族都有自己的生活地域,自己的生活方式,自己的文化模式,从而构成了自己独特的文化风格,这就是我们通常所说的地域文化。地域文化是人文基因的一个重要方面,是一个地区、一个国家的民众在特定的生态环境中共同生活酿就的与其他地区有差异的文化,如中国文化、印度文化、古埃及文化等。一个大的文化区域内,又可分出较小地域的文化区,如中国江浙的吴越文化,山东的齐鲁文化。地域的民众和生态环境造就了地域文化,地域文化也会反馈于

---

① 参见"文化生态系统结构模式图",唐家路:《民间艺术的文化生态论》,北京:清华大学出版社,2006 年,第 33 页。

② 陈勤建:《中国民俗学》,上海:华东师范大学出版社,2007 年,第 29 页。

③ [美]露丝·本尼迪克特:《文化模式》,北京:生活·读书·新知三联书店,1988 年,第 5 页。

其身,主要表现在地域物质层面和非物质层面,以流行的独特行为模式、代代相传的行事方式以及对社会行为具有规范作用和道德感召力的文化力量等形式,制约着人们的价值判断、审美需求、人际交往和生活走向。同样是渔文化,中国和日本就有一定差异,不同国度民众的性格特征鲜明地反映在各自的渔文化上。这里暂且不论中日两国渔文化孰优孰劣,但可以肯定的是,日本的渔业产业化经营以及在渔文化倡导上所体现出来的合作制精神是值得国人学习和借鉴的。推而广之,同样是在中国,受齐鲁文化影响的黄海海洋民俗文化品格与受吴越文化熏陶的东海海洋民俗的文化品格也是各具特色的。齐鲁文化是齐文化和鲁文化的融合,齐文化尚功利,鲁文化重伦理;齐文化讲求革新,鲁文化尊重传统。这两种文化在发展中逐渐有机地融合在一起,形成了具有丰富历史内涵的齐鲁文化。山东沿海居民面向大海,航行外出方便,跨海从事商业活动的传统形成了一种特定的海洋民俗,加上齐鲁文化的陶冶,独具特色的海洋民俗文化品格呼之即出,那便是淳朴厚道、豪爽大度、智慧务实,然而又不免带有些循规蹈矩、固步自封的倾向,与东海海洋民俗文化品格形成鲜明的对照并共同构成海洋民俗"大文化圈"的其中一环。

"一个民族的文化是由各种文化要素组成的相对稳固的自足系统,它本身有其运作的内部规律,就是传承机制,它既有使文化纵向传递的动因又有横向吐故纳新的适应外部环境变化的创新调适机制,它使文化在肯定与否定的双重价值标准中选择地发展,在基因复制式的社会强制作用和民族心理结构的规范中运转在特定的文化生态中。"①从这种意义上讲,石浦渔港由和谐、品格等内在因素作用下所形成的海洋民俗文化内在传承机制,在一定程度上为海洋文化均衡的生态系统提供了有力的保障。文化生态既是一种自然意识、人文关怀,更是一种系统综合、互动联系的思维方式,以文化生态为视角进行各种民俗文化的传承,对于保护一个地方乃至一个民族的民俗文化是极为有利的。

---

① 魏美仙:《文化生态:民族文化传承研究的一个视角》,《学术探索》,2002 年第 4 期。

基于文化资源的沿海地区港口创意产业发展研究

——文化地理学的视角*

马仁锋

（宁波大学）

摘要 创意经济既是当今世界文化产业与新经济发展主流，又能促进区域复兴；如何将港口文化资源转化为创意产业促进港口地区转型与创新发展，是全球沿海港口地区长远发展的核心论题。通过对创意经济发展的空间选择与港口地区复兴过程解析，提出依托文化资源发展创意产业是促成港口地区全面复兴与创新发展的有效路径；并从潜能、介质、路径、模式和运作机制五方面论证了港口文化资源转化为创意产业的机理，进而结合人文地理学在诸多学科专业中的独特视角与作为提出港口文化资源到创意产业过程的文化地理学研究架构（研究目标、重点内容、方法论等）。处理好港口文化资源开发与保护的关系、突出海洋与海岛特色，以增值性与带动性为核心统筹产业发展与空间管制，构筑品牌并延伸产业链、培育创意产业网络推动浙江港口地区文化资源发展创意产业的可持续路径。

关键词 港口文化资源 创意产业 转化机理 文化经济地理学

当今世界主导创意产业发展的大城市都地处沿海，尤其是纽约、伦敦、香港、东京、上海等既是综合性国际大都市，又是港口城市。沿海港口自有人类活动以来历经渔港、避风港、商埠港、工业港、旅游港，甚至军港、自由贸易港，有着历史悠久的文化资源和鲜明的海陆文明碰撞、交融痕迹，成为发展创意产业的"优良港湾"。爱德华·泰勒认为："文化是个复合的整体，它包括知识、信仰、艺术、道德、法律、习俗和个人作为社会成员所必需的其他能力及习惯"。① 相对于自然资源而言，文化资源可分为物质文化资源、精神文化资源、制度文化资源三种基本形态，是发展创意产业的重要基础与条件，港口文化资源转化为港口创意产业就是以港口文化资源为基础的产业化开发。研究港口文化资源和港口创意产业之间的转化过程、格局与机理就成为当前港口复兴与港口产业升级研究的重要内容之一。

---

* 基金项目：浙江省海洋文化与经济研究中心项目（12HYJDYY05），2012 年慈溪市社会科学项目立项课题（2012SK0001）联合资助阶段成果。

① 爱德华·泰勒著，连树声译：《原始文化》，上海：上海文艺出版社，1992 年，第 1 页。

一、引言:创意时代与港口复兴的文化创意转向

(一)创意时代的来临

在经济全球化的今天,知识经济和信息经济已成为新经济的主要增长方式,现代经济的发展也迫切需要一种不主要以耗费大量自然资源为特征的新经济的诞生,由此"创意产业或创意经济"(Creative Industries / Economy)应运而生。而英国是全球最早重视创意产业发展的国家,也是最早提出创意产业的定义的国家。根据英国创意产业工作小组在 1998 年和 2001 年两次发布的《英国文化创意产业路径文件》的定义:"那些源于个体创造力、技能和才华,而通过知识产权的开发和运用,可发挥创造财富和就业机会的潜力的活动"统称为创意产业,并把广告、建筑、艺术、古董市场、手工艺、工业设计、时尚设计、电影、互动休闲软件、音乐、电视广播、表演艺术、出版和其他软件行业等都划入了创意产业部门。①

20 世纪 90 年代以来创意产业创造了巨大的经济价值,也使以知识资本为特征的新经济诞生成为可能。1999 年,全球国民生产总额为 3020 亿美元,其中创意经济占了 7.3%;而世贸组织的相关统计数据显示 2002 至 2008 年间全球文化创意商品国际贸易的年增长率达 8.7%,2008 年创意产品与服务的出口值为 4244 亿美元;欧盟在 2008 年创意产业总产值为 6450 欧元,比欧盟整体经济增长速度高出 12.3%,并提供了 560 万的就业机会,②这些都显示创意经济时代已经来临。目前世界各国都把目光放在扶持创意产业的发展上,并制定了相关激励措施和发展战略。我国创意产业兴起于 2000 年前后,北京、上海、广州、南京、杭州等城市 2011 年末创意产业产值占地方生产总值比重均超过 8%,成为我国城市经济增长的新亮点。③"十二五"期间中国把文化创意产业定位为国民经济的支柱产业,以文化资源和个体创造力为核心要素驱动城市创新、转型是我国未来的发展趋势和重要战略。

(二)港口复兴的文化创意转向

对沿海港口城市的研究,早期聚焦于港口航运、港口与城市/腹地关系等;④随着港口逐渐向深海拓展,老港口的复兴逐渐引起学界关注,⑤如伦敦道克兰(Docklands)港口地区从 1970 年至 1998 年的复兴过程、厦门本岛的厦门港片区等都已成为学界研究城市滨水地区复兴的案例,⑥现有研究已经表明以港口为核心的城市滨水地区复兴,既是随着城市产业结构的调整,以渔业以及传统港航工业为主的城市滨水区逐渐衰退历史必然趋势,又是创意经

---

① DCMS:《Creative Industries Mapping Document 1998》,Great Britain Department of Culture, Media, and Sport,1998 年,第 3 - 12 页。

② UNCTAD:《Creative economy report 2008: the challenge of assessing the creative economy: towards informed policy - maked》UNDP,2009 年,第 2 - 10 页。

③ 张京成编:《中国创意产业发展报告 2011》,北京:中国经济出版社,2012 年,第 5 页。

④ 庄佩君、汪宇明:《港 - 城界面的演变及其空间机理》,《地理研究》,2010 年第 6 期,第 1105 - 1116 页。

⑤ Hoyle B S,Hilling D:《Seaport Systems and Spatial Change》,John Wiley 出版社,1992 年,第 25 - 28 页。

⑥ 赵晓波:《复兴滨水区,构建精神港湾——厦门港片区更新与改造研究》,《现代城市研究》,2008 年第 6 期,第 35 页。

济时代沿海港口城市面临的巨大挑战。海洋是人类文明的摇篮,自古人们就逐水而迁、傍水而居。水孕育了人类,记载着人类城市的发展,与城市的生存发展息息相关,城市滨水区是城市中宝贵的公共资源。当前社会的发展、环境保护运动和历史保护运动的兴起,使人们重新认识到港口历史文化的价值和以港口为核心的城市滨水区域重要性,港口成为城市更新的热点。港口地区的重建成为重塑城市精神与形象的契机,是沿海港口城市转型发展的推进器。

国内外实践经验表明,港口复兴不仅仅局限于建筑、绿化、就业等的活化,更强调在港口文脉传承的同时推进港口新兴产业诞生,这当然包括以港口文化资源为载体的创意产业等的发展。因此,探索港口文化资源转化为创意产业便成为学界与政府产业实践、城市规划面临的时代议题与迫切任务。

二、探索:港口文化资源转化为创意产业的机理

(一)港口文化资源发展创意产业的经济社会贡献

港口文化资源,虽可分为物质、非物质两类,但其主要存在形式是精神内涵,而精神内涵的最大特点就是可以多次开发、重复利用与形成多样性创意商品,这决定了文化资源具有其他资源所没有的强大生命力和巨大的开发价值。港口文化资源可持续利用,既能实现既满足当代人需要,又不对后代人满足其需要的能力构成危害和破坏的开发。因此,要建立创新的港口文化资源开发理念,寻找文化资源开发的新路子,实现经济效益、社会效益和文化生态效益的最佳结合。国内外实践表明,港口地区复兴的创意产业转向无疑具有重要意义。①港口文化资源可以转化为生活性创意产业,比如创意旅游、婚纱摄影、艺术家创作基地、义务教育科普与爱国基地等等,既能传承港口文化,又能创新港口文化资源利用模式,这有助于提升港口地区创新驱动与转型发展。②港口文化资源还可以转化为生产性创意产业,如可以改造提升传统港口工业、港口物流服务业等行业。由于创意产业的渗透与介入,国际港航产业分工将重新洗牌,提升港口城市或区域在全球价值链上的地位和作用。这将在扭转国家文化贸易逆差、增强国民文化认同、提升国家文化软实力方面发挥独特作用,同时也必将丰富港口地区居民文化生活、增加当地居民就业机会、提高老百姓收入水平。

(二)港口文化资源转化为创意产业研究现状评鉴

国外学者较早开展了创意产业研究,如 Allen. J. scott(2000)认为来自特定地方的商品,具有高度可识别性,地方的形象和本质使这些产品天生具有各种独有的优势。美国学者Richard Florida(2002)的研究表明,在美国有创造力的人喜欢住在技术、人的才能和包容宽松的环境三因素排名很高的城市。他制定的以 3T 为基础的各种创意指标已经开始运用到各个城市的创意评价中。而 Jhon Howkins 从专利授权角度认为创意产品都在知识产权保护法的保护范围内的经济部门,本质是用创意资本投入把所有产业联系在一起;Richard E. Caves 从文化经济学角度认为创意产业是提供给我们宽泛地与文化艺术或仅仅是娱乐价值相联系的产品和服务。

国内相关研究集中在实例与二者关联性,主要研究文化产业与城市发展之间的关系。陈倩倩、王缉慈(2005)以音乐产业为例探讨了创意产业集群的发展策略;苏东水(2005)认为各个国家产业经济的发展都各有其特征,而这些特征与该国、该地区的文化传统有着密切的联系。花建(2011)论述了文化产业的整体创新能力、市场拓展能力、成本控制能力和可持续发展能力。厉无畏认为产品的市场价值由功能价值和观念价值两个部分构成。文化创意的产业化和实现其价值最大化的路径在于把创意、技术、产品、市场有机地结合起来。向勇(2008)论述了创意产业的发展对城市文化的聚宝盆作用。张京成主编的《中国创意产业发展报告》于 2006 年首次出版,最新的 2011 年版报告运用此前形成的独特理论视角为指导,介绍了 40 个城市地区的创意产业发展情况。

综上,现有文化资源转化为创意产业的探索仅有文化经济学家从文化资本理论视角和管理学家从创意集群与创意城市视角试图揭示文化资源作为知识传承与个人能力积累的劳动创造在技术、资本、组织管理等外部条件协同下转化为创意产业的机理;而对于港口文化利用或保护研究,学界仅有少数学者从城市文化视角(李振福,2004;王益澄,2008)或航运企业文化培育视角(丁建平,1995)探索港口城市文化精神特质或塑造路径,鲜见探讨港口文化转化为创意产业的路径、模式及政策支撑等研究。

(三)港口文化资源转化为创意产业的机理探索

1. 港口文化资源转化为创意产业的潜能

文化资源并非是积累下来的物化资产,而是蕴藏在资源中、能够开展新的生产的潜能。因此,从作为资源的文化到成为产业需要一个转化过程。因为只有参加再生产过程的文化资源才是资本,而没有参加"再生产过程"的文化资源至多只能是潜在的资源。而参与再生产的潜在文化资源具有增值期待,所以,这一期待得以现实转化需要港口文化资源具有某种资质,它能生产出超量价值,这种产出价值在绝对意义上是原价值的增值,或者具有相对的社会稀缺性。港口文化资源创意产业化,意味着额外劳动的注入,代表着一种额外付出,如创意、资本、现代媒体技术等的投入;[1]抑或是需要一种港口文化资源的占有优势,也即特有的港口文化资源将是形成地方特色文化形象、品牌和全球魅力的吸引物。由此,港口文化资源转化为创意产业就是要显现它的稀缺性和优势劳动含量,这就是文化资源创意产业化的潜能。具体而言,港口文化资源通过创意、资本、现代媒体技术等多种要素协同支持下转化为创意产业,通常以港口文化与港口创意产业间的要素、功能、市场价值、形象或品牌等关联实现港口文化资源转化创意产业潜能(见表1)。

---

① Baum S, O'Connor K, Yigitcanlar T:《The implications of creative industries for regional outcomes》,《International Journal of Foresight and Innovation Policy》,2009 年第 3 期,第 44 页。

表 1 港口文化资源与创意产业互动的潜能及其表征

潜能表征	内涵
构筑创意产业灵魂	文化是创意产业的灵魂,港口创意产业的发展必须始终强调港口文化的延续性,使产业的发展能够成功反映文化的个性和魅力;培育过程中应以文化传承为依托,物质文化和精神创造加以表现,赋予港口创意产业充分的海洋活力
丰富创意产业内涵	港口创意产业能使"古"和"今"巧妙融合,并将港口地区有形和无形物质财富或精神财富的积淀,通过观赏性、体验性、消费性等模式予以产业化;港口文化多样性资源优势转化是丰富创意产业的核心竞争力
提升创意产业品味	文化对一个产业的品味能够因其深厚悠远的文化韵味而得以提升,创意产业尤为明显。如宁波围绕海洋、港口开展的各类文化与旅游节庆、展销会、学术论坛等,均是立足书藏古今、港通天下,提升市域港口、海洋创意旅游品味
以创意产业树立港口文化形象	文化反映港口丰厚底蕴,在进行创意产业营销形时,通过文化资源运用、借助充满创意营销策略,将港口的"古"更有历史感、"今"更有魅力,有效提升港口文化形象。
以创意产业拓展港口文化市场	港口是陆域与海洋文明融合地、是中西方文明碰撞地,如以创意浓缩港口文化,必可成功拓展国内外市场。此外,创意产业带来的不仅是符号的创造和意义的彰显、而且包含着巨大的品牌价值和经济效益
以创意产业铸造港口文化品牌	创意产业的支撑点在于文化体验与文化品牌,文化品牌体现了港口文化精神影响力,是创意产业的核心凝聚力。创意产业的根本在于内容和形式的创新,利用港口文化资源的过程实际上是再造文化的过程;创意产业是符号经济,也是品牌经济。创意产业的品牌不同于一般产品,除了高质量、广泛的影响力和很高的附加值外,还有丰富的文化内涵、崭新的文化创意、深厚的文化底蕴、高尚的文化品位。创意产业在港口地区发展,无疑其品牌效应是铸造港口文化形象与文化品牌的利器

资料来源:作者总结

2. 港口文化资源转化为创意产业的介质

港口文化资源具有稀缺性、有用性、陆海文明兼容性等特征,产业化过程就要通过一定手段将其潜能激活。即文化资源产业化过程最重要的环节是价值度量、产权确认、创意模式策划。① 只有经过价值度量、产权确认,才能识别港口文化资源的内在潜能和增值额度,才能进行比较并在其主体之间进行转换,从而使文化资源产业化潜能现实化为再生产的能力;创意模式策划是基于文化资源价值评估和资本运作对港口文化资源所作出的创意产品设计、生产、营销的过程,以实现文化资源的经济、社会与文化增值和再生产能力。

港口文化资源因其类型差异,在转化为创意产业过程中所需介质会存在较大不同,如港口物质文化资源,则可投入资金和现代保护技术因地制宜保护利用;港口精神文化资源与制度文化资源则可投入资金将其可视化或物化,并增强体验性,从而实现无形文化资源的增值。当然不论何类港口文化资源在转化为创意产业过程中都需要创意、资金、多媒体技术,以及文物保护技术,因此港口文化资源转化创意产业的介质就是以创意、资金和媒体技术为

---

① 张雅丽、郭荣茂:《文化资本理论的实践逻辑与创意产业发展的内生机制》,《前沿》,2010 年第 2 期,第 99 页。

核心的现代文化经济发展必需的诸种生产要素组合(见图1)。

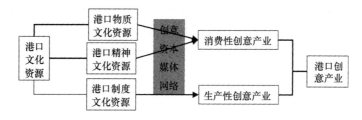

图1　港口文化资源转化为创意产业的介质

3. 港口文化资源转化为创意产业的路径

创意产业的本质特征在于它融合了经济与文化,由此与其他产业相区别开来。而文化资源之所以能够成为孵化创意产业之源,核心在于文化资源来源于人类的实践,是人类智慧和劳动积累的结晶,它的运用过程就是精神生产过程,通过抽象劳动能实现价值转移,创造出新的商品,即创意产品,并使自身增殖。文化资源及其构筑的氛围是促进创意人才产生创意灵感、进行创意活动的催化剂与兴奋剂。主体在创意实践活动中,起到主要作用的文化资源是被归并化的形式,它以一种主观化的方式存在于主体身体内。此类文化资源被归并过程须经历一定的时间,同时又必须在这一时间内耗费一定数量的货币资本,并使之转化为创意阶层的文化创造力,从而激发创意,创造出新成果、新产品、新作品、新理论、新方案(管理、实验)、新工艺、新方法等。显然,文化资源内化为创意阶层的文化资本过程,促进了创意的产生与可持续,成为构筑创意阶层的文化资本,从而推动创意产业发展。

简而言之,文化资源是发展创意产业的源头和基础,创意产业培育过程就是如何将区域文化资源优势转化为创意产业发展优势的过程,港口地区也不例外。从港口文化资源到创意产业诞生需要经历两阶段:一是从港口文化资源优势向创意商品品牌优势的转化;二是创意商品生产优势向创意产业发展优势的转化。港口文化资源优势向创意商品品牌优势转化,主要通过港口文化资源的创意化利用和在资本运作下直接参与创意商品生产两种形式实现;创意商品品牌优势向创意产业发展优势的转化则历经创意企业的规模生产、链条化生产和集聚生产而实现。[①]

4. 港口文化资源转化为创意产业的模式

港口文化资源,从基本类型和具体内容可分为港口物质文化资源和港口非物质文化资源两类(见表2)。我国海岸线漫长,不同地区的港口文化资源会有较大差异,必须正确处理好不同类型港口文化资源开发与创意产业发展的互动辩证关系,因类因地因时制宜采用不同的开发利用模式和保护模式。当然,港口文化资源转化为创意产业的过程,文化是根,创意是本,商业模式是实现价值保障。只有采用产业化的思维和方法,把文化资源的核心价值和其他资源进行整合,才能在激烈的市场竞争中获得生产和发展。正如港口文化资源转化为创意产业的路径所论述,文化资源的创意产业化至少包含生产链、规模化、市场化,生产链

①　徐艳芳:《区域文化资源优势向产业开发优势转化机制研究》,《山东社会科学》,2011 年第 11 期,第 150 页。

中包含两项链接——生产过程中不同分工间的链接和产业过程中生产—流通—市场环节的链接;规模化是要以创意产品的数量、质量和规模占领市场份额;市场化是港口文化资源创意产业化的终极目标。效益是实现市场价值的核心,也是生产的落脚点。而创意产业的生产中的重要支撑要素——创意,它对个人创造力的依赖使得文化资源转化为创意产业过程不可能采用广泛的社会分工,创意商品的特性也决定并不能简单的大规模复制,所以在市场化过程中依托港口文化资源培育创意产业应该区别与传统产业化的模式,寻找适合港口创意产业自身特点的商业模式。

表2　港口文化资源分类系统

文化资源类	文化资源重类	文化资源型
港口物质文化资源	文物遗迹	海洋文化线路、古港口、海防遗迹、水下文物、海堤(海塘)
	聚落文化	古人类活动遗址、沿海渔村、古集镇、特色街巷、港口建筑
	历史场所	航海历史纪念馆/展览馆、宗教建筑、民间信仰场所、寺庙、祭祀活动场所
	文化旅游资源	度假地、主题公园、文化活动场所、海岛休闲游乐场所、海洋美食、海洋旅游产品
	基底文化资源	山海文化景观、天象气候景观、海岸、海岛、海湾、海滩
	设施资源	港口码头、海上大型工程设施、海交交通设施、海洋生产地
港口非物质文化资源	人事记录资源	海洋历史名人、海洋历史事件
	民俗文化资源	海洋民间服饰、涉海饮食习惯、涉海信俗、礼仪习俗、庙会节庆
	艺术文化资源	海洋文学艺术、海洋传统技艺
	节庆活动资源	旅游节庆、文化节庆、商贸节庆、体育赛事
	语言文化资源	海洋民俗语言、海洋民间文学、海洋民间故事、涉海地名、语汇

资料来源:据李加林、王杰《浙江海洋文化景观研究》,海洋出版社2011年版第77页修改

结合当前国内外经典创意产业形成的商业模式,[①]笔者认为港口文化资源转化为创意产业的商业模式不外乎:一是以古建筑和古遗址为主的保护性开发模式;二是依托港口闲置物质文化资源进行以影视、演艺和民间艺术为主的市场性开发模式;三是以港口非物质文化资源与港口航运主业相融合的港口创意旅游模式;四是对港口夕阳产业进行要素创意更新衍生出新产品等模式(见表3)。

---

① 李创新、马耀峰:《文化创意产业视角的传统文化资源开发模式设计》,《资源开发与市场》,2009年第10期,第893页。

表3 港口文化资源转化为创意产业的主流商业模式

商业模式	基本内涵
以港口古建筑、古遗址为主的保护性开发模式	沿海港口地区有着丰富的文化资源,尤其以贝丘遗址、古建筑/古寺庙、古遗址为典型,以航海、水利交通建筑为主的文物古建,具有不可复生的精华,开发利用要谨慎,避免粗俗浅薄的文化景点再造工程建设。对于以古建筑和古遗址为主的港口文化资源,要采取保护性开发模式,树立"保护重于开发"的观念,把资源保护作为开发工作的重中之重,走科学取用、保护与开发并重之路,保护是为了更持久地留存和弘扬陆海文化脉络。
依托港口闲置物质文化资源进行以影视、演艺和民间艺术为主的市场模式	随着港口沿着入海河流、甚至海岸线不断向海演替,港口地区出现了很多的闲置物质文化资源,如老码头、老航道、旧仓库等,利用创意和资本将其恢复功能与衍生出文化经济,逐渐成为文化资源整合的创意产业发展平台。在文化方面,创意产业园区的设置是生活美学与环境美学的实践,期望透过文化、艺术和产业结合,让生活与环境有更多的文化内涵,并在全球化造成的文化认同危机面前保存和传播本地的文化基因,确立文化自主性。在经济方面,通过创意产业园区的建设增加产品的内容丰富度与文化特质,以营造附加价值,增加产品的差异化,拓展产业的竞争力。整体来说,设置创意园区是期望能够将文化、艺术、商业与消费者结合,并聚集成群,成为创作与展演且兼具娱乐、休闲功能的空间,并发展成一个共同整合教育、研发、营销、展示和消费的产业网络,以推动创意产业发展。
以港口非物质文化资源与港口航运主业相融合的港口创意旅游模式	创意产业是以文化资源为基础进行文化生产和提供文化产品消费服务的文化经济活动。而文化是旅游产业发展的重要根基和灵魂。旅游产业要持续健康发展,就必须运用文化、创意产业各种形式不断提升旅游产业的文化内涵和品位,可见旅游产业则是文化资源再生的重要载体。实践证明,通过旅游产业发展,不但可以增强人们对相关文化的认识和理解,促进文化的发掘和传承,而且可以实现文化资源的保值增值甚至是创新,为文化的发展提供强大的后劲。因此,依托文化资源发展的创意产业与旅游之间是"灵魂"与"载体"、"内涵"与"外显"的关系,这决定了创意产业与旅游产业具有很强的融合性,可以在融合中达到相互提升和共赢,并形成港口创意旅游业。
创意更新港口夕阳产业要素衍生出新产品模式	港口地区主要产业是装卸、搬运、运输,以及由此形成的物流配套服务业,而它们易受全球航运景气影响而波动性大,逐渐成为港口夕阳产业。由此,可以利用传统港口航运业发展以港口工业旅游、港口设备制造研发设计等创意事业;抑或在传统航运服务业中注入文化和创意的因素,增加其附加价值,实行品牌化经营,如伦敦劳氏船级社、北欧海洋工程设计等。

资料来源:作者总结

5. 港口文化资源转化为创意产业的机制

港口文化资源转化为创意产业的商业模式,本质上是一个组织在明确外部假设条件、内部资源和能力的前提下,用于整合组织本身、顾客、供应链伙伴、员工、股东或利益相关者来获取超额利润的一种战略创新意图和可实现的结构体系以及制度安排的集合。它的核心内容包括产业特性、产业中的价值整合模式及要素彼此间的关联性。创意产业是人根据文化资源创造出的新兴产业,当地的文化经验、人的文化背景都会影响到产业发展的机会。创意能否找到有效的营销策略,也牵扯到价值整合及知识产权等商业价值(见图2)。当然,港口文化资源转化为创意产业的诸种商业模式都包含着:一是文化资源的生活形态、以资本—技术—行政支撑为核心的介质群、创意阶层的创意、创意产品的创造者与消费者；二是从文化资源到创意产业这个链条中，存在创意流、商品流、价值流和信息流，集成它们的是文化资源转化为创意产业的创意商品实体和虚拟网络、营销渠道；三是文化资源、创意人群的创意、主管部门作为等影响因素贯穿生产、流通和消费的各个环节。

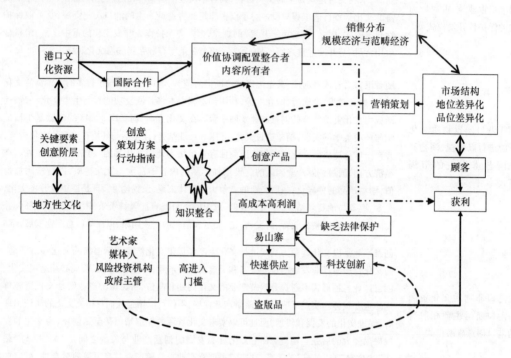

图 2　港口文化资源转化为创意产业的运作机制

三、建构：文化资源到创意产业的文化经济地理学研究框架

（一）文化资源到创意产业的多学科研究

文化资源转化为创意产业的过程，涉及到文化经济、艺术、新闻传播、古建筑保护，以及投融资和企业管理、政府管制等领域，这无疑会形成多学科共同研究的格局。在我国，从文化产业视角研究文化资源到创意产业的学科，主要与经济学、管理学、艺术学和地理学有关。当然各学科的研究边界、研究内容与方法既存在交叉，又有各自的核心领域。若从国家设置的普通高等学校本科专业目录而论，最早是 1993 年的文化艺术管理。1998 年开始有了公共事业管理，囿于当时我们的文化大多数属于事业体制，所以公共事业管理中有一部分是文化公共事业。2004 年开始有了文化产业管理，这与艺术管理的范围有了很大的扩展，而且目前开设文化产业管理专业的本科院校将近 60 所。在 2012 年版普通高等学校本科专业目录则有相关学科门类 8 个，专业达 43 个（见表 4），主要散布在艺术学科和工商管理学科。目前，这些专业都面临着一个情况，就是没有学科归属，一方面社会很热，人才培养的需求很

热,研究也很热,但另一方面,专业在本学科中往往被边缘化,找不到准确的学科定位。

表4 与创意产业相关的学科、专业

学科门类	专业类型	专业
经济学	经济与贸易类	贸易经济
教育学	教育学类	艺术教育
文学	中国语言文学类	汉语言文学
		中国少数民族语言文学
		古典文献学
	新闻传播学类	广告学
		传播学
		编辑出版学
历史学	历史学类	考古学
		文物与博物馆学
		文物保护技术
理学	地理科学类	人文地理与城乡规划
工学	计算机类	数字媒体技术
	建筑类	风景园林
管理学	工商管理类	文化产业管理
	旅游管理类	会展经济与管理
艺术学	音乐与舞蹈学类	6
	戏剧与影视学类	10
	设计学类	8
	美术学类	4

资料来源:教育部制定《普通高等学校本科专业目录(2012年)》,2012年9月颁布

　　现有学科、专业研究都存在一个交集,即围绕文化资源如何通过艺术形式与数字媒体技术可视化、体验化、商品化,从而实现文化资源的增值与文脉传承、传播。而这核心便是以创意产品的生产流通消费和管理为研究对象的与艺术学、经济学、管理学等多学科相互交叉。首先,它是以产业链为核心的关于产业的学科,可能涉及到生产、流通、消费和综合管理;[①]其次,核心内容还是与人文社会科学,如历史学、旅游学等有密切关系,这既是创意产业的源,又事关创意产业的营销与大众体验;再次,创意商品的生产工艺或者可视化工具需要以计算机为核心的现代数字媒体技术为基础,由此可见从文化资源到创意产业,涉及到经济学、管理学、艺术学这三大学科相互交叉与融合。然而,从产业链视角看,文化资源衍生出创意产业,既有内容为王的产业属性价值实现文化增值,又需要版权经济实现资源增值和经济发展;同时,还涉及到技术创新与人脑创意对文化资源的商品化过程的创意学、营销学。也

---

① 尹鸿:《文化产业与学科建设》,《新清华》,2012年6月22日第008版。

即,从文资源到创意产业涉及到经济学、艺术学、管理学的三个核心分支学科——产业经济学、创意学、管理学,以及文化产业市场学与国际贸易。

(二)人文－经济地理学的作为与贡献

近代地理学诞生以来的100多年间,人文－经济地理学研究对象、内涵和研究方法不断发展,今天已成为地学庞大的学科体系中一门特殊交叉学科,也是人类社会发展与自然环境关系领域的最为重要的应用基础科学之一。[①] 千千万万个社会主体和经济主体,每一个活动主体的空间位移可能是无序的,可是在总体上却有明显的空间规律。如何寻找影响各国各地区发展的社会因素、经济因素的作用及其形成的空间格局?这里所涉及到的科学问题具有"不确定性",也就是系统("人—地关系地域系统",简称"人—地系统")发展变化的"或然性"。这种"或然性"正是人文－经济地理学的科学性之所在,也是人文—经济地理学不同于其他学科的特点之所在。但长期以来这种不确定性使人文－经济地理学的科学性难以被充分认识。[②] 人文－经济地理学的研究内容是人类生产生活活动的空间分布及运动规律,主要包涵三个基本的研究范畴:一是地球自然表层的生态、环境、资源等与人类的生产生活活动空间分布格局和变化过程的相互影响作用;二是人类生产生活活动内部各部分(包括不同领域和不同地域空间、横向和纵向等)之间的相互作用对其空间分布与运动规律的影响作用及其机制;三是文化、社会等具有上层建筑属性的因素对人类生产生活活动空间格局的影响作用(见图3)。[③] 由此,人文－经济地理学对于文化资源转化创意产业的研究具有重要作用与贡献:一是既可以从微观个体的文化及其表征转化为创意商品的过程探讨文化与创意产业关联机理,又可以从企业或产业层面探索文化资源孕育创意产业的过程与内外部条件;二是综合探讨影响创意产业发展理论的宏观层次"软要素"理论、中观层次创意城市理论和微观层次的创意集群理论,从而沟通资源到企业到产业的创意链研究;三是在探究文化资源孕育创意产业过程中将会重视地方文化及其主体的地域尺度性,将嵌入国际、国家、城市、街区等不同空间尺度的地方文化孕育创意产业的机理差异予以阐释,可定量模拟文化资源孕育创意产业过程与地理空间尺度相关规律。这将有助于政府相关部门在制定产业政策时有理有据,也可避免城市创意产业发展出现"同质化"现象。

(三)文化经济地理学视野文化资源到创意产业的研究架构:以海岛港口地区为例

1. 目标与领域

以全球海洋经济、创意经济快速发展和中国沿海海岛港口及城市转型发展为背景,旨在揭示和阐明"海岛港口文化资源孕育创意产业的过程、机理与格局"从而为海岛人文资源可持续发展与海岛经济和谐发展提供理论参考。结合前述国内外进展和相关机理论证,未来应重点关注:①以文化经济地理学为视角,界定港口文化(资源)的内涵与外延,分析不同空间尺度下海岛港口文化的特征与类型、传承与创新的模式,对于推动海岛港口文化的识别、

---

① 地球科学发展战略研究组:《21世纪中国地球科学发展战略报告》,北京:科学出版社,2009年,第2页。
② 陆大道:《人文－经济地理学的方法论及其特点》,《地理研究》,2011年第3期,第387页。
③ 樊杰:《人文－经济地理学和区域发展研究基本脉络的透视》,《地理科学进展》,2011年第4期,第393页。

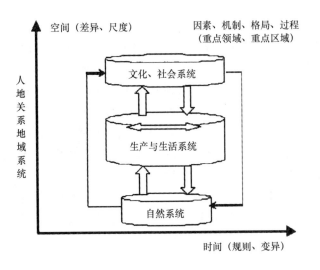

图3　人文—经济地理研究的基本框架

资料来源:樊杰:《人文－经济地理学和区域发展研究基本脉络的透视》,《地理科学进展》,

2011 年第 4 期,第 393 页。

统计与可持续性发展,引领海洋创意经济,乃至孕育海洋创意产业具有重要现实意义;②海岛港口文化资源孕育创意产业的机理探索,尤其是从港口的文化主体、港口的产业结构、港口在海岛经济中功能三方面探究不同地理空间尺度下港口文化资源生成创意产业的内部控制性因素与外部支撑条件,明确其在中国海岛港口及城市的产业升级与城市转型的重要的理论价值;③从点到面,即以舟山新区海岛港口和浙江省海岛港口群为实证,分析与评判海岛港口发展创意产业的优劣和国际竞争力,阐明制定浙江省海洋创意经济和海港城市发展战略的科学依据,提出浙江海岛港口文化资源生成创意产业所需的资本、政策、企业—政府行为等的组合管治模式;④探究港口文化资源转化为创意产业的文化空间动力学理论,诠释海岛港口文化资源到创意产业的机理和管治政策,追踪港口城市新经济与港口城市创新发展过程与态势,丰富浙江省海洋经济与港口城市转型与创新发展的战略。

2. 方法论探索

通过理论探索、案例验证和实证发现,梳理出以人地系统、文化地理学和创意经济学为核心理论支撑的文化资源孕育创意产业的过程、格局与机理的研究方法论,尤其是实证方法体系。涉及的关键技术方式是:①基于港口文化的内涵、特征和创意产业的文化特质,界定港口文化,并确定"筛选港口文化的代表性要素、提取其典型的空间形式、发掘其创意利用途径"的准则;②以海岛港口的空间边界为基础,基于文化区的本质和文化空间动力学圈定港口文化空间边界,确定海岛港口的港口文化空间的标准;③基于 GIS 与文化空间动力学建立港口文化孕育创意产业的分析模型。

3. 案例研究关键

文化经济地理学研究素以小区域调查和案例研究而区别于其他地理学分支学科,[①]并且成为目前文化地理学研究方法的主流趋势。在港口文化资源孕育创意产业的案例研究中,核心是要选择适宜的案例,以争取从点到面诠释的过程、格局与机理规律能够具有普适性,同时又可以经受尺度转换(scale up & down)的检验,其关键在于:①兼顾文化资源及文化空间形成的自然、经济、生态、社会的差异性和系统性选取样本区,而且样区由港口、港口群组、港口城市构成的多尺度文化地域系统;②选择港口文化资源的代表性要素、空间形式、利用途径和产业化条件的准则;③通过逻辑演绎和案例实证建构港口文化空间动力系统模型,并确定其核心要素和辅助要素;④港口文化资源的文化区分析和港口文化孕育创意产业过程的复杂性与不确定性,及产业化条件的随机性和偶然性造成港口文化生产创意产业机理研究困难。

四、启示:浙江海岛港口文化资源发展现代海洋创意产业的思索

中国沿海有 12 个海岛县,管辖着 1738 个岛屿,占全国海岛的 26.7%,其中有人居住的海岛又占全国有人海岛的 42%。因此,海岛港口自有人类活动以来便开始建设渔港、避风港、商埠港、工业港、旅游港,甚至军港,蕴含着悠久的文化和丰富的创造力,成为发展创意产业的"优良港湾"。而浙江省又有定海、普陀、岱山、嵊山、玉环、洞头 6 个海岛县,海岛港口众多、且文化内涵丰富与类型多样,将成为浙江发展海洋创意产业的生力军。

(一)坚持创意为王和可持续利用,突出海洋、海岛特色

激发想象力,寻求事物发展的多重可能性,是港口文化资源开发利用的首要创意原则,这既有利于避免传统开发方式带来的资源环境破坏与社会经济效益低下,又可能创造出较高的增加值,实现港口地区的可持续发展。在港口文化资源开发利用过程中,要始终坚持可持续原则,尊重文化资源利用规律,从而为文化资源的保护性开发创造更为良好的社会氛围。在港口文化资源转化过程坚持"谁开发、谁受益、谁保护"原则,把部分利用收益反哺文化资源保护,积极构建以开发促保护和以保护促开发的良性互动模式。

要跳出创意产业视角考虑港口文化资源孕育港口创意产业的多样性与海陆文明交融性,致力于多产业的联动、融合和创意产品的多元化,突出海岸、海洋、海岛与港口航运特色,充分利用港口文化资源优势,发展创意产业。

(二)加强增值性与带动性利用,统筹产业发展与空间管制

港口文化资源转化为创意产业过程,存在多种可能性,首先在选择商业模式时要综合权衡文化资源的可持续性、创意产品生产过程的就业与关联产业带动性,以及经济效应、社会效应与文化效益综合最优组合,从而实现文化资源发展创意产业,既能发展经济,更能带动

---

① 周尚意:《文化地理学研究方法及学科影响》,《中国科学院院刊》,2011 年第 4 期,第 415 页。

区域社会整体转型与发展。其次加强区域港口文化联合,有效整合文化资源,以利于市场的开拓、市场开发成本的降低和区域港口创意品牌的树立。合作要以海洋文化为纽带,用共同的海洋文化将各自独立的沿海港口连接,形成海洋港口创意产品体系。此外,还要通过政府间的磋商协调机制从宏观层面上消除行政边界的障碍与壁垒,通过民间组织的制度化谈判博弈机制建立行业监管体系,统筹港口间交融和创意产业整合,通过企业间的市场化调节机制,构建创意产业结构体系,从微观层面上提升港口文化资源配置的区域一体化优势与空间管制实效。

发展港口创意产业的关键在于结合当地的文化特色,发挥创意整合港口的"三生"(生产、生活、生态)资源,构筑完善的产业系统,从而促进"港航、港口、港城"的发展。因此需要事先做好综合规划和具体项目的策划。要尊重人民群众的无限创意,视情况举办港口创意产品设计大赛,开发新创意。

(三)立足集团、构筑品牌,延伸产业链,培育港口创意产业网络

创意产业本身就是一个产业群的集合,需要通过扩展产业链的环节,实现产业和企业的集聚。即需要站在全产业链的高度,通过融合、嫁接、衍生、升级等多种方式,推动创意产业发展由"链条"向"网状"发展,实现创意产业的生态组织,促进区域创意经济的平衡流动和能量转换。

创意产业大型集团的建设成为营造产业生态组织的重要载体,表现为立足现有的核心企业,将创意产业的多个相关领域整合在一起,形成多元化发展格局。未来20年,中国沿海港口城市创意产业必将迎来一个崭新的发展阶段,创意产业的形态将更加多元,以文化为灵魂、以数字技术为依托、以版权为盈利模式,将有力改变人们接触文化的方式和传统文化产业的盈利模式,推进港口地区创意产业的快速群集与园区化发展,并通过集群、公共服务平台与重要节庆促成各创意企业、创意产业集聚区和集群间网络式发展。